PHENOMENOLOGY OF PRACTICE

MEANING-GIVING METHODS IN
PHENOMENOLOGICAL RESEARCH AND WRITING

实践现象学

现象学研究与写作中意义给予的方法

［加］马克斯·范梅南（Max van Manen）著

尹垠 蒋开君 译

教育科学出版社

·北 京·

This is for Judith

谨以此书献给我的爱妻朱蒂斯

致中国读者

能与中国读者分享现象学探究，我感到既荣幸，又欣喜。我邀请你们投入到这以亲历的方式对生活亲历意义所进行的探究之中。现象学研究既颇具挑战又令人满足，恰恰因为其意义的显明必然是原初的，在存在的层面上触动着心灵。现象学，如果能够被恰当地践行，就会以其对生活之谜——向惊奇的凝视所给予自身、显露自身的世界——的洞见来深深吸引我们，从而邀请我们持续不断地关注人类生活体验中令人着迷的丰富与微妙，着迷于其全部的极度纷繁、难测深奥，以及其丰沃之细节、令人惊叹之困扰和诱人之魅惑。

而这样的研究并非易事。一旦认识到现象学是追求关于生活体验现象性的洞见，任何想从事现象学研究的人都会心生恐惧。我真的有能力写就这样一种现象学研究，去呈现一个现象、一个原初经验如何自化为有意义的直觉理解吗？我本人熟悉这种忧虑，而许多参与过我们为期一年的大学研讨班的研究生也怀有同样的不安。在这些研讨班上，我们阅读现象学文本、品味著名思想家令人着迷的反思。如果你不愿意研读严格的哲学和现象学文献，你是不能期望自己从事现象学研究的。

每位学生自主选择一个小题目进行研究，比如"与强迫症共生活""从观察中作画的现象学""无家可归""接受医学诊断""用技术教与学""体验认可""网上写作""在图像中遭遇崇高的可畏之美""通过社交网络保持联系""孩子的第一个微笑""童年的秘密""教学机智"等。选择这些题目，并不是因为它们是个人生活的主要事件。不，实际上，很多题目一眼看上去反而是微不足道和稀松平常的，比如"打招呼""进行谈话""等某人或等某事"等。而对研究者来说，挑战当然在于以现象学的方式来穿透这生活经验（现象或者事件）的核心，并且去触碰它基本的、本质的、感性的或者原初的意义和重要性（或者被其触碰）。

　　有关资料分析的文章、书籍、工作坊和软件程序时下非常流行。在质性研究方法的学术世界中，如何做质性分析已经变成了真正的产业。各种纷繁复杂的方案、程序都想要来指导初学的研究者如何采集初始研究资料，然后分析和转换为主题及有意义的洞见。在解释学现象学领域中也如此，帮助分析资料的持续需求最充分地表明，现象学研究最核心而且最困难的部分，是如何在生活经验的结构中产生富有洞见的问题。但是从事现象学研究的严谨的学生应该避免简单化的方案、肤浅的程序、按部就班的过程，以及烹饪书般的配方。这些都肯定不能催生出有意义的洞见。我衷心感谢尹垠和蒋开君两位优秀的译者，是他们的努力让这本书呈现在读者面前。在这本《实践现象学》的译作中，我们邀请你一同严肃认真地在现象学方法原初的意义中探索现象学的方法论。

马克斯·范梅南

目　录

第七章 / 242

现象学和专业

前　言

　　作为一名生活在 20 世纪 60 年代荷兰的学生，很容易对现象学 13
着迷。这一反思性的哲学智慧似乎特别尊重我们的经验作为"生
活过往"的现实，尊重我们的生活经验生生不息的生命意蕴。让 -
保罗·萨特、西蒙娜·德·波伏娃、阿尔贝·加缪、马丁·海德
格尔、马克斯·舍勒、奥托·博尔诺夫、尤金·明可夫斯基、莫
里斯·梅洛 - 庞蒂的存在主义和现象学的文本，为安德烈·纪德
（André Gide）^①、赫尔曼·黑塞（Hermann Hesse）、赖内·马利亚·里
尔克、弗朗茨·卡夫卡（Franz Kafka）、让 - 保罗·萨特、安娜·布
拉曼（Anna Blaman）、萨缪尔·贝克特（Samuel Beckett）等作家进
行小说、戏剧和诗歌创作提供了背景，同时也为达达主义、超现
实主义、波普艺术、发生艺术以及其他先锋派艺术做好了铺垫。
追忆起来，在文艺界，塞隆尼斯·孟克（Thelonious Monk）、埃里
克·杜菲（Eric Dolphy）、迈尔斯·戴维斯（Miles Davis）、亚特·布
雷基（Art Blakey）和约翰·柯川（John Coltrane）在阿姆斯特丹举行
的爵士音乐会仍然历历在目。每想起一个名字，就唤出对另外一
串名字的回忆。

---

　　① 本书"人名索引"收录的人名，在正文中仅出现中文译名，不再括注原名；
"人名索引"未收录的人名，在正文中首次出现时括注原名。——译者

现象学并不仅仅是一种哲学视角的名称，更是追问的源泉，让我们质疑所经历生活之意义，质疑个人行动和决策中所承担责任之性质。彼时我所相信的真实，今天我仍然笃信：没有什么比追寻意义、追寻意义的奥秘、追寻意义的发源和发生本身更有意义——也要追寻我们对于他者负有责任之意义，以及对我们所处的生物的、物质的和技术的世界负有责任之意义。现象学，关乎惊奇，关乎文字，关乎世界。

现象学的伦理－哲学态度，似乎已显著地促使主观性（subjectivity）发生根本的变革，努力动摇着、抵抗着那些与个人、文化、政治和社会有关的种种未经省察的信仰、观点和理论。我坚信今日的现象学仍然如是。现象学，继续通过其多样的当代作品和历史源流让我们留心，用批判的和哲学的方式意识到，在社会、文化、政治和存在意义上我们的生活（以及我们认知的、情绪的、具身的和默会的理解）如何得到塑造。但是现象学同时提醒我们，这些建构本身往往陷入危险，沦为命令、合理性、认识论或者本体论，要通过反思的描述对其悬置、解构、替换。在当代科学化的世界中，理论经验早已是我们自然态度的一部分。

人文科学这座大都会，把我们这些居民置于奇异旅途之中。我们穿梭、栖居于其中的智识风景，似乎跟现实中的生活并无紧要的、实际的关联。但是在旅程中（无论是现实的还是虚拟的），我承蒙良多教诲。我的私人图书馆收藏了真正意义上的"游记"，记载着那些曾经探索过的理论和"拜访"过的理论家。然而，虽然被理论经验所深深吸引，我仍然时常坦白自己与"理论"的矛盾关系——不是某个特定的理论，而是理论本身——作为智识成果的理论，作为"内行人圈子"会员资格的理论。理论可以是食粮，充思想和德性之饥；也可以是瘾毒，诱发认知遗忘症。清醒的心智要求我们在理论及其可及范围之外的张力中不断求索。

致　谢

　　我要诚挚感谢为本书的出版做出贡献的所有人。写作过程中，我尤其得到了凯瑟琳·亚当斯、巴斯·莱维林、迈克尔·范梅南以及我的妻子朱蒂斯的帮助和建议。感谢杨·莫尔斯（Jan Morse）的支持和意见，还有她善意地催促完工。感谢米奇·艾伦（Mitch Allen）对本书出版的热情，他坚决限定了最后期限，让我无法继续拖延。感激朱蒂斯，用她园丁的耐心，容忍我磨磨蹭蹭地写书，我本来应该多割割草坪的。

第一章
实践现象学

这本书是一封邀请函，邀请读者怀着开放的态度来看待生活意义的现象学，看待意义之意义和意义之源头。"实践现象学"（phenomenology of practice）这个词组，指的是各种应对并服务于专业工作者实践和普通人日常生活实践的探究。举个简单的例子，对"开展对话"的种种意义维度展开深入的理解，无论是对于专业工作者，还是对于在日常生活中参与对话的普通人都有裨益。"实践现象学"这个名称的灵感来源于诸多学者的研究，比如马蒂纳斯·兰格威尔德、让·亨德里克·范登伯格、弗莱德里克·拜滕迪克、汉里克斯·鲁姆科和汉斯·林斯霍滕（Hans Linchoten）。他们既是学者，也是教育教学、心理学、神经病学、医疗卫生等领域的临床医师和专业人员。尽管他们没有使用"实践现象学"一词来描述自己的工作。

这种实践现象学同时也对日常生活实践发挥效用。换句话说，实践现象学以实践为目的（for practice），同时也是实践性质的（of practice）。埃德蒙德·胡塞尔和马丁·海德格尔早年的学生雅恩·帕托什卡（Jan Patočka）早就谈论过作为思想、意识、人类存在的原基础（proto-foundation）的基本原初实践（primacy of practice）。我们理解某事物时，理解方式是实践的。对于帕托什卡来说，这就意味着现象学要"回到原初的个人经验。我们在特定情境中的

15

生活方式的经验，我们在空间中个人存在方式的经验"（Patočka，1998，p.97）。

更确切地说，实践现象学指的是现象学研究和写作的实践，用来反思实践、反映于实践，并且为实践做准备。实践现象学的目的并不是技术主义和工具主义的——它致力于培养和加强具身性（embodied）的本体论、认识论和实践论，为充满敏思和机智的实践服务。在本书中，我将从广义的、实践的角度探讨一系列哲学家和人文学科学者的工作，以便服务于实践现象学，超越教条和那些过度简化的纲要、程序、解释中所谓"真正的"现象学。现象学经常被描述为一种方法。本书希望描述一系列不同的现象学，这些现象学在广义的哲学层面可以被称为意义给予的研究方法。这些不同的现象学来源于主要的现象学思想家和作家的作品与文本。

我的目的在于鼓励读者从现象学原著中获得洞见和灵感。正因如此，我会不断去引用原文经典。一些现象学的初学者也许会因接下来的章节囊括了各种各样的主题和概念而感到些许不知所措。如果你发现自己需要初级指导，我建议你去读我之前出版的《生活体验研究》（1997）一书。这本书有一套切实可行的纲要，勾勒了人文科学的概要、原则和实践，可以指导读者进行现象学课题研究。

真实之真

1926 年，数学物理学家亚瑟·爱丁顿（Sir Arthur Eddington，他为爱因斯坦的相对论提供了可观测的证据）写道："电子运动如同恒星运动一样和谐，只是在不同的时空范围中发生。星球的乐章，在高 50 个八音的键盘上奏响。"（Eddington，1988，p.20）最近，天文学家发现了恒星内部的确有回声，因此星球的乐章并不仅仅是前科学的猜想。在亚原子层面，暗物质的新物理模型表现为场振动。似乎当科学在探究物理物质上走得越深远，我们构想的原初物体（primal object）和物理现实的相似度就越低。早年间，人们还把自然的始基想象成为分子、原子、质子、电子和夸克。但现在好像不是这样了。波粒二象性相互交融在一起。量子物理的新语言既抽象，又具有隐喻和神话的意味。当代物理学和天体物理学用弦、力、混沌、反物质、暗能量和场振动描述物理现实。新理论旨在解释宇宙宏观现实如何从微观量子现实的奇怪行为中诞生。物理学家试图追述纯粹能量或者神秘的希格斯玻色子（Higgs boson）的起源。正如所有的粒子一样，它也被认为是一个场中振动。

归根结底，当代科学给我们的似乎是数学的场域。但需要指出的是，对于某些物理学家来说，这些数学化的现实美丽而优雅，并且出人意料地和谐。因此，如果你从事科学研究，并进入了终极物质矩阵，就仿佛在聆听一曲悦耳的笛箫鸣奏。然而，你听到的宇宙笛音并没有演奏者。这音乐悠扬华丽且神秘奇丽。但是你永远发现不了这位音乐家。如此科学视角下的物理现实是令人生畏的。当我们认真地凝视自然时，自然的实质仿佛消失于广阔与虚无、暗物质与反物质之中——仅存的是恐怖的缺席，是不断撤退为不可见的可见，是可以被听到却没有起源的在场，是我们坚信它占据着宇宙另一端的黑暗的现实。

这样一种景象令人深思：物理学家对于"真实"的探究是极度平静的，而这种"真实"对于追求形而上确定性的头脑来说却是无法容忍的。即便在质性人文科学领域，探究"真实"也往往成为比真实更真的现实建构，令人唏嘘。解构主义、社会建构主义、性别分析、后现代主义和混沌理论等研究固然打破了基础主义、实证主义和现代主义的桎梏，但是连社会建构主义或新辩证物质主义这些本应该是相对主义的理论，似乎也变成了一种指令，难以动摇。尽管我们知道这种构建过于宏观，并且只在某个形而上的层面上为"真"，但我们还是像皮格马利翁一样，爱上了自己的编造物。由此，我们的语言和实践沉迷于争辩（polemical）。我们认为自己知道他人为何在哲学、心理学和意识形态上被束缚于可怜而有限的观点之中，因为我们可笑地认为自己掌握更广阔的视野，从而能把别人的视野都贬低为只是一种"视角"而已。

意义之谜

把物质的图景描绘为场振动和暗物质或反物质，并不应该让人觉得奇怪。物理现实的新图景震撼人心，把可见性转化为不可见性，从而构成了胡塞尔的原初印象意识（the primal impressionality of consciousness）、海德格尔的原初本源（originary inceptuality）、伊曼努尔·列维纳斯"有"（il-y-a）的低吟，呼应着莫里斯·梅洛-庞蒂在前反思现象学中提出的野性存在（wild being），应和着米歇尔·亨利所说的生命之情感肉身（the affective flesh of life）的原初物质性（the originary materiality）、雅克·德里达所着迷的独一性（singularity）和绝对秘密（absolute secret）、贝尔纳·斯蒂格勒所说的古代本体论技艺（technics），以及让-吕克·马里翁所说的不可还原的充溢现象（saturated phenomena）的不可见性。

物理学家受热情（pathos）驱使，想洞悉物理世界宇宙-量子的秘密，同样，现象学家也被热情召唤，要明辨人类世界活生生意义的秘密之源。当梅洛-庞蒂讨论德日进（Theilhard De Chardin）深刻的现象主义（phenomenalism）时，他谈到生命奥秘中有种热情总是超越我们平常的敏感性（sensibility）——一种可感的（sensible）奥秘"奠基了我们对世界和动物的移情（Einfühlung），给存在（Being）以深度"（Merleau-Ponty，2003，p. 312）。自然科学和人文科学都被热情所驱使，追寻真实之谜、意义及意义之源，但是二者的基本探索方法（heuristic）不同：自然科学诉诸数学，现象学扎根于意义和反思性（reflectivity）。后者依赖于自我反思的热情，对可感物质、他人和自我世界的意义进行明辨和反思。

意义不是从日常生活的层层残骸与腐败中挖掘而出的。意义

18

早已暗含于视觉、听觉、触摸、被触摸，以及与世界的接触（being-in-touch）的前反思性的反思中，早已暗含于对以上所有经验的现象性（phenomenality）的反思之谜中。新经验或许会让我们始料未及地遭遇那些闻所未闻的意义。周密的反思或许会将或旧或新的看法与洞见纳入特定的视野。现象学热情是充满爱的工程，通过现象学写作、创作、表述形成画面和语言，把活生生的生命引入意义之表达。

做现象学

赫伯特·施皮格伯格在 1975 年为一本关于现象学的书取了一个好题目。如今看来，这个题目仍然和我众多同事与研究生的实践敏感性十分切合。通常，来访者瞥一眼我的书架，就会注意到施皮格伯格的书《做现象学》，这本书会被抽出来，细细浏览一番。有一些章节的题目充满希望，十分吸引人："进入现象学的新方法：工作坊路径""现象学的存在论的应用""走向经验现象学"等等。但进一步浏览以后，这本书就被放回到书架，不予评论。也从没有谁想要借走它。然而，《做现象学》一书的雄心壮志似乎很值得赞赏。施皮格伯格在书中这样批评道："尤其与在法国和荷兰等国所发生的相比，现象学哲学领域的相对贫瘠……"（Spiegelberg，1975，p.25）他在引介性和原创性的现象学文章中都提出建议：我们需要的是"复兴一种做现象学的精神，直接指向现象本身"（Spiegelberg，1975，p.25）。他接着问道："在截然不同的条件下，我们能做些什么来唤醒［这种精神］呢？"（Spiegelberg，1975，p.25）施皮格伯格描绘了工作坊路径的案例，包括"一部分研究生选择有限的题目，'小口小口'（bitesize）地做现象学研究"（Spiegelberg，1975，p.26）。这几页的字里行间，不难让人感受到希望。

施皮格伯格的《做现象学》虽然题目吸引人，却并非一本有帮助性的现象学导引。如果像施皮格伯格本人所说的，"做现象学"要吸引学生去研究生活世界（lifeworld）中的"小题目"，那么他自己的引介性和原创性的现象学哲学论文，也没有示范如何去"做"。不过，施皮格伯格的书仍然触及了现象学界中很少谈及的问题：对于那些本身不是专业哲学家、没有现象学哲学文献背景知识的研究者来说，如何让现象学哲学易理解、可操作？

20世纪五六十年代，现象学得到了一些发展。这也许并不十分切合施皮格伯格的设想，但也许会让他欣慰。对现象学的兴趣出现在非常不同的环境下——公共政策和专业实践领域。这些领域优先考虑日常实践和经验中出现的问题，而非现象学哲学传统中的抽象学术问题。专业领域特别适用具有环境敏感性的研究。这要求研究者采用适应变动的社会背景和人类困境的研究取向和方法论。这也许可以向我们解释现象学运动中非哲学倾向的兴起。

有些哲学家也呼吁哲学界应该寻找合适的方法，让现象学对那些有兴趣却没有深厚专业哲学功底的专业实践者和研究者来说更易上手。现存文献中，不同版本的"现象学引介"能帮助建立初步的了解。去"引介"（introduce）意味着把某人引进某知识领域。可是引介性的文本通常被认为是把杰出思想家的思想简单化、通俗化。如果引介仅仅追求对真实事物可口合意的改编，那它很容易沦落为一种"引诱"（seduction）。引诱，sēdūcěre，是引入歧途：去鼓动、怂恿，同时也是去迷惑人们犯错误或做出并非出自本意的事。现象学承担着进入实践的任务，因而有时引介性的文本并不能让人满意。

也许，我们需要去探寻新方向：正如施皮格伯格所呼吁的，探寻通往现象学的引导性的方法（agogical approach）。"引导"（agogic）一词来源于希腊语 ἀγωγός，意思是引领或向导。它同时是"教育学"（pedagogy）和"成人教育学"（andragogy）的词根——"agogy"意为"指示方向、提供支持"。引导性的现象学以反身的方式呈现现象学态度的模样，从而提供通往现象学思考和研究的通路。《牛津英语词典》揭示了"引导"（agogics）和"范型"（paradigm）两词之间的关系：以例子来呈现便是范型的（paradigmatic）。

引导性的方法力图变成其所呈现之物的例子：向对现象学研究和写作感兴趣的人们展示写作实践范例。现象学的引导方法旨在带领人们进入现象学研究的课题和热情，帮助人们激发自己对实践现象学的洞见、感触和敏感。

书写人类生活的现象性

　　人文科学越趋向质性和表达性，就越应该追问写作和语言的要求。写作的可能性是什么？其局限又是什么？质性写作如果想要阐释日常生活的现象性，便会惊人地困难。写作过程越富于反思性，就越容易蹒跚或失败。心理学往往将写作困难解释为创造思维枯竭、动机水平低、见地浅薄或语言能力缺乏。解决写作困难的方法，通常被描述为语法规则、研究程序、反思方法、学术上的准备等等实用的教条。而根本的挑战，也许既不是心理因素，也不是写作技术问题。

20

　　写作困难跟两件事有特别的关系。第一，写作本身是现象学方法反思性的组成部分。现象学写作，不是仅仅把研究项目的结果总结或者记下来的过程。写作即反思，写作即研究。我们可能会在写作中，以无法预测的方式，深化自我蜕变。米歇尔·福柯精练地阐述了这一观点：

　　　　我认为知道自己到底是什么并没有必要。生活和工作的主要旨趣，在于变成一开始你并不是的"别人"。如果在开始写一本书的时候，你便知道到最后你要说什么，你觉得这会给你写下去的勇气么？写作和爱情关系的真谛，同样适用于生活本身。眼前的游戏值得一试，是因为我们并不知道结局。（Foucault，1988，p.9）

　　第二，现象感受的（pathic）现象性和写作感召的（vocative）

表达力不仅仅需要我们的脑和手，更需要我们满怀感觉和感知的整个具身性的存在（embodied being）。因而，现象学文本写作是一个反思过程，试图恢复、表达我们在亲身经历中经验生活的方式——最终能够在我们的生活中用更多的敏思（thoughtfulness）和机智（tact）去行动。

与此同时，写作这种文化实践似乎越发被其他媒介形式代替。新技术和媒介到底是改变了写作的性质，还是直接代替了写作过程？媒介学者如威廉·弗拉瑟（Flusser，2011a，2011b）和迈克尔·海姆（Heim，1987）对这些问题进行了探讨。新技术媒介可能会为实践现象学写作提供新鲜血液，因为不同的设备以不同的形态超越着传统哲学和理性话语的范围，创造着现象学意义。弗拉瑟辩驳说，尽管写作媒介日渐被图片、博客、播客和自制电影（如 YouTube）等大众媒体代替，但是写作的形态具有独特的文化习性和历史具身结构，如果被替代，就不得不遭受反思性、表达性与文化上的损失（Flusser，2012）。

就像我们对物理世界中事物的物质现实习以为常，我们对自己日常的、符号的和精神世界中的"事物"亦视而不见。接下来这样说话似乎没什么错，但是很滑稽：我平常吃饭用的这张桌子或这个盘子，在亚原子层面上，包含大量的空余空间和微粒，因而这桌子或盘子并不像我们平时看见的那样存在。以此类推，如果说在我跟他人的关系中，我体验到的眼神、触摸、爱或者责任感并不存在，也会很滑稽。这些说法是头脑中隐匿而虚幻的建构。而名目繁多的质性研究模式大多将这些现实、存在和现象的意义视作理所应当——而现象学研究的关键，恰恰在于经验现实的可感性和意义。在日常生活中，当我唤出或者写下孩子、配偶或朋友的名字时，我似乎将他们的存在真实地呼唤到身旁。一般意义上的语言也是这样。当我称某人为"朋友"或"爱人"时，我便召唤出了我与这个人之间的友谊或爱情这么一种特定的关系品质。而当我反思地将"朋友"一词或"爱人"一词落于纸上时，奇怪的现象便出现了。现在这个词反过来凝视着我，提醒着我，它仅仅是一个词罢了。一旦写下或者说出某词，我本来想通过这个词显现（bring into presence）的意义，便已零落，自己消失了（absented itself）。

黑格尔曾经写到，《圣经》中的亚当在为世界万物命名的同时，实际上也将其销毁（Hegel，1979）。在命名与求知的活动中，我们不可避免地剥夺了所命名事物丰富的存在意义。因此，尽管人文科学作者努力秉持着敏感性来对待亲历生活（lived life）中细小、微妙和复杂之处，但他们仍有可能在不知不觉中把自己变成了终结者——生命的刽子手：这种清醒的认识，也许是我们对现象学、反思、研究和写作进行思考的非比寻常的开始。

在本书中，我试图描述和众多哲学、人文科学先驱一致的实践现象学：一种专业实践的现象学，做现象学的现象学实践，生活实践的现象学。正如雅恩·帕托什卡所指出的，正是在我们个人日常生活的实践视域中，现象学意义才最清楚地被需要并得以显现。基于众多思想线索和传统，当代现象学从对当下和先前思潮的回应中发展而来。本书的读者也许会发现，在不同章节中，现象学的构成也许以不同方式呈现，可能会被复杂化，或许还会被质疑。并且在不同的语境下，"方法"的概念有多元甚至模棱两可的理解。这种情况不可避免，甚至可圈可点。就好像"被给予"（given）这个概念在埃德蒙德·胡塞尔、马丁·海德格尔、莫里斯·梅洛－庞蒂、米歇尔·亨利、让－吕克·马里翁和吉奥乔·阿甘本的现象学中得到不同的诠释一样。又如，我们要珍视胡塞尔现象学中解释和分析方法的影响力，同时也要留意海德格尔采取的不同取向，而两者被让－保罗·萨特、西蒙娜·德·波伏娃、莫里斯·梅洛－庞蒂、伊曼努尔·列维纳斯和莫里斯·布朗肖等的不同哲学解释所轮番挑战；或者与保罗·利科、雅克·德里达、阿方索·林吉斯的批判性、发散性的发展相对峙；或者最近被贝尔纳·斯蒂格勒、米歇尔·亨利、让－吕克·南希、

22

吉奥乔·阿甘本、让－吕克·马里翁、让－路易·克利田、君特·菲加尔、詹妮弗·格塞迪－弗伦采和克劳德·罗麦诺的令人玩味的写作所挑战。

现象学引人入胜之处在于，这些影响深远的思想家并不局限于哲学或者方法的变形，而是呈现精彩纷呈的现象学探究。他们必须同时提出其他颠覆性的方式，来理解意义如何、在何处起源与发生。而正是对日常生活中意义的来源和奥秘的探索，为各种本源性的现象学哲学打下基础。回溯现象学的思想版图，我们可以辨识出众多山系，山峦起伏变化，一些山峰景致易于适应，而另外一些上下坡充满挑战甚至危险，要求我们花大力气攀登。现象学不允许自身被简化成充满迷惑性的成套纲要步骤或者程序（procedure）说明。实际上，现象学的实践者如果依赖程序性的纲要、简化的探究模型，或者成套的描述性－解释性步骤，就会不知不觉地破坏自己扎根相关文献的意愿，颠覆自己想要更本真地把握现象学思考和探究过程的意图。

现象学之现象学

从其根源和本质上来说，现象学是一门哲学学科。连现象学心理学、现象学社会学、现象学人类学等交叉学科也无疑扎根于哲学和欧陆学者所称的 Geisteswissenschaften——人文科学。但是与不列颠和北美学术界不同，德国、法国和其他欧陆国家的哲学家，如果在哲学系占据一席之地，他们同时也会承担心理学、历史学、教育学等学科的学术职责。因此，梅洛－庞蒂的著作涵盖了对心理学、人文科学和教育学的思考，反映在他的《索邦演讲：儿童心理学与教育学》（2010a）一书中。并且，反之亦然，其他学科的专家学者，例如路德维希·宾斯万格（Binswanger，1963）和卡尔·雅斯贝尔斯都有很高的哲学造诣。欧陆学术界学科间的分界线相对模糊，因而我们可以发现，像萨特、梅洛－庞蒂、伽达默尔、利科、德里达、南希和阿甘本等学者可以将触角延伸至人文学科、社会科学和艺术，横跨广泛的学科领域。

与此同时，在全世界很多大洲的许多国家中，现象学已经成为人文科学专业化发展的核心成分。在心理学、教育、护理学、医学、老年保健学、预防医疗保健、咨询、教学法以及人类生态学等领域，学者正在探索现象学研究。他们具有本学科深厚的学术背景，但对哲学思想的掌握相对较弱。他们的兴趣点和目标在于"做"现象学。在此背景下，众多学科领域试图有别于现象学哲学以往传统的课程和引介，为现象学引导性途径积淀了肥沃的土壤。

这本书致力于为做现象学的引导性工作做贡献。因此，我们必须对关于现象学的哲学探讨和"做现象学"加以辨别。通常哲学家从事关于现象学的哲学探讨，他们对伟大的思想家进行学术注疏，或者解释说明现象学文献中众多关键性和技术性问题。换句话说，哲学家的著作是写给其他哲学家看的。而我们要问："一个人有可能是现象学家而不是哲学家吗？"我认为可以。然而，秉持着"爱智"（philos）的精神，我们对卓越的现象学头脑所从事的思考的热爱，甚至胜于那些评议者的著作。做现象学，意味着对伟大的文本生发出一种热情，而同时以现象学的方式反思日常经验中转瞬即逝的生活意义、现象和事件。在这种意义上，现象学写作首先并不是给哲学家看的，而是给专业实践工作者和那些有志于用现象学的方式对待其专业工作、个人行为和日常生活经验的人看的。在这个意义上，我们都是哲学家。

很多年前，科尔内留斯·费尔赫芬（Verhoeven，1972）做出了一个令人深思的观察。他认为，就像关于诗歌的学术知识并不能让人变成诗人，关于现象学的哲学知识也并不能让人成为现象学家。通过和诗歌做类比，费尔赫芬区分了研究和批评诗歌的人与那些做实际诗歌创作的人：鉴赏家或者评论家"写关于诗歌的著作"，而另一些人"写诗歌"。当然一些评论家也许同时是诗人，但是评论家写出来的诗往往缺少了激情和灵感。费尔赫芬的警告，让我们不由得停顿片刻，展开反思。费尔赫芬甚至更进一步说，那些只谈论哲学的哲学家只不过是一群烦人鬼罢了。哲学批评家只会谈论哲学，却不会"做"哲学。费尔赫芬最初在他的现象学研究《惊奇之哲学》中表达了以上观点。但是他也许会坚持认为，自己的论断仍然切合于当下的现象学实践。

如果费尔赫芬是正确的，那么我们不得不承认，有些人也许会写就关于现象学的著作，成为伟大的哲学家和知识丰富的学者，但他们并不愿意或者不能写作生活的现象学。"对生活没有天分的人才会去做哲学"，塞尔如是说（Serres，2008，p. 133）。他们做哲学解释，但不能将日常事物带入生活——在我们的日常存在中，呼唤我们所亲历的平常生活。因而，我们要看到，做现象学解释研究的哲学家，不同于做现象学生活世界研究的哲学家。也许后者才能被真正称为本真的现象学家。然而，我们当然也应当看到，真正做现象学的哲学家与那些做现象学的非哲学家可能对不同的东西产生兴趣。

进而，我们问，我们是不是希望所有读者都具有阅读实践现象学研究的能力，并且能从中感到愉悦？或者，是不是有些人根本不愿意、不准备阅读现象学材料，就像并不是每个能够阅读的人都愿意和准备阅读诗歌。而同时，一个人并不见得要成为诗歌学者才能够懂诗。现象学也是这样。一个人也许不是专业哲学家，但是仍然能够理解、享受阅读和写作见解深刻的现象学研究。

以上的反思，涉及做现象学家、做现象学，而不是"围绕"现象学的讨论。它是冷静而清醒的，因而应当能在我们对做生活世界研究的自信当中，注入一种谦虚和警惕的态度。然而这些反思同时也给了我们希望和乐观主义：人们也许不用成为专业哲学家，而在深入研究现象学哲学之后，也可以充满机智地开展引人入胜的研究，写作富于洞见的文本。以我的经验来看，不断熟习伟大哲学现象学文本是现象学带来的快乐的一部分。正是这样，我们受热情所感染。这种热情驱动着现象学思考，并且使得"思考"成为引人入胜的活动，来探索人类生活和存在的生活意义（lived meaning）。

我尝试在本书中介绍一些现象学和现象学家，介绍他们的原创性（originary）思想。君特·菲加尔做过一个论断，他认为所有真正的哲学都必须是原创性的："哲学讨论如果不是原创性的，那它就不是哲学，而仅仅是在为哲学做贡献。"（Figal，2010，p. 30）这个判断对现象学哲学传统来说尤其切合，因为现象学旨在不断更新。原创性意味着在一段现象学文本当中包含着并不是从以往的现象学理论中得出的东西。现实中许多学者创作出了艰涩的现象学家著作解释研究，但他们并没有以原创性的方式来从事现象学写作。

就现象学传统中卓越的"头脑"们来说，他们不同于其他哲学家之处，在于他们真正地做现象学，并以原创性的方式写作。一个经典的例子就是梅洛–庞蒂《知觉现象学》的序言。在序言中他问道："什么是现象学？"接着便给出了富于洞见的描述。他的现象学感受性散文的语言充满力量，富于原创性，风格震撼人心。实际上，像海德格尔、施泰因、梅洛–庞蒂、萨特、波伏娃、列维纳斯、德里达、林吉斯、马里翁、南希、克利田、塞尔和阿甘本等思想家的写作之所以如此令人震撼，正是由于他们以现象学的敏感、逻辑的连贯、诗意的精准、澎湃的热情来践行着现象学，并且他们的实践源于原创性的原点。

我不希望提供关于质性研究的乏味文本，惟愿此书对读者来说是现象学之现象学：对于不同种类和版本的现象学研究与方法进行现象学反思——在我们前反思和反思地生活的同时，让意义成形和成法（moding and methoding）。

第二章
意义与方法

（解释学）现象学是一种方法

解释学现象学是有节制地反思人类生存的生活经验基本结构的方法。"方法"一词，是指趋近现象的方式或态度。"有节制"是指反思经验的目的在于戒除理论的、争辩的、假设的、情感的麻醉。"解释学的"是指对经验的反思必须搜寻漫无边际的语言和敏感的诠释工具，达成现象学的分析、解释和描述，使之易于理解。生活经验（lived experience），是指现象学以亲历的方式反思人类生存中前反思（prereflective）与前述谓（prepredicative）的生活。

为了兼顾措辞顺畅，在本书中，"现象学"一词通常要被理解为"解释学现象学"或"诠释 – 描述现象学"。我们可以很明显地在现象学漫长而复杂的哲学传统中发现，多种多样的描述性和诠释性的元素交织于现象学探究中。从某种意义上说，现象学总是描述和诠释的，总是语言的和解释的（胡塞尔对描述而非诠释的强调，可以看作一个特例）。为了突出现象学从广义上指的就是描述 – 诠释现象学，解释学一词在本节标题里被放入了括号中。但我们应该指出，所有或者大多数现象学都具有解释学（诠释的）成分——但不是所有解释学都是现象学。实际上，一些解释学在诠释上走得太远，因此丧失了现象学（经验的）定位。

现象学方法被热情所驱使：当现象出现、呈现、显现，把自己给予我们时，对现象之惊奇如同咒语一般笼罩着我们。现象学在和世界中的事物、事件相遇时，它的凝视对准一些区域，在这里，意义和理解发生、涌动，将岁月沉淀的薄膜穿透——然后注
入、弥漫、感染、触摸、激发着我们，对我们的存在产生形成性和情感性的作用。与其说现象学是回答的方式，不如说它更像是提问的方法。通过沉思、反思的提问，在对生活意义的来源和意义的痴迷之后，洞见才可能降临到我们身上。本书涉及的众多现象学家思想的主题，便是怀着热情，对前反思经验和现象的独一性（singularity）保有惊奇。对于现象学家来说，热情意味着没有什么比追寻意义的起源、意义的表现方式和意义的意义更有意义。从根本上说，现象学并不是固定的探究程式，它是对前反思经验意义进行原初性的探寻。

用重点更突出的方式来概括：

- 现象学研究开始于惊奇，惊奇于给予自身的是何物，以及某物如何给予自身。人们只有为惊奇的态度所折服，才能从事这种研究。
- 现象学的问题探索在前反思、前述谓经验——我们亲历的经验时刻中被给予的事物。
- 现象学旨在抓住现象或者事件专有的独特角度（定位、本质、他者性）。
- 在还原（reduction）的众多形式中，悬置（加括号 ①）（epoché，bracketing）和还原本身（reduction proper）是两个最为关键的成分——虽然还原这个概念本身被赋予各种各样的理解，有

_____

① "加括号"为胡塞尔详细阐释的现象学方法术语，是"现象学悬置"的同义语，意指在从事现象学研究之始，将对某经验的固有意见、假设放在括号之中，存而不论，从而能够更明晰地看到世界中的现象如何呈现其自身。——译者

第二章　意义与方法

15

27

时不同理解之间互不相容，引得很多哲学家和现象学家为此争论不休。

- 现象学反思和分析主要在悬置、还原和感召（vocative）的态度中发生——虽然人们对这三者的理解有所不同。

从词源上看，"现象"（phenomenon）一词指的是所显现的事物；"logos"指词语或者研究。我们的第一反应也许是"现象学"一词的构成方式和"心理学"（psycho-logy）、"社会学"（socio-logy）、"生物学"（bio-logy）等等相似。这类词的第一部分指的是研究的科目或领域：心灵（psyche，精神、灵魂）、社群（social，社会、社区）、生物（bio，生命）等等。第二部分"logos"指的是对心灵、社群或生物等学科领域进行的探究或科学。但是现象学的科目主题或科目领域和它们有所不同，因为现象不是科目。

在《存在与时间》的方法论介绍中，海德格尔谨慎地阐释了自己从希腊文"phenomenology"的词源中所归结出的存在论构成。他指出，"logos"指的是"让某物被看见"（to let something be seen），"phenomenon"指的是"在自身中显现自身的事物"（that which shows itself in itself）。

28　　于是，现象学是说：让人从显现的东西本身那里如它从其本身所显现的那样来看它。这就是取名为现象学的那门研究的形式上的意义。然而，这里表述出来的东西无非就是前面曾表述过的座右铭："面向事情本身！"[①]（Heidegger, 2010, p. 32）

虽然诸多文献对海德格尔的这一论断有不同诠释，而且许多

[①] 本章中，海德格尔《存在与时间》引文的翻译引自陈嘉映、王庆节合译，熊伟校，陈嘉映修订的《存在与时间》（修订译本），生活·读书·新知三联书店2006年版。——译者

诠释在方法论上不甚明晰，但海德格尔这一著名说法还是被广泛引用。然而关键的一点在于，我们看到海德格尔想说的是，现象学要"让其自身显现"的是那些被遮蔽或隐匿的事物，是那些隐匿但"从本质上属于、构成自身所呈现事物的意义和根据的"事物（Heidegger，2010，p.33）。不难想象，现象学探究包含着显现和遮蔽之间的动态游戏，这是贯穿现象学众多传统的主题。在亲历经验和日常存在中，我们尽量留心与事物和他人相遇、共生时发生意义的原初性。同时也要注意，人们对意义遮蔽、隐匿的维度具有不同的理解。

海德格尔也对"描述现象学"的方法论表达进行了阐述：

在这里，描述并不意味着植物形态学之类的那样一种处理方法——这个名称还有一种禁忌性的意义：远避一切不加展示的规定活动。描述性本身就是……只（有）从被"描写"的东西［"Sachheit"］的"实是"出发，才能够把描述性本身确立起来。（Heidegger，2010，p.32）

现象学是接近我们前反思经验世界的方式。前反思经验是我们居于其中的日常经验，我们日复一日的全部，至少是大多数的存在（existence）都在其中经历。无论我们吃饭、散步、开车、打理花园、做白日梦、发短信、和爱人拥抱、演讲、谈话、回忆某件事、读小说或者反思一本小说、等待友人、看电影或者诠释一部电影，还是写关于反思的论文——从现象学的观点来看，这些都是前反思经验。就连现象学反思的经验也能被看作前反思的，从而可以作为反思的课题。实际上，本书正是要试图实现这一主题：对现象学反思和分析进行反思。但是，并不是所有的反思都是现象学性质的。这就是为什么我们必须理解现象学的含义，把它看作蕴含着悬置和还原奥秘的方法。

从哲学观点来看，现象学是一种意义给予的研究方法。但在这里，我们并不是在通常的科学意义上使用"方法"一词。量化与质性科学方法通常指约定俗成的一套或数套工具、规则、实验、试验、疗法，以及专属于某思想流派或科学实践的调查、研究和探究程序。科学方法通常假设操作模式是中立的、客观的、不受个人特质和风格影响的——尽管实践的科学家肯定要说科学研究通常杂乱无章、误打误撞、跟着直觉行事等等。

如果我们回顾现象学的历史——从早期的胡塞尔，到施泰因、海德格尔、梅洛-庞蒂、列维纳斯，再到布朗肖、德里达和亨利，然后再到当代哲学家林吉斯、阿甘本、马里翁、菲加尔、塞尔、克利田和南希——我们会发现这些哲学家日渐认识到，分析概念、客观主题、简洁的哲学修辞、逻辑原则、抽象理论、条例化的科学方法，以及传统理性的哲学系统等并不能完全概括人类经验的现象性。相反，哲学家们发现，想要探究人类经验和真相的现象性，就要全方位地依靠复杂的散文和诗歌语言，依靠认知性（cognitive）和感受性（pathic）的语言。当代现象学家的作品对我们经验本质、本源和神秘特性的反思，尤其超越了传统意义上质性文本被论辩和概念所主导的纯散文。我将现象学方法的这些意义给予方法特征描述为感召（vocative）、感受（the pathic）、图像（image）、轶事（anecdote）和事例（example）。当审视现象学的代表性文本时，我们的确能够从中发现一些方法论的特征，而现象学哲学文献很少讨论和描述这些特征。因而我们有必要探讨意义和方法的关系——"方法"在这里并不仅仅指的是研究程序、技术和其他可以重复操作的特征。现象学方法往往满载尝试、摸索和充满希望的风险。在现象学的语境下，方法绝不会是一台机器，准确无误地制造出富有洞见的结果。

现象学首先是提问的哲学方法，而不是回答的方法或发现和归纳确定结论的方法。而提问中包含着很多可能性，让我们体验到开放、理解和洞见——从而创造对存在性（existentiality）认知的、非认知的或感受性的知觉，让我们能在现象和事件的独特性中瞥见其意。因此，现象学不同于那些要求重复操作的质性方法和取向，那些取向往往包含计算和比较研究结果趋势以及数据索引。我们越了解现象学文献就越明白，现象学方法不能被限定为一本方法论著作、一套解释纲要，或一系列系统化的步骤。

现象学有时被描述为人文科学。"人文科学"从德语"Geisteswissenschaften"而来，在英语中可以被翻译成关于心智（mind，Geist）的学说或者科学（Wissenschaft）。比如，梅洛－庞蒂在《人文科学和现象学》一文中提到人文科学（Merleau-Ponty，2010a，pp. 316–372）。在北美，人文科学可能用来指称很多质性学科，例如人种志、常人方法学、叙事研究等等。现象学人文科学不同于哲学现象学，它除了吸纳哲学现象学方法之外，还采纳了来自社会科学的经验和分析方法。然而，将访谈、观察、参与等方法活动引入现象学研究时，要让这些方法获得与现象学基本课题相一致的方法论意蕴。例如，现象学访谈在手段和意图上都明显区别于心理学或人种志访谈。后面的章节会对这一点有所涉及。

本书的目的，在于讨论从事现象学人文科学研究可能所需的整套方法论实践。某些现象学课题可能只会突出运用其中的某些方法。问题的关键在于，我们如果想通过任何现象学探究方法得到充满洞见的研究，都不能把其简化成程序方案或步骤。有些质性研究文献不时提出简化的方案，可仅仅因为这个简单的原因，它们都注定失败。正如伽达默尔指出的，没有任何方法能够通往人类的真相。任何程序性方法都不可避免地把它所研究的事物技术化、对象化，因而不能把握那些独特而微妙之处——它们只能够通过创新的和感召性的反思性写作来把握。

认真的研究者因此面临一个挑战：在阅读现象学文献时，怎么将注意力集中在和自己研究兴趣有关的部分？我希望你们手上的这本书能引导你们进入这个过程，让你们转向原始资料。与其依赖简化方案，不如增进我们对现象学原本概念的真实理解。和原创现象学家启发性的作品相比，简化方案精简了太多"步骤"。

本书稍后会对现象学家的作品进行详细探讨。

在写作本书时，我尽量留意哲学现象学学术传统对现象学的不同理解。而我同时也会介绍一些哲学文献中不常见的术语，比如感召和感受性、轶事和事例。通过这些概念，我希望能够完成引导性的课题，让现象学成为可理解和可操作的反思性写作实践。我会证明传统文献中本身蕴含着感召和感受性的现象学写作意义，但是并没有将其明确显现，因为哲学研究通常将写作（实践现象学研究的创作）看作理所应当，很少通过操作的方式进行反思。即使在专业现象学文献当中，也很少有人会注意到，现象学研究的反思过程大部分发生在写作的过程中。本书还涉及一些由我自己使用和诠释的概念术语，例如，生活经验描述（lived experience descriptions，简称 LEDs）、轶事、事例、图像、刺点（punctum）等等。这些概念能培养践行现象学所需的技能。有些概念是我从诸多作者那里借用、诠释和发展而来的，比如萨特、梅洛 - 庞蒂、布朗肖、巴特、德里达和阿甘本——尽管这些术语在原始文献中具有不同的含义。

最后，而且最重要的是，现象学并不一定要遵循社会科学的标准做法，通过访谈、观察、书面委托采集经验数据，或者通过限定的操作程序进行主题分析，等等。现象学可以反思各式各样的主题，这些主题可以来自电影、摄影、游记、小说或故事研究、视觉图像艺术现象学研究、新兴艺术表达形式等知识领域，也可以来自与新媒体、技术和网络相关的现象和事件以及反思性专业实践中的主题。我希望能向读者展示现象学的众多面貌和实践现象学中蕴含的方法论可能性。实践现象学是复数的现象学（phenomenologies），能够深化、引导专业行动和日常经验。实践现象学的终极目标非常朴实：为专业和日常生活实践培育敏思和机智（例如，参见 van Manen，1991）。

现象学问题如何生发

在任何停下来反思某个经验的时刻，现象学问题都有可能生发。就连最平常的体验也有可能让我们充满惊奇。我们也许会突然回想起一件触动人心的事。或者某人评论了一件类似的事。此刻，我们好奇：这个经验是怎样的？经验的意义是如何发生的？我们如何经历类似的经验？本来稀松平常的经验，有可能突然变得异乎寻常：我们发觉了这个现象的现象性！

当然，在大多数情况下，我们对自己的经验根本是不加反思的。我们仅仅生活在一种理所当然的模式中。这并不是说我们不做反思，也不是说我们生活得不好，更不是说我们无法关怀身边的人。这也不是说我们对日常的活动和任务不假思索或不投入感情。

> 早上煮咖啡的时候，我从厨房的窗户向外望去。我看见一只蜂鸟落在一群嗷嗷待哺的小家伙旁，我笑了。但是我没太注意。盯着窗外的时候，我几乎沉浸在思绪当中。明知今天必须完成很多工作，但是我没有办法让自己集中精力。我好奇孩子们昨天晚上做了什么。清晨似乎要转瞬即逝，我隐约感觉到，我应该完成更多重要任务。"你在寻思什么呢？"我听见妻子问。她将我从痴痴盯着窗户的状态中拉了出来。"你刚才在想什么？"她问。（我通常不喜欢这样的问题。对自己的思想状态，说实话，我都不知道该说什么。）"哦，没什么，真的。"我回答。但是我妻子穷追不舍："你看上去那么专心！""那个，我在欣赏厨房窗台上的兰花。"我回答道，"它们每周接连不断地开花，真让人惊叹啊。"我妻子，也是我们家的园丁，好像对我的回答表示满意。虽然我能从她脸上看出，她期待的是不同的回答。

（页边标注：32）

我们当然会时不时对事物产生好奇：我好奇今天会不会下雨。我好奇那是安娜蜂鸟还是棕黄蜂鸟。我好奇会不会收到邮件。但是，从反思的角度上看，我们如此好奇的只是事实性的琐碎问题。我们也会产生比较深刻的惊奇，惊奇于浪花拍击海岸的催眠现象，惊奇书中的只言片语如何能激荡我们的心灵，惊奇于电子邮件和短信如何在出其不意间创造亲密感，惊奇于当身陷爱河时，我们的整个世界仿佛都变换了模样。这些问题关乎亲历经验的意义，有可能让我们与现象学的态度离得更近。通常我们不会以现象学的反思态度来惊奇于日常现象和事件的生活意义。那么，现象学的态度包含什么？日常生活中的好奇与反思，怎样才能变成现象学反思呢？

梅洛－庞蒂指出，我们只能通过做现象学来真正理解现象学。这是为什么呢？想一想很多人虽然阅读了大量关于诗歌的文献，但仍然不会写诗；虽然一个人读了大量的哲学和现象学文献，但也许这并不表明他能够用现象学的方式开展反思和写作。做现象学意味着要从生活经验开始，从某事物如何将自身呈现和给予我们开始。做现象学归根结底要求我们理解悬置和还原本身的不同方面和实践方式。但是现象学最好的开始是日常生活。下面这个例子要展示现象学的态度如何产生于日常的偶然经验之中。

想象你正在街头咖啡店中喝咖啡。天气温暖晴朗。你看了看手机，没有什么重要的电话和短信。你看着服务员熟练地游弋于桌椅之间，为顾客端上饮料，同时与他们说笑。你又喝了一口咖啡，身子往后倾，靠在椅子上。能独处一个小时可真好啊。你来得这么早，是因为你跟一个朋友约好了在这个咖啡店见面。以前几次和他见面也是在这里。可是你来早了，因此还没开始思考会面的事。你觉得很放松。不用担心，也没有惦记的事——就这样多好啊！光是坐在这里看人们走来走去，就充满了乐趣。

闭上眼睛片刻，你便留意到有什么东西在来回滚动。一个球？还真是，这声音来自一个球，缓缓地弹来弹去。你用眼睛追着它，想着也许会有一个孩子追着它跑。这个球滚到了街上，你模模糊糊地对车流产生了好奇。当一个小男孩快跑到街上，安全地拿回球时，你感觉你的身体不由自主地动了一下。但这时集中在球上的注意力被打断了。有东西贴在你的脖子上。你不由得大吃一惊：这是什么？想都没想，你的手就已经在脖子上有感觉的地方扫了扫。可是，什么都没有。你抬头看看。难道是什么东西从这把露台伞上掉下来了？然后你的脖子又被碰了一下。虫子？此想法一出，你立即觉得恶心、困惑。但是这时，几乎是在同时，你注意到你的朋友调皮地藏在你背后。你说："噢，罗伯特，是你啊！我还以为……算了，你好吗？这么长时间都没见了。是两年还是三年了？今天天气多好啊。"你感到此时此刻的温暖。灿烂的微笑和友好的拥抱。"坐啊。快，坐下，告诉我，从咱俩上次见面以后，你过得怎么样。"

"这个，"你朋友小心翼翼地说，"我遇到了一个人。或者说，我碰巧遇到了一个人，这个人你也认识。""什么意思？一个女的？谁啊？"你朋友笑着点头说："苏珊娜。就是那个咱们俩上大学时都认识的苏珊娜。我们在开会的时候碰巧遇上了。我们发现彼此都是单身。所以，我们一起喝咖啡、一起吃晚饭看电影，然后，我们差不多在一起了。"你瞪着他："苏珊娜！她怎么样啊？我还以为她结婚了，过得很幸福呢！""的确，而且如果你知道她后来发生了什么事，可能会更加吃惊，尤其有些事还跟你有关。""我？你什么意思？""唉，这可说来话长了，咱们先慢慢聊吧。这座城市真好。我们要找个吃饭的地方。"你和罗伯特离开了咖啡店。现在，你的兴趣被充分激发出来。这个苏珊娜可是你当时的暗恋对象，你曾经特别喜欢她，甚至可以说是爱她。

和朋友并肩行走的时候，你倾听他的故事，但是与此同时，迷惘的记忆不断造访。那些几乎被遗忘的亲密啊。你自问，如果当时做了不同的选择，生活会变得不同吗？如果你当时更坚持一些就好了。精致的小桥横穿美妙如画的运河，你们二人同时驻足凭栏。"风景真美啊，"你的朋友说，"我想念这座城市。"你们二人同时陷入了短暂的沉默。但这沉默让人惬意。"嗯，是。"你终于回应了他。你望着这熟悉的河流，仿佛是与它重逢一般，就像和你的朋友一样，在很久不见之后再次相逢。你意识到，跟罗伯特在一起的你，是那么自在。你听见自己说："罗伯特，能再见到你可真好，但是你让我特别好奇。你在吊我胃口。快告诉我。"

如此，这是一段对日常事件的描述。普普通通的经验。这个情景几乎可以和任何日常生活时刻相提并论。你喝着咖啡，等着朋友。这里，有一种情绪（mood），一种大脑几乎一片空白的平静情绪。喝杯咖啡，幸福而放松，单单是活着就能带来这样的快乐。在这种状态中，你也许不会想什么特别的事。你只是接纳着周围的活动：走过的路人、咖啡店里的服务员。随后发生了一些事件，你的注意力被吸引过去。你听见声音，在看见球之前，你就知道那是球发出的声音。在孩子冲向繁忙车流拿回球时，你几乎有一种身体反应。你又放松下来，继续享用咖啡，更加被动地观察人流。然后惊讶而迷惑的时刻到来了，什么东西从后面轻拍了你的脖子。那是什么？接下来，你发现那是朋友藏在你身后。相认的时刻，愉快的玩笑。此时，情绪也许发生了变化。当你们一起边走边聊时，你体验着谈话带来的惬意。昔日的记忆被唤醒。但是这次与朋友的会面正朝着预料之外的方向发展。你被迫用不同的方式看待自己的过去。同时，你也许也会用别样的态度来看待人生……

就像这段轶事一样，如果我们以实际发生的方式，用经验性的词汇来讲述一个情景，那么我们就会产生生动的认同感。在读文本的时候，我们会感觉这件事好像正发生在自己身上。然而反思过后，我们认识到这样的故事表达着两种不同的时间性在场（presence）。首先是"直接此刻"（the immediate now）的生活存在——在生活的时时刻刻，我们总是身在"其中"。还有一种是为故事文本所调节的"间接此刻"（the now mediated）反思性在场。对现象学探究来说，区分鲜活的此刻（the living now）和间接的此刻（the mediated now）极为关键。为什么呢？因为现象学试图描述鲜活此刻中前反思的意义。然而现象学同时意识到，当我们试图通过口头或书面文字描述来捕捉鲜活存在的"此刻"时，总是已经太迟了。在我停下来反思现在经验的这一时刻，这个时刻便不可避免地被对象化——从鲜活在场的主体性变成了反思性在场的对象。不管我们如何尝试，我们总是太晚，捕捉不住鲜活此刻的那一时刻，无论这个"此刻"是爱人目光流转的微观时刻（micro-moment），或者是生活在抑郁症中的宏观时刻（macro-moment）。一个时刻，也许维持几微秒，也可能维持变成此－期间（now-duration），维持一个小时、一个下午、一周、一年，甚至更长。

当天的晚些时候，也许你会对别人说："我和朋友聊得很愉快。"这样一来，这段经验也许短暂地、稍纵即逝地回到了记忆中。但在日常生活里，我们很少关注自己的平常经验。我们经历着它们，也许再也不会去多想，除非一段时间以后，我们要回想和朋友在街边咖啡店的讨论，或者想起我们的对话引发的回忆。这些时刻通常从我们身边溜走，滑落进过往之中，我们甚至根本不会通过反思来辨识出这些经验的来来往往。我们在自然态度（natural attitude）中经历习以为常的经验，甚至不曾将其引入反思意识（reflective awareness）中。在重新讲述午后喝咖啡的经历后，我们有可能将这段生活经验引入反思意识，但是却不可避免地忽略掉许多鲜活的细节——它们继续留守为前反思的生活经验。然而重要的是，我们不再触及的生活经验也许会有强大的延迟效应，影响着我们现在、未来的存在和生成（being and becoming）。

相反，我们也有可能详细回忆在街旁咖啡馆会见朋友的经验，探索很多有意义的细节。而实际上我们可以把这些细微的瞬间看得很长或很短。有午后一个小时在咖啡馆度过的时刻，有从咖啡杯中抿一小口的时刻，也有在城市街道上和朋友边走边聊的时刻。我们可以聚焦任何一个时刻，然后发问："在街边露台上坐着的时候，体验是怎样的？"你也许会回答说："我刚才只是小口喝咖啡。"或者"我在观察行人。"或者"我在享受明媚的阳光。"或者"我只是在想，这是多么美好的一天啊。"或者"我注意到有一个球滚到了街上，当时我想：'但愿汽车别轧着它。'"或者"我在看服务生招呼顾客。"或者"我突然感觉什么东西碰了我的脖子。"或者"我见到朋友很吃惊。"或者"我给了朋友一个热情的拥抱。"或者"我听说朋友有新恋情时大吃一惊。"或者"聊起苏珊娜时，我情不自禁地品咂着无数回忆。"或者"我很享受能真正和朋友聊天的时光。"

随着这些陈述，你也许开始关注一段生活经验，以经验的方式描述自己在街边咖啡馆的场景和事件。这也许为现象学问题开辟了空间："小口抿咖啡是怎样的？""做白日梦是怎样的？""谈话的性质是什么？""我们如何经验年少时的回忆？""一起在桥上看河水是怎样的？"我们可以将如此之多的生活经验纳入反思意识之中，真令人惊叹。

从现象学的角度上看，经验似乎从日常存在的流动中产生。它们是可以被辨识的，我们可以进行回忆、命名、描述和反思。或者说，正因为我们将经验命名和描述，才使之成为经验。难怪我们可以从上述情景中分辨出更多类似的经验，比如举起咖啡杯、在嘴中品尝咖啡、对侍者说"谢谢"、看着他招呼其他客人等等。每一个可以被命名、被识别的经验似乎都具有了一种身份，可以与其他经验相区分。我们能将刚命名的这些时刻（微观时刻和宏观时刻）单独挑拣出来，然后发问："这个经验是怎样的？""那个经验的现象学意义是什么？""幸福地放松的现象学是什么？""什么是触摸的现象学：被某人或某物轻轻拍打的感觉？"同时，我们可以进一步关注触摸的性质："被物体触摸或敲击的经验如何区别于人的触摸？人类触摸的现象学是什么？朋友或恋人的触摸如何区别于陌生人的触摸？"我们生活经验的现象学意义范围，真的是不可穷尽。

和朋友分别以后，你步行回家，一路上反思着这个下午。你们感谢对方带来的愉快谈话。这谈话对你们两个人来说都意义非凡。而且谈话的意蕴并不仅仅在于话题本身，还在于一同散步和分享食物的气氛，正是这样的气氛使得对话从一开始得以发生。就连同时沉默下来都意义深刻。现在你也许会惊奇于一起聊天的特别时光。是什么让交谈的意义如此深远、独一无二？如果一个词都不说，你能体验一样有意义的谈话吗？也许能。在你们的友谊和共处时的理解氛围中，谈话似乎能自己找到自身的意义。而谈话时充满理解的特殊情绪，反过来使得谈话得以发生。"真正谈话"的情绪构筑了一种亲密感，而相同的情绪也许不会兼容于指责的辩论或言语攻击。对立的辩论恐怕会破坏朋友之间的交谈情绪。共处空间需要一种情调，这情调有时让文字显得如此肤浅。要进行亲密的"谈话"，我们有时竟不需吐一字，真是奇妙。

愉快的谈话发生在人们体验到亲近或和谐之时——并且交谈不仅仅针对彼此，还针对彼此共享的世界。一起散步，一起穿梭于城市的车流和街道，在这里人们拥有各自的历史。坐下来吃饭或喝饮料。现在，横跨运河的那座桥似乎在你的记忆中占有特别的位置，好像它承载着你和朋友所共度时光的亲密意义。这样普通的时刻能承载如此珍贵的意义，真是奇妙。你和你朋友因为这美妙的对话而彼此感激，但是你们两个人谁也没有从根本上导致这段珍贵经历发生。你们的感谢，与其说是对对方的，不如说是对谈话本身的。实际上，"谈话"已经将它自身作为珍贵的礼物给了你们。因此，你也许会再次惊奇：这个事件的独特之处在哪里？

而通过这样的惊奇，你实际上已经得出了一个现象学问题：什么是经历真正的谈话、真正的交谈？一方面，这是关于本质（whatness）、是什么（ti estin）或质（qualis）的本质性问题（eidetic question）——谈话的现象学意义是什么？另外一方面，这是关于具体性（thatness）的形成性问题（formative question）：进行谈话如何显现或将自身给予？谈话这一人类现象如何产生？我们如何在其开端和存在中，把握"谈话"的现象？

惊奇与现象学问题

人们通常说，哲学（也意味着现象学）始于惊奇（wonder）。在某种程度上的确如此，但实际情况和人们想的也许并不一样。再次强调一下，了解哲学和现象学文献并不会让一个人成为现象学家。做现象学就要被热情感染，热情创造着对世界的开放和惊奇的关切，引发现象学探究。但是热情始终要经过规训才变成有成效的现象学反思。

现象学并不提出待解决的问题或者要回答的疑问。出色的现象学研究几乎总是始于惊奇，或者要经过惊奇的阶段。海德格尔认为，现象学思考引人入胜的是其惊奇的基本倾向（disposition）[1]。这是什么意思呢？惊奇是一种性格，具有转移－位置（dis-positional）的效果：惊奇使我们转移、离开原位。惊奇不能和惊异（amazement）、奇异（marveling）、赞赏（admiration）、好奇（curiosity）、着迷（fascination）等混淆。比如惊异代表的是无法解释的不寻常的事情。解释可以消减惊异，好奇则容易肤浅短暂。相比之下，惊奇更深刻。着迷是被敬畏的物体所震撼。震惊（astonishment）和惊奇的经验更接近。但是，海德格尔说："就连震惊也无法满足我们用惊奇一词表达的意思，无法满足我们试图理解的基本倾向，这种倾向

---

[1] 字面意思是置于某种位置，因而比喻性格倾向。——译者

让我们开始真正的思考。"（Heidegger，1994，p. 143）

在惊奇时刻和提问之间没有自然的过渡。惊奇并不依靠方法，而且直接询问问题的答案也不能导致惊奇。正如灵感是诗歌创作的先行官，惊奇也是探究的先行官。而正如诗歌和灵感之间的距离要靠诗人的诗歌才华和写作能力来填补，惊奇和现象学提问之间的空间，也要通过反思性的洞见、知识和叙事能力来弥合。

刚才"喝咖啡"和"和朋友进行谈话"的事例也许能让我们大致了解现象学问题是如何生发的。这个例子指向了现象学意义和反思的本质。我们也许需要指出，"谈话"一词指的是一个充溢（saturate）着意义的现象（生活经验）。"谈话"这一现象，取决于其如何被给予、接受和诠释，被我们经验为纷繁的现象学意义侧面与色调。但是我们并不能简单地把握和表达意义的这些不同的方面、层次和复杂性。并且"谈话"一词可以指称其他言语上的互动：讨论、交谈、辩论、争论、聊天、闲谈、致辞、报告、演讲、布道等等。每一个词语都可以命名一个独特的、与和朋友谈话多少有所不同的经验现象。通过现象学的方法可以探究这些经验。因此我们必须当心，我们关注的并不仅仅是"谈话"这个词语，而是经验的自身给予性。

和喝咖啡的经验类似，许多与朋友聊天的事件通常从我们的意识（awareness）中溜走。有许多这样多多少少（非）重要的 [(un)eventful] 经验发生在我们的日常生活中。有时"真正的谈话"经验事件以"令人难忘"的方式重新造访。也许我们会惊讶地发现，这个事件比我们从前意识到的更有意义。毋庸置疑，很多人类经验（现象）都是这样的事件，存在着意义的延迟（latency of significance）——无论我们如何努力使用语言来捕获这些意义，它们总是不断逃脱（尽管我们不断尝试）。要把这些意义追溯到任何特殊的时刻或事件，都不会那么容易。

我们可以将实际发生的事件简单地称为事实（fact）。例如，我们可以回想起和朋友相约在咖啡店见面。但是回忆、描述事件的

38

现象性要困难得多。在上述故事中，会见朋友对"我"产生了影响，似乎从个人层面上将"我"触动，这影响也许会很持久。虽然"我"感觉与朋友的会面和交谈影响深远，但是对于其中的确切意义不甚清晰。此时，我们面临着现象学的挑战：是什么赋予我们的谈话和共处延迟的意义呢？为什么我们只有在事后才能感受到意义，而鲜活意义却总是躲避着我们？为什么一起喝咖啡、真正交谈这样的事件有可能产生深远的影响甚至是巨变，而我们却无法真正探究它？朋友之间的谈话如何不同于其他类型的谈话？

　　实际上我们可以研究其他的谈话类型。比如我们可以追问闲谈的现象学是什么？对话式谈话的性质是什么？发表演说又是怎样的？倾听这样的谈话又是怎样的？我们需要认识到，谈话这个词不如谈话的实际经验重要。只要我们记住自己的关注点并不是这个词本身，而是和朋友谈话的经验，我们便可以将"交谈"（conversation）和"谈话"（talk）交替使用。当然，像"辩论"或者"争论"等词也许并不适合描述我们这次谈话的经验，尽管谈话中或许会包含友善的打趣或者争论，但这些时刻仍然从属于我们试图描述的"谈话"的气氛。

　　现象学关注在经验中生发的意义。任何可能的人类经验（possible human experience）（事件、事情、发生、对象、关系、情景、思想、感受等等）都有可能成为现象学研究的主题。现象学如此令人着迷，是因为如果我们把平常经验从日常生存（daily existence）中拎出来，通过现象学的视角进行把握，那么任何平常（ordinary）经验都会变得非比寻常（extraordinary）。如果我们对生活经验中某些时刻的意义保有惊奇，也许就会产生现象学问题。然后我们也许会惊奇地提问：这个经验是怎样的？

　　至此，我们几乎还没有开始洞悉"喝咖啡"现象或"进行真正的谈话"现象的复杂意义。给出这些例子的意图在于向读者展示现象学主题的性质，展示某个特定的经验如何显现并让我们惊奇于其意义，以及如何生成一个现象学问题。"独自喝咖啡""与朋友会面"或"在一起展开真正的谈话"等现象当然值得我们开展透彻的现象学研究。这些研究看似简单，其实很难。

我们也要指出，相同的主题也可以产生其他的研究形式。比如，偏重定量研究的研究者也许会对这样的问题更有兴趣：相对男性而言，女性更频繁地"进行真正的谈话"吗？"交谈"的深度和频率是否和教育水平相关？人们经验"交谈"的倾向，是否受经济、生活方式、性别或文化因素的影响？那些花更多时间在网上互动的人是否更难体验到与他人"真正的谈话"？这些问题可以引出自然主义的实证研究。但是这类研究不太可能帮助我们理解谈话的实际意义及其组成成分。我们最后不得不思考，在说"一起展开了真正的对话"时，"真正的"到底是什么意思？人们希望通过质性研究来深入理解一些"东西"，如果使用问卷或者其他测量工具的话，这些工具就注定要绕过这些"东西"。正因为这个原因，现象学研究也能对其他受到不同方法论兴趣和预期驱动的研究有所贡献。

因此，我们可以说，现象学问题充满惊奇地探究可能的人类经验的意义。现象学追问："我们亲历的，或者被给予到我们经验、意识当中的某个具体经验的本质、意义、含义、特殊性或独一性是什么？""这个经验如何将自身呈现为独特的现象或事件？"现象学的旨趣在于探究作为我们前反思存在的一个方面的"现象"。在我们把经验鲜活的意义上升为清楚明确的认知、概念或理论之前，现象学留心地试图将它们抓住。

生活经验：我们所过的生活

人类经验是质性研究的主要认识论基础，而"生活经验"（lived experience，从德文"Erlebnis"翻译而来）这一概念具有特别的方法论意义。在狄尔泰、胡塞尔、梅洛－庞蒂和其他先驱的作品中，"生活经验"这一概念表明一种意图：直接探究人类存在（human existence）的起始的、前反思的维度。英语"经验"一词的词源并没有"活过的"（lived）的含义①——它来源于拉丁文"experientia"，意思是"测试、证明、实验、经验"。但是德语的"经验"一词，"Erlebnis"，已经包含了"Leben"这个词，意思是"生活"（life）或"去生活"（to live）。动词"erleben"在字面上的意思是"经历某事"，因此生活经验便表示着这样主动而又被动的经验。生活经验命名了我们人类存在中亲历的平常的和非比寻常的、平凡的和奇异的、常规的和意外的、无聊的和狂喜的时刻与经验维度。

威廉·狄尔泰第一个对生活经验及其与人文科学的相关性进行了系统阐释（Dilthey，1987）。他描述说"生活经验"作为反身性（reflexive）或自身给予的意识，存在于我们生活的意识时间性（temporality）中。"只有在思想中，它才变成了对象，"狄尔泰如是说（Dilthey，1985，p. 223）。他指出，我们的语言可以被当作巨幅的语言地图，为人类生活经验的可能性命名。

埃德蒙德·胡塞尔将"Erlebnis"与"Erfahrung"并行使用，"Erfahrung"这个概念指的是完全发展的意识，意义被给予到意向性经验（intentional experiences）中。胡塞尔认为"所有知识'开始（begin）于经验'，但是它并不因此从经验中'发生'（arise）"（Husserl，1970，p. 109）。"Erfahrungen"（作为有意义的生活经验）可能对我们的存在具有变革性影响。一般来说，经验可以在被动的形式中来审视，可以被看作降临到我们身上，淹没、冲撞我们的东西；经验也可以更主动地理解为意识行为在采纳世界某些维度的意义。因此，

---

① 考虑到汉语表达习惯，我们只能将"lived experience"翻译作"生活经验"。但是读者在阅读、学习本书时，需要注意到，"生活经验"中的"生活"一词所对应的英文并不是名词性定语"life"（表示"生活"作为一个整体的、抽象的概念），也不是现在分词"living"（活生生的，表示正在进行），而是过去分词"lived"，揭示了经验先于反思的性质：在我们反思经验之前，甚至在我们将某个经验看作经验之前，它早已发生了。——译者

当我们想描述一个人的成熟智慧时，可以说他（她）"很有经验"，在其生活中积累了有意义的反思经验。

在《真理与方法》中，汉斯－格奥尔格·伽达默尔指出生活经验的意义有两个维度：经验的即时性（immediacy）以及被经验的内容（content）。对质性研究来说，两种意义在方法论上都很重要。它们指代的是"即时性，某物因这种即时性而被捕捉，这种即时性先于任何诠释、修订和沟通"（Gadamer，1975，p.61）。因此，生活经验构成了研究、反思和诠释的起点。这样的观点同样体现在梅洛－庞蒂的名句中："世界并不是我所思考的，而是我所亲历的。"（Merleau-Ponty，1962，pp. xvi–xvii）人们如果想要以亲历的方式研究这个世界，就必须始于"直接如实描述经验"（Merleau-Ponty，1962，p.vii）。伽达默尔和梅洛－庞蒂都用自己的语言诠释了前反思经验的前反思意义。

在当代人文科学中，"生活经验"始终是一个核心的方法论概念（参见 van Manen，1997），意在对人们生活中现象的质性意义提供具体的洞见。例如，现象学人文科学研究生活经验，来探索某种疾病的意义的具体维度，如多发性硬化症（Toombs，2001），或者临床实践中的疼痛（Madjar，1998）。这样的研究与医疗科学的认识论形成了鲜明的对比，后者试图提供基于诊断与预后研究模型的干预策略和行动。而问题的关键在于，预测某疾病的临床趋势并不能告诉我们人们如何真正（不同地）体验着他们的疾病。

就连关注语言的学者，例如雅克·德里达，也在其解构主义和后现代主义的著作中使用"经验的独一性"（singularity of experience）、"绝对存在"（absolute existence）等等，这些术语都呼应了生活经验的概念。德里达将原初经验看作"存在对于概念或系统的抵抗"，他还说："这是我时刻准备着去拥护的事"（Derrida and Ferraris，2001，p.40）。在人文科学中，对经验的关注总是如此重要，因为经验的力量能打破概念化、编码化和分类计算的限制。批判地追问意义和追求生活经验的原初或开端来源，能够保证一种开放性，41

这种开放性是发现思考对象以及随之生发事物的条件。

质性方法论通常很难，因为它要求研究者具有敏感的诠释力和创造天分。现象学方法论尤其具有挑战性，因为我们可以说其探究方法必须不断地被创造更新，而且永远不能被简化成一套普遍策略或研究技术。从方法论角度上看，我们必须检验每一个概念的假设，甚至方法这个概念本身的假设。海德格尔曾说："若一个方法为真（genuine），提供通向对象的道路，那恰恰这时遵循这种方法的进程……会让其所运用的方法有过时之必要。"（Heidegger，1982，p.328）而且，描述现象学研究方法非常困难，因为就连在哲学传统本身当中"都没有唯一的现象学，即使有唯一的现象学，它也永远不会成为哲学技术"（Heidegger，1982，p.328）。

尽管海德格尔警告我们不能过分依赖方法，但是他连同其他现象学家也都将现象学描述为方法。"现象学只有通过现象学方法才能获得。"梅洛－庞蒂说（Merleau-Ponty，2012，p.xxi）。我们如何协调这些论断呢？这些学者似乎是在警告我们，不能把现象学简化成一套标准的策略或技术。梅洛－庞蒂将方法看作类似于思维的方式、感受性理解的方式："现象学允许自身被践行、识别为一种方式（manner）或一种风格（style）。"（Merleau-Ponty，2012，p.xxi）因此，也许我们最好将现象学的基本方法看作在对世界事物的亲历中，而不是对其的理论化、概念化中，所采取的某种态度和所践行的关心的意识。"做现象学"作为反思性的方法，是练习悬置、冲刷、化约那些阻碍我们与生活现实最初的具体性进行原始接触的事物。

现象学研究中方法的悖论，和安部公房（Kobo Abé）[1]的小说《砂女》的故事有些相似。小说的主人公是一位昆虫学家，步行在沙漠中，在穿过一片沙丘时迷失了方向。他偶然发现在一个奇怪小镇上，居民都住在深深的沙坑底部。天色渐晚，他需要找

---

① 日本作家。——译者

地方歇脚。由于种种原因，他被困在一个女人居住的房子里。从此，每天晚上他必须和她一同工作，把沙子和泥土铲到桶中提走，但沙土难免从边缘不断滑进人们居住的沙坑中心。他不久就发现"无论你干多久，你永远干不完"。但是，这就是生活的本质——这是我们要不断工作的隐喻，我们要不断冲刷、挖掘那一直滴落和蔓延于我们世界原始现实的物质。人类本真的（authentic）使命在于努力发现和探索，也就是挖掘和揭露我们生活存在的土壤，从而捍卫我们的存在。

通过持续冲刷来实现与作为经验的世界（world-as-experienced）的原始接触，现象学的图景经由这样的认识后变得更加复杂：我们认识到持续覆盖我们存在土壤的"物质"同时也是土壤本身。当我们把这物质提起、移除，这物质便已采纳了一定的形状和意义。生活经验是那些直接呈现自身的事物的名称——不由思想或语言从中调节。然而在根本意义上，生活经验已经被思想和语言调节过，而且只能经由思想和语言来到达。正因如此，现象学还原不仅在于清除（加括号），而且也要面对传统、假设、语言、呼唤和认知，从而理解日常生活经验存在的"现实性"（facticities）。

综上所述，生活经验是我们进行反思审视之前所亲历之经验。研究者要认识到，经验在此时彼刻的生活之中，总是比我们探寻之所及更复杂、更微妙、更具丰富的层次；并且从生活经验反思中涌现的意义，总是模糊、神秘，根本不可探寻的。问题在于，我们关注某个经验或者经验的某个意义维度时，我们的关注也会将经验固定为研究的对象。对象化难免剥离了生活经验鲜活意义的深刻和微妙。伽达默尔等哲学家曾说，一旦我们将经验变成对象（正如使用某种方法时所发生的），那么该经验的生活意义的真相便会停留在我们的可及范围之外。类似的问题，我会在本书接下来的章节中进行探讨。

日常性和自然态度

　　实践的现象学会处理普通经验与没那么普通的经验。例如，开车或骑自行车的经验对很多人来说都很普通，但是坐在轮椅上行动的经验仅仅对有些人来说是普通的。我们往往会以习以为常的方式来经历日常的普通经验。然而什么是每日生活的日常性（everydayness）？当我们谈及日常生活事务时，我们容易认为这些事务很简单，不怎么具有学术价值。我们对不寻常的奇异事物更感兴趣。但是，现象学为我们展现出，每日生活经验的平凡日常性（quotidian everydayness）可没有我们认为的那么简单。

　　在日常生活中，我们能够从事日常实践活动的原因在于，这些活动从某种程度上说是习惯的、可重复的、普通的、可以再生的。这就是为什么我们可以说普通语言或日常语言。平常语言（ordinary language）包含的词语，让我们交流普通意义和发展人际理解。尽管普通词语也许会用来描述并不普通的、新颖的场景，但日常生活中的语言是可再生的。因此语言的再生性（reproducibility）使得我们能够从事平日的事务。但是，在日常思想和语言的再生性之源头，隐藏着发生性（originating）的思想和诗意形象，它们使得生活的再生性得以可能。现象学以把握和描述这些发生性的意义为宗旨。同时，它旨在敞开自身朝向新的发生性开端，从而能形成现象学探究的原初性（inceptuality）。

　　胡塞尔使用"自然态度"（natural attitude）一词，不仅仅用来指对日常思考和行动的习以为常。对他来说，自然态度彰显在我们的自然倾向中，相信世界存在于斯，独立于我们个人的人类存在。现象学的任务，并不是否定世界外部式的存在，而是将自然态度代之以现象学态度，从而能够回到开始、回到事情本身、如事情在亲历经验中一般给予自身——不作为外部的真实或外部的存在者（existent），而是作为开启（openness），邀请我们像第一次遇见一般，去看待它们。

现象学意义

现象学意义如何区别于社会科学研究中其他形式的意义呢？首先，现象学意义需要区别于心理学的、社会学的、人种志的、传记的社会科学或人文科学学科意义。概括来说，类似社会学、心理学和人种志的社会科学意在解释（explanation），而现象学的目的是描述（description）和诠释（interpretation）。但有时也有特例。

例如，人种志肩负着描述具体文化或亚文化的任务。因此人种志（ethnography，ethnos 的意思是人，graphein 的意思是描述）的旨趣在于文化意义。人种志学家通常使用参与式观察法来研究文化场景、场景性的环境。这个过程的关键通常在于"报道者"（informant）的表达能力。人种志学家想要了解某特定团体成员所公认的必备知识和普遍接受的行为方式。同样，常人方法学（ethnomethodology）将文化人种志应用在社会情景当中，部分采用了阿尔弗雷德·舒茨的社会现象学，研究在"规则－适用""社会成就"和"习以为常"或"见怪不怪"等社会实践特征背景下的社会意义。常人方法学认为，人们自身在社会世界中创造事实性（常识性现实，the common-sense reality），然后把这种事实性体验为独立的产品。因此，常人方法学试图"发现"制造社会世界事实特征的这些实践。无论是人种志还是常人方法学都试图打破司空见惯的社会和文化意义。因此，人种志和常人方法学与现象学具有某些共同的特征。但是，这些学科的目的和旨趣还是大相径庭。

心理学意义和现象学意义之间的区分就更加微妙了。心理学在历史上和现象学相关联，因为心理学最开始从哲学和医学发展而来。从传统上看，哲学家对心灵、意识、自我，以及其他严格意义上落在心理学考察范围之内的话题特别感兴趣。很多（欧陆）哲学家同时也是心理学家。在北美，威廉·詹姆斯（William James）

44

是一位哲学家 – 心理学家，同时也被认为是一位现象学家。读者可以参考比如约翰内斯·林斯霍滕对詹姆斯的研究《通往现象学心理学之路：威廉·詹姆斯的心理学》（1954）。并且胡塞尔在他的作品中时不时用现象学心理学（phenomenological psychology）来指称现象学。但后来他渐渐疏远了在自然科学影响下进化发展的一些心理学取向。

现象学意义和心理学意义不同，心理学想要发展出理论和概念系统来解释人类行为和心理过程。现象学可能会提供意义结构来帮助了解像恐惧、焦虑、悲伤等人类现象的意义。但是，现象学并不提供诊断或预后的工具：它不会让我们窥见某个具体个体的心理状态和精神情况。因此，现象学不能够说明具体某个人是不是经受着某种焦虑。同时，现象学也不适宜探讨某种抽象的、理论的或技术性的心理概念的意义结构。"焦虑"（anxiety）、"否定"（denial）、"移情"（transference）等术语也许具有特别的技术性的心理学意义，但同样具有日常生活意义。现象学最适合研究这些术语和生活经验清晰相连的意义维度。

人们用"现象学"一词来描述叙事研究以及质性方法论，这些用法和本书探讨的现象学以及诸多现象学家所说的现象学截然不同。例如，心理学家有兴趣探讨个体如何理解自身经验。对自身生活和个人经验的诠释性意义理解，实际上能够帮助治疗实践协助人们达成特定的自我理解。但是对个人经验的诠释性意义理解属于心理学的范畴，而不是现象学的领域。

更进一步来说，通过对比诗化文学文本的意义以及日常散文的意义，我们可以比较现象学意义和普通社会科学意义。这样的对比对我们来说大有裨益。这样的对比 / 比较的目的是说明性的（illustrative），因为诗歌与散文的区别正如同现象学文本与其他社会科学话语的区别。重述一下前文所表达的观点：这并不是说把写诗歌或小说和写作现象学文本混为一谈。因此，这样的对比 / 比较同样也具有方法论意义，因为我们已经见证了诗性（poetic）思想在生发现象学意义的过程中发挥的巨大作用，尤其是对海德格尔、萨特、梅洛－庞蒂、巴什拉、南希、塞尔、林吉斯、克利田等学者的思想。换言之，针对现象学话语对诗性和文学语言依赖的程度，检视诗歌和文学话语如何不同于日常叙述散文会很有帮助；同时，我们也要审视诗歌和文学话语如何与科学话语不同，因为科学话语严格地依附于归纳和演绎推理逻辑形式、理论推导、实证概括以及统计证据。

意义在文本中的强化身与弱化身

阿诺德·波尔姆斯与赫尔曼·德·丹（Burms，De Dijn，1990）指出，在不同的文本中，意义可能会具有不同的嵌入（embedded）或化身（incarnated）。在诗性文本中，意义倾向于强嵌入，而在信息性的文本中，意义倾向于弱嵌入。说意义强嵌入，指的是词语和段落之间的关系被压缩并且紧紧编织在一起，因而如果文字受到了干扰，意义便被干扰了。让人惊奇的是，意义强嵌入的文本往往很脆弱：如果我们改变词语或者变动句子结构，就立刻改变了文本的意义。

与此相对，意义弱嵌入的文本很强健：我们改变文本的语言却不会改变其基本信息内容。例如，不同的新闻媒体也许会以不同的方式来讲述新闻故事，但是同一则新闻事件的信息是基本相同的。这一区分，对现象学文本的阅读和写作具有重要意义。现象学文本并不仅仅是交流信息，其更重要的目的在于触动或召唤出更加诗意、隐秘或模糊的意义形式，这些意义形式不能由命题性的（propositional）话语来表述。

区别诗性文本和日常叙述的最好方式，就是观察一首诗歌和一段故事是怎样被转述、重述或复述的。我们能轻易讲述一篇报纸文章，讲述一段新闻故事的内容，重述旅行见闻，总结科学报告，或者复述一段辩论。实际上诗歌的散文意义同样也可以被转述。就像对待一篇报告一样，我们也可以讲述一首诗歌是关于什么的。在两种情况下，我们都会围绕某个话题进行简要重述。实际上，诗歌和旅行报告的主题也许是相同的，比如转述的报告和转述的诗歌也许都和在异国他乡旅行有关。虽然报告经转述以后会丢失掉很多细节，但是它并没有丢失原始版本的特点。

但是，诗歌或诗性文本的转述就不是这样了。当诗歌被转述或复述的时候，诗歌或诗性文本的措辞变换不可避免地导致一些后果：最重要的事物消失了。在叙述性的重述或转述中，诗歌的特殊意义，那赋予其感受意义（felt meaning）的特殊意义，近乎全部消逝了。读诗的人几乎不会对这个论断提出异议：一首诗中包含的"珍贵思想"或"特殊意义"不可能真正地被转述或总结。实际上，甚至将诗歌从一种语言翻译成另一种语言也都很危险。很多读者都会察觉，原初的意义永远都不可能完全被捕捉——所有译者最多能做的，是构想出另外的诗歌或诗意表达，来尽可能地召唤出最初那首诗的意义。

现在，很多自然科学报告如果行文准确，同样可以被翻译、总结或转述。但是对人文科学质性研究来说，如果其质性维度旨在表达强嵌入意义的话，也许不能很容易地被翻译或总结出来。现象学研究通常需要以强意义嵌入的方式来写就，因而也就对现象学写作过程中的感召维度提出了特别的挑战。这一点在本书后面的章节中会得以呈现。

意义表达的直接性与间接性

如果认为意义强嵌入的、感召的诗意维度仅仅是语言的情绪内容或情感效果，那就错了。想要理解一首诗、一段音乐、一幅图画或一个姿态能够呼唤而出的东西，在本质上与对词语和句子的理解并无二致。同样，我们也不该认为诗歌或感召性文本的意义太复杂、太丰富、太深刻，以至于无法通过语言的方式来进行捕捉。我们觉得语言无法捕捉，并不是因为语言无法直接触及诗意文本的图像意义，而是因为诗性意义结构具有间接性、图像性。

我们不能清晰地总结呼唤出的意义，既是现象学研究表达意义的特性，也是文本体现和嵌入意义方式的特点。

诗性语言的认识论意义在于，现象学的文本结构有助于传达某些意义形式，这些意义形式为现象学理解所特有，不太可能通过其他方式来调动。有些哲学家（但不是全部）会认为诗性或者表达性的语言是现象学探究的一个必要维度：它为现象学文本增添了认知和非认知的、理智和经验的意义，让文本感召的属性更加鲜明。

因此，直接描述人类经验的现象性有时需要一定的间接性。我们并不总是能清晰命名、直接描述某些经验更为微妙的意义。当概念语言的词句对感受的意义无能为力时，这意义就需要通过事例、轶事、故事等手段间接地表述。也许现象学家实际上需要用艺术材料的间接性来指出其所指称、探讨和召唤的生活意义，例如小说、电影、绘画、音乐。

认知意义与非认知意义

海德格尔、萨特、梅洛 – 庞蒂、巴什拉、布朗肖、塞尔、克利田、马里翁和格塞迪 – 弗伦采等现象学家的写作展现出一些看上去非常个人化，但同时又具有普遍性的风格：他们的文本能够传达存在的意义，而这些存在的意义通常不能被传统哲学或普通社会科学所涵盖。在萨特的写作中，理智 – 经验的张力表现得尤为明显。我们在他发表的作品中能看出奇怪的分裂：一边是艰深的哲学文本，另一边则是通俗易懂的小说和戏剧。萨特似乎经常在两种方法论体裁中创作——现象学理解的认知维度和非认知维度，这两种维度几乎并肩而行，看上去好像他觉得文本和理解之间的关系需要特别的处理方式。

例如，在《存在与虚无》中，萨特在认知层面或者理智层面讨论自欺（bad faith）这个概念（否定一个人自己的自由和过往责任）；同时，他的戏剧和小说例如《恭顺的妓女》和《恶心》，在生活意义的非认知层面召唤出对自欺在经验层面上的理解。而同时在他的哲学论文中，有时认知和非认知紧密地相互交织在一起，比如，《存在与虚无》中的著名章节"在他人注视下的身体"。萨特展示出，在观察者客体化的注视下，我们也许会怎样体验自己的身体。他同时展示出在爱情和情欲中，可能存在着微妙而自相矛盾的因素（Sartre，1956，pp. 252-302）。

因此，在这些现象学家的作品中，我们可以看出现象学意义和文本的结构是紧密相连的。例如，据说海德格尔对自己的演讲在观众身上产生的效果极其敏感。他精心准备自己的讲话，用不同的颜色标示出需要不同语调、停顿、强调或反复的字词和语句。他的演讲被人们描述为极其引人入胜、富于感染力、振奋人心的表演。当代现象学家例如米歇尔·塞尔、让-路易·克利田、詹妮弗·格塞迪-弗伦采的写作同样诗意而富有感染力。

视觉、听觉和触觉所提供的知觉是最原始的。而同时身体的知识引导着我们的行为。我们不总是"知道"自己知道什么。未知的意识（unknowing consciousness）、非认知的知识（noncognitive knowing）在很大程度上引导着我们的日常行为。我们的身体知道如何运用握力和举力从柜台上拿起一杯咖啡。我们洗完澡后，几乎是摸索着去够毛巾。在日常交通往返后回到家中时，我们也许几乎记不得自己中途停下多少次等红灯。在繁忙的交通中，我们的身体安全地指引着我们。我们通过习惯来获得一些非认知的知识。但是让我们能够从容地在车流中骑自行车的，不仅仅是习惯。

48我们似乎在无知而知晓（unknowing knowing）的状态中从事着很多事情。相反的说法也是正确的：在身体或运动的意义上，我们的身体有时健忘而疏忽。站起来以后，我们已经忘了为什么要起身。有什么东西驱使着我们走向厨房，但是我们似乎忘了去厨房要干什么。我是觉得饿了吗？或者我需要拿点什么？于是我原路返回到客厅，看到一瓶酒放在椅子边上。哦，对了，我要拿开瓶器。我们日复一日的存在被身体记忆、身体知识这样一种非认知的知识所指引。

非认知的知识好比是非意识的意识（nonconsious consciousness），在我们的身体内居住，直接作用于我们的身体——一种身体记忆。动物也和我们一样有这种尚未发生意识的意识吗？或者人类的意识和自我意识与其他生物是截然不同的？我们要当心，不能否定动物自身的意识形式，那或许是原始的意识形式。

论辩意义与呈现意义

现象学文本的逻辑结构无疑和大多数人文科学文本一样复杂：它包含论辩、分析、推理、综合，以及诸多修辞手法，例如隐喻、实例、事例等等，对意义进行获得、生成、澄清、表达。而现象学文本还有一个独特的特征。现象学特有的取向在于它不仅生发出对话性、论辩性的理解，并且或者说主要"呈现"（show）意义怎样揭示自身。

当然，现象学文本同样也包含论辩（推理、讨论、澄清、说服、结论）。但关键在于，"论辩"（argue）一词来源于"arguere"，意思是"使……像银子一样清晰"。清晰性通过论辩来实现，但是也可以通过直观（intuition）来实现。直观能够通过具体的例子让我们识别，以感召的方式来把握事物的意义（Kant，1999，p. 103）。但是，理性论辩和科学证据的清晰性要服从于现象学的意图，让事物"呈现自身"，让我们"看见"给予前反思经验或给予意识的事物。在这个目的下，感召或诗性的语言扮演了特别的角色。

在海德格尔的构想中，现象学解释关乎让自身呈现的事物来呈现自身。因此，"呈现"这一现象学概念对于现象学探究和写作来说具有特别的反身性意义。现象学写作需要对事物呈现自身的方式保有敏感性，因而写作本身变成了一种呈现——用海德格尔的语言来说就是：自我呈现的呈现（the showing of self-showing）。

反过来说，呈现意味着让事物被看见。"现象学的看"作为概念和方法起源于胡塞尔。海德格尔谈及自己早期师从胡塞尔学习的时候，说那时在练习"现象学的看"。但是海德格尔后来重新定义了"看"。他不再关注我思（cogito）或意识，而是倾向于随着我们在日常生活中的经历来阐明事物意义。海德格尔和其他具有类似思想的存在主义现象学家并不执迷于不可怀疑的绝对知识这一问题以及现象学理解的条件和可能性，而是转向对"平常"生活经验的现象学考察。有趣的是，有一些现象学家试图比海德格尔还要"平常"，这让他们的作品具有意义，这在本书稍后的章节中会得以呈现。

如果我们以海德格尔关于烦（boredom）的写作为例，也许能够区别现象学方法的概念 – 论辩和呈现 – 看见这两个维度。当海德格尔（Heidegger，1983）将烦的生活经验进行主题化时，他"论辩"说，我们可以区分三种烦：烦（becoming bored by）、烦忙（being bored with）、烦神（profound boredom）①。但是当他进行现象学解释或分析时，他"呈现"了或者说让我们看见了不同种类的烦如何在我们的生活经验中出现或呈现。

首先是烦，我们也许会因为某人演讲、旅行中的某个导游、某部电影或转机时等航班而烦。当我们经验这样的烦时，我们真的发觉时间流逝得如此缓慢。对于我们大多数人来说，海德格尔的描述会引发我们的共鸣，让我们想起自己个人经验中所经历的这种烦。

第二是烦忙，我们也许会在某次拜访、某个事件或社会情境中感到厌烦。比如聚会结束后，我们回到家里，一切都很正常。但当有人问道："聚会怎么样啊？"我们回答："有点无聊。"因为现在事后看来，我们意识到聚会充斥着空洞的闲聊。在聚会时，我们也许不会意识到时间的流逝，而现在我们发觉那就是在浪费时间。

---

① 采用陈嘉映、王庆节先生翻译的海德格尔《存在与时间》（生活·读书·新知三联书店 1987 年版）中的译法。——译者

第三种是烦神，比较难以描述。这关乎拥有存在论意义上的新认识，例如认识到海德格尔所说的烦神。比如，结束了一趟颇有意义的出国旅行之后，我们突然意识到，家中生活对自我的存在来说是多么无聊。我们发觉旅行经验的新鲜意义并不在于它为生活增添许多美好时光，而在于它让我们对生活的意义产生了深刻理解：时间就是生活，时间是我们自己。

海德格尔使用了我们可以马上理解的事例来展现不同形式的烦，并且我们也可以举出相似的事例。通过我们可能体验到的事例和经验描述，烦的经验得以"呈现"。我们也有可能永远无法体验第三种烦，也有可能我们碰巧拥有富有意义的生活。或者唯有到了不能再改变自我的年纪，我们才认识到自己的生活如何在深层次上无意义、无聊，就像列夫·托尔斯泰的小说《伊凡·伊里奇之死》中的主人公一样。在临死前，伊凡·伊里奇最后才认识到他自己的生活是多么空虚和蹉跎。在悲伤中，他整整哀嚎了三天。托尔斯泰写道，他号叫着"噢！噢！"然后"接着发出那'噢'的声音"（Tolstoy，1981，p.111），好像在提醒我们爱德华·蒙克（Edvard Munch）创作于 1893 年的画《呐喊》。在临死前回光返照之际，伊里奇认识到自己并没有好好生活——这个强有力的文学形象，可以作为海德格尔所描述的烦神的范例。 50

我认为，现象学解释和写作不能局限在自然科学和社会科学通用的论辩或命题性的风格中。通过使用日常生活或文学作品中的叙事事例，现象学研究将概念和非概念（原初性的）、论辩和感召或者更富于诗性的形式交织在一起。

"物"的意义与"回到事物本身"的召唤

胡塞尔的名言"回到事物本身"（zu den Sachen）被广泛引用。一般来说，人们把它理解成一种鞭策，让我们对事物和世界中现象的经验再次觉醒，并且（重新）学习反思我们对经验的意识。

在《逻辑研究》中，胡塞尔说道：

> 我们绝对不能让内容完全依靠"仅仅词语而已"……仅仅通过遥远而非本真的直觉来激发意义——如果意义真的能靠直观来激发的话——是不够的：我们必须回到"事物本身"。（Husserl，1982，p. 252）

而我们所转向或回到的"事物"究竟是什么？当我们研究某个事物、物体或现象时，我们实际上指的是什么呢？简单来说，对于研究者来说，事物或者现象是特定的经验、一种敏锐度（sensibility）。但一般来说，质性研究对事物作为事物、现象作为现象的意义或经验性质，通常不加质疑。这就是为什么我们可以辩论到底应该用描述方法还是诠释方法。关键是，对"研究某个'事物'时到底在研究什么"这个问题，现象学探究的不同学术观点和传统让我们产生了不同的理解。

让我们首先来探讨一下这个词语多样的含义。"物"（thing）这个词恐怕是在英语中最被低估和习以为常的名词了。"物"可以指代任何事物或者是无物（nothing）。但是一个物真的既不是任何事物，也不是无物。"物"一词的部分含义包括：

物体（object，如 organic and inorganic things）；

材料（material，如 concrete things）；

任务（task，如 things to do）；

所做之事（deed，如 the thing that is done）；

主意（idea，如 things to think about）；

事件（event，如 the thing that happened to me）；

超物体（hyperobjects，如 massive ecological things like climate）；

主题或题目（theme or topic，如 this thing called love）；

所有物（belongings，如 Where are my things?）；

设备（equipment，如 the things in my toolbox）；

使命（preoccupation，如 I have too many things on my mind.）；

事情（incident，如 strange things happen）；

事务（affairs，如 How are things with you?）；

特点（characteristic，如 things I like about you）；

事实（facts，如 things you should know）；

东西（stuff，如 the room is full of things）；

场振动（field vibrations，如 supposed ultimate cosmic things of deep matter）；

物质（matter，如 the substance of the thing）；

反物质（antimatter，如 Is things composed of antiparticles?）；

品质（quality，如 She is such an endearing little thing.）；

不喜欢（dislike，如 I have this thing about noisy people.）；

爱好（penchant，如 She has a thing for sexy men.）；

考虑（concern，如 It is not my sort of thing.）；

重要的事（what matters，如 Let's get back to the things themselves.）；

代指没有名字的事物（no name，如 Where is your thingamajig?）。

　　一眼看上去，这个列表没有揭示出任何值得注意的事。它只是说明"物"这个词几乎能指代任何东西。但是，也许恰恰是这平淡而多样的内涵才揭示出事物的物性（thingness）那难于捉摸的意义（elusive significance）。《牛津英语辞典》网络版将"物"（thing，n.1）定义为"没有确定名字的某物"，而正是在无名性中蕴含着事物物性的神秘、陌生和他者性。

　　在事物作为物体和事物的物性之间蕴含着隐匿的张力，现象学还原就是在这一张力中进行的：随着现象出现在意识中或成为经验事件，我们将其命名，这个事物矛盾地既被消灭又同时以其给予自身的方式被唤入存在。

　　我们也需要记住，物自体（thing-in-itself）也可以指康德对现象和本体（noumenon）的区分。康德认为人类心智只能够以认知的方式来把握世界中的事物，只能够通过被人类意识结构所塑造的类别来把握。人类只能随着事物（现象）出现在意识中而认识它们。但是根据康德的观点，因为人类心智的结构或局限性，物自体"真正"的真实（本体）是不可接近的。物体取向的哲学家以及思辨现实主义或思辨唯物主义的倡导者，例如格雷厄姆·哈曼（Harmann，2011）和昆汀·梅拉苏（Meillassoux，2009），都试图激进地将主体和意识从事物上松绑，因而赋予事物独立的自我，把事物看作"物体"（object）或"具有各种不同规模的个体实体"，组成"宇宙的终极材料"（Harmann，2013，p.7）。尽管这些对于真实、事物和物体的哲学反思非常引人入胜，但是到目前为止，它们似乎偏离了关注现象经验意义的原初性的旨趣。

我们不能将"回到事物本身"局限和混淆为事物给予经验的经验主义方式。相反，在原初的现象学意义上，事物本身的问题应该指向事物本身是什么。现象学希望在物的本质和他者性的层面上尊重事物。因此我们并不仅仅要通过描述事物的本质（essence）来确定其身份，更重要的是，现象学一定要惊奇于事物的物性，惊叹于事物在和周围其他事物的关系中获得的意义。在被他者的他者性（alterity）所触动时，我们会产生列维纳斯式的惊叹，就像我们遭遇他人的他者性时所看到的面孔一样，"事物"或任何"物体"的面孔要求着同一种尊重（惊奇）。

原初印象意识

我们只有探讨知觉、感情、道德义务和概念的认识论后果和伦理后果，才能努力从其视角的影响中"解放"自己——但是我们不能逃离它们。从胡塞尔的视角来看，现象学还原就是尽可能掌握可理解性（intelligibility）。正是可理解性让世界为其所是，或者通过各种经验模式成为有意义的存在。现象学悬置和还原的方法论并不是技术，而是思考和倾向的"风格"，反思性地关心人类存在的原生性，关心什么让我们的生活可理解、有意义。并且，意义构成和意义经验中，语言注定是含蓄的。这就是为什么现象学要从朴素的现实开始，以我们经验和遭遇日常世界事物的方式，诉说它们并让它们诉说：观察、感觉、倾听、触摸和感受它们。

现象学方法的根本难题是，我们命名一个经验时已经将其从人类存在的原始现实中提升而出（lift it up）。这就是为什么我们需要不断提醒自己，我们想要去理解的不是被命名的概念，而是存在者（existent）——我们将存在的原始时刻和原始维度如其所是地"提起"，然后将其拿到语言的聚光灯下。胡塞尔将前反思经验的原始维度称为"原初印象意识"（primal impressional consciousness）。在《内时间意识现象学》中，他描述这些原初印象如何构成于前反思意识更复杂的时间层次——滞留（retentional）和预持（protentional）结构中。做现象学就是指向这些原始性或初始性的开端。

> 然而，我们并不是通过哲学来成为哲学家……研究的
> 推动力不能来自哲学，而必须来自事物和与之相关的问题。
> 然而哲学从本质上是真正开始的科学，是起源的科学，是
> rizomata panton[万物之根] 的哲学。（Husserl，1981，p. 196）

胡塞尔讨论的并不仅仅是手边的事物，还是"讨论中的问题"。正如上面引文中所清晰表述的，胡塞尔讨论的是起源或 rizomata panton，意识超验结构的"万物之根"。我们在说"经验"时，到底在给什么命名呢？这从哲学的角度来看不是一个简单的问题。也许我们可以把经验看作生活。去经验某物便是"经历某物"。

我们如果开始探究"身体"如何记忆、接受或感知被触摸的时刻，问题就会变得更加复杂。通过与原初印象的相互作用，我们的"身体"得以记忆、接受或感知，而原初印象就是，或者将会变成我们的生活经验。我们在什么意义上察觉（意识）到原初印象意识的存在？原初印象意识是前意识（pre-consciousness）吗？它在什么意义上是原初的？我们的"身体"是否早已将形状和意义给予原初印象？而且前反思的时刻是否已经是我们生活经验的

一部分？如果是的话，它是怎样成为其一部分的？

胡塞尔的这些问题让他的著名文本被看作他最典型、影响最深远的现象学描述。米歇尔·亨利将这本书赞誉为"非同一般的文本，无疑是 20 世纪最美的哲学"（Henry，2008，p.21）。但是，亨利自己以及其他诠释者，例如伊曼努尔·列维纳斯、雅克·德里达和让 – 吕克·马里翁都认为，胡塞尔在推动现象学回到最原初的起点时，并没有走得足够远。而且意识和生活经验的原初性是最根本的问题，决定了现象学是什么、应该怎样被理解与实践。

生活经验确切性质的问题很容易引起混淆，而且始终是充斥着各种假设的哲学难题。我们如何在亲历时关注经验？我们能够用反思的方式来把握或回忆，从而揭示生活经验的时刻吗？如果我们用经验的语言描述特定的事件，我们真的是在以亲历的方式把握这个经验吗？研究者试图从人们那里收集关于特殊情景或事件的经验叙述，而研究者会面临着操作上的难题，因为很多人都更倾向于围绕（about）这些经验来谈论，而不是"简单"诉说自己所经历的经验。

下面有两段经验描述。两位母亲描述了她们拉住孩子手的时刻。第一段描述：

> 我最小的孩子很调皮。如果我不抓着他的手，他就跑掉了。他这方面很像他爸爸。他一年前离开我们以后就再也没回来。唉，我可解脱了。
>
> 但是我爱我的孩子，在拥挤的商场或者繁忙的公共场所里，我总是紧紧抓住他。甚至他大发脾气也无济于事。你知道，我可不是那么好对付的母亲。有时我看见家长们就让孩子这么跑来跑去。他们一点控制也没有。或者说他们恐怕很疏忽、不负责任。我们总是听说发生什么事故，或者孩子走丢之类的。

54

第二段描述：

> 几天前，我和 23 岁的儿子在本地商场里买东西。我们边走边聊，有那么一刻，他拉住了我的手。这个动作看上去很突然。刹那间，记忆涌上心头。身体的记忆。那感觉就像他和从前一样拉着我的手，那时他还是个孩子。孩子拉住你的手，这个简单的时刻是多么特别——但是恐怕直到现在我才意识到！就这样，刹那间，我重新经历了以前的感觉，在儿子还是小孩子的时候拉住他的手。把这只生气勃勃的手握在手里，是多么美好的感觉啊。我不知道该怎么描述这个经验：我自己的手感觉到了保护、联系、信任、共存……所以不再孤单！与丈夫手拉手散步是不同的经验——也很美好，但是不同。不管怎样，已经长大成人的儿子能如此自然地和他母亲在公共场所手拉手散步，我感觉很幸福！他看上去一点也不尴尬。实际上，要是实话实说，手拉手散步的时候，我自己反倒觉得有点别扭。但是我没有告诉他。

这两段叙述以同一个现象为主题，虽然第二段是关于成年孩子的描述。通过比较，我们可以看出第一位母亲只是提供与孩子拉手的观点、见解，而非描述她是如何经验的。第一位母亲似乎没有描述特定的时刻。相比之下，第二位母亲回忆了一个特别的时刻，以经验的方式描述手拉手的实际事件。

人们通常更容易谈及自己的观点、看法和见解，而不是敏感地讲述经验。但是，我们并不总能轻易区分直接经验描述和包含感知、观点、见解和诠释的描述。我们同时也要认识到，就连最具感染力的经验描述，也不能够完全把握我们亲历经验的完整与微妙。

可难道我们要相对忽略一段经验描述的存在效度（existential validity）（具体性）吗？我不这样认为。现象学与其他研究形式的不同之处恰恰在于现象学想要研究人类经验和意义生发的源头。

其他的质性研究也很有意义、值得一试，但它们强调通过其他媒介进行经验描述，例如通过感知（心理学感知研究）、观点（调查研究）、文化意义（人种志研究）、概念研究（概念和语言分析）、自传或生活意义（叙事研究）、心理分析意义（拉康主义研究）、理论化意义（扎根理论）等等。而现象学从不同的角度来切入经验，其方法旨在揭示、看透塑造着我们对世界和生活的理解的各种前提假设。

还有一种方法能让我们进一步探讨前反思生活与世界的区别，这就是追随现象学哲学家的思想，例如胡塞尔、列维纳斯、德里达，他们都将生活经验的性质、自我或自己的性质描述为内在时间意识、纯粹主体性的在场与缺席、生活实践的前反思的即时性，或者先于所有反思的"当下"时刻。通过"我"（I）或者"自我"（self）来诠释经验的性质并不奇怪，因为从根本上来说"经验"和"自我"似乎是同时发生的。

列维纳斯区分了身体自我以及反思的、能够意识到自己身体的自我。"身体－我"和"反思－我"不能同时发生。前者总是比后者更加切实或"作为现在呈现"（present-as-now）。实际上，第一个"我"似乎永远不能被反思的"我"直接把握。例如，在被某人或某物触摸和感觉到这种触摸之间，总有个间隙。感觉到触摸的瞬间印象里，我们也许会抬起头来去界定这身体侵扰的性质，就像前文讲述的跟朋友在咖啡店见面的故事一样。在抬头看的匆匆一瞥中，我们反思地动用了触摸的身体感觉。如果是路过的人碰到了我们，我们也许会觉得有点气愤。如果这个人我们认识，比如是朋友或者爱人，这种触摸就被立刻赋予了不同的意义。我们也许会因为这样的触摸感到愉悦。

但我们和这个朋友也可能之前发生了不合或冲突，现在，当一抬头看见触摸我们的是谁或者是什么，在认出这个朋友的时候，我们恐怕会感到一丝矛盾。关键在于，在这个生活时刻，看到朋友这一瞬间的感知印象，同时也是（现象学意义上的）未经反思的瞬间，并且在下一个瞬间我们认识到自己刚刚与这个朋友发生了冲突，现在我们也许会察觉到自己的情绪发生了变化。

正如前文所说，我们生活经验的此刻总是由胡塞尔所说的"原初印象"构成的。在我们反思地意识到原初印象之前，它便涌现在我们的意识当中。我们整个存在都在此刻中生活，但是此刻在最开始总是未经反思的。在这个意义上，就连高度反思性的经验都是未经反思的或是未经思考的。当我说"我在思考某事"的时候，这个说"我在思考"的"我"认为他（她）在思考。而关键在于，即使我们正在深入、有意识地反思着某事，我们也无法与此同时有意识地反思自己的反思。"反思－我"总是来得太迟，因而不能在"身体－我"存在的时刻将其捕捉。

当我说"我突然感觉到什么东西触摸我"，或者"我突然看见我朋友了"，或者"邀请朋友和我一起喝咖啡该多好"，谁是这个在回忆这些经验的"我"？那个说"我感到某物"的"我"，和那个实际上感觉到某物的"我"，是同一个"我"吗？这两者显然不能同时存在。前意识的"我"和有意识地对身体进行反思的"我"是不同的。第一个"我"是亲历的身体（lived body）或此刻的中心——是我们时时刻刻经历的原生现实或原始存在，是鲜活的在场。对于胡塞尔来说，每个生活经验总是在"此刻"。此刻是我们当下所经历的存在时刻。现象学追问："我们所亲历的此刻之本质是什么？"

一个经验是怎么、在何时变成现象的呢？胡塞尔指出，我们必须区分前反思的此刻（不在时间之中）和反思的维度（时间性的）：

　　因而我们要区分：经验的前现象存在、我们的反思转向它们之前的存在，以及它们作为现象的存在。当我们留意地转向经验并且把握它时，它便呈现出一种新的存在模式：它"被分化"（differentiated），"被单独挑出"（singled out）。并且这分化恰恰是去把握［经验］；而且这分化性（differentiatedness）恰恰是被把握，成为我们转向的客体。（Husserl，1991，p. 132）

但是如果反思以一种特别的方式将我们前反思经验的被给予性单独挑出并进行分化，那么我们如何理解前反思经验的前反思性质？是否存在一种关注，可以意识到前反思经验，却不强加认知的屏障和架构？反思的开始似乎是在把握刚刚消逝的事物。我们之所以仍然能够把握它，是因为通过滞留（retention），原初印象仍然与生活的现在相连——不是作为记忆，而是作为非时间（timeless）瞬间或当下时刻不停更迭的轨迹。现象学关注这转瞬即逝的人类存在的独一性，关注这一差异的身份和这一身份的差异（the identity of this difference and the difference of this identity）。

可问题是，滞留是如何把握原初印象的？胡塞尔给出的答案是，滞留（以及预持）并不是独立的事件，而是原初印象的一部分。"此刻（now）不断从滞留变成预持"，每一个滞留，都沿着先前滞留的轨迹，而先前滞留的轨迹被更先前的滞留所修改着（Husserl，1964a，p. 50）。因此印象意识变成不断更新的滞留意识。正因为滞留能把握事物（比如音调），通过按顺序滞留下来的音调，我们才能听见旋律。预持则是预期要出现的旋律音调。胡塞尔将这持续不断的滞留连续统叫作"初始记忆"（primary remembrance）。但是由于初始记忆由滞留构成，它还不是记忆（memory）——而表现为生活经验的现在生活流。这生活流是被动自我构成、自我时间化和自我同一的。在《知觉现象学》中，梅洛－庞蒂对胡塞尔的时间性这一概念敏锐地进行了修正。他展示出时间流动如何与我们具身化的世界相互交织。

57

时间，在我们原生的经验里，并不是穿越其中的客观方位系统，而是移动中的环境，撤退到我们身后，就像从列车车窗中所见的风景。但我们并不真正相信风景会移动。铁路交叉道口的管理员飞速掠过，而远方的山基本不动。同样，尽管旅程的起点已经远离我而去，我一周的开始仍然是一个定点；客观的时间被勾勒在视野之上，因此必须体现在我即刻的曾经中。(Merleau-Ponty，2012，p.443)

很明显，生活经验这个概念，比我们原以为的要神秘得多。

对前反思经验的反思，或"此刻"的生活时刻

生活经验也许可以被看作现象学研究的起点和终点。人们也许会说，很多其他质性研究取向在认识论和存在论上，也将人类经验看作主要源泉。的确是这样。但对于现象学来说，"生活经验"(Erlebnis)这一概念具有特殊的哲学和方法论意义。"生活经验"这个概念宣告了一种意图，即要直接探究人类存在的原初或前反思维度。胡塞尔使用"前述谓经验"(prepredicative experience)一词来指称先于确定主题和命名的经验。揣摩生活经验的意义是很重要的问题，因为理解这个概念神秘的属性能够让我们采用合适的现象学观点和态度，这是做现象学研究所必需的。

关注"生活经验"也说明，现象学的兴趣点在于还原"此刻"或者生存的生活时刻——甚至在我们赋予其语言，或者用辞藻去描述它之前。但是海德格尔问道："此刻"是什么？

当我们问一些简单的问题："此刻是什么？"〔Was ist jetzt?〕……这问题虽然简单，但早已模糊不清……如果我们不是在轻率地陈述这个问题，那么一个首要问题就会变得必要："这里的'此刻'指的是什么？"指的是这个"时刻"、这个小时、这天、今天吗？今天能延伸到多远？在说今天的时候，我们指的是"现在－时间"(present-time)〔Jetzt-Zeit〕吗？这又能延伸多远呢？我们指的是20世纪吗？如果没有19世纪的

话，它又指的是什么呢？"现在－时间"指的是整个现代时期［Neuzeit］吗？"此刻是什么？"这个问题所追问的，是在这个时段中，在现代中的"是"（is）[①]吗？（Heidegger，2011，p.4）

我们也许会好奇，在向某人投去匆匆一瞥的瞬间发生了什么？抑或我们在被某人看见时的经验是怎样的？或者我们也许会好奇，和工业时代或古代相比，当下的人类对科技的经验是什么？然而，我们对匆匆一瞥的经验或对科技的经验的研究到底"是"什么呢？

> 我们说"是"的时候，到底指什么？出现在我们面前、可供我们触摸的存在者可以被算作"是"吗？或者说，"真正"的"是"隐藏在背景中，拥有着存在者，而这些存在者只是其短暂的表象？在今天，在当下，在现代，人们说"存在者"（being）的时候，通常指的是什么？（Heidegger，2011，p.4）

现象学想要展示我们的文字、概念和理论如何不可避免地塑造我们的经验，在我们生活的同时给我们的经验以结构。例如，沉浸在小说中是一回事，而回溯式地捕捉刚刚滑落入文本空间、栖居在故事之中时发生了什么，又是另外一回事。同样，医疗工作者通过实证的指标来对疼痛的程度和不同形式进行界定、分类、评价。但是，疼痛猛然袭来的时刻或者遭受长期病痛的情况，似乎是语言之外的。一方面，医药科学能够对临床症状例如强迫症障碍做出诊断性的概括。另一方面，强迫症思想或行为发生的实际时刻到底包含了什么，很难用语言来捕捉：强迫而自发地想又不想思考或想做又不想做某事的奇怪时刻。同样，作为老师或家长的我们会谈论自己孩子的学习，而我们真的知道在学习的生活

[①] 或译为"存在"。——译者

时刻中，从经验的意义上到底发生了什么吗？

现象学的价值在于，它将人类如何经验世界放在首位，例如，病人如何经验疾病，教师如何经验与儿童的相遇，学生如何经验成功或者失败的时刻，爱人如何经验爱抚，朋友如何经验聊天，孩子如何经验家长欣赏的目光，我们如何经验在网络上联系别人，等等。实际上，我们生活中的每个时刻、任何事件都可以被当作一个生活经验（一个现象或者现象的事件），因而能够作为现象学探究的题目。现象学的态度，让我们反思地留意人类经验的方式，以及人类在反思和主题化之前觉察世界的方式。从方法论的角度上看，任何（非）意识经验总是可以被看作前反思性的领域：我们世界上事物的经验的、非主题性的前被给予性（experiential nonthematic pregivenness）。

因此，生活中奇特的事实是，我们似乎总是在"此刻"，在这个时刻或者其延绵中。难道不是吗？当我写着这些词语时，我身在写作时刻的此刻中（我已经持续做了几个小时）。就连驻留在回忆里或沉醉于预期中，我们也处于经验的"此刻"。但是，如果我们想要捕捉经验的"此刻"，我们似乎总是太迟了。例如，当我说"我写这些词"或者"我感觉到疼痛"，那么我已经在将这个时刻客体化、将写这些词语或感受疼痛的主体"我"客体化。在我们反思这些经验之前，"我"和"此刻"是不分离的。"我"和"此刻"似乎是一样的或同时发生的。当我在此刻中时，我便是此刻。但是，此刻这一现在（present）时刻，在我们尝试把握它或反思它时，总已经缺席（absent）。因而一个重要的认识便是，虽然现象学总是以某种方式专注于此刻这一瞬间（无论从多么广泛的意义上来理解），但此刻总是缺席的。因此，从自相矛盾的意义上说，我们甚至会好奇自己试图要抓住的"此刻"是否真正存在过。而这就是为什么"在场"（presence）这个概念在现象学中如此悬而未决、充满疑问。

实际上，在这些简单化的评论背后隐藏着许多哲学问题和疑问，因而我们有必要初步了解一些现象学基本概念。现象学不断地追问那些阻碍我们充分理解、表达当下经验的生活时刻的假设和先见——不论我们的词语如何分析深刻、描述丰富或富有诗意感染力。问题在于当下经验的生活时刻不易接近，甚至无法被想象。它总是必须以回溯的方式来重新获取，作为过去，或者刚刚过去［也许它"发生了"（was）的方式永远跟我们想的不一样］。

因此，一旦我们承认永远无法将现在（present）把握成现在这一不可避免的困境，我们便会意识到事情其实更加复杂：从前反思的时刻到反思的时刻，总是暴露着缝隙。过去总是太迟了，因而不能将现在把握为在场。因此，一些现象学家说，过去从来都没有在场过。过去总是已经在那儿了。瞬间的生活时刻是前反思的，在于"生活经验"的生活着的（living）和生活过的（lived）维度是一致的。但自相矛盾的是，它们不同时发生。正如列维纳斯颇具神秘意味地说："一段过去，比所有可再现的开端都要久远。"（Levinas，1996，p. 116）现在已经是过去，但过去却是从来没有如此发生过的现在（The present is already the past. But the past is a present that never was.）。从来不曾完全如此。

在海德格尔晚期作品中，"此刻"是过去和未来之间仅有的接触点。在一定意义上，我们总是已经活在奔向未来的过程中。此刻的现在，既不是时间河流中的漩涡，也不是时间轴上从过去向未来移动的一系列点；此刻的现在，是不断的缺席，持续地让未来丢失在过去之中——在闪现的此刻。无论此刻这个时刻是如何被概念化的，关键是我们总是太晚而把握不住它，因此，我们永远不会知道它的全部意义和价值。实际上，它的意义并不总是存在于过去，同样存在于其未来的延迟（latency）之中。有时经验承载着重要意义，我们也许只有在以后，或许很久以后才能体验到。当某些事萦绕脑海或者回现于记忆，它们看上去似乎并不是来自过去，而是来自未来——是过去事件的未来延迟。

生活时间与此刻的生活时刻一样，是个谜。但与其怀疑地耸耸肩，直接说现象学是"不可能的"，我们还是应该认可并且欣然接受这种"不可能性"，这是人文科学研究的全部条件。正是这种"不可能性"让现象学如此引人入胜、使人着迷，并且从根本上必不可少。唯有认识到人类经验是缺席的在场，只能通过不可恢复的过去来接近，现象学才能成为现象学：最激进、最严格的以我们经验的方式来研究生活的反思研究方法。

表象和现象的展现

让我再次强调一遍，现象学是对现象［表象（appearances），或者在经验或意识中给予或呈现自身的］的研究（logos，逻各斯）。表象是如何"出现"（appear）在我们日常生活中的呢？我们所经历的生活是连绵不断的经验或者说是不断地经历"此刻"——尽管这个此刻也许指的是短暂片刻，例如"匆匆一瞥"或"一个友善的手势"；也可以指时间状态，例如"年轻"；还可以指作为此刻的整个时代，例如作为"网上电脑使用者"的生活状态。这些经验也许包含着事件、记忆、幻想、白日梦、期待等等。我们每一个人都以即刻的、具体的、个人的方式生活，别人也许能够察觉到我们的生活方式，但是我们不能抹除人们之间的差异，因为我们是在身体上、时间上和空间上分离而独一的存在者。

另一种区分生活经验的"此刻"和反思经验的"此刻"的方式，是关注参与某事以及反思这种参与时的自我感。一般来说，当我们从事着某事时，我们不会明显地将自我体验为"我"。一个著名的例子是，萨特曾指出，当我跑着追公交车时，并不存在"我"。可一旦我跟别人说"我刚才在跑着追公交车"，"我"便突然出现了。换句话说，只有当回溯一段生活经验时刻并进行反思时，我才真正地在说"我"。

这并不是说，我要寻思是不是我（而不是别人）在奔跑着追赶公交车。"我"是我的个体和社会存在的"此刻"——我，是亲历生活持续不断的变动（flux）。比如，我正读小说，感觉内心激荡。放下这本书以后，我也许会反思自己阅读某些段落的经验。但是，此刻在反思的"我"并不是那个刚才在阅读的"我"。反思的"我"正在将阅读的"我"变成对象；而将鲜活的"我"对象化时，我们已经在改变着这个"我"。因此在进行反思之前，"我"并不是可以被识别的实体或者对象；然而，即使是在反思时，它也不能像曾经经历的（而当时并不在场）那样被捕捉。真实情况是"当下"的纯粹的"我"，在反思"刚才"的"我"——而这"刚才"的"我"在刚才是缺席的，现在以缺席的方式在场。因而我们也要认识到在反思"我"的时刻，随着反思中的"我"变成对象，此刻的"我"又一次缺席，变成了非意识实体或对象。关于区分生活时刻前反思意义上的自我，以及反思客体化"我"的"我"这一话题，胡塞尔与其他哲学家有不同看法，但这是更偏技术性的内容了（例子可参见 Zahavi，1999）。

有时人们认为现象学研究的是某个人或某个群体的主观经验。但我们不应该把现象学与心理学相混淆，也不应该认为现象学试图理解某主体或特定人群的内心世界或意识。问题的关键在于，很多质性研究都幼稚地假定我们可以简单询问人们在某个时刻的经验。这些研究假设人们在经验时对自身经验有直接的、内省的通路，假设人们可以完全把握和报告他们经验中深植的意义和意义结构。相比之下，现象学假定我们需要特别的反思方法或态度，从而在生活和经验的此时彼刻中建立通向生活原初性的道路。这种特别的反思方法和态度被称为还原（结合了悬置和还原本身）——历史上现象学各流派对其都有解读，当然也有争论。

现象学旨在通过严格和丰富的语言，以现象和事件给予自身的方式来表达它们，并且现象学旨在探究这些现象和事件的自身被给予性（self-givenness）。为了实现这一目的，现象学发展了一些还原方法来抵抗由理论、科学、概念、价值、争论话语以及日常生活常识中习以为常的偏见诱发的影响和假设。

常识抱持着自然态度，往往假设事物和物体在世界中以独立于人们存在或意识的方式存在。科学也采纳了这一自然态度的假设。我们也许会认同我们可能对世界中的任何具体物体或事物的存在问题犯错误，但我们觉得自己不会对世界的存在问题犯同样的错误。这并不是说在自然态度中我们仅仅相信世界存在，而是说相信世界在我们经验之外独立存在。现象学并不否认这一自然主义态度，但是现象学感兴趣的是探究它是如何被影响和构成的，以及我们的语言、假设、时间性和身体性的存在和习惯如何塑造着我们的经验、信念和感受。现象学研究的主要任务，是对生活经验的原初意义结构进行诠释性的描述——以现象给予和呈现自身的方式形象地描述。换句话说，"出现"的事物并不总是清晰地被给予的。如果它是的话，那么现象学就没有必要了：我们就会直接看见"出现"的事物。

比如，在阅读一本书时，我会直接感知读书如何在意识或生活经验中呈现。但事情并不是这么简单的。"读小说"这个现象是一个特别而独一的现象（正如任何现象一样），在它的表象中很大⁶²程度地隐藏着自身（它的生活意义）。用海德格尔的话来说，"正因为现象很大程度上不是'被给予'的，才有现象学的必要。被掩盖性（covered-up-ness）是'现象'的对立概念"（Heidegger，1962，p.60）。他继而展示了现象在其表象中被掩盖的诸多方式：因为它尚未被发现或者它被埋没——而现象学试图做的，恰恰是让隐匿在被掩盖性中的现象呈现、展现自身，从而进入非隐匿状态。

因此，现象学的首要任务不是发展教条学说或知识体系（a body of knowledge），它生产"身体－知识"。它开启反思性的实践，来生发洞见和感受性的理解（pathic understanding），激进地挑战既定的假设；反思性的实践同时也检验自身研究结果的限度和真实性。另外一个相关的现象学意图是探究事物和事件如何以自身的方式来展现，它的条件、限制、假设。因此，现象学感兴趣的是表象的"本质"（what，quails or ti estin）和方式（how，hoti estin）。我们需要探究现象学实践的矛盾和困境，以及实践现象学（a phenomenology of practice）的宝藏和贡献，从而周全地理解和机智地从事专业实践与日常生活实践。

意向性、非意向性、主体性与世界

胡塞尔从他的老师弗朗兹·布伦塔诺（Brentano，1874/1995）那里借用了"意向性"（intentionality）这一概念，来理解意识的现世结构。意向性描述了我们"附着"于世界的方式，意识总是对某物的意识。我们所有的思想、感受和行动都"朝向"世界中的事物或者与之"共存"。这同时也意味着，我们从来不会从这个世界中走出，从分离的视野中审视这个世界。我们是在世界之中的（法语 au monde），也就是说，我们同时"居于"（in）和"属于"（of）这个世界。

意向性总是处于事物之中，同时意味着我们周围的事物总是以片面的方式、以某种角度呈现自身，不是从这个方面看就是从那个方面看。当我们听见、看见、触摸某物或某人时，或者思考某事时，我们对事物、物体、人、存在者和主体的经验，总是以给予我们或呈现给我们（经验和意识）的方式存在，而不是作为统一体和整体存在。因此，我们必须区分物体和我们对物体的生活经验。当我看着放在桌子上的书，或者当我把书捧在手里时，我总是只看见这本书的一部分：我看见封面，或第一页，或书脊，或封底，或标题，等等。实际上，我永远不能从同样的某个角度、距离和视角来看这样事物、这本书。关于这本书或别的书的经验（以及关于任何"事物"的经验），永远不会恰好相同。

但是，在任何知觉活动中，我"看见"的都是这本书。在我对这本书的经验中，我看见书的统一体或整体——而不是一件看似书的物体，或者一个拥有不同侧面和轮廓的物体，有些侧面和轮廓还隐藏在我的视线之外。实际上，我看见的也许是一本无字的样书，或者只是印在海报上的书的图像。但是我"看见了一本书的经验"不能被怀疑，即使后来看见一本书的事实性（factuality）被证明为错或者为假。

看见这本书的时候，我同时看见了自己对该书的兴趣。或者说，这本书以某种方式给予自身，一定程度上取决于我的看。例如，这本书将自身呈现为一种邀请，邀请我将它拿起并且继续阅读。或者，这本书提醒着我读书时的体验。或者，我被书封的美术设计所触动。或者，这本书在跟我说，我需要把它还回图书馆或者还给朋友。或者，我拿起这本书是想要找到一张空白页来写购物清单。或者，这本书属于曾祖父母，我意识到，在自己出生之前，别人就读过这本书了。

因此，在事物（作为意识的客体的这本书，我们可以观察其不同轮廓）和物自体（the thing-in-itself，这本书在我们的意识中呈现的自身，不是在康德的意义上，而是在萨特的意义上）之间，存在着一定的意向性关系。这并不是说有两种书：外部世界里真实的书和意识内部世界里精神上的书。根据萨特的观点，意识和世界是同时给予的：世界，从根本上说位于意识之外，而在根本上却和意识相连。如果我们将自己的反思意识聚焦于我们对书的经验，我们就采用了现象学的态度，将这本书作为现象来对待。

这样在意识中的自身呈现的物自体（thing-in-itself-as-it-shows-itself）就是一个现象。每一个单独的现象都以其现象性（phenomenality）为特征：现象给予自身，呈现自身，或者出现在意识中的意向方式。当然，现象的现象性有多种出现或者自身给予的形式（modality）：对你或对我，对成人或对儿童，对女人或对男人，对病人或对健康人，对老师或对学生，等等，它有可能在不同的意向性中给予自身。现象学是对现象之现象性的研究——对可能的人类经验之研究。

但是，现象性的概念，在最近所谓"激进的"现象学家，例如伊曼努尔·列维纳斯、米歇尔·亨利、让-路易·克利田和让-

吕克·马里翁那里，得到了不同的诠释。马里翁使用"激进的"（radical）这个形容词来描述这样一种现象学方法：旨在将被给予性（givenness）交给现象，不是交给意向性主体（意识或此在），而是交给"现象自身"（Marion，2002a，p.20）。这种做法是激进的，因为它迫使现象学关注的意向性消失、被重构，或者从主体的自我转移到现象自身。

在胡塞尔现象学的传统中，还原归根结底是回到意向性主体或者意识，他们在最开始负责构成了现象。但是，如果"我"和世界之间的意向性关系的构成性功能被忽视或者否定，会怎样呢？在这种情况下，需要重新考量"我"或主体、主体性的确切含义。因此，他者性（alterity）、自我–被给予性、赠与（donation）和生活等诸多形式的现象学，向"我"（主体、自身、自我、意识）的原初性及其意向性提出了挑战。

在关于"非意向性意识"的一章中，列维纳斯（Levinas，1998）指出，意向性总是关注于那些可以被思考、感受、感知和变成情绪对象的事物。意向性以世界被理解、被把握和被运用的方式来揭示世界。思考是一种把握和运用，将他者简化成为自我，简化成相同（the same）："思想，作为一种学习 [法语为 apprendre]，需要对所学到的事物有把握 [法语为 prendre]、捕获、紧握和拥有"（Levinas，1998，p.125）。因此，意向性将意识、自我或在场放在世界的中心。然而，有些经验具有非意向性结构。这些是即刻的经验，先于反思，先于主题化。并且，列维纳斯指出，他者性经验（体验到他者的他者性）在根本上同样是非意向性的现象。

包含非意向性意义的现象学分析，要由感召性的语言成分来指引。它们召唤出一种即刻感受性的意义，因而不会被理解为知识或者概念。因此本书所涉及的感召的方法会引出非认知和非居有的（nonappropriative）"知识"和"把握"的形式。

问题在于，应该把怎样一种对主体性的诠释理解成为自我所经验的（非）意向性指标。例如马里翁指出，"婴儿的诞生"这类现象很明显具有现象学意义，然而新生儿所经验的主体性生活意义，并不能通过还原来实现。并且一些现象或者事件，例如进行重要的对话和有意义的交谈，会如此"漫溢着意义"（Marion，2002b）或具有"事件的延迟性"（Romano，2009），因此目前只能发现它们的一部分生活意义，也许以后它会逐渐显现。

综上所述，对胡塞尔来说，意识（超验自我）构成了现象，因此要让它们出现、给予或呈现自身。但是在列维纳斯的著作中，意义的出现并不是从意向性自我（存在论或者存在者）开始的，而是从他者或他者的他者性开始的。在马里翁的作品中，自我被绕过了，因此其与世界的意向性关系不能干扰现象学对现象意义的研究。米歇尔·亨利和让－路易·克利田将自我还原成为消极的非意向性角色，而不是积极的意向性角色。因此，这些作家激进的现象学包含更消极或消极接受的主体或自我的意义——主体缺乏能动性和主动的意向性。甚至可以说，在让－路易·克利田（Chrétien，2004a）的作品和君特·菲加尔（Figal，2010）更加具有解释学风格的作品中，这些方法论中的意义，并不是由主体或自我构成的，而是由事物或物体的意向性构成的，它们的意向性召唤着我们的回应。比如，在彼得－保罗·维贝克（Verbeek，2005，2011）和西尔维娅·班索（Benso，2000）的作品中，可以发现"事物"和"物体"具有能动性、主体性，甚至伦理或道德的能动性。

现象学和理论的双重关系

一个现象，是一个事件或一段亲历的经验以呈现自身或给予自身的方式，在我们的意识中显现。现象学旨在通过严格和丰富的语言，以现象给予自身的方式，来探究和表达现象，并且现象学会尝试考察现象自身被给予性的条件和起源。为了达到这一目的，现象学发展了一系列方法，试图抵抗理论、科学、概念、价值、争论话语和日常生活常识中习以为常的偏见所带来的影响和假设。

现象学和其他绝大多数研究形式的区别，在于现象学以我们日常经验世界的方式或者意识到它的方式来研究世界——在我们对世界进行思考、概念化、抽象化、理论化之前。这就意味着，现象学家要想研究一个现象，例如研究"进行'真正的'交谈"，就会想要"直接描述""进行交谈"作为亲历事件发生的方式，以及这一现象是如何以不同的形式和维度呈现自身的。意义最根本的载体是经验，而不是理论、语言构成或者抽象建构。因此，范登伯格可以说："现象学家痴迷于具体，［且］对理论和客观观察存疑。"（van den Berg，1972，p. 76）这并不是说，理论不能够让人着迷甚至变成令人痴迷的活动。然而区别在于，理论家通过理论框架的透镜和玻璃般的词汇来观察和诠释世界，理论框架是他（她）思考的工具，我们也可以说，他（她）被"捕获"于其中。

社会科学理论学家欣然接受理论。例如，心理分析理论家倾向于从弗洛伊德式的、批判式的或新拉康主义（neo-Lacanian）的角度来诠释人类现象和事件。理论家也许对流行电影、政治事件、哲学著作、网络生活、小说、音乐、流行文化等等进行研究和写作，拥有不可思议的研究水平和深度——并且理论家通过拉康主义－马克思主义理论的透镜来审视这些题目。同时，理论家也许想要强化、修正或者更新现有理论。理论能够强有力地探究和诠释人类文化主题和问题，令人赞叹。

可让人吃惊的是，现象学怀疑理论。现象学课题旨在质疑理论中的假设和抽象，抽离理论框架，摆脱概念俘获性的限制，并且试图穿透理论有意或无意采用的假设。避免理论化不一定这么简单。尤金·芬克曾经指出，理论和科学都已经是自然态度的一部分。因此我们需要"认识到理论经验本身也是世界构成（world-constitution）的基本形式"（Fink，1970，p. 70）。而且，我们也要承认，几乎所有的理论都始于经验的某处，或者和人类经验前反思的层面进行接触，因此理论也许能够为特定主题的现象学研究提供洞见。因此，现象学不把理论当作构建诠释结构的脚手架，而是当作衬托，从而考察其所粉饰的经验。

例如，精神病学家范登伯格在他的《不同的存在》（1972）一书中，运用例子来说明临床心理学家如何使用精神治疗理论来解释病人的病理行为和疾病。他展示了特殊的理论术语，例如投射（projection）、对话（conversation）、移情（transference）和无意识（unconcious）如何被用来解释病人的精神病症状。然而，在给出这些理论解释之后，他继续指出这些理论对于理解病人真正的生活经验来说，很难令人满意。范登伯格揭示出，理论敷衍略过了对精神病学现象更富于意义的理解。他进而展示出，现象学如何想要更深入地挖掘，或者说，更具体地探究生活经验。从这个意义上，我们可以将范登伯格看作在运用理论作为衬托，在理论不能涉及的地方，为现象学的存在提供了正当理由。

从这一时刻到下一时刻，在我们的日常存在中，现象学想要以我们生活的方式召唤具体意义和前反思经验的源泉。这当然不是说，理论不能为人类现象提供引人入胜的叙述和深刻的解释。理论可以有力地表达人类理智。而现象学取向的人文科学家同样也对社会理论和理论视角的假设、猜测、研究发现、挑战和概念架构充满兴趣。可是想要从事现象学研究，现象学家必须对吸引人的理论保持警惕，并且留心理论概念对我们理解世界的塑造和限制，以及对我们生活的存在意义的虚饰。

现象学几乎和任何其他社会和人文科学都不同，因为现象学想要以前反思的方式，富有洞见地描述我们经验世界的方式，而不是分类、区分、编码和抽象。因此现象学不能提供有效的理论，让我们解释和（或者）掌控世界。恰恰相反，现象学给我们可信的见解，让我们和世界进行直接的接触。这个研究课题既新颖也古老。说它新颖，是因为现代思考和研究如此深陷在理论和抽象思想中，现象学人文科学课题也许能作为突破和解放，让我们为之一振。说它古老，是因为很多年以来，人类早已发明了艺术的、哲学的、集体的、模仿的和诗意的语言来将自身和生活经验的意义层次相（重新）融合。

确实，现象学家仍然谈论现象学的"解释"（Lingis，1986a，p.19），或者现象学的理论化。但是在这里"解释"和"理论化"等词语指的并不是对现象"为什么"和"原因"的追问，而是追问特定现象如何呈现在意识当中。例如，胡塞尔区分了与静态现象学（static phenomenology）和发生现象学（genetic phenomenology）相关的描述和解释。静态现象学描述事物的意义，发生现象学解释意义如何生成。换句话说，静态现象学描述现象的"什么"，而发生现象学描述现象的"如何"。

虽然一般来说现象学试图在抽象科学的意义上离开理论，但也许会在解释某个人类现象或事件时引入理论。

第一，现象学也许能通过引入理论，来展示理论的承诺在哪里失效。尤其是在心理学领域，大量精彩和富于影响力的理论为人类理解做出了贡献——然而，这些理论也许使得其中心概念缺乏经验的和现象学的意义。比如，对于那些通过心理学原理来解释人类问题和过程的理论来说，也许在把心理学概念转译回到经验现实后，能够更加丰富这些理论。

第二，在理解人类现象时，如果与理论发生交叉，现象学也许会引入理论。例如，莫里斯·梅洛-庞蒂（Merleau-Ponty，1962，2012）批判弗洛伊德理论对于性和人类经验之间因果关系的依赖，但是他同时也认为，弗洛伊德的思想开启了现象学对性的研究。贝尔纳·斯蒂格勒（Stiegler，1998）大量引用了考古学、人类学、神经生理学、经济学和社会理论，来解释技艺（technics）作为塑造人类的力量，也被人类所塑造。

第三，我们应该指出，在人文科学文献当中，现象学反思和分析本身有时候被称为理论化和理论，尤其是在非常广义的层面上或在哲学意义上使用"理论化"和"理论"等概念的时候。

实践的原初性

医学、教育、教学、心理学、咨询学等领域的从业者对现象学人文科学研究如此着迷，实际上是因为这样的研究会提供可信的洞见，而这些洞见不仅仅指向我们的理智水平，更指向实践能力。在这里，实践能力并不是技术化的技能。相反，现象学试图在专业活动、关系和情境中，培育伦理敏感性、诠释才能、敏思和机智（例如，参见 van Manen，1991）。

现象学并不假定我们的经验现实必须是理性的、逻辑的、非矛盾的，甚至是可用命题式的或科学的语言来描述的。相反，现象学想要对敏思的时刻保持敏感，同时也敏感于那些习以为常的时刻、洞见的时刻，甚至是那些我们将自己的世界体验为神秘、迷惑、迷失、陌生或不协调的时候。毕竟，这是生活向我们呈现自身的方式。有时，我们对现实的经验感受是不确定、过分、朦胧、愤怒、迷茫、困惑和不可知。早晨的情绪也许会和夜晚的情绪有微妙的差别。爱人的吻也许会真正将我们的一天点亮，将我们身边事物的表象点亮。一封烦扰的邮件也许会让阴云笼罩了我们的知觉，同事恶意的评论也许会封锁我们的头脑，鼓励的目光也许会让我们变得自信而笃定。这些，便是我们的存在和事件主观性的客观特征。现象学想要将这些经验现实带入语言当中。但是这样的表达不能局限于传统哲学和社会科学的辩论性和命题性的话语。想要对人类存在的丰富现实保有敏感性，现象学就必须诉诸描述性的和诠释性的、认知的和感召的、命题的和诗性的、分析的和综合的文本工具。

优秀的现象学文本具有一种效果，可以让我们"看见"或者"把握"某事物，可以丰富我们对日常生活经验的理解。看见意义并不仅仅是认知性的活动。洞见的产生，必须通过创造研究"文本"来表述我们的认知和非认知感受。现象学理解具有独一无二的性质，是存在的、情感的、主动的、关系的、具身的、情景的、时间的、技术的、理论的和非理论的。在独特和共有之间，在内在意义和超越意义之间，在生活世界反思的和前反思的领域之间，一段强有力的现象学文本会孕育不可抵消的张力。没有这种张力，研究文本就会变得扁平、浅薄、无趣——因为其失去了突破日常生活习以为常维度的力量。

而现象学的实践价值同样也体现在洞见带来的单纯愉悦之中，体现于被事物所触动，这些事物触及了我们存在的深度，确认了我们的人性。现象学提供的奖赏，在于"看见意义"的时刻，或者在于"看穿"（in-seeing）"事物的中心"的时刻。里尔克恰如其分地说：

> 如果我想要告诉你，我最美妙的感觉，普遍的感觉，我尘世存在的喜悦在哪里，我就必须要坦白：它总是在这里，在那里，在这种看穿中，在这神圣地看穿事物中心的时刻，这难以言喻的时刻，湍急，深刻，永久。（Rilke，1987，p.77）

里尔克的"看见的诗"（比如有名的《豹》）是他所谓的看穿的强有力的例子。与诗人和艺术家相似，现象学家将他（她）的目光不是向内投射，而是向外投射。看穿，也和海德格尔（Heidegger，1985，p.266）所说的"在世"（in-being）或者我们与世界事物的日常交往相关。"在世"是存在感的构成，每一种存在者的特殊形式都在其中找到自己的源泉和根基。因此，当海德格尔说"认识是在世的存在形式"，这是说每个实践行为和认识时刻，总是已经发生在"在世"形式当中（Heidegger，1985，p.161）。对生活世界敏感的现象学，探索我们与世界的日常交道如何被作为在世的认识所丰富。

学科专家希望看到现象学能为实践带来什么。但是海德格尔警告说，现象学"从来不会让事情变得更容易，只会让事情变得更困难"（Heidegger，2000，p. 12）。如果人们希望能够用现象学做一些实际上和技术上有用的事，会觉得现象学缺乏有效性或者实用性。海德格尔同意这种看法：

> 哲学会"产生无物"；"你不能用它来干什么"。这两条论断，在当下科学领域的教授和研究者中格外流行，表达了正确观察，无可争议……［它］是一种偏见，认为人们可以依靠日常标准来评价哲学，而这种日常标准也可以被用来评价自行车的效用或者矿泉浴的效果。（Heidegger，2000，p. 13）

根据海德格尔的观点，实践现象学的实践性不应该从工具主义的行为、效率或技术效能中来寻求。而这并不是说现象学没有实践价值。

> 说"你不能用哲学来干什么"是完全正确的。唯一的错误，恐怕就是相信由此对哲学的判断便到了尽头。因为一个小小的尾声会以反问的方式出现：即使我们（we）不能用哲学来干什么，可就因为我们和它所打的交道，难道哲学最后不能对我们（with us）做什么吗？（Heidegger，2000，p. 13）

从某种意义上说，所有的现象学都是指向实践的——生活的实践。但是从实用和伦理考量的角度，我们也许可以产生对现象学的特殊兴趣。如何在特定情境和关系当中行动，我们存有疑问。这种实用－伦理的考量，我将其称作"实践现象学"。因此，我们要探索实践现象学如何表述个人生活和专业生活。

通过质问现象学能否对我们做什么，海德格尔暗指现象学的形成性（formative）价值。在践行现象学探究时，通过敏思和写作的反思方法，我们的目的并不是创造技术性的智力工具，也不是创造规定性的模型来告诉我们做什么和怎样做事才能更有效。相反，实践现象学定位于存在和行动之间，为在我们是谁和如何做之间、在缜思和机智之间的形成性关系开拓可能。

我们也要提醒自己，"实践"一词长期以来和"理论"一词相对使用。理论生活高于实践生活的价值取向，暗示着对真理和思考美好生活的承诺。因此，理论所意味的，可以是对实践的驳斥，但它也可以被看作服务实践、追随实践，或者作为实践本身的本质。在《赞美理论》一书中，汉斯－格奥尔格·伽达默尔（Gadamer，1998）评论说，理论（theoria）在原始的希腊语"contemplatio"的意义上，处在更广泛的生活背景中，因此也是自我行为表现的方式。他说，这是双重意义上的"存在在场"（being-present），令人欣慰。也就是说，一个人不仅仅是在场的，而且是完全在场的（Gadamer，1998，p.31）。伽达默尔质疑将理论和实践相对立的合理性。他质疑说，也许不是理论，而是实践本身，指向着我们生活意义的源泉：

> 那么，在我们赞扬理论时，发生了什么？这赞扬变成了对实践的赞扬吗？就如需要相关知识的个人必须不断将理论知识和其日常生活的实践知识重新整合，相应地，基于科学的文化只能在一种情况下存活，只有当文明的组织理性化本身不是目的，而旨在使一种生活成为可能时，人们可以对这种生活说"好"。最终，全部的实践都在暗示着高于它的事物。（Gadamer，1998，pp.35-36）

如果我们接受伽达默尔的建议，认为对理论的赞扬就是对实践的赞扬，一些耐人寻味的问题就会自我呈现。在一个只有少数人仍然愿意对理论唱赞歌的时代，理论还剩下什么？

举一个对理论意义耐人寻味地追问的例子。《理论·后·生活》一书中包含了对很多著名学者的访谈，例如雅克·德里达、弗兰克·科默德（Frank Kermode）、克里斯托弗·诺里斯（Christopher

Norris）和托瑞尔·莫伊（Toril Moi）（Payne and Schad，2003）。这本书的题目首先表达了高度理论时代似乎已经过去，现在也许是时候重新审视理论和生活的关系了。"理论后生活"中的介词"之后"也许能以不同的方式来理解。"之后"也许仅仅指的是追随理论的生活时间年代，指在理论消逝之后的新思想或者新实践形式。抑或"之后"指的是理论已经调节了生活，或者相反，生活已经调节了理论。因此生活现在追随的理论有了完全不同的含义。

在《理论·后·生活》的开篇对话中，德里达给出了一段关于他如何看待自身生活实践和写作之间关系的描述。他说：

> 我承认，自己反对的所有事物，也就是在文本中我进行解构的所有事物——在场、声音、生活等等——都恰恰是我在生活中所追求的。我爱声音，我爱在场，我爱……；不存在没有它的爱和欲望。因此，也就是说，在我的生活中，我不断地否定自己在书中和讲课当中所说的……［在我的写作中］有一种必要性（Necessity），迫使着我说不存在即刻的在场，迫使着我去解构……无论如何，在我的生活中，我所做的恰恰相反。我生活着，就好像声音所伴随的在场，声音的存在……是可能的。我想要和我的朋友亲近，和他们见面，如果我见不到他们，我就打电话。这就是生活，一致与不一致，通过不追随去追随……因为不存在纯粹的在场，所以我才想要它。不这样，就没有欲望。（Derrida，引自 Payne and Schad，2003，pp. 8-9）

我们该怎样诠释德里达这段引人深思的论断呢？他好像在说，他哲学理论化的激情（现象学写作）与他日常生活实践的欲望是相反的。他解构在场的可能性，然而渴望自己个人生活的真正在场。

而对于伽达默尔来说，理论（theoria）指的是自我行为表现的典范方式，以这种方式，人们可以"完全在场"，德里达（在海德格尔的影响下）解构了"完全在场"的可能性。然而，关于德里达的个人反思，也许在方法论上更加令人惊讶的是他个人生活和学者生活之间的独特张力和中断的关系。后来他的坦白尤其惊人，展现出他痛苦地在自己的学术（理论）著作中争取一致性：

> 现在，在我自己的例子中——我指的是，理论上——我尽了最大的努力，来避免不一致；我尽量通过一种特殊的方式写作、说话和教学，来尽可能防止我，可以说，与自己矛盾或改变。我努力着。即使我想"唉，在我自己的文本里存在矛盾和难题"，这是因为我在说着自我矛盾或者苦难的事情；因此，我指向它们，试图去将自相矛盾和难题形式化，从而避免不一致，而不是说"那个嘛，那是我25岁的时候写的"。我尽量不这样。（Derrida，引自 Payne and Schad，2003，p.26）

德里达可以辩解说，理论也是一种生活方式，换句话说，是一种实践，因而存在一致性。实际上，我们有充足的理由，将关注点从"理论后生活"这个细微的问题转移到"实践后生活"这个更加当代的考虑，这里的实践可以指单数的实践，或者构成理论的、先于理论的，或者使理论在最开始成为可能的复数的实践。

如果我们采取这种观点，认为实践的原初概念指我们在日常生活考量中持续存在的、立即的参与，那么实践和思想之间的相互关系便显得极其复杂和微妙。众多现象学家试图找到一个制高点，从中我们可能把握一些方法，来揭示我们对世界的感受和经验如何形成、如何被我们存在的原生性所影响。也许我们需要理解完全在场之不可能性，才可以随着我们的亲历，在生活中期待着完全在场。本质上，这个困境刻在了所有真正的艺术和所有真正的研究之中。我们要准备解构一些现象，例如真爱、真正的友谊、赠予礼物，从而才能在实际个人生活中，心思周全而富有机智地力争爱、友谊、礼物赠予的完满。

第三章

开　启

最初，现象学是 20 世纪和 21 世纪欧陆主要哲学流派的名称。20 世纪初，像阿道夫·莱纳赫（Adolf Reinach）和亚历山大·普凡德尔（Alexander Pfänder）一样的哲学家受到胡塞尔早期作品的启发，成为众所周知的慕尼黑小组。随后，许多协会、组织、学术圈和现象学学派如雨后春笋般涌现。有时，现象学指一种运动，如施皮格伯格的百科全书式两卷本的关于国际知名现象学家的著作（Spiegelberg，1982）。他的百科全书式著作《现象学运动》详尽研究了历史上现象学发展的国家和地缘"阶段"。但是，一般来说，将现象学哲学说成是一种运动或一个学派，可能更多地在暗示研究计划的连贯性，而非实际证明它是一种运动或学派。

在胡塞尔以及他的直接追随者开山铺路之后，现象学成长为一个实践生命体，很快发展成各种各样不同的传统和流派。一个实践生命体是一种不断地再创造自身的传统。所以，或许将现象学看作传统中的传统更为恰当。

持续创造性的必要

现象学渴望创造性。由原创的思想或思想者激发的每一个真正的新的现象学传统，都是依靠现象学本身的持续创造性使其成为可能的。现象学的特色是一种张力，在秩序与无序之间，在系统性与开放性之间，在被动性与主动性之间，在分析与想象之间，这是所有现象学内在的独一方法论主题。现象学完全是动态的，因为它的方法论是在完全无序中秩序化。研究的秩序取决于还原方法的严格性。研究的无序是悬置的需要所导致的，悬置寻求摆脱所有的束缚和前设，因为这些会损害还原的进行。这种还原与悬置、秩序与无序之间的张力与交织显示了持续创造性的必要：现象学持续地和创造性地重新思考它的研究计划与实践。正是因为这种持续创造性的动态的冲动，作为一种传统的现象学才从来就没拥有过它的秩序之家。现象学的优先性和实践不断被秩序化、无序化、再秩序化。

创造性和批判性的思想者提出的新的原初问题形成了一种新的秩序，这些思想者的作品随后被他们的追随者和阐释者传承。例如，在法国，列维纳斯首先介绍了胡塞尔的思想。但是，随后，列维纳斯本人形成了研究现象学的一种全新的方法——列维纳斯流派，并拥有许多追随者和阐释者。萨特也发展了他独特的研究现象学的生存论方法，这一方法拓展了胡塞尔和海德格尔的思考。当然，并不是所有耗费他们学术生涯阐释和拓展一种现象学传统的学者，都被视为在传统的当代传统中开创一个新流派的原创思想者。

在范围极广的现象学传统中，我们可以区分各种各样的现象学，这些现象学常常与一些著名的学者紧密相连，如胡塞尔、施泰因、舍勒、海德格尔、列维纳斯、萨特、波伏娃、梅洛－庞蒂、伽达默尔、利科、布朗肖、马塞尔、舒茨、德里达、亨利、马里翁和斯蒂格勒。同时，我们也应该注意到，将各种各样的现象学传统和流派置于精确的哲学和历史框架之中，这并非易事。这当中的每一个传统都帮助我们以一种新的，有时是惊人的不同方式来审视这个世界和生活。

我们把现象学分成不同阶段。这样一来，胡塞尔、海德格尔、舍勒和施泰因可以被视为 20 世纪初的学者，他们开创和建立了现象学研究的领域。列维纳斯、萨特、梅洛－庞蒂、波伏娃、布朗肖、阿伦特、伽达默尔、马塞尔、利科、亨利和德里达则属于 20世纪中期的现象学家，他们翻译、阐释、拓宽和重新构思开创者们的各种作品。20 世纪后期和 21 世纪初的现象学家则是当代的学者，如林吉斯、伊德、瓦登菲尔斯、塞尔、南希、马里翁、阿甘本、斯蒂格勒、菲加尔、罗麦诺和格塞迪－弗伦采。

为了在不同的现象学传统（流派、运动或学派）中做出区分，本章的目的是要通过简要地聚焦于这些传统中精选的实质性与方法论的特性，从而创造开放性。如上所述，现象学运动和学派经常与具体的作者紧密相连，这些作者给予了现象学发展独特的学术动力、重要意义和新的秩序，给予了作为传统中的传统的一种持续更新、自我批判和创造的性质。在接下来的部分，我们将简要地比较一些经常被提及的现象学流派，聚焦于代表性学者的思考，并且关注这些现象学家的工作如何被视为对研究实践的早期和当代发展做出了贡献，以及作为人类体验和生存的洞见之源。

现象学：方法的方法

通过聚焦于不同现象学家作品的精华，我们发现，的确有各种各样的可区分的现象学。这些现象学提供了方法论和哲学的洞见，可以指导我们的研究。现象学的努力并不是要提出做现象学研究的一致的、组织严密的程序系统，而是要创造一种开放性和包容性，并尊重这样一种现实，即现象学是包含着方法的方法：甚至矛盾的、有争议的哲学差异也有助于我们理解现象学及其一般意图，现象学是一种极其丰富、持续创造、极具魅力的研究与思考现象的亲历意义和人类生存事件的强大形式。

与大多数其他质性研究方法相比，现象学方法的不同点在于，它的方法的动机意图是深度哲学的。现象学的核心是对原初、本源、意义与有意义性的意义这些问题有着哲学式的着迷。在随后的章节中，我们将呈现一些对现象学做出过原创贡献的学者。我们汇总了每一位现象学家的观念，这些观念促成了新的现象学流派的诞生。我们选录各种各样的现象学来展示一些实质性的与方法论的洞见，以及一些研究的实践含义。我们尝试讨论所选学者的一些引文，以便使读者对他们不同的叙事语言留下印象。

在接下来的部分，我将带领读者一瞥这些思想者迷人的作品。至于更为详尽的哲学拓展研究，读者可以在许多哲学手册和文集中轻易读到，如施皮格伯格（Spiegelberg，1982）的经典文本以及莫兰与穆尼（Moran and Mooney，2002）的更近的文本。而对于非哲学研究者来说，本书也可以让他们轻易沉潜于如此丰富的哲学文献。我的意图并不高远。我想表明，下面章节中的每一位原创思想者都提供了现象学作为一种反思的探究形式如何付诸实践的范例。我希望读者从中受到启发，从而进一步探索这些学者的原始文本，为自己探明进行实践现象学研究的方法。对于读者来说，提出这样的问题是十分有益的：林吉斯、塞尔、斯蒂格勒或南希（或任何一位其他的重要作者）如何言说一个我感兴趣的问题？他们反思和写作的风格，对于我自己思考让我着迷的主题和关切的方式提供了怎样的示范？因此，我在下面的章节中聚焦于现象学传统中的著名学者和原创思想者的文本，而不关注他们的众多阐释者、批评者和评论者的介绍性与注释性文章。学生和同事经常问我："我应该读谁的著作？哪些著作？"我尽可能向他们介绍下面引用的作者和文本，原因如下所述。其实我可以很轻松地列出比本书再长一倍的参考书单。

更偏向哲学的现象学家，如布朗肖、南希、马里翁或塞尔，他们作品中的一些主题可能看起来远离本书所描述的"实践现象学"。不过，对于人文科学研究者来说，与胡塞尔和海德格尔的作品（人文科学的许多研究者纷纷转向他们的作品）相比，他们的现象学文本实际上可能更易理解和更相适宜。关键是下面章节中提及的学者的作品使现象学意义得以显现。这就是现象学。现象学反思就是这样完成的。

以这些作品为背景，我们可以观察一种革新的方法、一种富有成果的程序、一种特定风格、一种言说方式、一种修辞方式，它们都赋予伟大的现象学家（如梅洛－庞蒂、萨特、塞尔、林吉斯和南希）以及更偏向实践的现象学家（如兰格威尔德、范登伯格、拜滕迪克、林斯霍滕、瓦登菲尔斯和班索）的作品以鲜明特色。然而，这并不意味着我们应该努力模仿这些独特的方法、个人的风格，或个人的语言天赋。但专注于杰出现象学家作品的个人鲜明特征，可以帮助我们发展一种方法，以便提升我们自己的力量。

先驱者

虽然胡塞尔通常被视为现象学的创立者，但是还有一些先驱者，作为理解现象学实践的某些主题的铺垫，他们的作品同样至关重要，特别是笛卡尔、康德、黑格尔和尼采。

笛卡尔

1596 年，笛卡尔生于法国的拉海。他不到 1 岁时，母亲就去世了，所以他是由外祖父母抚养大的。11 岁时，他被送到拉弗莱什的耶稣会学院。18 岁时，他完成了包括很多科目的常规学习，如数学、历史、哲学、天文学和医学。后来，笛卡尔获得法学学位并在巴黎住了几年。随后，他去了荷兰，在那里，他对数学和科学的兴趣被重新点燃。对于许多科学的发展和发现，笛卡尔都做出了重要的贡献。例如，他发明了计算几何的线和角的数学技巧，这为代数的形成铺平了道路。

1619 年，作为绅士士兵（gentleman soldier），笛卡尔参加了拿骚的莫里斯亲王（Prince Maurice of Nassau）的军队。绅士士兵的意思是，他永远不会真正上前线战斗，而是利用此机会游历。他越来越痴迷于数学，他想知道如何可能找到任何知识真实、确定和精确的基础。1619 年，他驻扎在巴伐利亚的诺伊贝格过冬。他有一个很小的房间，在这里可以消磨时光。但关于真理和科学的问题持续困扰着他。11 月的一个夜晚，房间里火炉中的木头在燃烧，很温暖，他待在房间里，十分惬意。

然后，奇妙的事情发生了。在他充满困扰的脑海中突然闪现出一幅精神的图景：洞见的灵光一闪，建基于无可怀疑思想之上的所有科学（所有形式的知识）的统一。似乎许多个星期不安的困扰促成了这突然闪现的洞见，在那个夜晚余下的时间里，克服他那个时代的经院哲学的富于想象的愿望在他脑海中不停回响。但他仍然很困惑。那个夜晚，当他感到疲惫不堪上床睡觉时，他做了三个梦（参阅 Davis and Hirsh，2005）。在第一个梦里，他在恐怖的旋风中步履蹒跚，邪灵使他惊恐万分，他感到很虚弱，难以抵御狂风的侵袭。正在这时，暴风突然减弱，安静了下来。然后，他获赠了一个甜瓜。在第二个梦里，轰隆隆的雷电声和房间周围四溅的火花让他惊呆了。他认为是炉子产生的火花，然而，当他醒来时，他发现他的房间很安静。

当他继续睡下时，他做了第三个梦，安详而又充满沉思。他注意到桌子上有一本诗选。当他翻开书页，奥索尼乌斯（Ausonius）的一行诗赫然在目："我将选择什么样的人生道路？"之后，一位陌生人出现了，引用他的另一行诗："存在的与不存在的。"笛卡尔激动不安地读完了整本诗选，并试图给陌生的来访者看第一首诗，但是他再也找不着了。陌生人突然消失，笛卡尔也醒了，困惑不已。

现在，笛卡尔试图诠释这三个梦的意义。他认定，第一个梦聚焦于试图欺骗他的邪灵。第二个梦的雷电证明，真理的精神要唤醒他思考的激情。第三个梦中的诗歌则告诉他，他正处于人生的十字路口，必须决断他一生何为。诗歌"存在的与不存在的"

向他表明，他必须将人类知识中的真理与谬误区分开。这些梦，以及先前那个晚上突然闪现在他脑海中的关于统一科学的洞见之光，都显露了笛卡尔随后的哲学追求。

笛卡尔尤其以他在哲学和形而上学方面的开创性工作闻名于世。最终，这为他赢得了现代哲学之父的声誉。1637年，他出版了《正确思维和发现科学真理的方法论》（简称《方法论》）。1641年，他出版了《第一哲学的沉思》。1649年，《灵魂的激情》出版。熟悉这些文本的读者可能会对笛卡尔充满魅力、引人入胜的写作风格十分着迷。在《方法论》中，请读者注意，笛卡尔如何开始以一种自嘲的方式吸引着读者，使读者轻松地进入他迷人的思想之链。

> 就我而言，我从不认为我的心智强于普通人。的确，我常常渴望我的思想与其他人一样敏锐，或我的想象力与其他人一样清晰而又不同寻常，或我的记忆与其他人一样敏捷。（Descartes，2003，p.6）

甚至那些没有阅读过笛卡尔的人也知道他创造了一个众人皆知的（或名声极坏的）句子"我思故我在"。他就是这样的思想者，悬置任何令人怀疑的信念和假设，无论这些信念是通过感官观察获得的，还是通过数学的演绎（deduction）获得的。他说："为了追求真理，在我们的人生中，我们有必要尽可能怀疑所有的事物。"（Descartes，2003，p.15）笛卡尔方法的怀疑始于决心避免所有可能的偏见和轻率，因此：

> 永不接受任何事物为真，假如我并不清晰地知道它是真的。亦即，小心翼翼地避免偏见与草率的结论，在我的判断中只有清晰显现于我脑海中的无可怀疑的任何东西，别无它物。（Descartes，2003，p.16）

笛卡尔得出结论，他不能怀疑的唯一一件事是，他在怀疑（亦即，思考）。他的名句变成了一句流行的成语："我思故我在"。

因为我们的感觉有时会欺骗我们，所以我决定假设没有什么东西是感觉让我们想象它的样子。因为有些人犯推理的错误，得出逻辑上的谬误，甚至在最简单的几何证明中。因为我认为我和其他人一样容易犯错误，所以，我拒绝我以前作为证明所接受的所有论点，并视其为假。最后，因为我认为我在梦中与醒着的时候一样可以拥有所有相同的思想，虽然那时这些思想并非真，所以我自认为进入我脑海中的一切并不比我梦中的幻象更真。但随后我注意到，虽然我希望认为一切为假，但是思考这件事的我为真，这一点千真万确。当我注意到真理"我思故我在"如此确定以至于怀疑者所有最极端的假设也不能动摇它时，我判定我可以毫无顾忌地接受它，作为我正在探寻的哲学第一原则。（Descartes，2003，pp. 24–25）

所以，笛卡尔获得关于他的"自我"确定知识的方法起点是他自己的存在：自我是"思考的东西"（thing that thinks）。但是，当他进一步反思，为了理解自我包括什么，到底还需要什么时，他意识到，可以想象地假装他没有身体，同样，他也可以假装没有世界。尽管如此，自我仍将作为"思考的东西"存在。

78

然后，当我检审我是什么时，我意识到，可以假装我没有身体，没有世界，没有我在场的任何地方，但我却不能以同样的方式假装我不存在。相反，我在思考怀疑其他事物的真理这一事实就可以确定我存在。假如我停止思考，即使我所想象的事物的其余部分为真，我也没有理由相信我存在。

据此我得以知道我是一个实体，它的全部本质是思考，为了生存，可以不需要任何地方，不依赖于任何物质的东西。因此，这个自我，亦即灵魂（据此我是我所是）与身体完全不同，灵魂比身体更易知，即使身体不存在，灵魂依然是它所是的一切。（Descartes，2003，p.25）

自我（灵魂或精神）完全与身体区分这一思想被普遍视为笛卡尔的根本错误：将精神与身体分离。人们责备笛卡尔这位哲学家的身心二元主义（mind-body dualism）遗产，现在这一观念仍深植于我们日常生活的感受中，然而我们知道这种观念很成问题。当他的作品出版时，已经有反对笛卡尔将精神和身体分离的声音与质疑。假如精神和身体是不同的实体，那么，在我们的日常体验中，它们似乎又完全紧密相连和互动，这如何可能？

笛卡尔对这种误解显然很沮丧，他强调，他并不是说身体与精神分离，而只是说它们"不同"。不同并没有暗示分离。更为重要的是，在他对《灵魂的激情》（1989）极具吸引力的反思中，笛卡尔一再表明，身体与精神如何错综复杂地相互联系，以及身体的状态将如何影响精神或灵魂的状态。然而，认为笛卡尔在他的《方法论》（2003）与《哲学的原则》（2012）中试图证明身体与精神的二元性这一观点，一直延续到现在，虽然有些哲学家试图从笛卡尔的批评者（例如，参阅 Afloroaei，2010）对他的形而上学二元主义的"过度诠释"中拯救笛卡尔。

尽管就身心二元主义有着各种争议，笛卡尔还是深刻地影响了哲学。就现象学而言，笛卡尔尤其激发了胡塞尔关于超验现象学的发展以及悬置与还原的方法的思考。笛卡尔的怀疑方法发展成了胡塞尔的悬置。当然，这两个观念有很大不同。当法兰西学院邀请胡塞尔在巴黎索邦的笛卡尔演讲大厅做现象学演讲时，他竭力承认笛卡尔思想的重要性：

　　我有理由感到高兴，在这个法国科学最庄严的地方，我可以讲解我的超验现象学。法国最伟大的思想者笛卡尔通过《沉思》给予了超验现象学新的动力。从一种已经发展了的现象学到一种新的超验现象学的转变，笛卡尔的研究起到了重要的作用。因此，人们几乎可以将超验现象学称作一种新笛卡尔主义，尽管根据笛卡尔主旨的彻底发展，我们必须拒斥笛卡尔哲学的所有众所周知的教条式内容。（Husserl，1964b，p. 1）

　　所以，胡塞尔似乎赞扬与批评兼而有之。胡塞尔最重要的批评之一，是关于笛卡尔自我物化成能思考的"物"（思考的东西）。笛卡尔没有看到，自我总是已经与世界意向性地紧密相连，甚至不能与世界"区分"。用胡塞尔的话说："在这些问题上，笛卡尔是有缺陷的。碰巧，他站在了所有最伟大的发现之前。在某种意义上，他已经成功了，然而，他没有理解它的真正意义。"（Husserl，1964b，p. 9）不过，责备笛卡尔缺乏远见，没有发现意识的意向性的重要意义，这未免有些苛刻。胡塞尔将这一发现归功于三个多世纪以后的布伦塔诺。

　　尽管如此，有一些广泛的、延续性的主题赋予了胡塞尔研究一种笛卡尔式的重要性（参阅 Martin，2008）。例如，笛卡尔和胡塞尔都发展了他们的哲学，都强烈反对在他们的时代占统治地位的"科学"：对笛卡尔来说是经院哲学，对胡塞尔来说是实证主义。笛卡尔和胡塞尔都有探寻一种方法的强烈动机，这种方法在认识论上为他们的必然的自明和自我确定性的知识奠基。笛卡尔和胡塞尔都将自我（超验主体性）置于他们根本性反思的中心。笛卡尔和胡塞尔都积极探寻哲学思想成为自主的、解放的和自我负责的，而不是依赖性的或归因于教条式的科学、神学或意识形态。虽然笛卡尔方法的怀疑的原始教条与成果，可能已经被胡塞尔和海德格尔的现象学研究的原创性构思抛在了后面，但毋庸置疑，笛卡尔仍然值得现象学家们去阅读，阅读他的怀疑方法的原初性与勇敢的激情，以及他关于知识与意义的源头和本质的思想。

康德

康德（1724—1804）通常被视为最具影响力的现代哲学家。他受到启蒙观念的激励，即我们每个人都应该为自己思考，而不是让某一个权威或其他人替你思考。康德同样被视为现象学哲学的先驱者。胡塞尔、海德格尔以及随后的许多现象学学者都对康德的作品特别感兴趣。

在《纯粹理性批判》的第二版（1787）中，康德把他的人类中心哲学与哥白尼天文学的日心说革命进行了比较。哥白尼提出，地球不是宇宙的中心，太阳才是。天体的运动不是来自于它们的运动，而是来自于地球本身的运动。与此类似，康德提出，我们的思考、认知并不是由感觉世界的物体决定的，而是物体必须符合认知的构成。亦即，人类体验的现象依赖于意识接收的感觉材料，并且意识通过积极主动的过程，将感觉材料转变成现象（Kant，1999，p.113）。不过，这也就意味着我们的认知功能不能超越意识所限的可能的体验。因此，众所周知，康德区分了物自体（它超出了人类的思考）与我们日常生活中遇到（直观）的物（现象）（当物显现在意识中时）。

现象是许多种感觉的事物借由我们对周围世界的感知显现自身。通过事物显现自身的方式，我们逐渐熟知这些感觉的事物。但所有这些事物（无论是自然的还是人造的）都有一张人的面孔，我们只能通过我们人的认知官能来理解它们。事物本身到底看起来像什么，这超出了我们人的理解。康德将这些不可知者命名为"物自体"（noumena），虽然在词源学上，物自体源自希腊语，意思是"被思考的"或者努斯（nous，精神）。康德的物自体有时与"自在之物"（thing-in-itself）同义，或者，物自体似乎指涉自在之物（things-in-themselves，复数）的存在。对于康德来说，通过人的范畴，精神不可能直接了解物自体。物自体只能被想象。在这种意义上，物自体是事物不可知的根源以及事物的意义。

因此，我们要说，我们所有的直观只是表象的再现。我们直观的事物并不是它们本身，我们既不是为了物自体而直观这些事物，它们的关系也不是其本身向我们显现的那样构成。假如我们去除我们自己的主体，或者甚至只是去除一般感官的主观构成，那么，时空中物体的所有构成、关系，甚至时空本身都会消失。作为表象，它们不能存在于它们自身中，而只能存在于我们之中。（Kant，1999，p. 168）

一个物体永远不可能被确认为物自体，它只能被理性概念地想象，而不能通过感觉被体验。因此，现象与物自体的区分就在于我们感觉的世界与知性的世界之间。

一个物体（或对象）在再现能力上所产生的结果被称作"感觉"（在我们所受影响的范围之内）。通过感觉与对象相连的直观被称作"经验的直观"。一个经验的直观的未确定的对象被称作"表象"。（Kant，1999，p. 172）

我们的知识来源于直观，通过直接感觉我们这个世界中的对象，通过我们的知性形成的概念，我们获得这些直观。康德指出，除了经验的直观，还有先天直观，如空间和时间。空间和时间并不属于事物，但它们使体验事物或任何东西成为可能。一个事物，如我正用来草拟这个文本的电脑，我只能经验地直观，因为我有先天的时空直观与实体概念，这使将某物体验为电脑成为可能。相反，我们不能直接体验时间。我们只能通过事物，在事物之中体验时间。我们生活中体验为"现在"的每一时刻不停地变化，移向"刚才"或"几乎是现在"。

一些评论者争辩说，不是胡塞尔，而是康德开启了哲学现象学的观念，康德才是主要的创立者（参阅 Rockmore，2011）。无论如何，康德显然对胡塞尔、海德格尔和阿伦特这些重要思想者的思想产生了深远的影响。康德的方法论关注事物在日常生活中显现为现象的方式，即使它们作为物自体的终极真实性不可能被人类理智所探明。

黑格尔

虽然人们通常认为胡塞尔作品的问世标志着现象学哲学传统的出现，但是，术语"现象学"早已在约翰·海因里希·兰珀特的《1764 宇宙学信札》中被使用，指对现象存在的研究。作为哲学概念的现象学则出现在黑格尔著名的《精神现象学》（1977）中。本书用几个段落来探讨黑格尔，并不仅仅要表明现象学的确有很长的、复杂的传统，同时也暗示这样一个事实，即在黑格尔早期和里程碑式的作品中有许多内容令后来的现象学家着迷。

1770 年 8 月 27 日，黑格尔出生于德国的斯图加特。1788 年，他在图宾根学习哲学与神学。毕业后，在伯尔尼和法兰克福，他作为家庭教师教了几年书。1799 年，黑格尔父亲去世后，他继承了一笔遗产。这使他成为耶拿大学的一名编外讲师。起初，他很难获得全薪大学职位，部分原因可能是，他显然是一位蹩脚的讲师，讲课时总是不停地翻看笔记。然而，由于他非凡的智力，可以参透人类意识的深刻的历史与哲学条件，他很快备受欢迎。借助歌德的影响力，黑格尔获得了一个教授职位，但起初职位比较低。后来，1806 年，拿破仑战争爆发时，耶拿大学不得不关闭，黑格尔改行做报纸编辑工作，后来在一所中学当校长。最后，1816 年，他在海德堡大学获得了一个全职教授的职位，1818 年又转到声誉更好的柏林大学（Pinkard，2001）。

黑格尔是继康德之后他那个时代最著名的哲学家，他反对康德区分"现象"（人类理智可以掌握的对象）与"物自体"（不能被理智直接掌握）。但如此一来，他也就不再将感觉体验的简单意识作为理解这个世界的恰当来源。黑格尔想要探究什么形式的意识构成了真正的知识。他提出物自体（无论最终存在的是什么）并不存在于意识之外，而是意识的显现。可以说，我们必须通过从内部检审意识来研究"事物"，如其所是——如同它建构自己的世界，如同它向自身显现。意识构成人类的真实性（reality）。所以，研究我们世界的事物就是研究意识的各种形式，从而越来越充分地理解人类世界的真实性。

辩证法——自由意识的辩证发展——是黑格尔的重要观念之一，这一观念足以使黑格尔成为现象学思想后续发展的先驱者。他追溯古代中国、印度、波斯、希腊和罗马的文明，探寻社会的、法律的和精神的障碍，这些障碍阻碍了人类思想成为真正和谐的、自主的并且免受外在权威与非理性的束缚。黑格尔意在探究什么形式的意识构成了真正的或"绝对的"知识。我们只能寄希望于自觉地理解某物，学会处理所有的假设、信念和形成的传统，这一切形塑了我们的意见，并扭曲了我们对事物和生活于其中的世界的真正理解。当黑格尔提及"绝对的知识"时，他的意思并不是绝对地知道一切或无所不知，而是指对某物真正是什么的知识：它的绝对同一性。

众所周知，黑格尔借用《圣经》中的亚当来解释，在我们对真实性的意义的理解中，命名的重要性：

> 亚当统管动物的第一个行动是给它们命名，亦即，他取消了它们作为独立存在者的身份，使它们成为理念[实体]。作为[自然的]符号，这个符号以前是一个"名称"，它的含义超出独立的"名称"之外。它是一个物，被外在的符号所标记，它并没有被假定为被取代的某物，以至于这个符号本身没有意义，而只有在主体中才有意义。人们必须要知道，主体用这个符号具体指什么。但名称在它自身中，它"持

存",既没有物也没有主体。在名称中,符号的"自我"持存的真实性被取消。(Hegel,1979,pp.221-222)

简而言之,为了创造我们世界的知识,具有独一性的事物就必须被具有普遍性的概念所毁灭和取代。更夸张地说,黑格尔似乎在说语词杀死了它们命名的事物。然而,对于黑格尔来说,事物的独一性必须为反思的概念做出牺牲,这些反思的概念构成我们建构的知识。反思使我们远离了我们体验的具体性和直接性。通过反思,意识后退,与体验和它自身保持距离,因此,反思成了自我意识。

黑格尔首先考察了感觉体验,作为最简单的意识形式。通过感觉体验,我们逐渐以这样一种方式了解事物,它使我们通达此时此地此物或彼物的感觉确定性。黑格尔的感觉确定性(sense certainty)观念,对于现象学探究来说,是一个重要的、极具挑战意义的先驱。

感觉确定性似乎是最真实的知识,因为它没有忽略客体的任何东西,而是在它之前拥有绝对完整的客体。(Hegel,1979,p.91)

例如,我咬一口刚从水果盘中取出的苹果。感觉确定性是直接意识到呈现给我们的东西,无须语言、概念的范畴或先前的思想作为中介。现在我在体验拿着苹果和咬果肉。但我如何捕捉咬苹果的感觉确定性这一瞬间体验?问题是,当我们试图用语言捕捉这一原初的感觉体验时,我们不可避免地在概括它。当我们言说每时每刻发生在我们身上的事或我们做的事时,我们需要表达一种具体性,然而语言只能言说普遍性。现在纯粹的瞬间体验变成了语词。黑格尔说,我们只能说这个吃苹果的瞬间仅仅"是"(或存在)。在瞬间直接性的这一被动感知层面,"意识"纯粹是存在，这种存在包含其全部丰富的、原初的复杂性。意识还不是反思的与主动的，意识没有专注于任何东西，意识仅仅"是"它自身。

黑格尔论辩，虽然咬苹果这一具体的体验瞬间是直接的（这就意味着没有概念或反思作为中介），但是这一存在的瞬间仍然是有中介的：以瞬间的事物作为中介（苹果、咬、品尝与吞咽），以体验这一瞬间的"我"作为中介。

> 但是，当我们仔细观察时，在这纯粹的存在中隐含了更多的东西，它们构成了这种形式的确定性的核心，并宣布为它的真理。一个具体的、实际的感觉确定性并不仅仅是这种纯粹的直接性，而是这种直接性的一个范例。（Hegel，1979，p.150）

有趣的是，黑格尔对"范例"观念的使用预示了当代哲学家的写作，例如，阿甘本提出范例让独一的东西显示其独一性。范例让独一的东西被看到。但是，对这种唤起独一性的东西的兴趣不在黑格尔的研究计划中。尽管如此，我们应该注意到这种重要的黑格尔式困惑：假如不失去瞬间的独一性，瞬间的具体性就无法得到表达。语言总是将它要描述或表达的东西普遍化。黑格尔得出结论，我们在此时此刻一个具体的瞬间（现在正在咬这个具体的苹果）体验的"感觉确定性"如此个人化和具体，以至于它永远不可能被捕捉为真正的知识。因为瞬间的纯粹感觉超出了语言，所以黑格尔（可能有点反直观地）称这一直接的感觉体验为"抽象的"。恰恰是在不可捕捉的意义上，它是抽象的。

然而，从我们现在的后黑格尔视角看，我们可以指出，语言同样抽象。对于任何从事质性研究的学者来说，意识到这一点极其重要。语言抽象（因此扭曲或者甚至"杀死"）了它试图描述的生活体验的具体时刻。当亚当为他周围世界的动物和事物命名时，他杀死了它们（的独一性和特殊性）。应该清醒地认识到这一点。然而，语言与知性之间的关系比这复杂得多。语言除了抽象和毁灭，还有其他功能。现象学家，如海德格尔、布朗肖、列维纳斯、德里达以及当代的塞尔、阿甘本与马里翁，继续讨论了语言 – 世界关系这一主题，他们激进地反思独一性、语言、意义和写作这些观念。

黑格尔考察了意识的两种进一步发展：感知与知性。通过语言和概念，意识将感知到的与体验到的进行分类。所以，在感觉确定性之上的更高层次，意识通过用语言表达的概念来理解这个世界。而且，在精神现象学更高的层面（Geist），一种附加的反思性发生了。意识并不仅仅建构它的真实性，它也清醒地意识到，这些建构或概念不是事物或我们看到的对象，然而它们却帮助我们理解人类真实性和世界的本性。因此，在知识的更高层次，意识发展成了自我意识。

自我意识并不仅仅是某种对自我的内省：自我意识通过超出自我的东西而存在。我们只能通过辨识不是自我的东西来看到自我。通过被辨识以及辨识他者中的自我，我们辩证地通达一种更高的形成性自我。这一过程被称作形成性成长、学习或生成。黑格尔的同一与差异的辩证法观念对于现象学方法论极其重要。

对于黑格尔来说，同一意味着差异，差异意味着同一。因为没有差异，人们无法思考同一。在黑格尔的意义上，并不是所有不一样的东西都是有差异的。如一幅画作和一把锤子只在口语和日常的意义上是不同的。画作与锤子在比较的意义上并不真的"不同"（different），而只是"不一样"（unlike）。同一性中的唯一差异使得差异可以比较，是有意义的差异。例如，画作可以与照片比较：画作与照片不同，当画作与给予照片独特同一性的东西比较时，给予画作独特同一性的东西（差异）可以通过确定它的具体的差异来获得。在比较一个事物的同一与差异这一辩证过程中，我们可以看到现在现象学探究的一种方法论招式是如何运用的。 85

尼采

尼采（1844—1900）的作品也深刻地影响了许多重要现象学家的思考。海德格尔撰写了三卷本尼采研究，兼具原创性与穿透力。尼采的作品常常极具感召力，是格言式的，挑战着他那个时代已确立的价值观和观念。众所周知的尼采式观念有：没有真理；上帝死了；我们注定永恒轮回；权力意志掌控着人类。上帝之死与其说是尼采无神论的表达，不如说是他坚信，随着科学与世俗价值观的出现，上帝与教堂不再是人类可以坚信的意义与道德的源泉。尼采对宗教、科学与道德真理的怀疑，与他对人类弱点的鄙视以及对人类动机的不信任紧密相连。

尼采最著名的论文恐怕是《真理与谎言之非道德论》。在这篇论文中，他嘲笑人类试图通过建立科学知识的庞大而复杂的概念框架和结构来获得真理，而这些科学知识在根本上是建立在关于真实性的幻象与自欺之上的。根据尼采的观点，人类需要谎言以便征服这种真实性，这种"真理"，那是为了生活。为了生活，谎言成了必需的，这本身就是生存的可怖的、令人质疑的一些特征。

> 形而上学、道德、宗教与科学……这些仅仅是谎言的不同形式，在它们的帮助下，人们才能有生活的信仰。（Nietzsche，1968，p.451）

根据尼采的观点，人类需要科学、宗教和形而上学以便对付（麻痹他们自己）意识到没有真理这么一条真理时的不确定性和极度恐怖。因此，人类创造出解释、概括和原则，但他们忘记了，这些真理只是他们自己的发明，这些发明变成了偶像。

> 那么，真理是什么？一连串变动的隐喻、转喻和拟人论。简而言之，许多人类关系以诗化和修辞化被强化、转化与润

色，经过长期的使用，它们被固化、权威化，具有了约束力：人们忘记了真理是幻象，隐喻变成了陈词滥调，失去了它们感性的力量，硬币失去了印记，已不再是硬币，而变成了金属。（Nietzsche，2010，pp. 29–30）

尼采一再指出，所有的语词都来源于隐喻，而这些隐喻本就是虚幻的。

"事物本身"（准确地说，它会是没有结果的纯粹真理）是完全无法理解的，甚至语言的创造者也无法理解，的确没什么可寻求的，因为他只命名了事物与人类的关系，并使用最大胆的隐喻。首先，将一个神经的刺激转换成一个意象——第一个隐喻！然后，意象又复制成声音——第二个隐喻！每一次，从一个领域彻底地跳跃到一个全新的、不同的领域……当我们言说树、颜色、雪和花时，我们认为我们知道关于事物本身的一些知识，然而，我们拥有的只是事物的隐喻而已，这根本就与原初的本质不相符。（Nietzsche，2010，pp. 26–27）

尼采是一位有着深远影响的后现代主义先驱者，后现代主义认为人类不可能通达事物本身的真实性。他旨在揭示，发展一种形而上学的努力是存在的不安全感和脆弱的表现。（然而，海德格尔指出，尼采仍然在不知不觉地试图使用某种形而上学去推翻形而上学。）

尼采极富感召性的主张之一是，"我们拥有艺术，以免毁于真理"（Nietzsche，1968，p. 435）。对于尼采来说，真理除了让人感到舒适之外已无任何价值。然而，艺术并不依赖于（终极谬误）概念与概括。在这种意义上，艺术是诚实的：艺术粉碎了真理，因此肯定生命。艺术使我们的真理变得怪诞，它陌生而又因此可能出人意料地真实。我们拥有艺术以便不死于（谬误的）真理。尼采将艺术置于科学之上，因为艺术不是概念驱动的，而是直觉驱动的。

> 在一种文化中，直觉的人从他的直觉中收获的不仅仅是对邪恶的防范，而且是持续的启示、欢欣与救赎的聚集。当然，当他受苦时，他承受着巨大的痛苦。他甚至更频繁地受苦，因为他不知道如何从经验中学习。（Nietzsche，2010，p.48）

尼采已经观察到，体验总是变化的、独一的。然而，我们没有试图理解事物的独一性，而是倾向于通过将隐喻转换成概念来把体验抽象化。

> 只有忘掉隐喻的原初世界，只有将来自于人类原初想象力的鲜活的诸多意象固化，只有这种不可征服的信仰，这个太阳、这扇窗户、这张桌子就是真理本身。简而言之，只有人们忘记作为主体（作为一种人为创造的主体）的自己，他才能生活在某种程度的和平、安全和一致性中……最多，［有］一种审美的行为，我是说，一种暗示性演绎，一种被结结巴巴地转译成的完全陌生的语言。不过，甚至这也需要一种自由的诗化、自由的创造的中间领域和中介力量。（Nietzsche，2010，pp.36-37）

根据尼采的观点，人类的"真理"是一些根本性的认识，例如，"我们所有人必须独自死去"，"没有什么是它表面看起来的样子"，"我们只能逐渐了解我们所爱的东西"，"人的欲望永远无法满足"，"人类渴望整全"，"唯有意识到我们必有一死才使我们感觉活着"，"根本的真理就是没有真理"。当然，对于我们来说，理解真理有不同的方式。尼采的格言"我们拥有艺术，以免毁于真

87

理"可以有好几种理解方式。

　　以上对尼采的引用证明，这对于现象学家来说极具启发性，使他们了解人类的真实性不可能通过固有的一套程序和理性获得，而更多的是靠诗化的、创造的、富于洞见的和感受性的冲动，这是任何有深度的现象学的驱动力。难怪海德格尔对尼采的作品给予了特别的关注。

第四章

开　端

本源的方法

20 世纪初，以胡塞尔和海德格尔为主发起了现象学运动。施泰因、舍勒也位列原初的思想者，他们的作品受到了胡塞尔与海德格尔的开山之作的启迪。

超验现象学：埃德蒙德·胡塞尔

人们通常认为，胡塞尔是现象学哲学的创立者。他的作品如此丰富、原创与详尽，以至于学者们至今仍然努力理解他的洞见，评估他的作品对于哲学、人文学科和人文科学的意义与影响。1859 年，胡塞尔出生于莫拉维亚省的普罗斯尼兹（现在是捷克共和国的普罗斯捷约夫）一个犹太人家庭。最初，他在莱比锡和柏林学习物理学、天文学和数学。然后，他前往维也纳大学学习数学，并在 1883 年获得博士学位，毕业论文是《微积分的变分理论》。在维也纳大学期间，出于好奇，胡塞尔聆听了弗朗兹·布伦塔诺关于心理学和哲学的一些讲座。胡塞尔很着迷，于是决定以哲学作为他一生的事业。1887 年，他以论文《关于数的概念》获得任教资格，这篇论文的指导者是布伦塔诺较早期的一位学生卡尔·斯通普夫（Carl Stumpf）。同年，胡塞尔被任命为哈勒大学的私人讲师。1901 年，他在哥廷根成为全职教授。1916 年，他就职于弗莱堡大学直到退休。1928 年，他成为荣誉退休教授。

因为胡塞尔的犹太人背景，他被掌控德国社会的纳粹党驱逐出大学。胡塞尔于 1938 年逝世。1939 年，因为纳粹很有可能毁掉他的作品，比利时天主教神父万·布雷达（Herman Leo van Breda）冒着生命危险，将胡塞尔的全部手稿以及大量的个人藏书转运到比利时的鲁汶，在天主教鲁汶大学建立了胡塞尔档案馆。万·布雷达和其他学者多年来一直致力于翻译胡塞尔的遗作。档案馆接待来自世界各地的来访者，他们怀着浓厚的兴趣来查阅胡塞尔的手稿，或研究中心的大量现象学文献。

胡塞尔关于现象学的大量作品中，对他的哲学体系里每一个可以想到的反对意见都进行了艰苦地辩驳与详尽地解释。有这样一个有趣的故事：小时候，胡塞尔想要磨一把小刀，他坚持不懈地将刀子磨得越来越快，以至于最后什么都没剩下（de Boer，1980，p.10）。这个轶事恰好说明了胡塞尔性格中的完美主义。胡塞尔习惯于用钢笔在纸上打磨他的思想。他的现象学研究的确是一种文本的劳作。他没完没了地编辑、改写和重写他最初的作品。在他去世后，人们发现了他四万多页的作品，都是个性化的速记草稿，这让后人颇为震惊。胡塞尔作品的研究与翻译工作仍在继续。胡塞尔的文本常常令人费解，所以，对于胡塞尔现象学有许多相互矛盾的解释与理解就不足为奇。想要清晰地提炼出胡塞尔思想中的一些基本主题并非易事。对于那些想要在人文科学研究语境中应用胡塞尔方法的学者们，这些思想可能十分有益。

胡塞尔将现象学定义为对纯粹体验本质的一种描述哲学。他要在本源或本质中捕捉体验，无须诠释、解释或理论化。现象学关注的本质是生活体验的本质：具体的，而不是抽象的。在《笛卡尔式的沉思》中，胡塞尔开始探索并宣布他称之为"第一方法论原则"的重要性（Husserl，1999，p.13）：只有来自于直接体验明证的知识才能被接受。

> 显然，作为以哲学方式开始的人，我追求的预期目标是真正的科学，我不应该做出判断或接受这些判断为科学的，假如我没有从明证和"体验"中得到这些判断。在明证和"体验"中，讨论中的事物和事物的复合体作为"它们自身"向我呈现。（Husserl，1999，p. 13）

> 任何明证都是对某物本身的一种捕捉，或者，因此是"它本身"模式的一种捕捉，对它的存在有完全的确定性，排除任何怀疑……然而，一种绝对的（apodictic）明证不仅仅是事物或事物复合体（事物状态）的确定性，而是向批判性反思显现它自身为独特的存在，与此同时也显现为它们的非存在（non-being）的绝对不可想象性……进而，这个批判性反思的明证同样有作为绝对存在的尊严。（Husserl，1999，pp. 15-16）

90　　在他的早期文本《纯粹现象学与现象学哲学的观念》中，胡塞尔竭尽全力解释，现象学并不像心理学那样关注事实，现象学想要构建它自身。

> 不是作为事实的科学，而是作为本质的科学（"异常清晰的"科学）。它只追求确定"对本质的认知"，而不是"事实"。（Husserl，1983，p. xx）

对于胡塞尔来说，现象学是对所有可以想到的超验现象的严格科学。他的主要目的以及对现象学的持久激情，是要使现象学成为一门严格的科学，并为自然科学奠定坚实的基础。现象学必须强化脆弱的基础，这些脆弱的基础却恰恰是各种科学的特征。虽然科学获得了巨大的成功，但令人沮丧的是，它们并没有反思自己知识库的意义基础。

受胡塞尔现象学方法论启示的研究者们意识到，他目的明确地追求一种研究计划，以此达到一种纯粹（确定的或无可置疑的）知识的科学。激发胡塞尔的是这样一个问题：什么东西可以无可怀疑地被人们所认知？这种知识如何可能？因此，做一名胡塞尔的追随者，就是要追求确定性、确定的知识。胡塞尔渐进地重新构思这一追求，而他的大多数追随者已不再相信这种追求。我们也必须说，正如梅洛-庞蒂所言，胡塞尔的作品极其复杂，他的思想经历了"成熟"的若干重要阶段。

超验的现象是体验的实体，它们可以成为我们反思的对象，反思关于我们在这个世界中所遇到的对象的意义。内在是在我们之内的东西，超验是在我们之外的东西。当胡塞尔讨论我们如何在空间中感知像骰子一样的物体时，他注意到我们总是从不同的视角感知这个骰子。当我们从不同的角度看这个骰子和它的标记时，我们感知到骰子的轮廓（侧面）：当我们从不同的空间位置或角度看它们时，不同的边改变着形状。我们不可能通过视觉感知到骰子的非位置的立体本质，也不可能同时从无限可能的侧面或轮廓看骰子。换句话说，我们甚至永远不可能确定像骰子这样简单的事物的真正本性，因为有无限多可能的视角与轮廓。因此，作为事物的骰子"超越"（逃离或隐藏）我们对它的意识的最终存在。超验意味着隐藏，但事物的超验特征对我们的意识体验有着现象学的重要性。

它的重要结果是，"一个对象的体验"与"一种体验的对象"是以不同方式给予的。我们对对象骰子的体验以一种直观的确定性内在地给予我们，它不同于外在对象（在我们面前的桌子上放着的"真正的"骰子）的不确定性。然而，外在骰子的本性最终是不确定的，因为我们永远不可能同时从所有的边去看它。当我们围着它转或在手上翻转它时，它的真实性永远不可能确定地给予。相反，在意识中向我显现的骰子确定是真的；假如它不是真的，那么我们就会称它为别的什么东西。

91

所以，现象学并不将反思的关注点指向外在的骰子，而是指向我们对骰子的体验，或骰子在意识中的显现。这是胡塞尔现象学的关键点。有点笨拙的表达是，现象学并不研究体验的"什么"，而是研究对什么的"体验"——对意向对象、事物、实体和事件的体验，就像它在意识中的显现一样。现象学是对现象的研究，而现象就是某人的体验，属于某人的意识流。对于胡塞尔现象学研究来说，体验就是事物（the thing），他关注体验的事物"如何"对意识显现。

当然，也有一些现象不是来自于对外在对象，如骰子，课桌、树木、书本、电脑或房子的感知。其他的现象与思想、想象、感觉、梦、情绪等相关。但胡塞尔关于对骰子的空间感知的例子旨在表明，（与空间的外在骰子相比较）无论在意识中显现的是什么，它都是以自我明证的方式被给予的。感知地板上的一个骰子，我可能后来会怀疑我所看到的东西事实上是不是骰子，但我不能怀疑我有过看见骰子的体验，即使我看到的东西其实是其他东西，或仅仅是幻象。因此，我在某一时刻拥有的体验可能是错的（它不是骰子），但内在的体验不可能被否定（我体验过看见一个骰子）。与此类似，当人们体验到坠入爱河，人们肯定体验了某种东西感觉像是"坠入爱河"。然而，反思过后，它可能不是真正的爱，而仅仅是迷恋、痴迷、欣赏或强烈的欲望。

对于胡塞尔来说，现象学是一种严格的人文科学，正是因为它考察知识存在的方式，它以这样的假设直面我们，所有人类理解都以这些假设为基础。他从布伦塔诺那里借用了意向性的观念，以解释所有意识的意向结构。他所说的意向性是指我们所有的思考、感觉与行动总是"关于"世界中的事物。学者布伦塔诺试图发展一种描述心理学，包含意识作为内在感知的观念。对于布伦塔诺来说，所有精神现象都是意识，被体验为由呈现或呈现物构成的"内在感知"。布伦塔诺的同时代人挑战了意识作为内在感知的观念（例如，我们不能通过内省通达内在感知）。但胡塞尔竭力要表明，意识中某些来源保存的事物可以用各种类型的明证来体验。

悬置（对自然态度或日常态度"加括号"，或暂搁）与还原（意义的构成）的方法是现象学反思的两个方面。首先，悬置或超验还原是这样的时刻：从自然态度和日常世界后退，朝向超验自我的层次；其次，现象学还原或意义的构成是回到世界在意识中显现自身的时刻。结果，超验现象学也被称作构成现象学。1933年，芬克写了以下赞扬胡塞尔的文字：

> "现象学还原"本身是胡塞尔现象学哲学的基本方法……它给予了我们"通道"，抵达超验主体性，其中，它包含了所有现象学难题以及与难题相连的具体的方法。（Fink，1970，pp. 72-73）

胡塞尔现象学"本质上是构成现象学"（Fink，1970，p. 123），然而，它不是心理学意义上的主体主义，它始终将超验的主体置于还原方法的中心。芬克言及构成人类体验的内在本质的是接受性时刻（p. 124）。人类主体或超验的真实性都不是"绝对的"，不如说它是一种"超验的关系"，这种关系从不忽视人类的有限性、脆弱以及无能为力，它存在于人与世界之间（p. 136）。

现在，经验主义认为，我们如何了解这个世界的事物这一问题，必须从感觉经验中找到答案和证据源。例如医学中的科学方法，可以在经验主义者的感觉经验观念中找到其源头。例如，医生越来越将他们的科学方法建立在观察与假设检验之上，而不是同时代已有的教条之上。的确，当代经验主义在古希腊医学经验派中有其根源。然而，在胡塞尔时代的现代医学中，经验的观念越来越等同于感觉的输入与实验研究。胡塞尔感觉到他必须竭力反对他的批评者，特别是实证主义的逻辑经验主义者，他们认为，所有的知识必须通过感觉经验才可证明。

经验主义者观点的根本错误在于将回到"事物本身"的根本要求与所有通过经验的认知的合法性要求等同起来或混淆在一起。由于对限定可认知"事物"界限的可以理解的自然主义的压缩,经验主义者只是将经验当作呈现事物本身的唯一行为。但事物并不仅仅是属于自然的事物。(Husserl,1983,pp.35-36)

短语"回到事物本身"成了现象学的口号。此短语在胡塞尔作品中出现过几次,其确切含义并不十分清晰。在《逻辑研究》中,他说:

我们绝对不可能仅仅满足于"语词"……只凭遥远的、不可靠的直观(假如凭任何直观)产生的意义是不充分的,我们应该回到"事物本身"。(Husserl,1982,p.196)

通常,"回到事物本身"似乎是说"回到重要的问题"。在他海量的作品中,此短语以各种形式出现。至少,胡塞尔强调,任何一种严格的探究总应该彻底从清晰的原初开始,而不应因为现存的教条以及未经审查的假设而背离了自己的探究。

研究的冲动不是来自于哲学,而是来自于事物以及与它们相连的问题。然而,哲学本质上是一种真正的开端或起源的科学。无论如何,关于彻底的东西的科学,它本身的程序就应该是彻底的。最重要的是,它决不能停滞不前,直到它抵达自己的绝对清晰的开端。(Husserl,1982,p.196)

与此同时,在现象学的语境中,短语"回到事物本身"已经获得了更为具体的阐释,这些阐释与现象学研究计划是一致的。

它暗示了所有现象学努力的核心：以某种方式回到我们原初体验的世界。回到前反思的生活体验中自身给予的东西，在我们将它概念化之前，甚至在我们用语词命名它之前。

> 我们绝对不可能仅仅满足于"语词"，满足于语词的象征性理解，就像我们第一次反思"概念"、"判断"与"真理"等等规律的意义时，这些规律与它们多种多样的规定性一同在纯粹逻辑中建立起来。只凭遥远的、混沌的、不可靠的直观（假如凭任何直观）产生的意义是不充分的，我们应该回到"事物本身"。（Husserl，1970，p.252）

在胡塞尔为芬克的文本所写的前言中，芬克对格言"回到事物本身"的解释明显受到胡塞尔的赞扬。芬克指出"事物"可以有不同意义，包括：

> 所有能够如其所是地展现自己的东西，无论是真实的还是理想的、一种视野、一种意义、意义的拒绝、无（nothingness）等等，这些在这条现象学研究格言的意义上都是一种事物（affair，a thing）。（Fink，1970，p.82）

在《观念》一书中，胡塞尔详尽阐述了他所谓的"所有原则的原则"：

> 每一种原初呈现的直观是认知的一种合法化之源，在"直观"中原初（亦即"个人化"的实际性）给予我们的一切，应该被接受为它呈现为存在的东西，并在呈现的界限之内。（Husserl，1983，p.44）

回到事物本身、回到生活体验这一根本主题，在胡塞尔著作的启发下，在随后的许多现象学中都扮演着重要角色：实践现象学的反思就是"从语词与意见回到事物本身，在自身给予中思考它们，抛弃与它们不相容的所有偏见"（Husserl，1983，p.35）。

　　从胡塞尔的观点来看，任何将自身呈现给意识的东西都潜在地归属于现象学的兴趣范围，无论对象是真的，还是想象的，是经验上可测的，还是主观感受到的。意识是人类通达世界的唯一渠道。或者，不如说，通过意识，我们已经是世界的一部分。因此，我们能知道的一切必须将自身呈现给意识。因此，意识之外的无论什么都超出了人类可能的体验的界限。换句话说，意识总是关于某物的。在某种意义上，意识就是意识到世界的某一方面。

　　然而，将意识当作精神的库存，其中包含着我们的体验和知识，从中我们可以在记忆里检索我们的认知，这种想法会误导人。所以，胡塞尔警告，人们不应该混淆，而是要区分意识的对象与心理或精神的内容。

　　　　因对象与精神内容的混淆而感到迷惑时，人们忘记了，我们意识到的对象并不简单地像盒中之物，只在盒中等待被发现、捕捉。相反，它们首先作为一种存在构成自己，如其所是地为我们而存在着，以不同对象意向（intention）的形式而存在着。（Husserl，1970，p.385）

　　胡塞尔区分了现象学研究的三个领域：质料现象学（感觉内容）、意向活动（noesis）现象学（意识行为的体验）、意向相关项（noema）现象学（意向对象的本质内容）。根据胡塞尔的观点，现象学最重要的部分是意识分析，因为它揭示意识如何构成客体性。

　　然而，意识本身不能被直接描述。这样的描述会将人文科学还原为对意识或观念的研究，犯了唯心主义的谬误。与此相似，世界本身（在没有涉及一个正在体验的人或意识时）也不可能被直接描述。这样的方法会忽视，世界的真正事物总是被有意识的人类有意义地构成，它会犯现实主义的谬误。所以，当意识本身是意识的对象（当我反思我自己的思考过程时），意识与它在行为中的显现是不一样的。这也表明，真正的内省（introspection）是不可能的。当一个人正在经历某一生活体验时，他不可能反思这一生活体验。例如，假如一个人正在愤怒时试图反思自己的愤怒，他就会发现愤怒已经改变了或消散了。因此，现象学反思不是内省的（introspective），而是回顾的（retrospective）。对生活体验的反思总是回忆的，它反思已经过去或经历过的体验。

在《内时间意识现象学》（1964a）中，胡塞尔使用了著名的音乐例子来阐明，音乐的音调是如何在当即的"此刻"呈现自身的，旋律的连续的滞留（retention）与期待的前摄（protention）① 如何给予我们时间（过去、现在与将来）的体验。在胡塞尔认识论的语言中，恰恰是原初印象意识和它的滞留与前摄才使我们的生活体验作为我们反思的意向性对象潜在地可以获得。一方面，原初印象意识是前反思的，因此，它将自身显现为原初性的一种不可穷尽的积累，这构成了我们体验的存在。另一方面，我们经历的体验通过反思和语言将它们自身呈现给我们。根据胡塞尔的观点：

95

> 我们必须区分：体验的前现象的存在，在我们反思它们之前的存在，它们作为现象的存在。当我们专注地转向体验，捕捉到它，它呈现一种新的存在形式：它变得"可以区分""可以挑选"。这种区分正是捕捉。可区分性正是被捕捉，成为我们所转向的对象。（Husserl，1991，p. 132）

所以，当反思从前反思的意识流中出现时，生活体验给予我们的意识以形式和内容，反思诠释前反思意义上已经将自身呈现

---

① 或译为"预持"。——译者

为一种原初意识的东西。显然，有许多哲学问题与这些区分紧密相连。例如，前反思的意识流已经是一种体验意识了吗？被动反思（意识意识到作为世界的自身）与更积极主动的反思的关系是什么？前反思的体验已经是一种意义、生活意义的体验了吗？或者，意义与智性只在生活实践的语言层面或更具反思性的层面上出现吗？

对于胡塞尔来说，智性的终极来源似乎是前意识生活的原初印象流，这种前意识生活作为生活体验可以被我们的智性所诠释。用胡塞尔的话说，"术语'生活体验'意指内在意识、内在感知的被给予性"（Husserl，1964a，p. 177）。然而，当我们说原初印象－滞留－前摄是前意识时，这并不意味着它先于意识，而是指原初前反思意义上的意识。对于胡塞尔来说，它指向这样一个领域——它是体验或生活实践智性的来源和条件。

胡塞尔的原初印象观念不应该被看作（有时人们这样看）我们感知或认知的某种基本的材料或内容。相反，人们应该将原初印象－滞留－前摄当作意识的一种形式，它将自身呈现为时间，我们所经历的时间，被反思之前的经历的当下。原初印象意识指向生存的肉身与时间本性。在原初印象的层面，自我与世界还没有对象化。生活体验是在我们的行动、关系和情境中亲历的体验。当然，我们的生活体验可以是高度反思性的（如做决定或理论化），但从胡塞尔的现象学观点来看，这种反思体验仍然是前反思的，因为，我们可以以追溯的方式（事后）对其进行现象学反思。只有通过反思，我们才能居有生活体验的诸方面，但原初印象生活的可诠释性在某种意义上已经被（它自己的被给予性）给予。

胡塞尔对原初印象意识的引入极具吸引力，因为它提供了一个语境，在这个语境中，可以将现象学还原的观念概念化，并且表明在与生活世界日常实践的关系中，现象学反思何以可能。但并不是所有的现象学家都同意原初印象意识的区分。从海德格尔存在论视角来看，胡塞尔原初印象意识对于我们如何在世已经是一种抽象。海德格尔说，我们总是已经实践地参与到生活情境之中。对于海德格尔来说，意义之源在某个原初领域是找不到的，而恰恰在我们的行动中，在我们居住的世界的有形事物之中。

例如，与胡塞尔对音调和音乐的时间性的解释相对照，海德格尔强调我们听到的声音的意义："我们从未真的首先在事物的显现中感知到众多的感觉，如音调、噪音……而我们听到的是烟囱中暴风的呼啸，我们听到的是飞机的声音，我们听到的是奔驰汽车的声音，立刻可以与大众汽车区分开……我们听到房子里关门的声音，从未听到声音感觉或甚至仅仅是声音。"（Heidegger，2001，p.25）当我们听到汽车的声音时，我们听的方式是它进入了我们的世界。要想听到纯粹的声音，我们就必须"离开事物"去听，换句话说，"抽象地听"（Heidegger，2001，p.26）。梅洛–庞蒂在《知觉现象学》中提出了相似的观点。纯粹的印象不仅不可感知，而且无从发现（Merleau-Ponty，1962，p.4）。我们没有听到一种纯粹的声音感觉或"感觉印象"，我们听到的是狗的叫声或电话铃声。

时间意识是胡塞尔对现象独特的充分描述。通过他的知觉理论，胡塞尔能够表明，对象的普遍特征、对象的一般关系并不是我们的精神从具体物中抽象的结果，而是在知觉本身中被直观。所以，本质和关系都是真的、在先的，在现象学意义上可以被发现的，虽然我们不仅需要直观，而且要通过精细描述的证据呈现来确认直观的充分性。这一研究计划通过口号"回到事物本身"得以表达。

位格主义与价值现象学：马克斯·舍勒

1874 年，舍勒出生于德国的慕尼黑。他的母亲是犹太人，教他犹太人的生活方式，但在 11 岁的时候，他受洗改信罗马天主教。作为一名大学生，他被引荐给柏林的狄尔泰，但 1901 年他遇到了胡塞尔，在阅读了胡塞尔的《逻辑研究》之后，舍勒成了一

97

第四章 开端 *107*

名现象学家。1907 年，他成为胡塞尔的学生兼助手，并开始在耶拿，后来是在慕尼黑教学。然而，由于闹得沸沸扬扬的离婚以及情感丑闻，他在 1910 年被解雇了。接下来的九年，他在柏林写作、演讲并为报纸撰写文章。他还与胡塞尔合作编辑期刊《哲学与现象学研究年鉴》。但正当胡塞尔仍在从事他的早期工作时，舍勒渐渐选择了与胡塞尔不同的研究方向。1919 年，他被聘为新成立的科隆大学的哲学与社会学教授。但在 1922 年，舍勒脱离了教会，再一次离婚，并开始了第三次婚姻，他也再一次被解雇。1927年，他阅读了海德格尔的《存在与时间》，留下深刻印象。第二年春天，他被聘为法兰克福大学的哲学教授，在那里，他结识了著名学者卡西尔（Ernst Cassirer）、霍克海默（Max Horkheimer）和阿多尔诺（Theodor Adorno）。但他还未来得及工作，就突发心脏病，于1928 年 5 月去世。海德格尔后来宣称，假如没有舍勒的工作与影响，现象学就不会成为今天这个样子。

虽然舍勒深受胡塞尔早期著作的启发，但他也是胡塞尔最早的批评者之一。舍勒的现象学方法直接指向一种现象学态度应该产生的洞见。一种"方法"不应该妨碍获得现象学洞见，这些洞见直接来自于促成了现象学体验的态度。在他的重要著作《伦理学中的形式主义》的前言中，他声明，"我将方法论的统一意识与现象学态度的意义归功于胡塞尔的重要著作"，但他也表明，胡塞尔和他自己"在世界观与哲学问题上有着巨大的差异"（Scheler，1973，p. xix）。对于舍勒来说，现象学并不执着于胡塞尔如此精雕细刻的一种方法，而是取决于一种态度，"我们理解和执行这种态度的方式"（Scheler，1973，p. xix）。舍勒是一位值得敬仰的哲学现象学家和成功的作者。在他的一生中，他吸引了许多学者阅读他的著作，并关注这样一些主题：位格主义（personalism）、价值伦理学、共同体、团契（solidarity）、同情、爱以及宗教体验。

在《伦理学中的形式主义》一书中，舍勒旨在表明，人类的价值，如快乐、幸福、爱与团契，不仅仅是康德哲学中的伦理范畴，也属于我们日常生活中实际体验到的价值领域，我们同样以不同的方式体验它们，体验为或高或低的价值。价值并不像物品一样属于对象（客体），而是：

> 它们本质上属于位格（行动者）领域。因为位格与行动永远不可能以"客体"的方式给予我们。当我们倾向于以任何一种方式将一个人"客体化"时，道德价值的承担者就必然消失。（Scheler，1973，p.86）

所以，舍勒的伦理价值是在生活体验中被以现象学的方式给予的，它们整体地以独一秩序，一种"等级秩序"被给予，即使一种价值的高度可能不被感到有如此之高，一种价值也不一定比另一种价值更受重视。

《同情的本质》（1970）中包含了舍勒最著名的现象学，他研究了伦理学与同情的本质。此书的第二部分讨论爱与恨。舍勒的作品证明，现象学无须在胡塞尔的意义上作为一种严格的方法来实践。然而，他通过现象学态度与反思直接洞见的"方法"审慎、出色地探究了现象学的特点。舍勒的目的是要表明，伦理已经存在于我们与他人共同体验的情感里。对于他来说，伦理学已经深植于我们与他人的生活中，而不是后加上去的东西。现象学的挑战是，通过与其他情感做出区分，来决定同情（sympathy）或同感（Mitgefühl，fellow-feeling）的共同情感的本质。

在对同感现象的原初考察中，舍勒区分了四种关系：（1）直接的情感共同体，如与某人相同的悲伤；（2）关于某物的同感，因它欢乐而欢乐，因它悲伤而怜悯；（3）仅仅是情绪感染；（4）真正的情感认同。

首先，舍勒举父母悲伤的时刻为例，来描述"情感共同体"现象：

父亲和母亲站在心爱的孩子的尸体旁。他们共同感觉到"相同的"悲伤、"相同的"痛苦。并不是 A 感觉到了这种悲伤，B 也感觉到了，而是他们两人都知道，他们在感受这种悲伤。不，这是一种共同情感。A 的悲伤对 B 来说根本不是外在的东西，而对他们的朋友 G 则是外在的，G 同情他们的悲伤。相反，他们一起感受它，在他们共同感受和体验的意义上，不仅仅是相同的价值情境，也是相同的情感强度。(Scheler，1970，p.13)

就情感共同体而言，没有情感体验的分离。舍勒表明"同感"或同情在两个重要方面与"情感共同体"不同：

所有同感包含着欢乐或悲伤的情感意向地指涉他人的体验。[但在]现象学意义上，我的怜悯与他的受苦是两个不同的事实，而不是一个事实，像头一个案例[情感共同体]那样。(Scheler，1970，p.13)

同感出现于指向他人的情感或痛苦以及对他人的同情时。在同感中，我们不仅间接感受到某种快乐或不快乐的体验是什么样子，也感受到其他人有这种快乐或不快乐的体验。舍勒说我们参与其中的间接体验的想象的情感，就像我们阅读一本小说的间接体验。相对地，一个折磨他人的残酷的人也可以体验间接的想象的情感，但却不是为他人而感受。因此：

同感本身，实际的"参与"恰恰在这样的现象中呈现自身，这种现象是对他人情感的状态和价值的一种反应，因为这些在间接体验中"被设想"……间接体验的想象的情感以及参与情感这两种功能分别被给予，我们必须做出清晰的区分。(Scheler，1970，p.14)

舍勒继续使用现象学的比较方法区分"情绪的"感染，它很容易与同感混淆：

> 我们都知道酒馆或晚会上欢乐的气氛如何"感染"新的来访者，就在这之前他们可能还很抑郁，他们完全被"卷入"欢乐的氛围……同样，大笑也有传染性，特别是在孩子中间……同样，一群人会受到某一个人悲伤的语调的传染……自然，这与怜悯无关。在此，既没有对他人欢乐或痛苦的直接情感，也没有对体验的任何参与。相反，情绪感染的特点是，它只是作为一种情感状态的迁移，并不预设任何有关他人感受到的欢乐的知识。因此，人们过后只注意到自己遇到的一种悲伤的情感，它来自于几个小时前造访的群体的感染。（Scheler，1970，p.15）

在情绪感染中，人们迷失于某种欢乐的、悲伤的或情绪化的心理氛围，而并没有真正意识到这一过程。在一种共同相处的氛围中，我们共有某些情绪。在这样的情境中，我们可能与以前感受到的或通常感受到的有所不同。

接下来，舍勒讨论了情感认同，它发生在我们与他人感受极为相同时，好像我们过上了他人的生活，几乎与这个人"同一"：

> 真正意义上的情感同一，将自我与他人等同，只是一种强化的形式，事实上是感染的有限的个案。它代表了一种界限，不仅仅把另一个人的情感的个别过程无意识地当作自己的，而且把他的自我（所有基本的态度）当作与自己的自我同一……
>
> 因此，情感认同可以以这样一种方式发生：通过另一个自我的完全消失与合并，完全剥夺了意识存在与个性的所有权利。它也可以以另一种方式发生，"我"（形式主体）如此

充盈，被另一个"我"（具体的个体）催眠般地束缚，我作为主体的形式状态被另一个人格剥夺，包括它的个性的方方面面。在这种情况下，我不是活在"我自己"中，而是完全活在"他人"中（活在"他人"中，并通过"他人"而活）。（Scheler，1970，p.18）

100　　舍勒同感研究中大部分是关于爱的现象。爱与同感有什么不同？

最重要的，爱是一种自发的行为，甚至当爱作为一种回应被给予的时候依然如此，无论这样做的基础是什么。同感则总是一种反应的条件。因此，人们只能对附属于情感的东西有同感，而爱完全没有这种限制。

诚然……所有的同感都以某种爱为基础，当爱完全缺席时它就消失了……同感的行为（假如它意味着不仅仅是理解或间接的情感）就必须扎根于一种包含爱的行为。（Scheler，1970，p.142）

舍勒与胡塞尔是同时代人，但最终，他并不是胡塞尔真正意义上的学生。他阅读了胡塞尔第一本重要著作《逻辑研究》，随后宣称自己是一位现象学家。受到胡塞尔的启发，但并不真正执着于胡塞尔的认识论成见与方法，舍勒显示了他如何开始他自己的现象学研究，如同一感情与爱的体验。通过对关于同一感情的生活体验以及相关与相反现象的富有洞见的反思，舍勒提供了一种做现象学的创造性范例，他对于所研究的现象持一种智慧的现象学态度。胡塞尔本人仍然处于他事业的开端，虽然他起初受到舍勒学术兴趣的激励，但他逐渐感到舍勒为仰慕他的读者提供的是"次品"（fool's gold），而不是来自于严格科学的探究与耕耘的真正有价值的东西。

相对而言，舍勒似乎已经看到了用纯粹理智的方法研究现象学逻辑的缺陷："心（heart）在它自身的领域有一种严格的逻辑的相似物，不过，这种相似物并不是从理智的逻辑借用来的。"（Scheler，1970，p.12）他相信现象学的实践只能借由惊奇感和直接地、充满爱意地参与到世界之中。舍勒的现象学可以看作是一种严格的认知的或理智的方法的早期替代品。从那时起，将伦理的和感受的元素注入到研究和反思的过程中就成了现象学方法论后续发展的一个持续主题。

移情与信仰现象学：艾迪特·施泰因

施泰因是研究胡塞尔现象学并将其应用于移情（empathy）研究的第一批学者之一。她这样描述自己："我，艾迪特·施泰因，1891 年 10 月 12 日出生于布雷斯劳。父亲是已故商人西格弗雷德·施泰因，母亲是奥古斯特·奈·库兰特。我是一名普鲁士公民，也是一名犹太人。"（Stein，1917/1989，p.119）她是 11 个孩子中最小的。从文法学校毕业后，她在布雷斯劳大学研究哲学、心理学、历史以及德语语文学。在那里，她也参加了妇女选举权运动。1913 年，施泰因转到哥廷根大学，成了胡塞尔的学生，同时师从阿道夫·莱纳赫与马克斯·舍勒。第一次世界大战期间，她中断了学习，为红十字会工作了一段时间，然后在女子中学成为一名代课老师。四年前，她曾经也是这所女子中学的学生。1916 年，她跟随胡塞尔去了弗莱堡大学，成为哲学系的一名成员，与海德格尔一起编辑胡塞尔的出版物。1916 年，她以最优异的成绩通过了博士学位答辩，毕业论文是《论移情问题》（1989），于1917 年出版。她在不到 25 岁时就完成了这一杰出的研究。

胡塞尔推荐施泰因担任教授一职，但由于她是女性而未能受聘。接下来的几年，她继续从事胡塞尔的研究计划，同时，她也写了几篇论文并发表于胡塞尔编辑的期刊上。在假日旅行期间，施泰因获得了深刻的皈依体验并改信天主教。1922 年，她不再担任胡塞尔的助手，接下来的十年，她开始在一所多明我会女子学校教书。在那里，她翻译了托马斯·阿奎那的《论真理》，但在1929年，她拜访了胡塞尔和海德格尔一段时间，再次致力于哲学研究，撰写了一本关于阿奎那的书，题为《潜力与行动》(2009)。她曾短期成为慕尼黑教育学院的一名讲师，但由于她的犹太背景，在1933年，反犹太主义的官僚强迫她辞职。

施泰因批评纳粹的政策，并在一封信中请求罗马教皇庇护十一世公开谴责纳粹政权。到20世纪30年代早期，她参加了加尔默罗修会，在授衣礼之后，她获名修女特丽莎·本尼迪克特（Sister Teresa Benedicta）。她撰写了几本哲学与神学著作，但在1938年纳粹威胁越来越大时，她不得不逃到荷兰，进了埃赫特修道院。不幸的，荷兰天主教的主教们写了一封公开信，抗议对犹太人的驱逐。作为对此的报复行动，盖世太保逮捕了许多从犹太教信仰改信天主教的教徒们，其中就包括施泰因。1942年8月7日，施泰因被送到奥斯维辛集中营，两天后死于毒气室。1987年5月1日，施泰因由罗马教皇约翰·保罗二世封圣。

施泰因是胡塞尔的第一位助手和研究生。胡塞尔是施泰因毕业论文《论移情问题》的指导教师。"移情"（Einfühlung）字面意思是"在情感之中"（in-feeling）或"与……一起感受"（feeling with）。她受益于胡塞尔手稿《观念1》，但恰恰在胡塞尔《观念2》出版之前，她提交了她的毕业论文。在《观念2》中，胡塞尔更为广泛地探讨了移情与交互主体性的观念。她解释说，假如她在完成毕业论文之前读到了《观念2》，她就会做一些补充工作。尽管如此，在她的毕业论文中，施泰因还是展现了原初的洞见，这些洞见也批判性地区别于特奥多尔·李普斯（Theodor Lipps）、莱纳赫、马克斯·舍勒和胡塞尔本人的关于移情的写作。

102　　　　　一开始，施泰因就声明她想做的是移情现象学，而不是移情心理学。她想要描述在移情行为中体验的到底是什么。她从一个轶事讲起：

一个朋友告诉我，他失去了他的哥哥，我意识到他的痛苦。这是一种什么样的意识呢？在此，我并不关心推论痛苦的基础。可能他的脸色苍白，显出不安，他的声音沉闷、勉强。可能他也用语言表达他的痛苦。自然，这些事情都可以研究，但这并不是我的关注点。我想知道的不是我怎样有了这种意识，而是它本身是什么。（Stein，1989，p.6）

施泰因立刻指出，尽管有身体的表情，但没有对痛苦的外在感知。朋友的面部变化可以作为痛苦的表情被移情地捕捉，但痛苦并没有原初地给予她。施泰因的"原初"是指当下人们经历的体验："所有我们自己的当下体验都是原初的。有什么能比体验本身更原初？"（Stein，1989，p.7）。但并不是所有的体验都原初地被给予。例如，记忆可以带回指向过去原初性的体验，这个过去有先前的"现在"的特征。经过这些观察，施泰因想要反思的问题是，我们能否移情地捕捉到另一个人原初体验（如欢乐）的意义，而另一个人的原初体验又不是我们自己的原初体验。

当我生活在其他人的欢乐中，我并没有感受到原初的欢乐。它不是从"我"活生生发出的。它也没有像记忆中的欢乐一样曾经生活过的特征。但它仍然更不会是脱离实际生活的纯粹幻想。这个其他的主体是原初的，虽然我没有将它体验为原初。在我非原初的体验中，事实上，我感觉到我被我未体验过却一直在那儿的一种原初牵引着，在我的非原初体验中展现自身。（Stein，1989，p.11）

在她毕业论文的开篇几部分中，施泰因讨论并批判了她那个时代流行（可能当今很多人依然赞同）的各种移情理论。虽然她发现了思想者们的许多洞见，如李普斯、舍勒，这有助于她对移情的理解，但她也发现了各种各样的问题。具体地说，通过使用体验的实例，她想要表明，对另一个人体验的移情体验不是某种外在或内在的感知，也不是对某人的与某种情感相连的姿势的模仿体验。的确，离我们很近的那些人的情绪与情感可以影响我们的情绪与情感。假如我的妻子情绪不好，那也会影响我的情绪。情绪是会传染的。与此相似，当一个婴儿听到另一个婴儿哭泣，她也开始哭。但施泰因指出，这些不是移情行为。关于否定的移情，她也提出了有趣的问题：

103　　　　否定的移情：移情体验倾向于成为我自己的一种原初体验，这无法实现，因为"我中的某种东西"反对它。这可能要么是我自己的一个瞬间体验，要么是我这种个性的一个瞬间体验。(Stein，1989，p. 15)

她举了一个例子，一个人完全陷入丧亲的悲痛之中，与此同时，一个朋友讲述了一些快乐的新闻。所以，有几种可能性使移情受挫或在某些条件下未完成。施泰因也探讨了"背景体验"现象，这对后来的体验会有潜在的、无法预测的影响。

施泰因的毕业论文对于现象学研究者帮助极大，不仅仅是她为移情现象学提供的洞见，而且是在胡塞尔本人的指导下这篇毕业论文的完成方式。从方法论的视角看，我们可以看到，施泰因首先旨在表明，各种各样的移情"理论"如何对移情体验实际是什么样子缺乏一种现象学的理解。

　　　　因此，从我们的批判性探索中，我们得出结论：没有哪个当下流行的理论可以解释移情。当然，我们可以猜测为什么会如此。在描述某物的起源之前，人们必须知道它是什么。(Stein，1989，p. 27)

只有在审慎地表明移情原初体验意义的缺乏之后，她才能坚定地从事她的现象学研究。施泰因认真而又艰难地在与身体原因和心理动机的关系之中检视移情的意义。例如，我们可以理解，由于喝酒或服用精神类药品，某人的情绪会发生巨大的变化。行为原因和酒精或药品的精神性作用可以通过医学解释，但生理的变化不可能通过移情来捕捉。相对而言，伴随使用酒精或药物的欢乐或悲伤的情感，可以是移情理解的一个合适对象。但她也表明，生理与心理或精神过程的交互作用会很复杂。

施泰因做出的几个看似显而易见但却是创造性的区分十分引人注目，它预示了后来梅洛－庞蒂关于在感知与交互主体性的理解中身体角色的洞见。例如，施泰因说明了，在理解与她对坐的另一个人的情绪时，感性移情的重要性。

> 放在桌子上的手跟放在它旁边的书不一样。它多少有些用力地"压"桌子，五指张开。以一种共同原初的方式，我"看见"这些压力或张力的感觉。假如我以关注这些倾向性的方式达成"共同理解"，那么我的手就被移动（不是真的，而是"仿佛"）到了陌生人手的地方。它被移动到它里面，占据它的位置、态度，感觉它的感觉，虽然不是原初的，不是作为它本身。恰恰通过移情（先前，我们将它的本性与我们自己的体验和每一个其他表象相区分），我自己的手感觉到陌生手的感觉（一起）。在这个投射的过程中，陌生的手持续被感知为属于陌生的身体，因而移情化的感觉持续作为陌生的，与我们自己的感觉相对照。甚至在我还没有以自觉的方式转向这种对照时，情况亦如此。（Stein，1989，p.58）

施泰因表明，我在他人那里非原初地感受到的东西，如何与他人的原初感觉巧合。但是，也有可能，那些与我们自己很不同的人，他们的原初体验不会以这种移情的方式给予我们。在她的后期作品中，施泰因（Stein，1994，2000）表明，移情的过程如何以与他人形成共同体的可能性为基础，共同体丰富了我们的生活，我们通过自己生命的价值为共同体做出贡献（Sawicki，1998）。因此，作为独一的人，我们只能通过共同体成其所是：家庭、邻居、工作单位、志愿活动以及政治组织等等。

存在论现象学：马丁·海德格尔

海德格尔被公认为 20 世纪非常重要的（假如不是最重要和最有天赋的）一位哲学家。他影响了几乎所有重要哲学家的思考，对于人文科学、艺术、人文学科、社会理论、技术理论与计算机科学的发展，他的思想一直是形成性的。1889 年 9 月 26 日，海德格尔出生在德国南部的一个小村庄梅斯基尔希。他的父亲是一名制桶匠，为人谦逊，兼任教堂司事。海德格尔首先去了文法学校读书，在那里，他的老师格律博（Gröber，后来成为主教）送给他一本布伦塔诺写的书，此书给海德格尔留下了深刻的印象。遵从他父母的意愿，从 1909 年到 1911 年，海德格尔开始学习神学，但四个学期之后，他在海德堡大学转而学习哲学、数学和物理学。1913 年，在弗莱堡大学，他完成了他的博士毕业论文《判断与心理主义研究》。1915 年，他获得讲师资格。他与埃尔福丽德·佩特里（Elfride Petri）结婚。他成就了事业上硕果累累的一生。1976 年 5 月 26 日，他与世长辞，葬于梅斯基尔希墓地。海德格尔去世后，他的儿子赫尔曼（Hermann）一直负责整理和出版他的稿件。

听过海德格尔课的人高度评价他卓尔不群的能力，他能吸引他的听众与其一同思考。学生说他为人谦逊、智力超群、富有亲和力且目光锐利。作为一名教师，海德格尔备课十分认真，书写详尽，甚至用不同的颜色画出句子和段落，以便恰当地强调，以及使他的演讲具有戏剧效果。他很快名扬四海，吸引了世界各地的学者慕名而来，如德国各地、欧洲以及其他国家的学者。

105　　在《欧洲科学危机》（1936）中，胡塞尔已经使现象学分析从超验自我和意识中分离，朝向日常体验的前反思生活世界。对于海德格尔来说，这种生活世界的转向是存在论的，而不是认识论的。海德格尔不去询问事物的存在作为意向性对象在我们可知的意识中是如何构成的，而是询问存在者（事物）的存在作为存在本身如何向我们显现。简而言之，不是现象的知识，而是现象存在的意义成为海德格尔关注的焦点。尽管如此，海德格尔起初还是借用了胡塞尔的格言来描述现象学研究：

> 因此，术语"现象学"表达了一条格言，可以这样表述："回到事物本身！"它反对所有漂浮无据的虚构和偶然的研究发现；它反对采纳任何只是看起来已阐明的观念；它反对伪问题，这些伪问题总是将自己展示为"难题"，并常常代代相传。（Heidegger，1962，p. 50）

对于海德格尔来说，存在论的方法就是现象学。现象学需要实践者留心事物在世界中存在的方式。

> 因此，"现象学"意味着让显现自身的东西从它自身被看到，恰恰以从它自身显现自身的方式。这就是"现象学"研究领域的形式意义。但在此我们也只是表达了这样的格言："回到事物本身！"（Heidegger，1962，p. 58）

海德格尔的许多著作都关注这样一个问题：鉴于我们意识到人类生活完全是有限的，并总是在动态的变化中，哲学如何可能？当我们描述一个事物，我们就倾向于假设这个事物有一个不变的同一性和在场（presence）。然而，没有什么东西永远相同或不变。所以，哲学如何能够描述我们世界中的事物，让生活对它自身显现？海德格尔自觉意识到这一哲学中的难题，即主题化难题（the problem of thematization）。

现象学主题化与描述，通过使体验不知不觉地停止而必然损害了生活体验。我们无法真正捕捉到在时间中展开的体验。困难在于，认识论的主题化形式混淆了非原初的（概念的对象化）维度与我们亲历的体验的原初（非概念的意义）维度。例如，当我看我家墙上的钟时，我描述钟的体验，可能倾向于使用概念化术语，如时间、小时、分钟、钟面、指针、金属、玻璃、事物，然而，这些描述性的概念越来越将钟主题化和对象化，从而撇净了挂在墙上的钟的世俗特征和体验的意义。困难在于，描述钟的对象化活动实际是去生活化（de-living）体验：原初的、微妙的、复杂的、丰富的时间性体验只剩下了残渣。相反，我应该试图描述钟自身的存在，就像在生活体验中钟向我显现它自身一样，无须概念的对象化和抽象化作为中介。

当我写这个句子时，我看了一眼我书房的钟，快到睡觉时间了。我并没有真的"看"钟面和指针。不妨说，我看的是，在夜晚的环境中写作，我身处何处。假如当我的眼睛又专注于我的工作，有人问我几点了，我很可能会再看一次钟。我会说"11点45"。但我并没有真的注意到实际是 11:47，相反，我看到的是空间的排列，它告诉我很快就要到子夜了——当指针聚在钟面的顶端。然而，我并没有真正注意到钟面和指针，我只看到快睡觉了。在同样的一瞥中，钟让我知道，对于我完成的工作，我是多么满意（或不满意）。它也告诉我，给住在另一个时区城市中的儿子打电话太晚了。我真的应该停下来，但可以完成我正在写的这一段。钟使我意识到、告诉我，我如何度过我的时间，它责备我忘记了关注我的儿子。在某种意义上，看钟就像阅读一个文本。我并没有真正看见印在纸上的字母，我看到的是语词告诉我的东西。

海德格尔追问，将生活体验主题化而又不陷入对象化的陷阱（像在所有实证主义研究形式中发生的那样），这是否可能？海德格尔给出了肯定的回答。但公平对待我们体验世界中事物的方式的现象学任务，仍将受到持续的挑战和关注。海德格尔相信，语言完全可能超越传统的主题化、物化、表象化和对象化。为此，海德格尔区分了社会科学中传统的（认识论的）对象化与现象学研究实践中形式的（存在论的）对象化。形式的或存在论的对象化保护了存在者的存在。现象学家必须让存在论的对象化受存在的前存在论理解（如同以"非对象化的方式"亲历的一样）指导（Heidegger，1982，p. 281）。

> 假如存在变得对象化，假如对存在的理解可能作为存在论意义上的一门科学，假如有任何哲学的话，那么，对存在的理解将存在前概念地投射于其上的东西，必须以一种明晰的方式显现。（Heidegger，1982，p. 282）

在探究体验的意义时，现象学必然遭遇物化和对象化问题。胡塞尔建议，现象出现于我们从原初意识流提取某物时。所以，现象学通过聚焦于某物并命名它来探究现象的意义。然而，海德格尔批评胡塞尔执着于关于存在的表象假设，因此，胡塞尔的知识论现象学仍然深陷一种在场和表象的形而上学。胡塞尔假定，意识的对象与超验的实体、存在者相符。但海德格尔指出，胡塞尔没有追问这些存在者的存在包括什么。

107

> 对于我们来说，现象学还原意味着，将现象学的视野从对一个存在者的理解，无论这种理解的特征是什么，引回到对这一存在者的存在的理解（投射它显明的方式）。像其他的科学方法一样，现象学的方法也在发展和变化，其原因恰恰是对研究主题的探究在它的帮助下所取得的进步。科学方法永远不是一种技术。一旦它成为技术，它就脱离了它自身的本性。（Heidegger，1982，p. 21）

当海德格尔讨论还原的方法时，他将其置于建构与解构的语境中。的确，"解构"的观念不是来源于德里达（虽然他让解构的观念作为研究事物意义的方法远近闻名），而是来源于海德格尔。

> 现象学方法的这三个基本元素——还原、建构、解构——在内容上是共属的，必须在它们的相关性中获得基础。哲学的建构必须是解构，也就是说，对传统概念的一种解构，这些传统概念完成于向传统的历史递归中。这不是对传统的否定，也不是谴责它无用，相反，它恰恰意味着对传统的一种积极的居有。（Heidegger，1982，p.23）

1920 年，在弗莱堡大学的暑期班上，海德格尔已经反思了"生活体验问题的解构"。他对哲学解构（destruction）观念的应用引导了后来的德里达使用"解构"（deconstruction）观念。同样，对胡塞尔"我"的意向性的批评，海德格尔也早于萨特：

> 这样的"我"根本就不是一种意识的对象。因此，用概念无法捕捉到它……不是意识可能的内容，而是意识到某物的东西……
>
> 虽然不能禁止言说"我"，亦即将其对象化——事实上，它甚至应该被对象化——但它必须清晰，它已不再是它自身。假如它本身可以被捕捉以及作为"我"是可以被捕捉的，那么，"它同时就会既是知的某物又是被知的某物，同时是知的行为的主体与客体"。（Heidegger，2010，p.95b）

显然，同时是主体和客体的"我"会自相矛盾。另外，在生活体验中，"我"并不同时显现为主体与客体。海德格尔指出，当我们说"我饿了"时，我们所指的"我"并不真的像在我们的生活体验中一样在场。不如说"我"是一种思想的对象："在独自思考时，人们意识到这样的'我'。"（Heidegger，2010，p.96b）

在《存在与时间》中，海德格尔（Heidegger，1962，2010）区
分了事物的两种模态。这两种模态不是事物的不同方面或实体，
而是我们与事物的不同关系。"zuhanden"的事物是作为工具或设
备"上手的"（ready-to-hand）事物；"vorhanden"的事物是作为沉思
或反思的对象"现成在手的"（present-at-hand）事物。区别在于使
用一个事物与思考一个事物。在日常生活中，我们总是以上手的、
理所当然的方式与我们世界中的事物打交道。当我们倒一杯咖啡
时，我并没有在反思咖啡壶或咖啡机。当我喝咖啡时，我也没
有在反思杯子的本性。但有时，我们的确会突然想起这些事物
的在场。

海德格尔举了一个著名的锤子的例子：当锤子坏了的时候，
我们是怎样突然注意到锤子的本性。与此相似，我可能会反思咖
啡壶的生存的、文化的与技术的外表，或者反思咖啡杯是瓷做的
还是其他材料做的。在反思这些事物的时候，我与事物的关系从
"上手"变成了"现成在手"。我们世界中事物的现象学关注自身
的近与远，以我们定位事物的方式或事物定位自己的方式。但近
并不仅仅意味着亲密，远也不仅仅意味着遥不可及。近是我们生活
中事物的在场化。只有在这种事物的定位中，它们才可以通达。定
位是海德格尔的一个核心观念，它反思事物意义的显与隐的方式。

> 定位的使用将其置于事物之前，使它作为事物无需保
> 护，处于无真理的状态。因此，定位掩饰了事物中世界的渐
> 近的近。定位甚至掩饰了它的掩饰，正如同忘记本身被忘记，
> 在遗忘中远离。遗忘这个事件不仅仅允许一不留神地隐藏
> （concealment），而且不留神本身也随之不留神地隐藏，这种消
> 逝也随之消逝。（Heidegger，2012b，p.71）

只有在这种意义的显与隐的存在论交织［ontological play of
(un)concealment］中，现象学洞见才变得可能与必要。不过，海德

格尔说:"在所有这些定位的掩饰中,世界的微光依然闪烁,存在(beying)的真理闪现。"(Heidegger,2012b,p.71)

根据海德格尔的观点,感知不是通过诠释感觉体验来建构体验的意义的过程。我们总是已经在意义之中了。海德格尔表明,看、触和听的普通行为不是诠释的感觉行为,而已经是意义行为,在我们将它们抽象成感觉的时刻之前。我们"首先"听到的永远不是噪声或声音的复合,而是电话、门和摩托车。我们听到人们走过,我们听到风声、啄木鸟的啄食声、飞机飞过头顶的轰鸣、燃烧时的噼啪声和某人的谈话声。

> "听"到"纯粹的噪声"需要复杂的心智结构。我们最先听到摩托车和马车,这一事实是现象的证据,在每个例子当中,作为在世界中存在的此在已经居于上手的世界中。它肯定最初不是寓于"感觉",它也不会首先清晰地解释一连串的感觉,以便提供一个跳板,主体从中跳出来,才能最终到达一个"世界"。此在,作为本质的理解,首先寓于被理解的一切。
>
> 同样,当我们清晰地听到另一个人的谈话,我们最初理解的也是他所说的一切,或者更确切地说,我们从一开始就和他一起寓于话语谈论的实体……甚至当语言不清晰,或者是外语时,我们最初听到的还是无法理解的单词,而不是各种各样的音素。(Heidegger,1962,p.207)

在《存在与时间》出版后的十年间,海德格尔越来越不太专注于存在的意义(meaning),而是专注于存在的原初意义(significance)。在他丰富的、似乎更加碎片化的文本《哲学论稿》一书中,海德格尔坚持探讨反思的原初(inceptual)挑战,这种反思旨在穿透到存在意义的开端,他使用一个古老的词源拼写"存在"(Seyn)来表明这种开端。这一后期著作的关键词是"事件"(event)或

"本有"（enowning），这些词用英语无法定义，需要在语境中研究，并且要对微妙的德语语言学特征保持敏感。一些人批评海德格尔将语言的使用神秘化，但是我们必须清楚，只有通过一种严格的、对语言诗意的关注，海德格尔才能创造性地唤起深刻而又难以捉摸的理解。用海德格尔的话来说：

> 原初言语总是受惠于道说（the thoughtful word）的事件化（eventuation）开端。
>
> ……
>
> 对于懒散的、呆滞的、空洞的和顽固的，让我们道说：语言在其历史的开端更丰富、更自由、更冒险，因此总是比枯竭的、进入计算领域的普通意见更奇特。因此，原初语言显现为打破普通与单义性。因此，人们对于似是而非地玩弄语词意义的［把戏］愤怒不已。那些愚弄人的被认为是一种人造的发明，因为它反对它们的常规，本质上只是居有（appropriation）的反调。居有使一切恰当地存在（beying）于其真理本质中。（Heidegger，2012a，p. 259）

对于实践现象学来说，如何抵达创造性洞见是一个持续的关注点和挑战。现象学研究是创造性洞见的实践，这种实践与开端有关：意义诞生的开端之开端的历史性。我们最值得珍视的一些个人洞见很可能是生活原初性的结果。然而，这一隐秘性包含更多的东西。原初意指来源、诞生、黎明、发生、开端和绽放。一种"创造性"洞见的现象学会挑战我们，让我们回溯到开端，或者如海德格尔所言，回溯原初，回溯思想开始的创造性事件。现象学家提出，我们必须探寻开端，不是用一些时髦的抽象理论，而是用生活体验的原初性。

开端道说的创造性思维是原初性居有的思维，在原初性 110

中，作为原初性……它从不指思想者的"观点"或关于存在者（世界）的"教条"，或仅仅是"关于"存在的言说。创造性思维"是"存在（beying），不过，后者作为居有的事件。

……原初性……展现了开端，因此居有开端……我们开始惊奇于开端的本质。（Heidegger，2012a，p.258）

在他的后期著作中，海德格尔越来越关注语言（Heidegger，1971）和用诗意与表现性语言调整并展现生活的存在论的能力。在不同的地方，海德格尔多次提及语言、存在与思的共属。语言是存在的家：

"语言"不仅仅是言说，因此，不仅仅是人类的活动，而是作为保护、作为关系的家。

另一段引言也重复指出这种关系：语言言说，而不是我们人类言说。

……语言言说，表明语言本身的本质是游戏，虽然它因此不会在自身中纠缠不清，而是将自身解放到原初自由的自由空间中，这种原初自由只由它自身决定。（Heidegger，2012b，pp.158-159）

言说行为与交谈本身可以是无意义的。在日常生活的喋喋不休中，言说无处不在。但海德格尔说，语言的本质在于"道说"（Sagen），因为意义的原初性源于道说。海德格尔指出，动词言说与交谈可以是不及物动词（某人说或交谈），但在道说中，总有一种与要道说的某物的关系以及与道说的内容的关系。甚至沉默也可以是一种道说形式。所以，当我们说"沉默言说"时，我们的真意是，某物被道说，在沉默中有道说：

只有在道说中，语言的整体本质才能显现……人们言说。

某人交谈……他不停地唠叨，因为他没有什么可道说。人们可以不停地说，却什么也没道说。相反，人们可以在沉默的时候道说很多。甚至无言的姿势，恰恰是姿势在道说中回响，不是因为有姿势语言或形式的语言，而是因为语言的本质在于道说。(Heidegger，2012b，p.159)

海德格尔提出的最具启发性和争议性的问题之一，包含在他对技术和存在 – 神学的思考中。在《关于技术的问题》中，海德格尔表明，技术不应该只是被简单地解释为我们用来制造东西的工具或技巧。他有一句名言："关于技术，没有什么是技术的。"我们应当看到，技术已成为我们现代生存的存在 – 神学。技术使这个世界向我们显现为持存物（standing reserve），我们可以利用它满足我们消费的要求与欲望。海德格尔言说技术的危险，我们需要理解技术如何深刻地塑造了我们的精神、社会和躯体的生存。像芬博格（Feenberg，1999）这样的技术哲学家批评海德格尔夸大技术给人类生存带来的威胁。伊恩·汤姆森（Thomson，2000）等更加积极的批评者表示，海德格尔的技术现象学如何包含许多深刻的洞见，这些洞见值得研究和关注，它需要我们深思熟虑的回应。

第五章
分支与传统

表达意义的多种方法

本章涉及的作者们属于一个学术共同体，他们在各种各样的创造性的方向上推动了现象学的发展。这些学者现在都已离世，但他们的作品却依然鲜活，并成为实践现象学方法论和实际洞见的持久而又丰富的资源。

伦理现象学：伊曼努尔·列维纳斯

1906 年 1 月 12 日，伊曼努尔·列维纳斯出生于俄国的康夫那（位于今天的立陶宛）。1924 年，在斯特拉斯堡大学，他开始学习哲学，并在 1926 年与莫里斯·布朗肖开始了终生的友谊。随后，1929 年，在弗莱堡大学，他师从胡塞尔学习了一年现象学，并在那里遇到了海德格尔。列维纳斯是将胡塞尔和海德格尔的作品介绍到法国的第一人。

大学毕业后，列维纳斯成为一名教师，并在 1946 年担任犹太教师学院院长。一年后，他出版了《从存在到存在者》。虽然，关于胡塞尔和海德格尔，列维纳斯翻译并撰写了批判性著作，但他直到近 60 岁时才真正赢得国际学术界的认可。在担任教师学院院长期间，他利用晚上的闲暇时间撰写了令人难忘的著作《总体与无限》。在他撰写这本著作时，他的妻子、儿子跟他在同一屋檐下度过了美好时光并学习了钢琴。他的博士论文发表于1961年。他的第二部重要作品《别样于存在或超越本质》于1971年出版。这两本学术著作已成为经典。

1964年，列维纳斯在普瓦捷大学获得一个教席，后来在1967年转到南泰尔大学（巴黎第十大学，巴黎校区）。随后，在1973年，他受聘于索邦大学。他写了许多有影响力的论文，并以各种各样的文集形式出版。退休后，他在瑞士弗里堡大学做兼职教授。今天，人们认为他是20世纪最深刻和最有影响力的哲学家之一。1995年12月25日，列维纳斯离世，享年89岁。列维纳斯的早期作品讨论意识的来源：原初之真、当下、瞬间和自我的核心存在。在《从存在到存在者》中，列维纳斯讨论了胡塞尔的原初印象意识的观念。如上所述，这是胡塞尔的术语，用来描述作为我们日常存在基础的现在亲历的当下。但列维纳斯强调，时间不是在"我"面前飞逝的瞬间的延续。"'当下''我'和'瞬间'是一个相同事件的时刻。"（Levinas，1978，p. 80）

对于胡塞尔来说，我们对前反思的存在的原初印象是意识的来源。原初印象意识是前意识，还未区分、没有意向性，然而这一原初意识预示了"我"的生成和自主个体意识的形成。然而，原初印象仍然是模糊的、被动的，尽管它与自发活动的诞生同时发生。

对于胡塞尔来说，被动与自发的同时性是被感觉与感觉的一种感性混合。原初印象意识是我们存在的基础，我们对世界中事物的意向性意识由此产生。原初印象的生活来源，产生了意识流中的时间滞留和前摄——从它们构成的元素中，生发出我们的意识，如对音乐中旋律和节奏的意识。这正是胡塞尔讨论时间性和内时间意识的核心。但是，假如胡塞尔的著名概念"原初印象意识"拥有现象学的真实性（plausibility）①，那么，所有的生活体验都来自于它：人与人的对话、阅读文本、品味美食、我们对一桩意外事件的兴趣。的确，人的任何体验都可以在这种原初意向性意识中找到它的源头。

在列维纳斯自己的思考中，对于胡塞尔和海德格尔著作中的意向性的原初性和存在论，他越来越感觉不适。他提出问题：探究的核心如何从根本上转向，超越存在，超越自我，超越相同性，走向别样于存在的东西：他者性（otherness 或 alterity）。在《总体与无限》（1979）中，列维纳斯指出，在与面孔的关系中，我们更接近他者。同时，也是面孔使自我和他者之间的距离不可还原、无限。在为一个人操心时，我不可能将这种忧心（care-as-worry）简化为对自我的关心，例如，像福柯所描述的那样（Foucault，1988）。的确，对于我们来说，特别是面孔具有关心的意义。许多人会在他们自己的生活中发现这一现象。面孔中有意义的是责任的指令。但什么是与另外一个人的面孔相遇的现象学？我们"看"那个人的面孔吗？或者说，我们更直接地体验他者的面孔？

115　　　　我想知道，人们是否能够言说朝向面孔的看，因为看是知（knowledge）、感知。我宁愿认为，通达面孔直接是伦理的。你将自身转向他者，就像转向一个对象，当你看见鼻子、眼睛、额头和下巴时，你可以描述它们。与他者相遇的最好方式甚至不是注意到眼睛的颜色！当人们观察到眼睛的颜色时，人们与他者就不在社会关系之中。与面孔的关系的确受感知主导，但具体的面孔是不能简化成感知的。

首先有正立的面孔，完全暴露，毫无防护。面孔的皮肤裸露着，很匮乏。它是最裸露的部分，虽然优雅。它也是最匮乏的：面孔里有根本的贫乏，其证据是人们试图通过姿

---

① 通常译为"貌似真实"。——译者

势和表情掩盖这种贫乏。面孔暴露在外，受到威胁，仿佛要我们采取暴力行动。同时，面孔又是禁止我们杀戮的东西。（Levinas，1981，pp. 85-86）

我们可能在电视上看过这样一些广告：一位妇女怀里抱着贫穷的孩子，充满关爱，她来自寻求我们捐款支持的机构，她对我们电视观众说："看着这双眼睛，做你应该做的，假如你们面对面。"正当她说这些话时，孩子转身直接盯着摄像机。现在，无论我们如何看待此类广告，假如我们真的被这双眼睛吸引，假如我们不是随便扫一眼就换台，那么，我们可能体验到了一种神秘的（uncanny）感觉。孩子的眼睛如此吸引我们，以至于在我们觉察之前，它们就点燃了我们。到底发生了什么？我们将这张脆弱的脸体验为一种奇怪的指控，一种罪责的指控，尽管我们知道自己是无辜的。但责任并非真的由负罪感引发，而是由最深意义上的爱引发。我们成了这个虚弱孩子的面孔的人质。我们成了爱之神秘（enigma）的人质。

对他者的责任是爱的根本时刻。它一开始并不是一种内心状态。它不是情感而是义务。人作为第一义务。作为内心状态的每一种感情，都以成为一个人质为先决条件！这种对他者的责任于我不是负担，这种想法是错误的，它不仅仅是负担。人们总是追问，康德怎么可能将爱当成一种义务。爱是在他者面孔前的一种义务。（Levinas in Rötzer，1995，p. 60）

在体验这种反应的时候，我们体验到了自己的反应－能力（response-ability）[1]。当他者的他者性触动我们时，这就是列维纳

---

① 即"责任"。——译者

斯所谈论的内容。在这种体验中，我并没有与作为一个自我的他者——与作为一个自我的我处于相互关系之中的他者——相遇。不如说，我忘却了自己，与真正的他者相遇，这一真正的他者性不可还原成我，或我自己在世界中的兴趣。

列维纳斯的他者性观念激发了许多后来的现象学家。例如，让－吕克·南希将他者的他者性看作所有意义的源泉。他半开玩笑地建议，在日常说法"人很怪"中有更深的真理：

> 他者之源是不可比较或不可同化的，并不仅仅因为它是"他者"，而是因为它是意义的源头。更确切地说，他者的他者性是它与"恰当的"源头的最初接触。你是完全陌生（strange）的，因为世界与你开始变化。我们说"人很怪"（people are strange）。这个句子是我们最持久和最基本的存在论证明之一。（Nancy，2000，p.6）

列维纳斯（Levinas，1979）描述了被触动（being addressed）的事件以及伦理责任的本能（involuntary）[1]体验现象。这种体验不仅仅对于人际关系的体验是根本的，对于自我的体验亦然。这种体验指原初的伦理相遇。根据列维纳斯（Levinas，1981）的观点，在这种触动事件中，思想总是来得太迟。实际发生的是，这个苦恼的人，这个需要帮助的孩子已经深深地吸引了我。我情不自禁生出一种责任感，甚至在我想要负责之前。对于列维纳斯（Levinas，1979，pp.187－253）来说，与他者相遇，看到这个人的面孔，就是听到一个声音在召唤我。这是他者的召唤。一种要求降临于我，我知道自己要对这个独特的他者负责。这种与他者的关系并非相互的，在某种意义上说，它是非关系的关系。列维纳斯更具感染力地述说这一困境。他说，他者并非仅仅是我偶然遇到的某个人，

---

① 亦可译为"不受意志控制的"。——译者

但这个人却使我成为人质，在这种表达中，我也体验到了我自己的独特性，因为这种声音并不仅仅是召唤。我没有必要左顾右盼，看它是否在叫我。重要的是，我感觉到了要做出回应，我就是那个人，那个声音召唤我，因此，我成了人质。

> 我相信……政治必须受伦理的控制：他者与我有关。对此，我有一个完全现代的表达：我是他者的人质。我是我的他者的人质。人们承认他者，以至于将自己当作人质。重要的是，我是人质。它与这样一个事实相连，即"我"没有相互性，这一事实对我很重要，而德国唯心主义却没有看到。你不能说"我们存在"（we are）在（is）这个世界中。我的"我"的"我性"（the I-ness of my I）是这世界上完全独一无二的某种存在（something）。因此，我负责，却不可能保证他者也为我负责。在这个字最高、最强的意义上说，人没有相互性。这不是我发明的，是陀思妥耶夫斯基说的，这是他的伟大真理。在与他者关系中的一切，我们都是有罪的，我比所有其他人更有罪。（Levinas in Rötzer，1995，p. 59）

列维纳斯说，人质并不仅仅是一种夸张和隐喻的说法。我们在自己的生活中有这样的体验：当我们患病的孩子或某个需要帮助的人向我们求助时，这难道不是恰恰发生在我们身上的事吗？奇怪的是，这个脆弱的孩子对我施加着影响力。我这样一个强壮的成年人，却成了这个依赖于我的脆弱孩子的人质。作为一名父亲，假如我很粗心（没有担忧），那么，我可能会漫不经心地将孩子暴露于危险之中。例如，当他或她迷路了，我却没有看好孩子。因此，悖论出现了，一个粗心的父亲、母亲或教师并非必然不关心孩子，而是不担忧。我们应该注意，被他者吸引的体验并不必然意味着一个创伤事件的发生。看到一个新生婴儿，看到我健康的孩子，或遇到我的朋友或邻居，都可能是这样的事件，其中，

117

我能体验到他者的吸引。事实上，一些人扩展了列维纳斯的他者性观念，将它应用于动物，甚至是无机物，从中我也体验到了一种特殊的责任。因此，我可以体验这样的相遇，与一棵被砍伐的树、一块森林空地、被污染的湖泊，或是一个特殊的物体，或一件艺术品，都会触动我、吸引我。

更简洁地说，在被他者吸引的体验中，我们可以区分几个主题。在我体验他者的吸引或召唤时，事件中发生的事情是：（1）在与他者的相遇中，我感觉到了一种指向我的吸引。（2）吸引将我引向触动我的他者。（3）我对吸引的反应无须我的意向或思考作为中介。（4）我的反应是被动感觉到的、非认知的，在此意义上，我并没有要求体验被触动。（5）吸引力触动了我，并将我的直接反应转变成一种不可拒绝的责任意识（realization）。（6）吸引力引发的感动促成了行动，我必须做点什么。事情常常是，在我思考做什么之前，我已经行动了。（7）我将我的责任体验为，为他者做一些有益的事情的吁请。（8）这种善性（goodness）不是自我中心的，在有用性方面也是不可度量的。用列维纳斯的话说，"只有善性是善的（good）"。

列维纳斯的善性观念无可否认对解释是开放的。假如某个人在打滑的人行道上滑了一下，我可能会自然而然地用我的手防止他者滑到。这一行动瞬间发生，以至于直到事件过后才能出现在意识中。但有时，他者的吸引力更复杂，使我直面如何做出行动的决定这一问题。在这种情况下，我体验到的作为行动的责任的吁请必须得到解释。我如何决定什么样的行动对于恳求我的人是合适的（而这个人需要或想要的东西我又无法提供）？假如有几个人恳求我，但我又不能对每一个人都做出回应，我该怎么办？这些是伦理学家和像德里达一样的评论者提出的问题。所以，在我们直面冲突的价值观或困难的两难之境时，列维纳斯的责任伦理学扮演着什么角色？

列维纳斯论证说，当一个行动过程极具挑战性，或一个第三者出现在情境中时，伦理就变成了道德。对于列维纳斯来说，伦理与道德的不同之处在于，伦理是绝对的，而道德是相对的。在他者面孔中的责任伦理体验是绝对的，并先于意识和我们与世界的意向性关系。在某种程度上，道德的决断是有意识的，道德问题和决断必须得到解释、权衡和推理，依据某些原则、冲突的价值观、规范和行为准则或规则。

即使这样，列维纳斯伦理域中的实践决断仍然总是背离他者对我的恳求。我将这种恳求体验为他者对我的触动，正是这一他者现在使我的世界去中心化（decentered）了。但是，当然，只有当我在生活中照顾好了我自己的身体健康和精神平衡，我才能接受他者的恳求。假如我太自我中心，只专注于自己的事情，对世界冷漠，或处于抑郁或绝望的心态，那么，我就不能对恳求我的他者做出回应。这就是为什么列维纳斯说，我要对照顾好自己负责，才能为他者负责地行动。

当他者对我的恳求将我抛入怀疑之境，或无法解决的困境，那么，我必须解释，我如何能以一种最有利于他者的方式对他者做出负责的回应，而不伤害第三者或第三方。但是，当我试图关心第三者的利益时，我可能直面这样的困境，即我不能同等地公正无偏、优雅大度，或无条件地有求必应（available）（在我的时间、资源和能力方面）。进而言之，我可能并不必然有足够信心知道，在我可选择的行动中，哪一个是最好的。

生存论现象学：让-保罗·萨特

1905 年 6 月 21 日，让-保罗·萨特出生于巴黎。他的父亲死于 1906 年，所以萨特在他的母亲和外公外婆身边长大。当萨特 11 岁的时候，他的母亲再婚。许多年以后，在他的自传体小说《词语》中，萨特将他随后的岁月描写为最悲惨的生活。1924 年，萨特在巴黎高等师范学院学习心理学和哲学。在那里，他与莫里斯·梅洛-庞蒂同窗，梅洛-庞蒂比萨特小三岁。1929 年，他遇到西蒙娜·德·波伏娃，并且他们在这一年同时获得哲学博士学位。在他们后来的岁月中，萨特和波伏娃非常亲密，他们的"关系"很独特，因为他们有意让这层关系保持开放，而不是占有式的。他们讨论婚姻，但从未结婚；可能因为波伏娃觉得萨特仍然犹豫不决。终其一生，萨特住在巴黎的一家旅馆，除了衣服和钱包，他没有私人财产和个人物品的拖累。当他名声四起时，他雇了一名助手，拥有了一间办公室，接待慕名而来采访和会见他的许多人。他的社交和写作生活大部分时间在巴黎的咖啡馆度过。在这些咖啡馆里，他经常约见朋友和同事。就像海德格尔的形象无法与德国黑森林中的著名小屋相分离一样，萨特离开了巴黎咖啡馆的城市生活背景，也同样无法理解。

　　萨特解释他受到现象学的吸引是因为现象学提供了一种现实主义的哲学，日常生活中具体、普通的事物。在巴黎高等师范学院，萨特阅读了柏格森的哲学论文《论意识的直接材料》①，此书部分阐述了生存的具体性。然而，一开始，萨特将自己仅仅当作一名平庸的哲学学生。波伏娃劝他不要在哲学上花太多时间，她说："假如你没有哲学天赋，就不要在哲学上浪费时间。"（Sartre，1978，p.28）但在1933年的一天，他们的朋友雷蒙·阿隆（Raymond Aron）满怀热情地向萨特和波伏娃讲述了一位新的轰动性人物——德国哲学家埃德蒙德·胡塞尔，他可以像看面前桌子上的那杯啤酒（波伏娃记的是杏仁鸡尾酒）一样审视寻常物品。胡塞尔可以以这样一种方式谈论酒杯，使它变成了纯粹哲学，阿隆说。萨特承认："我可以跟你讲，那让我彻底服了。我自言自语：'现在终于有哲学了。'我们对一个事物思考了很多：具体物。"（Sartre，1978，p.26）关于那杯啤酒或杏仁鸡尾酒的故事的重要意义在于，它将萨特吸引到现象学，专注于普通的事物：专注于具体的事物和人类生存的日常事务。从一杯啤酒中创造哲学！

---

　　① 柏格森《时间与自由意志》一书的副标题。——译者

阿隆此前一年在柏林度过。所以，萨特很快决定也去柏林学习，当时胡塞尔在柏林任哲学教授。就在阿隆谈论胡塞尔之后，萨特读到了列维纳斯的博士论文《胡塞尔现象学中的直觉理论》，这篇论文助他写下了在柏林学习一年的资助申请。萨特回忆，在柏林，他只读了胡塞尔的"《纯粹现象学与现象学哲学的观念》。对于我来说，你知道，我读书比较慢，一年正好够读他的这本书"（Sartre，1978，pp.29–30）。萨特本人从未见过胡塞尔。可能颇具反讽意味，就在他动身去柏林之前，列维纳斯邀请胡塞尔来巴黎索邦大学讲学，在那里，胡塞尔做了一系列关于笛卡尔的讲座。列维纳斯将这些"笛卡尔式的沉思"翻译成了法语。

虽然萨特早年就投身于哲学还是文学犹豫不决，但他最终成为一名哲学家兼文学家。1933 年，当他在柏林学习的时候，他的写作习惯是，早晨阅读胡塞尔并写作《论自我的超越性》，下午晚些时候写作小说《恶心》。《论自我的超越性》出版于 1934 年。《想象》出版于 1936 年，这是一本关于想象的现象学探究。他的《情感理论》出版于 1938 年。同年，他出版了他的第一本充满哲学灵感的小说《恶心》。这些文本为萨特赢得了早期声誉。一年前，他已经出版了一本小说集，名之曰《墙》。第二次世界大战后，萨特的长篇小说、短篇小说和剧本深受读者欢迎。它们反映了生存的时代敏感性，敦促人们追问人的生存意义：我们真的注定自由吗？在我们赋予生活的内容之外，有任何意义吗？爱与被爱可能吗？如何理解生活的荒诞性？萨特的虚构作品和剧本的确可以被看作他的哲学著作中详尽阐明的现象学直观的实例化（参阅 Cox，2009）。

"二战"期间，萨特被短期关押在军队战俘营。获释后，他积极参加地下解放运动。萨特的一生都在参与政治。就像法国许多同时代知识分子一样，萨特越来越同情马克思主义，但他同样谴责苏联的斯大林主义和美帝国主义。他经常受到法国共产主义者和政治左派激进分子的严厉批判。萨特最重要的作品可能包含他

120

的许多生存主义论文，以及他对日常生活情境和事件的现象学分析、表达和极具启发意义的呈现。

在"二战"期间，萨特撰写了他的巨著《存在与虚无》（1956）。这个题目的第一部分会让人联想到海德格尔的力作《存在与时间》。第二部分显露出笛卡尔的影响，笛卡尔在他的《沉思》中写道，人类居于上帝和虚无之间，最高存在和非存在之间。为了将《存在与虚无》与胡塞尔的认识论作品区分开，萨特加了一个副标题"现象学存在论"。

从方法论视角看，观察萨特如何在两个层面或两种变式中使用虚构的例子极富教益：通过他的小说，和通过他的现象学与哲学的阐释及论文中许多虚构的轶事。例如，在他的长篇小说《恶心》中，萨特描写了主人公洛根丁被物的物性（thingness of the thing）的无解之谜所征服的那一刻：

> 我把手放在座位上，但匆匆收回：它存在着。我正在坐的这个物，我把我的手放在上面，它被称作座位……我低语："它是一个座位"，有点像驱魔（exorcism）。但语词就在我唇边：它拒绝前行，将它自己放在物上。它依然是其所是……物与它们的名称分离。它们就在那儿，怪异、固执、庞大，称呼它们为座位或关于它们说任何话似乎都很荒诞：我在物之中，无名的物。孤单，没有语词，毫无保护，它们围绕着我，在我下面。它们无所求，它们也不强迫自己：它们就在那儿。（Sartre，2007，p.125）

在他的哲学作品中，萨特也经常使用生动、具体的体验故事（虚构或真实），这些故事来自于他对巴黎街头和咖啡馆中周围生活的观察。萨特只有一只正常的眼睛，没有深度感。所以，《存在与虚无》中的许多例子描写的事件都发生在几米之内的有限的视野范围内，这可能并不令人吃惊。他的世界由他最喜欢的那些巴黎咖啡馆组成，他的许多哲学例子无疑是从对这个世界的观察中创造出来的。他一生住在公寓旅馆中，没有个人财产，对于金钱，他很粗心，也很慷慨。所以，坐在他最喜欢的巴黎咖啡馆中的桌子和椅子旁，他观看着咖啡馆的服务员和顾客，看过路人，与女性崇拜者调情，与他的哲学家和艺术家朋友聊天。

在《存在与虚无》中，有许多例子的灵感可能就来自于巴黎咖啡馆的生活。例子对于萨特的现象学反思和写作方法极具教益：生存论的描述和分析。

4 点，我和皮埃尔有个约会。我到达咖啡馆时晚了一刻钟。皮埃尔总是很守时。他会一直等我吗？我看看房间，看看主顾们，说："他不在这儿。"有皮埃尔缺席的直观吗？或者否定只在判断时出现？乍一看，在这儿言说直观似乎很荒诞，因为，确切地说，不可能有无的直观，因为皮埃尔的缺席是个无。不过，大众的意识见证了这一直观。难道我们不是说，例如，"我突然看见他不在那儿"？这只是一个错置否定的问题吗？让我们再仔细瞧瞧。

……

当然，咖啡馆自身，主顾们、桌子、包间、镜子、灯光、烟雾腾腾的氛围、声音、发出声响的托盘和脚步声充满其中。咖啡馆是一个存在的充实（fullness of being）……我们似乎随处都发现了这种充实。（Sartre，1956，p.9）

在接下来的几页中，萨特对皮埃尔缺席的体验描述做了细致的分析。他表明，尽管有咖啡馆中的充实，但在咖啡馆中所有的面孔和持续移动的背景下，他看到的恰恰是皮埃尔的缺席。

这一景象在我的看和咖啡馆里实在的真物体之间持续地溜走，这一景象恰恰是永恒的消逝。在咖啡馆虚无化的基

础上，恰恰是皮埃尔将自己化身为虚无。结果，提供给直观
的东西是虚无的一闪，它是基础的虚无，召唤和要求景象
显现的基础虚无化，虚无的景象作为无，溜到基础的表面。
（Sartre，1956，p.10）

在萨特的早期写作中，胡塞尔的一个核心观念对他有特别的
吸引力：意向性观念。胡塞尔表明，意向性意味着，意识本身不
是任何东西，更确切地说，意识永远指向它自身之外的世界中的
事物。例如，当某人问我在做什么，我说："我在看电影或听音乐，
或读一本书。"不过，萨特指出，当我们忙于某事，就没有"我"
在场。

在非反思的层面没有我。当我追赶公交车，当我看时
间，当我全神贯注沉思一幅画像，就没有我。有"公交车必
须被追上"的意识，等等……［但］我消失了。我将我自己
虚无化。在这一层面上，没有我的位置。这不是一个由于片
刻的专注可能发生的问题，它的发生恰恰是因为意识的本性。
（Sartre，1991，p.45）

当我说"我在读一本小说"，"我"不是在阅读的"我"。更确
切地说，在说"我……"时，在我们对小说故事的体验中，我们
将不在场的某物对象化了。当我们专注反思"我"时，小说、电
影或音乐的生活体验消失了。因此，在他早期极具启发性的论文
《论自我的超越性》中，萨特将胡塞尔自我意向性描述极端化，论
证说自我不是意识的主体，而是意识的客体。更精确地说，自我
是一个物！

在反思的行为中，我判断被反思的意识；我为它羞耻，
为它骄傲，我意愿它，否定它，等等。我所拥有的感知的直

接意识并不允许我判断、意愿或感到羞耻。它不是"知道"我的感知，不是"安置"它。我的实际意识中意向的一切都指向外界，指向世界。我的感知中这种自发意识，构成了我的感知意识。换句话说，一个对象的每一个位置意识同时是它自身的非位置意识……因此，反思并非先于对于被反思的意识。并不是反思将被反思的意识向它自身显露。恰恰相反，非 - 反思意识使反思成为可能；有一种前反思的认知，它是笛卡尔式认知的条件。（Sartre，1956，p. liii）

当自我变成意识的对象，"我"变成了一个对象，一个物，就像我手里拿的一本书，或我坐的桌椅。意向性意味着意识指向某一对象，但意识不是一个将我们引向某物的工具，意识就是引向自身。

萨特将像岩石和书一样的物的存在论域命名为"自在"（être-en-soi），而将意识域命名为"自为"（être-pour-soi）。当我看像书或岩石一样的对象或物时，我可以说，这个物"是"在我的面前。这个物只是存在。一个物是一个没有意识的存在者，它自在。但意识不是一个物。它是"无 - 物"（no-thing），是虚无。意识不是一个存在的存在者，而是有实存的一个存在，它自为存在，作为世界中的一个投射。与自在存在相区别，自为存在可以反思自身，并与自身保持距离。

当我们看见某人在街上走，我们欣赏这个人的美，或者，我们注意到某些怪异之处，我们可能将这个他者的身体当作一个对象、一个自在。与此类似，我也感觉被他者的看对象化了，就像萨特所举的那个在监视某人时被捉的例子一样。但当我们在日常生活中掌控自己时，情况并非如此。根据萨特的观点，我就是我的身体：

我与我手的关系跟我与笔的关系不同，并不采取利用的

态度，我就是我的手。（Sartre，1956，p. 323）

相反，像岩石或椅子一样的物必须是其所是。一本书可能在一块岩石上，但岩石和书都不可能意识到彼此。作为物，它们只是存在。但人的身体是一个无处不在的物：

> 我的身体无处不在：炸毁我房子的炸弹也毁坏了我的身体，那房子已经是我的身体的一种显示。这就是为什么我的身体总是扩展到它使用的工具：是拐杖让我依靠着站在地上，是望远镜让我看到了星星，是在椅子上，在整个房子里，因为我适应了这些工具。（Sartre，1956，p. 325）

123　　一个物的存在就是它的本质。萨特的著名宣言是：存在先于本质。一个人的存在通过做出生活的某些选择和承诺，创造他或她自己的本质。所以，此在（Dasein）自为存在，必须通过生存的规划来决定自己的本质。生存意味着不断地超越自己。

在解释日常生活情境中的行动时，萨特提出了一些风靡的话语。例如，当我们说，我们无法阻止自己做一些我们的确不想做的事情，就是在"自欺"（bad faith）①（Sartre，1993，pp. 147–186），或者，当我们接受我们根本不喜欢的礼物时，我们假装幸福地展示"虚假的欢乐"（Sartre，1993，p. 237）。在真行为和假行为之间有生存论的区分，就像我们在社会生活中扮演的角色：

> 让我们思考一下咖啡馆中的这个服务员。他敏捷地前行，有点太精确，有点太快。他一步走到顾客面前，有点太快。他弯下腰，有点太诚恳；对客人的订单，他的声音和眼睛表达着关切，有点太殷勤。最后，他返回，他的步态努力模仿

---

① 亦可译为"坏信仰"或"不诚"。——译者

着某种自动无变化的僵硬，他就像一个走钢丝的人随意地端着盘子，永远不稳定，永远破坏了平衡，而他又能永远通过胳膊和手的一个轻松动作重新恢复平衡。对我们来说，他所有的行为似乎是一场游戏……他在玩，他在自娱自乐。但他在玩什么呢？我们无须观察很久就可以做出解释，他在扮演咖啡馆中的服务员。（Sartre，1956，p.59）

服务员对于他的工作可能高兴，也可能不高兴。但假如在萨特咖啡馆中的服务员说："我只是一个服务生。"那么，萨特会说："是的，但你有改变的自由。你是一名服务生，并不像岩石是岩石。"

然而，无可怀疑，在某种意义上，我是一名咖啡馆服务生，否则我为什么不把自己称作外交官或记者？但假如我是服务生，这不可能是自在模式。以我所不是的模式，我是一名服务生。（Sartre，1956，p.60）

萨特的名句很好地表达了自为和意识的本性：它是它所不是，不是它所是。换一种说法，它的意思是，人的存在是意识，不仅仅是一个存在的存在者（像一个物）。恰当地说，此在（人这种存在者）没有本质，除了我们有时可能感觉到，我们是我们所是，不能在真正意义上改变我们自己。萨特再一次称这种存在为"坏信仰"或自欺。在自欺中行动的人否定他或她的自由，并试图逃离我们注定自由这种状态。甚至拒绝选择也是一种选择。对萨特来说，将某人认定为健忘的人，或不喜欢书的人，或节俭的人，这些都是坏信仰和否定个人自由的实例。承担某一身份就仿佛人是一种自在存在，是其所是的一个物。

因此，萨特发展了一套强有力的生存论现象学，从"存在与虚无"这种否定辩证法的视角解释并理解现实。自为存在不是一

124

个有身份的实体。有趣的是，对于萨特来说，在人的存在的核心处没有身份，它必须总是它所不是。所以，再强调一遍，意识不是某个"物"，而是无物（no-thing）。意识的特性是动态的"无物性"（no-thing-ness），它在存在论上展示自身为虚无。假如意识是一个物，那么，人的存在就会是自在存在。所以，更精确地说，意识是发生而存在的一个事件。重复一遍萨特关于人的存在的阐述：它是它所不是的某物，不是它所是，这意味着人的存在不可用他或她现在的特性、实际存在或实存来定义。人总是能超越他或她的境况，这构成了人的自由的生存。

正如我们可以从上述例子看出的，萨特的现象学有两个主要的方法论维度：（1）生存描述；（2）现实分析。萨特极擅长提供日常观察和体验的生动的、逼真的描述，与此同时在多重意义上对这些社会现实进行更具分析性的现象学理解。这些意义最终会指涉他的哲学概念，如自为存在（我们的主体自我）和自在存在（作为对象的自我）、存在和虚无的观念等等。

性别现象学：西蒙娜·德·波伏娃

1908 年 1 月 9 日，波伏娃出生在巴黎的蒙帕纳萨的拉斯巴耶大道。她的父亲在法律事务所工作，但他对文化和艺术感兴趣，并利用闲暇时间在剧院表演。她的母亲是一名天主教徒，来自于一个有着严格宗教信仰的中产阶级家庭。还是孩子的时候，波伏娃就感觉自己和同龄人格格不入，却与她妹妹"洋娃娃"（伊莲娜）保持了终身的亲密关系。21 岁时，波伏娃在巴黎的索邦大学学习哲学，并与她的祖母住在一起。在索邦大学，她遇到了萨特和梅洛 - 庞蒂。萨特成为她最好的朋友和一生的灵魂伴侣。波伏娃在公立中学教书并成为一个朋友圈的常客，这个圈子包括加缪、毕加索、巴塔耶和其他艺术家、知识分子。他们经常去巴黎咖啡馆讨论生存和哲学问题并在那里写作。她逝世于 1986 年 4 月 14 日。

对于生活的艺术和如何自觉地度过个人选择的生活，其中充满挑战和个人自由、责任与真诚带来的结果，波伏娃的小说、论文和哲学作品反映出对这些主题持久和批判性的关注。她对于自己个人生活和关系的开放性经常挑战那个时代的社会规范。她与萨特保持终生的关系被视作世纪之爱。波伏娃使她自己的生活和作品成为堪称典范的艺术作品。她被看作法国女性主义和一般意义上的妇女解放的第一位文学代言人。

萨特是波伏娃的亲密伴侣，他们总是对彼此的思想和作品感兴趣。他们的关系以他们彼此许下的两个誓言而闻名：保持自由，可以去爱其他人；彼此完全公开，将他们感觉、思想和做的一切告诉彼此。他们决定，相互之间没有秘密。据说，有几次萨特向波伏娃求婚，但被拒绝了。然而，从波伏娃的晚期作品来看，显而易见，在她与萨特的持续关系中，她体验到了冲突的情感。尽管如此，她个人的和哲学的目标是，作为一个自由和自我负责的女人度过一生。的确，她与许多情人充实地、充满激情地生活在一起，他们中既有男性也有女性。而她的独立性、她与萨特的关系经久未变。波伏娃经常说，萨特是哲学家，她是作家。但最近，她的作品被视为存在主义哲学传统的一部分。

在她的第一本小说《女宾》中，波伏娃描写了一个男人和两个女人之间三角关系的戏剧性情节（很明显，暗指萨特、她自己和一个年轻女人奥尔加，她曾经是波伏娃的学生）。在这一自我和他者关系的研究中，年纪较长的那个女人体验到了被排除和对象化的贬值感，这导致了可怕的结果。波伏娃视生活为个人生成和获得身份的过程，通过可能的选择，渐渐排除其他的可能性。她的作品特别显露出受到哲学家柏格森的影响，她很欣赏柏格森。柏格森写过《时间与自由意志：论意识的直接材料》（2001）。柏格森也写过物质和记忆，写过笑的现象学。

波伏娃的小说和自传作品聚焦于妇女，她们通过做出改变生活的决定，对她们自己负责。她解释道："我没有遭受过作为一个女人的痛苦，相反，从 21 岁开始，我就在积累着两性的优势。"她的作品对全世界的女性主义极具影响力。

波伏娃的名著《第二性》（2011）是第一部性别政治学的扛鼎之作。这部书被认为是造谣中伤，进了梵蒂冈天主教堂的禁书名单。波伏娃被描述为粗俗的、失意的、被性所困扰的女色情狂。在《第二性》中，她通过历史的、文学的和神话的根源探寻了男性压迫的本质。她将对女人的压迫归于将女性作为"他者"的一种系统对象化。男人将他们自己当作"主体"，而女人则被当作社会中的"他者"（通过为女人增添虚假的"神秘"气息）。女人神秘的性别形象可以被当成一种借口，声称不能理解女人和她们的难题，不将女人视为平等者。她解释道：

> ［一位］丈夫在他妻子身上寻找他自己，在他的情妇中寻找情人，在一个石雕像的面具里，在她身上，他寻找他的男子气概、主宰和自发的现实神话……但他自己是他两面性的奴隶：需要多大气力在他总是身处其中的危局中树立起一个形象！毕竟，它建立在变幻莫测的女人自由之上：它必须持续地获得赞许，这种要显得男人味、重要、优越的关注消耗着男人，他演戏以至于其他人也和他一起演戏。他也充满攻击性和神经紧张，他对女人充满敌意，因为他害怕她们。他害怕她们，因为他害怕被同化于那种个性。他浪费了多少时间和精力，为了克服、理想化和转移复杂性，为了谈论女人，引诱和吓唬她们！女人的解放会解放他。但这恰恰是他所害怕的。他在这种神秘化中坚持着，意在使女人处于被奴役的状态。（de Beauvoir，2011，p.756）

波伏娃对男性压迫女性的研究成了一面镜子，使我们理解强者对弱者的主宰和征服：白人对黑人的压迫，殖民者对被殖民者的压迫，富人对穷人的压迫，等等。很难让那些主宰的人承认他们的优势地位，并放弃他们个人和社会生活中公开的和隐蔽的权力控制政策。在《模棱两可的伦理学》中，她写道：

> 一种忙于否定自由的自由本身就如此残忍，以至于人们为了反对它的残忍而实施的暴力几乎被抵消：仇恨、义愤和愤怒……消除了所有的良心不安。但压迫者不会如此强大，假如他没有作为被压迫者的同谋。神秘化就是压迫的一种形式。无知是这样一种情境，其中，人可能被封闭得如在监狱中一样狭隘。就像我们已经说过的一样，每一个个体都可以在他的世界中实践他的自由，但并不是每一个人都有抵制的手段，通过怀疑、价值观、禁忌和环绕他周围的规定。无疑，值得尊重的智识人（minds）把他们尊重的对象当作自己，在这一意义上说，他们对此负责，因为他们为他们在世界中的在场负责；但他们没有罪，假如他们的坚持不是放弃他们的自由。当一个年轻的16岁纳粹分子临死时喊叫："希特勒万岁！"他没有罪，我们并不恨他而恨他的主子们。我们要做的是，重新教育这个迷失的年轻人。我们有必要揭露神秘化，并将作为它的牺牲品的男人们置于他们自由的场域。但斗争的紧迫性禁止这种慢腾腾的劳作。我们不仅仅要摧毁压迫者，也要摧毁为他服务的那些人，无论他们这样做是出于无知还是因为束缚。（de Beauvoir，1967，pp. 97–98）

波伏娃的参政方式不是通过政治会议和社会活动，而是通过写作。在她研究选择和自由现象学的著作《模棱两可的伦理学》中，波伏娃描述了源于生活的个人与政治冲突。她同样主张，凡事不简单。视生活为荒诞者否定生活的意义。然而，当人们说，生活是模棱两可的，就是在断言生活的意义永远不会固定不变，人们必须不断赢得生活的意义（de Beauvoir，1967，p. 129）。

在她与许多男人和女人的个人关系中，波伏娃与萨特保持了亲密的友谊。当萨特病倒时，她陪伴着他，直到1980年萨特死去。

他们的关系闻名遐迩，这两位思想者努力做到平等和彼此忠诚，萨特和波伏娃的哲学与文学作品得益于彼此的批判性影响和奉献。在《向萨特告别》一书中，波伏娃记录了她和萨特在一起的生活（de Beauvoir，1985）。

具身化现象学：莫里斯·梅洛－庞蒂

1908 年 3 月 14 日，梅洛－庞蒂出生于法国西南部罗舍福尔。1930 年，在巴黎高等师范学院，他获得学士学位，获得哲学教师资格证书。在那里，一年前，他的同学萨特先于他获得哲学博士学位。在夏特尔高中、巴黎高师和里昂大学执教之后，梅洛－庞蒂在著名的索邦大学获得心理学和教育学教席。1952 年，在法兰西学院，他是最年轻的学者，被授予极受尊敬的哲学教席，直到他突然离世。梅洛－庞蒂得了致命的中风，逝于 1961 年 5 月 3 日，享年 53 岁。

梅洛－庞蒂以审慎的、实验性的苏格拉底式哲人著称。他的作品丰富、富于表现力、极具启发性且内涵深刻。他的文本蕴含着持续探讨追问的文本敏感性。他影响深远的研究《知觉现象学》（1962，2012）的前言是对于现象学的意义问题最易懂和最富于启发性的介绍之一。在这本书的前言中，梅洛－庞蒂对胡塞尔的作品做了极富同情心和创造性的解读。通过强调意识和本质的探究是要研究一种生存现象学（它预设世界总是已经在那儿），他诠释了胡塞尔的超验现象学。梅洛－庞蒂的倾向是生存论的，他所追求的现象学是要将胡塞尔的本质"回归到生存"（Merleau-Ponty，1962，p.vii）。现象学做了一次彻底的、原初的反思，或超越的反思（hyper reflection）：它反思先于反思的生活体验。做现象学，人们必须总是从生活体验开始。

胡塞尔的本质注定要带回所有的生活体验关系，就像渔夫的网从深海打捞起颤动的鱼和海草。因此，让·瓦尔（Jean

Wahl）说："胡塞尔将本质与存在分离"，这种说法是错误的。分离的本质是语言的本质。语言的功能使本质存在于一种分离状态，事实上这只是表面的，因为通过语言，他们仍然依靠前述谓的意识生活。在原初意识的沉默中，我们不仅仅可以看到语词意义的显现，也可以看到事物的意义：在原初意义的核心周围，形成命名行为和表达。（Merleau-Ponty，1962，p. iv）

梅洛－庞蒂在他对胡塞尔文本的解读中清晰表达的计划，为许多现象学家带来了灵感。他将现象学的"看"描述为与我们的前反思的体验相连。

128

> 回到事物本身就是回到先于知识的那个世界，知识总是言说那个世界，在与这个世界的关系中，每一种科学的图式化都是一个抽象的、派生的符号语言，就像地理学与乡村的关系，在乡村中，我们早已了解森林、草原和河流是什么。（Merleau-Ponty，1962，p. ix）
>
> 回到实际体验的这个世界……因为，身在其中，我们将能够……恢复事物的具体面貌……重新发现现象，通过生活体验这一层次，其他的人和事物首先被给予我们。（Merleau-Ponty，1962，p. 57）

为了发展一种更加生存化的现象学，梅洛－庞蒂建议，我们必须始于重新唤醒世界的基本体验，并对这个世界进行"直接地描述"。

> 所有现象学努力都集中在重新获得与世界直接的、原初的联系……它也提供我们生活的空间、时间和世界的描述。

它试图给予我们是其所是的体验一个直接的描述，无须考虑心理学来源和科学家、历史学家或社会学家可能提供的因果解释。（Merleau-Ponty，1962，p.vii）

在《眼与心》中，梅洛－庞蒂敦促科学重新考虑它的起源，

科学思维，是一种从上往下看的思维，思考一般意义上的对象，这种思维应该回归先于它的"自在"（there is），回归场域，回归土壤，感性的人为改造的世界如其所是，像在我们的生活中，和为了我们的身体——不是那种可能的身体，我们可能合法地将它当作一个信息机器，而是我称呼我自己的这个实际的身体，在我的语词和行为的命令下，这个哨兵静静地站着。进而言之，联想的身体必须与我的身体一起复苏，"他者"，不仅仅作为我的同类，就像动物学家说的，而是萦绕我的他者，我也萦绕他们，我与他者萦绕一个单一的、现存的和实际的存在（Being），而没有哪个动物曾经萦绕他自己的同类、领地或居住地里的那些动物。在这一原初的历史性中，科学脆弱、即兴的思想将学会将它自身建基在事物本身之上，建基在它自身之上，这将重新成为哲学。（Merleau-Ponty，1964a，pp.160-161）

对于梅洛－庞蒂来说，原初的人与世界的关系是一种感知的关系。但这种感知发生在一种原初的、身体的和前意识的水平上。在拥有世界的反思知识之前，"身体－主体"（body-subject）已经与"世界肉身"（the flesh of the world）交织在一起。或者换一种说法，我们对世界、他者和事物的知识是身体的，而不是智性的。我们通过身体理解这个世界，通过我们具身化（embodied）的行动来理解这个世界。在某种意义上，这是一种前知的知（a preknowing knowing）：我们首先通过我们具身化的存在来理解这个世界，而不是直

接以一种离身化（disembodied）的智性方式。这就是为什么梅洛－庞蒂会说，我们并不知道我们看见的东西。大部分时间里，我们似乎不假思索地行动和做事，仿佛身体已经知道做什么和如何做。

梅洛－庞蒂说，通过我与他者的关系，也"通过我与'事物'的关系，我自知"（Merleau-Ponty，1962，p. 383）。人与世界的关系是存在论的：主体受他者的影响，与受客体或事物的影响一样，就像他者和事物也受到主体的影响。事实上，笛卡尔的主客区分无助于理解人与世界的原初交织。在最充分、最复杂和最微妙的意义上说，感知是存在的前意识或前反思行为。反思之所以可能，是因为我们的存在首先而且总是前反思地与世界交织。

关于语言，梅洛－庞蒂描述身体和意识如何有意义地相互关联。"语言承载着思想的意义，就像脚印意味着身体的移动和努力。"（Merleau-Ponty，1964b，p. 44）语词和思想不可能真的被分开。所以，一些论辩身心必须重新统一的作者已经在做一个错误的哲学假设。只有在理智上，我们才能做出笛卡尔式的分离。在体验上，身心总是交织在一起，无法分开。当我们说或写的时候，我们并没有体验到一种思想，它掌握着可以利用的我们的声音或手外化和表达的词汇表。梅洛－庞蒂批判了那种幼稚的观点：言说意味着将思想放进语词。更确切地说，思想和感情在语词之中。就像我们不能将身体与心灵分离，语词与思想或感情也不可分。梅洛－庞蒂说："言说不是将一个词放在每一思想下。"我们需要打消自己的这种念头：我们的语言是原文本的翻译或密码。那么，我们也看到，完整表达的观念是荒谬的，"所有的语言都是间接的或暗示的"（Merleau-Ponty，1964b，pp. 43–44）。

当我们艰难地谈论或书写某些有决定意义的东西，却找不到语词时，我们就知道了这种不可分离性。所以，当我听自己言说时，我就在听自己思考。

就像身体和意识辩证地相关，语词和思想也处于辩证的关系中。语词不仅在言说中呈现自身，也通过姿势、表情和语调得以言说和表达。这就是为什么梅洛－庞蒂将语言和语词当作姿势。当我们对话时，我们就立刻和直接理解了他人的言说，通过模仿，而不是通过智性解释。

> 模仿是他者对我的诱捕，他者对我的侵犯，我正是依此态度去推断我面对的那些人的姿势、行为、最喜欢的语词和做事情的方式……这展示了一个独特的系统，它将我的身体、他者的身体和他者自身统一在一起。（Merleau-Ponty，1964a，p. 145）

字面上，语词是思想的身体。在身体和思想之间的这种紧密联系提出了有趣的问题：在以技术为中介的背景中，如在线写作和发短信，人的亲近和相互理解是如何达成的。

所以，在与他者的关系中，思想发现了自身。在与他者的对话中，我可以发现，我在思考我以前并不知道我所拥有的思想。

> 有一种"语言的"意义影响着在我还未言说的意图与语词之间的调和，它以这样一种方式影响着：我言说的语词让我自己都很吃惊，并把我的思想教给我。（Merleau-Ponty，1964b，p. 88）

他者并不必然分享或将这些思想给予我，而是他者从我这里获得思想，我以前并不知道我拥有这些思想。他者引导我思想，这使我以超乎预期的方式思考，因此，它让我自己也很吃惊。所以，它可能发生在一场对话中，我说些什么以回应他者所说的内容。当我说出这些话时，我惊讶于自己的思考、自己的话：我说过吗？嗯，真棒！

梅洛－庞蒂以模糊性哲学家闻名于世。在他的现象学中，没有一劳永逸地写出和创立的真理。知识和理解是矛盾和模棱两可的。真与假并不处于对立的关系之中，它们是原初的人的现实持续变化的动态面向。在他的晚期作品《可见的与不可见的》（去世后出版）中，梅洛－庞蒂探索了看与被看、说与被说的可翻转性。道格拉斯·娄（Douglas Low，2000）努力完成了《可见的与不可见的》的未完成部分。

思想并非外在于语言，而是语言的另一面。语词和意义可以翻转。语言的可翻转性也意味着，不仅仅人类言说，事物也向我们言说。对梅洛－庞蒂而言，语言和理解、世界和意义在存在论和非认知的意义上成为真正感受性的。梅洛－庞蒂强调，胡塞尔现象学的基本观念可以被理解为一种语言的计划。

> 就像胡塞尔说的，在某种意义上，全部的哲学在于恢复一种意指的能力，一种意义的诞生，或者一种原始的（wild）意义，一种通过体验的体验表达，尤其澄清了语言的特殊领域。在某种意义上……就像瓦雷里（Valéry）所言，"语言是一切，因为它不是哪个人的声音，因为它正是事物、海浪和森林的声音"。（Merleau-Ponty，1968，p.155）

梅洛－庞蒂在他的作品中广泛使用诗化语言的感受性力量。无独有偶，在他的现象学引言（《知觉现象学》前言）中，通过把现象学探究的敏感性和理智性与艺术过程相比较，他得出结论：

> 就像巴尔扎克、普鲁斯特、瓦雷里或塞尚的作品一样，现象学也是痛苦的，通过相同的专注和惊奇、相同的觉悟要求、相同的意志，捕捉到世界或历史原生状态的意义。如此，现象学与现代思想努力融合。（Merleau-Ponty，2012，p.1xxxv）

梅洛－庞蒂哲学反思的实践例子，总是来自他努力表明我们如何感知事物时。一个早期的例子是他写于 1949 年的论文《塞尚 ¹³¹

131

的怀疑》（Merleau-Ponty，1964c，pp. 9–24），其中描述了塞尚的看以及他扭曲而又富有灵感的用绘画材料实验的方式如何富于教益，有助于我们理解事物和对象作为视觉体验如何向我们显现：显现的现象学。

他对关于触摸（touch）^①的日常体验的反思，以及对反思与触摸的关系的反思也是富有洞见的：被他者和事物触摸、作为触摸的反思和自我–触摸的悖论。

> 在身体与反思之间有一种严格的同时性（不是任何意义上的因果性）。我们说：身体触摸和看它所触摸的东西，在触摸事物中看它自身，在触摸它们和被触摸中看它自身，有感知的身体不是已有的完整反思的替代品，它是形象形式中的反思，外在东西的内在。（Merleau-Ponty，2003，p. 273）

作为主体和客体的自我、反思的自我、自我反思的自我是触摸现象学的谜。

> 触摸并且触摸自己（触摸自己 = 触摸了触摸）。它们并不在身体中同时发生：触摸永远不完全是被触摸。这并不意味着，它们在"心中"或"意识"水平同时发生。除了身体之外，还需要其他东西做出连接：它发生在不可触摸之处。我也将永远触摸不到他者的不可触摸之处，在此，自己并不比他者优越，因此，不可触摸的并不是意识。（Merleau-Ponty，1968，p. 254）

梅洛–庞蒂在他各种各样的文本中不断返回触摸之谜。他的作品是真正的现象学作品，不完整性中的完整，能够使他者创造

---

① 或译为"触动"。——译者

性地拓展和深化他的思想和作品，并使他们投入到一种现象学的现象学计划和探寻中：

> 就算没有哪部作品绝对地完成了，不过，每一次的创造变化着、修改着、启示着、深化着、确认着、提升着、再创造着，或者提前创造着所有的他者。假如创造不是一种财产，那么它们不仅像所有的事物一样都要消逝，而且这些创造的几乎全部生命仍然在它们面前。（Merleau-Ponty，1964a，p.190）

在他的最后作品《可见的与不可见的》中，梅洛－庞蒂强烈质疑胡塞尔描述意识本质计划的合理性。他强调，最终是原初的生活体验、原始的存在应该受到质问，他同时意识到质问只能表达这种野性的或原始的存在。在对本质的描述中，永远不能捕捉到本质。在他自己的作品中，梅洛－庞蒂通过在他的存在论的具身化现象学中采取一种富于表现力、感召力的风格，逐步说明了生活体验如何需要受到质问。

解释学现象学：汉斯－格奥尔格·伽达默尔

1900 年 2 月 11 日，伽达默尔出生于马堡，他的父亲是一位化学教授。他度过了整个 20 世纪，于 2002 年 3 月 14 日逝世，享年 102 岁。伽达默尔和利科是解释学现象学的最重要代表。现象学在这个时候成为解释学的，它的方法被认为主要是解释的，并且首先指向对文本的解释（而不是直接指向生活体验）。在弗莱堡大学，伽达默尔跟随哈特曼（Nicolai Hartmann）和海德格尔学习，他的同学有列奥·斯特劳斯（Leo Strauss）和汉娜·阿伦特。显而易见，伽达默尔强烈感受到，海德格尔的在场对他自己的写作是一种令人瘫痪（失去活力）的障碍。事实上，他感觉到，每当他写作时都有海德格尔的声音在耳边萦绕。他选择发展一种哲学的解释学，聚焦于古典哲学和早期希腊哲学家，为自己开辟一个新的领域。

伽达默尔和海德格尔关系密切，不过，伽达默尔没有加入纳粹党，没有积极参与政治，因此，在纳粹掌权期间，他没有得到大学的职位。师从海德格尔学习之后，他继续发展一种哲学解释学作为人类理解的现象学。伽达默尔的巨著《真理与方法》出版于 1960 年，仅仅在他正式退休前几年。在这部书中，他解释道，解释学方法最初是由神学哲学家施莱尔马赫（1768—1834）以一种现象学的方式发展起来的，随后是狄尔泰和海德格尔本人。施莱尔马赫将解释学应用于文本阅读。根据施莱尔马赫的观点，应该以开放的心态阅读一个文本，同时，将文本的更重要意义收于视野之中，而不是批判一些片面的、有选择性的陈述。人们也必须考虑文本的历史背景和合理性。对于施莱尔马赫来说，解释学处理的是对过去的重建。

伽达默尔既赞扬也批评了施莱尔马赫重建过去的解释学计划。伽达默尔赞同，人们必须对历史传统和文本的解释学视域采取开放和敏感的心态，从而来解读文本。但他辩称，将自己放在原初的、建构的历史语境中，会复杂得令人难以置信。相反，解释学意味着，把古代文本放在自己的社会历史语境中解释。伽达默尔也将文本解释学应用于人的体验和一般意义上的生活。他认真探索了语言的角色、追问的本性、人际对话现象学、偏见的意义、艺术真理的意义、人的游戏存在论、在人类理解研究中传统的重要性。传统是历史的权威，渗透并影响着我们的思维和行动。

伽达默尔在马堡大学和莱比锡大学教学。1949 年，他获得海德堡大学的一个教席，在那里工作直到退休。他写了若干作品，讨论在专业实践中人类理解的意义。例如，在《健康之谜》中，他考察了言说健康和治愈意味着什么。伽达默尔几乎没有谈到胡塞尔，但当他提及胡塞尔的时候，他把创造生活世界这个观念归功于胡塞尔。在生活世界中，我们以日常生活的自然态度生活着。在胡塞尔之前，术语"生活世界"（Lebenswelt）并没有出现在德语中。现象学的生活世界观念提醒我们必须留意在科学和技术知识之下所有的假设。

一个重要观念是伽达默尔对作为人类理解的偏见的解释。根据他的观点，所有的知识都包含着偏见，其实是前判断。然而，在现代科学语境中，偏见被看作可靠判断的反面。根据伽达默尔的观点，偏见与判断之间的重要区别是，偏见不可能追溯到单一的来源，偏见深深植根于历史意识中。这也就意味着，人类的理解不可能真正地被某种方法或规则手段所控制。而所有的理解都以对话的形式发生。换句话说，人类的生存问题最终不会是方法的问题。然而，有点讽刺意味的是，伽达默尔《真理与方法》这个书名似乎许诺了通向真理的方法。但他说：

> 我重新采用具有漫长传统的"解释学"表达，显然导致了一些误解。我并不想以早期解释学的方式制造一种理解的艺术或技艺。我并不想详尽阐明一个规则系统去描述（更不要说引导）人文科学的方法程序。我的目的也不是探究这些领域作品的理论基础，以便将我的研究成果应用于实践目的。（Gadamer，1975，p. xvi）

实际上，方法不可能被当作人类真理和理解的保证。当然，这对所有的人文科学研究都是一次重要考察。没有通向真理的方法。对于那些认为在伽达默尔的作品中能够发现一个程序化的解释学方法的人来说，这也是一个重要的提醒。

伽达默尔的艺术真理解释学可以被当作现象学人文科学实践中的一个重要主题。伽达默尔回归到康德之前的时代，趣味的观念仍然与知识和真理的观念相连。就康德而言，艺术的欣赏成为一个美感体验的问题。因此，一个艺术对象是否被当作美的，这是直接的、私人的个人欣赏趣味的结果。就像一些人立刻喜欢上某种食物的味道，而其他人却有恶心的直接反应，观赏一幅油画或听一段音乐的旋律也可以直接地引起积极或消极的个人反应。因此，美的判断与知识或伦理学无关。不过，伽达默尔想要恢复作为有教养判断的应用趣味的原初观念。虽然，关于事物，我们有直接的个人偏好，这可能是事实，但是趣味要克服这种直接倾向的表达。

对康德而言，美感体验可以被看作位于人们的日常现实之外，位于知识的领域之外。但是伽达默尔想要表明，艺术实际上为我们提供了这样的体验，这些体验形成了我们理解这个世界的新方式。假如我们在自己的社会、历史和文化生活背景中看到了艺术的关系和地位，那么这就意味着，一种美的邂逅可以为我们提供一种真理的体验。对于伽达默尔来说，艺术理解的一个批判性观念是游戏，不是在隐喻意义上，而是在体验意义上。游戏是艺术作品存在的一种方式。人类游戏总是被游戏。在一件艺术作品中，我们可以认出自己或我们生存的情境。但这种辨认永远不是简单的重复"再－认知"。在一件有价值的艺术作品中，我们认出的总是一种人的真理，我们是以一种更深刻的、形成性的和变革性的方式去认识这种真理。

批判现象学：保罗·利科

1913 年，利科生于瓦伦斯，他逝世于 2005 年。利科在他的生活中经历了许多悲伤。母亲在他出生后不久就去世了。在他 2 岁的时候，父亲在战场上牺牲。他和姐姐由爷爷奶奶养大，后来，又由他的姑姑抚养。小的时候，利科和姐姐十分亲密，但姐姐还没长大就死于肺炎。18 岁时，他娶了姐姐的朋友为妻，他 8 岁时就认识她，可谓青梅竹马。利科在德国学习，但"二战"爆发后，他加入了法国军队。他被俘并在德国战俘营度过了五年。在他职业生涯的早期，利科成为新成立的巴黎第十大学教务主任。利科尝试采用了师生民主参与大学事务的一种进步管理模式。然而，卷入 1968 年学潮的激进学生完全不顾他站在学生一边的事实。这使他丢了自己的职位。利科失望地卸任，离开法国几年，在比利时和美国教学。后来，他又经历了儿子自杀的又一次创伤和打击。所以，可能并不令人吃惊，在浓厚的新教氛围中长大的利科，发展出了对邪恶现象学的兴趣（Ricoeur，1969）。

在他被关押在德国战俘营期间，利科将胡塞尔的《纯粹现象学观念》翻译成了法语。因为他没有写字用的纸，所以他在书页的空白处用极小的字母翻译了胡塞尔的书。"二战"后，他完成了翻译并于 1950 年出版，又将法语版译成了英语《胡塞尔纯粹现象学观念入门》（*A Key to Husserl's Ideas I*）。人们一般都熟知，利科是一位现象学家，师从胡塞尔开始了他的研究，但他也潜心于哲学、文艺理论、神学、解释学、批判理论和人文科学，如历史、语言学、政治学和心理学。

在他的早期作品中，利科发展了一种人类意志（will）的现象学，出版时名曰《自由与自然：自愿与本能》（1966）。对意志的研究分三部分：决定、行动和同意（consenting）。利科将胡塞尔纯粹描述的方法应用于意志。当我们说"我愿意"，我们的意思是我决定、我行动或移动我的身体、我同意。这些是文本中认真探讨的意志的三种模式。但利科也表明，意志的现象也会逃避胡塞尔描述方法的捕捉。自愿似乎总是已经与本能混杂在一起。动机、犹豫和身体本能是决定和选择的条件。身体的自发性力量和努力是行动和移动的条件。同意通过体验到的必要性和拒绝得以理解。自愿的这些条件反过来又与本能的方式相关：决定受限于动机、价值观、需要；行动受阻于前形式化的技能、情感和习惯；品格、无意识和生活限制着同意。马克斯·舍勒已经发展了一种情感现象学，梅洛 – 庞蒂和加布里埃尔·马塞尔（Marcel，1949，1950）已经表明，意识如何总是已经肉身化（incarnated）为我们具体的具身化存在。与此相似，利科发现，意志（自愿的）和本能也能在身体 – 主体的影响和处身性存在（situated existence）中发现它们的根源和表达。虽然，意志似乎取决于自由主体（agency）、行动和自由，但它似乎也与被动性相混合。

意志的第一种样式是决定。有时以一种慎重的方式做出决定，但日常决定经常是要随时"做出的"。慎重的决定和日常生存的决定两者在某种程度上都总是植根于本能（involuntary）。事实上，日常决定很少是以一种通过权衡选项和它们的结果的理性或计算的方式做出的。例如，选择的积极自愿意志（我决定要做一个奶酪三明治）是由欲望和身体需求的被动本能（想要吃点什么，或感觉渴了，在冰箱或橱柜里找点什么）引发的。或者，我突然想吃点什么的欲望实际上是这样一个事实——我在桌子旁坐累了，所以从座位上起来，走到冰箱前找点安慰物——的因变量（function）。问题是，当这种本能的被动性不是作为一个意识中的现象被直接给予，它如何被描述和理解。根据利科的观点，这就是胡塞尔描述的清晰性需要用解释的模糊性来补充的地方。

> 我必须总是在一种无法穿透的模糊性中做出决定。决定引起中断，或多或少武断地或暴力地，无法得到确定而清晰的一个思想过程。一个决定就是在未知的潜在性的朦胧而起伏不定的大海中一个清晰性的小岛。（Ricoeur，1966，p.342）

例如，利科表明，意志经常包含着犹豫，需要专注感和选择。选择的意志要求我们专注于某物。专注感有助于将我们的选择范围限定在手头的事。但我对我的选择可能犹豫，犹豫是打开选择可能性的因变量。利科说，在这一决定的过程中，我们实际上卷入自我决定、自我形成和个人生成的过程中。

意志的第二种样式是行动或移动身体。决定和选择肯定导致完成它们的行动。"我做"（I do）是一个宣言式的行动，确认决定嫁给我们选择的人作为终生伴侣。行动是实践的意向性。再说一次，行动可以和有意识的选择相互关联，或者与习惯性的或本能的移动相关联。例如，我在厨房里打开冰箱。但我可能在实际决定我想吃点或喝点什么之前已经打开了冰箱。以一种言说的方式，我的身体想要某物，打开了冰箱，在我理智地同意这样做之前。在"感觉想要某物"时，身体经常似乎比我们的理智"更了解"我们需要什么。所以，虽然"要"或"感觉想要"某物是一种我的意志的表达，但似乎在日常情境中，当我们"决定"这个或"同意"那个，我们首先是在本能的层面上这样做。我头上痒痒，我的手已经开始挠，在我意识到痒之前。甚至，我对情境的伦理反应常常已经深深植根于成为我们习惯和情感一部分的性情。因为行动包含着身体移动，意志的这种样式甚至更服从于本能。假如作为一名素食主义者生活了很多年之后，我突然发现自己想吃一块肉，并且不得不提醒自己，我是一名素食主义者，这会很奇怪。在某一方面，自愿与本能总是不可分离的。

在利科的研究中，意志现象的第三种样式是同意。与同意相关的本能是性格、无意识和生活本身的个人情境的绝对的本能条件。从意志的样式一到样式三（决定、行动、同意），本能的作用越来越强。我们只能同意或拒绝我们的同意。在同意中，有对体验到的必要性的认同。但也是在同意中，我们能够体验人的自由。对于利科来说，意志（决定、行动、同意）的现象学在自我形成的意义上有其教育意义。

> 事实上，对于一个负责任的存在来说，亦即，一个全身心投入自己的行动计划中的存在，他同时将这一行动认定为自己的，决定"自己"仍然是决定在这个世界上他的姿态。因此，我们能够发现，我自己的可能性与计划展开的行动的可能性同时出现。（Ricoeur，1966，p.63）

虽然利科的意志现象学被限定为一种意向，或个人参与的一种计划，但他后来的行动现象学是在个人身份或叙事身份的更为复杂的语境中探讨的。现在，行动被看作像文本一样，因此需要 137

像叙事文本一样解释。在《作为另一个自己》（1992）中，利科聚焦于自我性和个人的身份。他问了一系列关于"谁"的问题：谁在言说？谁在行动？谁是叙述者？谁是道德行动的主体？

利科声明，现象学仍然是解释学不可超越的前设。虽然解释性元素在利科作品中逐渐成为更核心的内容，但对于他来说，批判的解释学仍然为现象学服务。利科在他所有的作品中都是一名执着的现象学家，但他解释说，他从一开始就主张胡塞尔方法中的描述应与解释妥协。胡塞尔辩称，现象学包含着描述意识中显现的东西。然而，利科表明，根据胡塞尔自己的叙述，在意识中显现的任何东西已经是构造着的自我（即主体性）的作品。而在这一构造过程中，解释已经在起作用。

胡塞尔的核心主张是所有的超验性都是可疑的，最终，对于我们所观察的对象，我们从未有一个完整的视野。我们只是从一方面、一个方向，或一个视角看到了一个物。只有内在性（通过意识中的直观直接被给予的）是不可怀疑的，因为它不是通过轮廓被给予的（参阅上文论胡塞尔的部分）。虽然胡塞尔坚持，现象学必须总是回到直观，可是利科论辩说，事实上，胡塞尔不能回避，他的意识问题的描述以解释为中介。在他的著作《现象学和解释学》中，利科竭力分析了胡塞尔的《笛卡尔式的沉思》，并表明胡塞尔本人如何描述作为一种解释的还原的复杂过程。但通过赋予主体性这样一种关键的解释作用，胡塞尔现象学持续处于危险之中，它可能滑向意识心理学，而不是在世界中被给予者的现象学。海德格尔和伽达默尔已经指出，此在或人的存在的意义体验总是发生在人们发现自己的世界中，而不是在胡塞尔称之为意识的抽象实体或王国里。

胡塞尔并没有对他的发现——意向性这个现象学观念的重要性——（通过布伦塔诺）真正地保持忠诚，意识的意义在它自身之外，在与世界中的"事物"的意向性关系中。相反，意识中意义的唯心主义构造终结于主体性的实体化。这也就混淆了现象学和心理学。很可能，利科对胡塞尔主张的描述现象学的解释性基础的分析阐明了，像阿玛迪欧·吉奥吉这样的人文科学学者如何似乎仍专注于唯心理学的（胡塞尔的）假设，以及从现象学方法转向心理学方法的倾向性。心理学方法通过内省书面报告的建构和分析，来描述可能存在于意识中的内容。

利科将他的距离化（distanciation）观念引入他的方法。¹³⁸

> 解释学回归现象学……在归属（在世界之中）体验的核心，求助于距离化。解释学的距离化与现象学的悬置有关，就是说，在一种非唯心主义的意义上，悬置被解释为通往意义的意识意向的一个方面。因为所有意义的意识都包含着距离化时刻，一种对作为纯粹简单的反映的"生活体验"的远离。现象学不满足于"生活"或"再生活"，它开始于我们中断生活体验以便赋予它意义。因此，悬置和意义意向紧密相连。（Ricoeur，1983，p.116）

利科对现象学文本书写本性的兴趣，使他专注于解释与解释之间的冲突。

> 依我看，语言学的顺序指涉体验结构（在断言中付诸语言），构成了解释学最重要的现象学前设。（Ricoeur，1983，p.118）

重要的是，应当认识到，利科将方法论上的重要一环嵌入了所有经验和对经验的表达的文本本性，如艺术、纪念物和事件的文本本性。不过，他承认，在经验的非语言本性和文本本性之间有一种复杂性：

> 即使所有的经验真的有一个"语言维度"，这种语言性

渗透着所有经验，解释学哲学也不是必须开始于语言性。有
必要首先说出是什么付诸语言。因此，解释学哲学开始于并
不必然是语言学的艺术经验……文本、文献和纪念物代表的
只是许多中介中的一种，无论它多么具有典型性。（Ricoeur,
1983, p.117）

利科（Ricoeur, 1992）在同一性意义的两种解释之间做出了一
种区分：自我相同性和自我性。自己（soi même）的同一性不同于
自我的同一性（le soi）。利科似乎是在说，自我的持续性与自我的
相同性不一样。而且，同一性的两种意义以不同的方式与时间性
（temporality）[①]和个人历史相关。作为自我相同性的自我同一性随着
时间的推移，内部和外部都会发生变化。在内部，我们变得更加
成熟、更加有知识，少一些冲动，希望更智慧一些；在外部，我
们也变老了，也许身体更重，头发花白，身体发生了变化。因此，
我们的同一性变化着。然而，作为自我性的自我的同一性始终没
有发生变化。换句话说，自我的同一性并不依赖于个人存在的不
变的核心。

为了统一自我同一性的两种意义，利科引入了叙事的观念。
一个人的同一性在于自我叙述的故事。换句话说，在随着时间推
移仍然保持同一的自我的稳定核心，与缺乏同一性可确定特质的
不断变化的碎片式自我的复数性之间，我们没有必要选择。

这一矛盾通过利科的"自我"观念可以得到部分解决。利
科的"自我"观念包含在对过去的持续性再解释（叙事自我通过
想象，如通过故事，再解释对它自身的记忆）或同一性的再分类
（传记式自我寻求一种秩序或统一的意义）之中。因此，内在自我
的观念依赖于一种自我生成的主体性的可能性。然而，内在自我
需要一个他者来肯定它的持续性和同一性的意义。

---

① 或译为"暂存性"。——译者

虽然利科为我们打开了思考自我和内在性现象的显现和意义的可能性，如自我同一性的一种叙事理解，但当我们说这引向了一种总结式的关于内在性和自我同一性的现象学，那是错误的。有趣的是，就像其他学者所建议的那样，自我现象仍然是模糊的。

文学现象学：莫里斯·布朗肖

1907 年，布朗肖出生于法国东部勃艮第区一个名为感恩的村庄。他于 2003 年去世，享年 95 岁。布朗肖是一个神秘人物，对许多学者的思想和作品产生了深远的影响，如列维纳斯、德里达、埃莱娜·西苏、阿兰·巴迪欧（Alain Badiou）。据说，福柯曾表示，他宁愿自己是布朗肖。不过，布朗肖的影响与他的声誉形成极大的反差。在学术圈中，他默默无闻，关于他的生活，人们也知之甚少。他一生大部分时间处于隐居状态。他在法国南部一个美丽的中世纪风格的埃塞村生活了十年，后来居住在巴黎。他参与了几种期刊的编辑写作，如萨特和梅洛－庞蒂编辑的《现代》和巴塔耶编辑的《批判》。他很少在公众场合露面，从不接受采访，而且不让别人给自己拍照。布朗肖是巴塔耶的朋友，更是列维纳斯的朋友，他与朋友们互相分享哲学观点。

布朗肖的作品种类很多，如小说、论文和独有的片段式哲学风格的文本。他广泛而又深刻地撰写了关于黑格尔和海德格尔的哲学思想，然而他很少明确引用他们的作品。萦绕布朗肖一生很长时间的主要问题，是文学、写作、死亡的意义以及终极语言和真理现象学。据说，他通常假装他已经死去，并说他的书是死后出版的。

布朗肖的文本倾向于模棱两可，对于刚发现他的读者极具挑战性。以直白的方式解读他的作品并非易事。但这并不会阻止我们努力尝试和感受他通过写作和语言的现象想要表达的意义，并且感受语词如何可以变成形象，就像艺术对象一样，它们缺乏语义清晰性，却能为我们提供对现实和生活的本性以及意义之谜的基本洞见。在布朗肖关于写作的作品中，人们持续地揭开围绕我们存在的表现性的神秘面纱。

> 写作是使自己成为不能停止言说的东西的回音，因为它不能停止言说，所以我为了成为它的回音，必须以某种方式使它沉寂……通过我沉寂的中介，我使不间断的肯定可以感知，这是巨大的低语，语言绽放其上，成为形象，成为想象的，成为一种言说的深度，一种模糊的丰富性，空空如也。（Blanchot，1989，p. 27）

语言有与事物相遇的能力，虽然这种相遇如此直接和致命，以至于在融合中，它燃尽它所点燃的一切。在评论列维纳斯的思想时，布朗肖写道：

> 当列维纳斯将语言定义为相遇时，他将它定义为具有直接性，这会产生严重的后果。因为直接性是绝对地在场，它破坏和颠覆一切。直接性是无限的，既不近也不远，不再被欲求或需求，而是暴力劫持——对神秘融合的掠夺。直接性不仅仅消除了所有中介；它是在场的无限性，以至于它不再被言说，因为关系本身（无论是伦理的还是存在论的）在充满黑暗的夜晚瞬间燃尽一切。在这样的黑夜，不再有任何术语，不再有一个关系，不再有超越——在这样的黑夜，上帝自己废除了一切。或者，人们必须以某种方式竭力理解过去时态的直接。这使悖论几乎不可忍受。（Blanchot，1986，p. 24）

布朗肖富于启发性的写作有时似乎是海德格尔看法的翻转，这被解释为对这些观念的一种拒斥（Massie，2007）。例如，海德格尔将死亡说成不可能性中的最终可能性，而布朗肖将死亡说成可能性中的不可能性。讲述也是从白昼之光到黑夜之暗的翻转。布朗肖坚持，真理只能在"黑夜"之暗中被感知，而海德格尔的真理观念则发生在存在的澄明之处，两者对照鲜明。

布朗肖使用俄耳甫斯的譬喻暗指夜晚的意义和写作行为中所发生的事情（Blanchot，1981）。俄耳甫斯是阿波罗和缪斯卡利俄珀的儿子，他的故事妇孺皆知。俄耳甫斯的妻子欧律狄刻在他们婚后不久死于蛇毒。悲伤的俄耳甫斯下到冥府的黑暗洞穴，用他的歌声乞求诸神让他和欧律狄刻重新团聚，允许他将他的妻子带回生者的光明世界。这是关于艺术家的魅惑力的一个经典故事。俄耳甫斯迷惑了摆渡者卡隆、地狱的三头狗科博里斯和魔鬼爱理宁。布朗肖（Blanchot，1989，p.171）说："当俄耳甫斯下到冥府寻找欧律狄刻的时候，艺术的力量使黑夜绽放。"他的歌声如此动听、触动人的灵魂深处，以至于最终海德斯和珀耳塞福涅允许他将欧律狄刻从冥界带回，但有一个条件：在他到达光明的上界之前，他不能回头看他的妻子。

俄耳甫斯行云流水般的诗意从冥界呼唤着他的爱人，而现在当她出现的时候，他却莫名其妙地沉默了。他失语了。为什么？因为哪怕他说出一个字，都会击碎她的存在。她就会被那些想要确定她存在的话语消散、谋杀。所以，他们走着，一言不发，他领路，她跟随，穿过黑暗，走在陡峭的路上，直到他们几乎就要到达欢乐、明亮的人间。据说，就在那时，俄耳甫斯一时健忘，仿佛为了让自己确认她仍然跟在后面，转身看了一眼。就在那一瞬间，她消逝了。欧律狄刻很快被夺走，他们伸出双手想要最后一次拥抱，但却未能如愿。俄耳甫斯抓住的只是空气，她最后告别的话语消逝得如此之快，以至于俄耳甫斯几乎没有听到。他再一次失去了她，这一次是永远失去。在奥维德《变形记》中，我们读到流传下来的对俄耳甫斯致命行为的解释：

他回眸去凝视她

瞬间，她已烟消云散。

他向她伸出绝望的双臂，

渴望拯救她，或感觉到她的存在，

但他两手空空，唯有漂浮的空气。

死神再次降临，她没能说出一句

对丈夫过错责备的话。

她有什么好责备的，她的至爱？

她说出了最后一句"再见！"

他却听不到，无声无息，

她再次坠入冥府。

奥维德《变形记》(97—107 行)

俄耳甫斯仅存的印象，是他对欧律狄刻的身姿那一瞬的凝望。这个故事通常是这样讲的："当他害怕再一次失去她，焦急地想再看她一眼，他回眸去凝视她。"（奥维德，95—97 行）但布朗肖给出了一个另类的解读：俄耳甫斯根本不是健忘。

根据布朗肖的观点，俄耳甫斯模棱两可的凝视绝非偶然。他并不赞同那种浪漫的观点，由于一时焦急毫无戒备，俄耳甫斯悲剧性地遗忘了他许下的诺言。布朗肖说，欲望引发了凝视。这个故事首先不是关于找回失去的爱人，而是关于迷失的爱。俄耳甫斯想（desired）看一眼欧律狄刻，在她恢复凡人的状态之前，当他们走近白昼之光的时候。

俄耳甫斯想要欧律狄刻处于黑夜的模糊性之中，在她的遥远性之中，她不可触及的身体与她看不清的脸。他想看她，不是在她可见的时候，而是在她不可见时，不是像在平常日子的亲密之中，而是在排除任何亲密性的陌生性之中，不是使她活过来，而是拥有在她之中的死亡的完满性。(Blanchot,

爱将俄耳甫斯拖进了黑暗。但是位于另一边的属于巨大的黑暗，属于非人的"夜"。所以，俄耳甫斯的凝视表达了一种永远不可能完全满足的欲望：看到爱的真正存在，在欧律狄刻纯粹的不可见性中看到她。俄耳甫斯来冥府寻找的正是这个。他来"在夜晚中看夜晚隐匿的东西"（Blanchot，1981，p.100）。它是关于凡人获得根本上不可见东西的一种视野：爱？死亡？秘密？他想用他的眼睛触及完美的欧律狄刻，并非当她是一个平凡女子时，而是当她在爱本身的完美中造访死亡之夜时。因此，布朗肖提出，对文学、哲学真理的探寻永远不可能真正完成，虽然它必须通过写作的作品来尝试。

> 的确，通过转身看欧律狄刻，俄耳甫斯毁掉了作品，作品立刻消散，欧律狄刻又变成了影子。在他的凝视下，夜的本质显现自身为非本质的。因此，他背叛了作品、欧律狄刻和夜。但是，假如他不转身看欧律狄刻，他仍然会背叛，不忠于他无限的、轻率的力量，这并不需要欧律狄刻在她白昼的真和日常魅力之中，而是在她夜的黑暗之中，在她的距离中，她身体紧闭、面孔封闭，想要看到她，不是当她可见时，而是当她不可见时，不是作为熟悉生活的亲密性，而是作为排除所有亲密性的陌生性。它并不是想使她活着，而是想拥有活在她之中的死亡的完满性。（Blanchot，1981，p.100）

那么，俄耳甫斯的错误根本就不是错误，而是一种固执的欲望：这种欲望引领着他去"看"欧律狄刻，并通过他的歌词拥有她。作为一位诗人，他注定只能歌唱他对爱的欲望。"在他写的歌里，他只是俄耳甫斯，他强迫性地想要得到不可得到的东西——'爱'本身的完美。除了在颂歌中，俄耳甫斯可能与欧律狄刻没有关系。"（Blanchot，1981，p.101）通过他的歌词、他的作品，俄耳甫斯沉入夜的深处，想要靠近这样一个"点"（如布朗肖所称），作品试图将这一"点"带往白昼之光。

> 为了看欧律狄刻，没有关注歌声，缺乏耐心，由于鲁莽的欲望而忘记了规则——这就是灵感……
> 他被激发的和禁止的凝视使俄耳甫斯注定失去一切，不仅仅失去了他自己，失去了白昼的庄严，而且失去了夜的本质：这是肯定的、必然的。（Blanchot，1981，pp.100-101）

对作家的灵感和粗心凝视的解释，听起来令人惊恐、令人生畏。为什么人们想要被激发灵感？但布朗肖将灵感视为某种神圣的被迫，在还未来得及拒绝的时候就已经接受了的礼物和牺牲。正是这种牺牲的优雅使文本、作品成为可能，即使它必然不会符合凝视所欲求的对象。作品总是失败的，虽然这并不意味着它的要求可以被忽视。

> 除了使作品丧失的渴望的凝视，作品对于俄耳甫斯来说就是一切，所以，也只有在这一凝视中作品可以超越自身，与它的源头统一，在不可能性中确立自身。

143

> 俄耳甫斯的凝视对于作品来说是俄耳甫斯最终的礼物，在这个礼物中，他拒绝了作品，他牺牲了它，朝向欲望的无限冲动中它的源头，他并不知道他仍然朝向作品，朝向作品的源头。（Blanchot，1981，pp.102-103）

布朗肖为读者提供了现象学研究一个充满洞见又迷人的形象：它意味着通过写作来探究事物的意义。他的许多书为我们提供了关于写作、关于语言与真理之间关系的意味深长、高深莫测、谜一样的写作。他的现象学凝视就像一种神圣的迷狂。承蒙这一礼物的人不可能拒绝它。布朗肖给我们的这个礼物是一种激情（pathos）感，它迫使和激发作者写作，目的是要得到洞见的礼物，它就是现象学激情和写作灵感。

如果不提及俄耳甫斯已经为他想要看到女人的完美女人性受到了可怕的惩罚，那就太粗心了。在他的凝视没有捕捉到绝对真理中的欧律狄刻之后，他已经完全放弃了凡人之爱。现在，他只能凄然地歌唱他对爱本身的完美的渴望。他的惩罚以女人狂怒的形式到来。巴克斯（酒神）的侍女迈纳德斯杀了他，将他撕成了碎片。因此，俄耳甫斯的灵歌和歌词沉寂了。奥维德描述了野生动物如何为诗人哭泣，鸟儿为他的死亡而哀鸣，树叶飘落以示哀悼，河水流淌着，满含泪水，再也听不到俄耳甫斯迷人的歌声。但是，现在，在他的死亡中，俄耳甫斯的鬼魂与欧律狄刻重逢：

> 俄耳甫斯的鬼魂沉入地下，认出了他以前看到过的所有地方，而且，在寻找蒙福之地时，他再一次找到了他的妻子，热切地将她拥入怀中。在那里，他们并肩走着，他在前，她紧随其后。现在，他引领着，可以安全地回头看他的欧律狄刻。（Ovid，2000，第XI卷：1–66）

所以，作家的难题是，俄耳甫斯的凝视不知不觉地毁掉了他试图"拯救"的东西。在这一意义上，每一个单词都在杀死它想要代表的对象并且成为那个对象的死亡。那个单词成为对象的代替品。甚至最精妙的诗歌也毁灭着它命名的东西。因此，布朗肖说，最完美的书没有文字。完美的书是"空白的"，因为它试图保存它只会毁掉的东西，假如它试图用语言来表达。可能，这就是为什么写作如此困难。作者默默地意识到，语言谋杀它所触及的任何东西。结果，人们恐慌地意识到，真的"说"点什么是不可能的。作者想要捕捉到语词中的意义。但是，语词不断代替它们自身，毁掉了它们想要使其在场的事物。

然而，有时，在超验狂喜的瞬间，作者可以体验到俄耳甫斯凝视的特权：凝视穿透黑夜，瞬间瞥见了另一边。因此，寻找意义开端的写作是一种令人深深不安的体验。在文本的空间中，我们见证了意义的诞生和意义的死亡，或者，可能，原初的意义变得与黑暗无法区分。

梦想－诗化现象学：加斯东·巴什拉

1884 年 6 月 27 日，加斯东·巴什拉出生于法国的奥布河畔巴尔区，在那里他先是成为一名邮政局长，后来开始学习物理学。再后来，他对哲学产生了兴趣，还有诗歌意象和语言的关系、记忆和梦。这些主题在如下作品中呈现：《火的精神分析》（1964a）、《水与梦》（1983）、《空气与梦》（1988）、《空间的诗学》（1964b）和《梦想的诗学》（1969）。他于 1962 年去世。

在他极富启发性的作品《空间的诗学》中，巴什拉使用了"诗歌意象"的观念指称语言这种特殊的、顿悟的、梦幻般的性质——它引起读者心中的共鸣。现象学文本的力量在于语词带来的回响，它影响着我们的理解，包括那些更具感受性，因此几乎不能通达概念和理性的理解。语词创造性的偶然排序可能导致唤起的意象打动我们：通过形塑来教化（inform）着我们，因此影响着我们。伽达默尔（Gadamer，1996）说，当其发生时，语言触及了我们的灵魂。或者，如巴什拉所说，这种回响引起了存在的变化，我们个性的变化：

> 一个［诗歌意象的］回响散布于这个世界上我们生活的不同层面，而回响邀请我们赋予我们自己的存在更大的深度。在回响中，我们听到诗歌，在回响中，我们言说它，它是我们自己的。回响引起了存在的变化……诗歌完全支配着我们。诗歌对我们存在的掌控具有明显的现象学痕迹。（Bachelard，1964b，p. xviii）

在原初的回响之后，我们可以体验回响，忧伤的回响，让我们回忆起过去。但意象已触及深层，在它触及［我们存在或灵魂的］表面之前。一种简单的阅读体验亦然。阅读诗歌提供给我们的意象现在变成了我们自己。它在我们心中生根。它是另一个人给予我们的，但我们开始有这样一种印象：我们也可以创造这一意象，我们本应该创造它的。它成为我们语言中的一个新存在，表达着我们，使我们成为它表达的东西。换一种说法，它立刻成为一个表达的生成，我们存在的生成。在此，表达创造了存在。（Bachelard，1964b，p. xix）

可能，一个现象学文本的最终成功只在于，我们这些读者——我们存在的整体性或统一性——被它触动（addressed）了。文本必须与我们的日常生活体验发生共鸣，也与我们生活意义的原初感共鸣。这并不必然意味着，人们必须感到一个现象学文本娱乐了我们，或者，它应该是"轻松的阅读"。

有时，阅读一个现象学研究的确是艰苦的劳作。然而，假如我们愿意努力，那么我们可以说，文本与我们言说，就像一件艺术作品向我们言说一样，即便它需要解释性的专注感。

在《空间的诗学》中，巴什拉探讨了一系列的意象，他将它们描述为原初意象："那些能在我们心中引起原初性的意象。"（Bachelard，1964b，p.91）他从我们的家这一意象开始：

令人吃惊的是，甚至在我们的家里，在那里有光，我们对幸福的意识也会唤起与巢穴中的动物比较。画家弗拉芒克（Vlaminck）下面这段话可以作为一个例子，当他写这些话时，他正在乡下宁静地生活："坐在炉火前，户外恶劣的天气肆虐着，我感到的幸福完全是动物性的。洞中的一只老鼠，洞中的一只兔子，牛棚中的奶牛，一定都感觉到了与我相同的满足感。"因此，幸福将我们带回了躲避的原始性。在身体上，

生物被赋予了一种庇护感，蜷缩在一起，覆盖，躲藏，舒适地躺着，隐匿着。（Bachelard，1964b，p.91）

《空间的诗学》的各个章节的题目是抽屉、鸟巢、贝壳、角落、亲密等等。例如，他表明，人多么喜欢退居到他自己的角落，并在这样的空间体验身体的快乐。

再重复一遍，我们可以说，实践现象学在形成性的关系空间中起作用，在我们是谁与我们可能成为什么人之间的空间中起作用，在我们如何思考和感觉与我们如何行动之间起作用。这些形成性的关系对于专业和日常的实践生活来说都有教育效果。现象学反思——现象学文本的阅读与写作——会有助于实践现象学的形成性维度。通过改变"形成性的"（formative）的前缀，各种各样的形成性关系就会显现。现象学形成性地内形塑（inform）、再形塑（reform）、转塑（transform）、一次形塑（perform）和前形塑（preform）着存在和实践之间的关系。通过内形塑，现象学研究使更有思想的建议和磋商成为可能；通过再形塑，现象学文本向我们提出要求，使我们变成可能成为的；通过转塑，现象学的实践价值在于它触及我们存在的深处，促成一种新的生成；通过一次形塑，现象学反思有助于机智的实践；通过前形塑，现象学体验赋予影响我们的意义重要性，甚至在我们意识到它们的形成性价值之前。

在《梦想的诗学》中，巴什拉探讨了诗化语言的力量，它能唤起发生在白日梦和梦中的理解，这些理解激发了想象。"我证明，非做梦无以读懂诗人。"（Bachelard，1969，p.67）他怀疑人文科学学者能否以一种精确和稳定的语言努力讲述他们正在客观观察的东西。巴什拉（p.57）说，对于他们来说，语词并不做梦。幻想帮助我们了解语言和用语词可以做些什么。

我是一位语词和书面文字的做梦人。我认为我在阅读。一个词阻断了我。我离开了稿纸。单词的音节开始四处移动。

重音开始转位。语词抛弃了它的意义，就像太重的负担阻止了梦想。然后，语词拥有了其他的意义，仿佛它们有权利保持年轻。语词游荡着，在词汇表的每一个角落寻找新的伙伴、坏的伙伴……

　　如果我不去阅读，而是开始写作，情况更糟。笔下，音节的结构慢慢展开……一个词就是一株嫩芽，努力地变成细枝。当写作时，人们怎么能不梦想呢？笔在梦想。空白的纸给予了梦想的权利。（Bachelard，1969，p.17）

巴什拉使我们意识到，现象学的方法论需要语词和语言的完整感受性力量。真正的现象学家必须重视不要傲慢地系统化，而要系统化地谦卑（Bachelard，1964，p. xxi）。梦想的文本使读者成为一位现象学家。文学、诗歌、轶事描写、哲学随笔和意象在语词梦想的、感受性力量中都扮演着角色。有时，语词为我们思考，使我们潜入它们意义的梦想之域。

社会现象学：阿尔弗雷德·舒茨

舒茨（1899—1959）在维也纳大学学习社会学、法律和商学。一开始，他深受经济学家、哲学家路德维希·冯·米塞斯（Ludwig von Mises）和社会学家马克斯·韦伯的影响。舒茨研究了柏格森的意识和内时间哲学，但随后，他发现了胡塞尔的内时间意识现象学，成了一名充满热情的社会现象学家。虽然他没有听过胡塞尔的讲座，但他认真研究了胡塞尔的作品，这成就了他的名著《社会世界现象学》（1932），胡塞尔对此书赞赏有加。1927年，舒茨被任命为维也纳莱特利银行行长。胡塞尔称舒茨是"白天的银行家，夜晚的哲学家"。1939年，舒茨移居美国。从1943年起，他执教于纽约哥伦比亚大学的社会研究新学院。

在北美，现象学主要通过舒茨的社会学工作引入，而不是直接进入专业哲学。在美国社会学中，舒茨的引介成为社会科学中现象学导向方法的一股创造性源泉。现象学演进部分伴随着关于人类体验的多样性和存在论多样性的具体意识的出现和演进，这构成了社会科学学科，如符号互动主义、新的人种志和常人方法学当中体验的基础。舒茨的工作为这些发展提供了动力。他的许多现象学研究已收录于三卷本《文选：社会理论研究（现象学的）》（1967），后又补充了两卷。还有一些合著作品和舒茨过世后编辑出版的著作，如《生活世界的结构》（与托马斯·卢克曼合著，1973）、《论现象学和社会关系》[与哈尔梅特·瓦格纳（Halmet Wagner）合著，1970]。

舒茨的现象学社会学和社会科学有着重要意义，它贡献了社会行动和生活世界现象学、多样性现实的观念、日常生活实践的自然观念等等。他的工作为北美社会科学的整个新思潮和现象学哲学的传播带来了灵感。20世纪60年代后期，当反文化和新左派对北美和欧洲校园形成冲击的时候，社会探究的传统形式体现出一种失败感。一些作家将这种失败感诊断为社会科学中的范式危机，如埃尔文·古德纳（Alvin Gouldner）、欧文·高夫曼（Erving Goffman）、杰克·道格拉斯（Jack Douglas）和C. 赖特·米尔斯（C. Wright Mills）。彼得·伯格（Peter Berger）和杰克·道格拉斯等社会学家采纳了一种存在主义的方法来研究社会现象，聚焦于爱、亲密、偏离和其他日常生活主题。其他人则转向符号互动主义、人种志和常人方法学，寻求新的探究模式，他们不关注行为，而关注社会心理的、文化的和社会的意义以及意义结构。舒茨的工作为这些发展提供了动力。

虽然存在主义的现象学、人种志和常人方法学有着它们自己不同的方法论和认识论假设，但这些学科在某种程度上为北美的哲学和专业学术领域更广泛地接受现象学探究铺平了道路。人种志提供了方法，检视主体如何建构他们自己的意义和文化现实。常人方法学使社会科学能够研究日常生活的实践和与那些实践相连的意义。一开始，这些质性方法的兴起遇到了强烈的反对。骚动的根源是，它挑战了传统社会科学关于日常生活的习以为常的假设。特别是，一些更激进的反思方法，如哈罗德·加芬克尔（Harold Garfinkel）的常人方法学研究，他断言，研究者的参与作为研究资料的一部分必须受到检视。

现象学是对"意义"的研究，但意义是什么？

> 意义不是出现在我们意识流中某些体验固有的一种性质，而是现在用反思的态度去看一个过去的体验的一种解释结果。只要我活在我的行为中，朝向这些行为的对象，行为就没有任何意义。只有当我将它们捕捉为过去的清晰限定的体验，它才会因此在反省中变得有意义。只有那些能够超越实际性被回忆起的，那些可以质疑其构成的体验，才会因此主观地有意义。（Schutz，1973，第Ⅰ卷，p.210）

舒茨（Schutz，1973）建议，我们可以用经验现象学与本质现象学相对照，但这种对立与对日常生活的世俗主题的兴趣无关，也与这样的事实无关：一个现象可以是一个经验的实体（如椅子），也可以是一个想象的或精神的实体（如恐惧）。关键是，本质现象学旨在理解一个现象的不变意义（对象或体验），通过"在想象中变化"的本质方法，而不是使用比较"各种各样经验例子"的方法。

在他的超验方法中，胡塞尔经常实践一种纯粹的本质现象学，但在社会科学中，他的追随者更宽泛地使用了本质的观念，包括经验的例子。因此，自胡塞尔以来，几乎所有的现象学都可以被称为一种经验现象学（empirical phenomenology）。归根结底，现象学的兴趣在于理解一个现象的体验的意义结构，使它有意义，并与其他现象区分开。大多数其他质性方法和社会科学将这些意义视为理所当然，但舒茨发展了一种现象学社会学，聚焦于生活世界的现象学结构（Schutz，1973）。另外，他的一些研究，如《陌生人》、《回家者》、《一起演奏音乐》（1971），都是完美的例子，向我们展示了人们如何能以现象学的方式研究社会和文化世界。

政治现象学：汉娜·阿伦特

1906年，阿伦特出生于德国的林顿，那里与汉诺威相邻。她在哥尼斯堡长大。在马堡和弗莱堡大学，阿伦特师从海德格尔和胡塞尔学习哲学和神学。海德格尔以其极具魅力的讲座而闻名，吸引了远近的学生和学者。阿伦特发现，他是一位迷人的教师，有能力使德国大学中的本真之思（real thinking）再次复活。更重要的是：她与海德格尔有过一段暴风骤雨般的浪漫故事。为了免于尴尬，海德格尔建议她提交博士论文《论圣奥古斯丁思想中爱的观念》，并由雅斯贝尔斯指导。她采纳了海德格尔的建议，并与雅斯贝尔斯和他妻子在随后的日子里保持着亲人般的友谊。

在被盖世太保逮捕过一段时间后，1933年，阿伦特逃到巴黎，并在此遇到了其他德国避难者，如瓦尔特·本雅明。1940年，她设法获得了签证，并与她的丈夫和母亲一起去了美国。一开始，她在美国做编辑工作，写下了许多有关政治哲学问题的文章，如自由、权力、专制主义、公民不服从和教育政策。

阿伦特曾在美国多所大学任教，1967年至1975年间，她在纽约的社会研究新学院担任教授。她的重要著作包括《极权主义的起源》（1951）、《人的境况》（1958b）和《心智生活》（1978）。在这个刚刚见证了大屠杀恐怖的世界中，阿伦特关注着恶的起源和意义问题。1960年，当德国纳粹阿道夫·艾希曼（他将数千犹太人送进了死亡集中营）因反人类罪受审时，公众意见将他描述为一个恶魔。但是，阿伦特却创造了短语"平庸的恶"来描述艾希曼案例。她论辩说，将艾希曼视为跟我们任何人都不一样的魔鬼，这太容易了。问题在于，当人们身处期待他们做不道德事情的情境中时，许多人都会作恶。人们迷恋于服从任何政治运动的计划，这极危险。阿伦特在其哲学生涯中耗费了大量精力去解释哲学的错综复杂，目的是要学习批判和独立地思考我们可能身处其中的任何偶然情境。

在《人的境况》中，阿伦特发展了一种行动现象学的政治叙述，极具启发性和实践上的重大意义。她将人的活动做出了层级区分：劳作、工作和行动。劳作是最基本的人类活动，维持人的生存；工作包括有用的、美的对象的制作和建造，使生活便利和愉快；行动则是公共实践，旨在创造一个共同的社会。行动的前提是承认我们生活在一个多元世界，公共空间的价值观使其成为可能。根据阿伦特的观点，政治行动绝不应服务于有限的政治目标（无论这些目标一开始多么受欢迎），而应被看作在一个自由、多元、共享的世界中参与到公共领域。预先设定的政治目标将思考和行动变成了工具化过程，这必然导致种种极权主义和专制主义。阿伦特在《过去与未来之间》中如是说，只有在特殊的、具体的语境中，人们才能以最佳的方式形成政治意见和判断——不是受宏大叙事或抽象原则的指导，而是受具体实例（表达某种真理的人的故事）的引导。

在她的两卷本著作《心智生活》（1978）中，阿伦特分析了思维和意志的观念，原计划第三卷要写判断，但她未能完成就去世了。第一卷《思维》深受亚里士多德、康德和海德格尔思想的影响。阿伦特检视了显现与存在、真理与意义、思考与语言之间的关系。第一卷尤其论及语言中隐喻的角色对于现象学探究和写作可能具有的重要意义。在现象学和解释学研究中使用隐喻极具诱惑力，但我们也要看到它的局限性。

隐喻是一种修辞，在两物之间类比，用一个词或一个意象澄清另一个。隐喻的创造性使用，可以有助于发现某物新的意义。在哲学中，隐喻也有助于我们从新的视角感知一个观念，以便创造出原初观念的新的洞见或新的意义。阿伦特考察了所有哲学和诗化思想为什么归根结底是隐喻的，以及这对于探究和思维意味着什么。

所有的哲学术语都是隐喻，好像是冻结的类比。当我们将这个术语融入原初的语境，它真正的意义才会显现。在第一位使用这一术语的哲学家脑海中，它一定栩栩如生。当柏拉图将日常用语"灵魂"和"理式"（idea 或 eidos）引入哲学语言时……他一定听说过，这些用语在日常的前哲学语言中如何被使用。"灵魂"是垂死者呼出的"生命的呼吸"，"理式"则是工匠的模子或蓝图。（Arendt，1978，p. 104）

阿伦特指出，"隐喻自身在本源上是诗化的，而不是哲学的"（Arendt，1978，p. 105）。

假如思考的语言本质上是隐喻的，那么，表象的世界就将它自身置入思想……通过隐喻的使用，语言使我们能够思考，亦即，与非感觉的物质沟通，因为它允许我们把感觉体验"搬过来"，即隐喻。没有存在和显现这两个世界，因为隐喻已将它们统一起来了。（Arendt，1978，p. 110）

阿伦特警告说，当隐喻侵入（这是它们的趋势）反思性思想，它们可能会被使用或误用，为其实无法证明的问题提供貌似真实的证据和洞见。她举了使用冰山隐喻来表达无意识观念的例子。可能会出现一种不幸的倾向，即各种关于无意识的附加结论都推断自冰山的特征，例如，冰山的水下部分是巨大的，当冰山的水下部分破裂、浮出水面，可能会发生的事情，等等。

隐喻的诗化和哲学用法表明，隐喻不能翻转。隐喻的功能是通过一个"可见的"、具体的或可感觉的形象来阐明一个"不可见的"现象，而这个现象是非感觉体验给予的。因此，一个不能直接描述的现象可以被间接唤起。在政治思考中如何使用故事的角色，在使不可见变得可见和可理解的启发过程中如何使用实例的观念，阿伦特的隐喻讨论皆可视为一个反思术语。

因此，阿伦特对于思考中使用隐喻的解释启发了其他现象学家。尼采和阿伦特都指出，所有的语言和语词都源于隐喻，但当我们认为，通过用隐喻掩盖它能使我们更深刻地理解某物，那么，原初的创造性行为就倾向于转变成欺骗性的幻象。我们需要回顾一下尼采对于使用隐喻的危险的深刻反思。隐喻的危险在于，它使我们相信自己更好地理解了一个现象，因为我们用一个隐喻替换了另一个事物。当我们继续通过扩展它的意义和应用来充分利用一个隐喻时，这就更加危险。在将隐喻用作一种方法论的现象学工具时，我们应该牢记这些至关重要的忧虑。

阿伦特其他一些立场鲜明的作品收录于《过去与未来之间》151
(1958a)。例如，她对于教育责任问题的观察十分敏锐，这些问题与我们这个时代息息相关：

> 在政治中，教育不起任何作用，因为在政治中我们总是跟那些已经受过教育的人打交道。任何想教育成年人的人其实是想扮演卫士的角色，防止成年人从事政治活动。既然人们不能教育成年人，"教育"一词在政治中就有着邪恶的意味。一种伪装的教育，其真正目的在于不借助武力的强制。（Arendt，1958a，p.177）

> 假如我们从政治和公共生活中消除权威，它可能意味着，从现在起，每个人都需要承担世界进程中的平等责任。但它也可能意味着，世界对权威的要求和秩序对权威的需要正在被有意识或无意识地拒绝。对世界的所有责任被拒绝，无论是给予秩序的责任，还是服从秩序的责任。毫无疑问，在权威丧失的现代，两种意向都存在着，并且经常难分难解地同时起作用。

> 在教育方面，相反，当今的权威丧失就不可能有这样的模棱两可性。孩子们不可能抛弃教育的权威性，仿佛他们处

在被大多数成年人压迫的状态之中，虽然在现代教育实践中这种将孩子看作被压迫的少数、需要得到解放的荒诞做法，实际上已经被尝试过了。权威被成年人抛弃了，这可能只意味着一件事：成年人拒绝为他们将孩子们带到的这个世界承担责任。（Arendt，1958a，p.190）

物质（或生命）现象学：米歇尔·亨利

1922年1月10日，米歇尔·亨利出生在越南的海防。在他父亲死于车祸后，他的母亲回到法国里尔的家中，后来搬到巴黎。亨利是在巴黎上的大学。1943—1945年，亨利参加了法国抵抗运动。战后，他师从让·瓦尔、让·伊波利特（Jean Hyppolyte）和保罗·利科。1960年以后，亨利在蒙彼利埃大学任哲学教授。在他的教学生涯中，他几次被邀请去索邦大学任教，但他更喜欢蒙彼利埃安静的学术生活，在那里，他可以专注于研究和写作。他出版的著作包括《表现的本质》(1963)、《哲学与身体现象学》(1965)、《马克思：一种人的存在哲学》(1976)、《看不可见者：论康定斯基》(1988)、《物质现象学》(1990)、《我就是真理：通往基督教的一种哲学》(1996)、《道成肉身：一种肉身哲学》(2000)。上述出版日期以法文版为据。他还写了四本小说。亨利于2002年去世。

亨利的物质现象学是一种内在性现象学：主体性的内在性。对于他来说，现象学是一种真正开端的科学。远胜于他的大多数先辈和当代现象学家，亨利的计划是要寻找意义源起的真正开端。为了达到这一目的，他转向胡塞尔的内时间意识现象学：意识的原初印象性。正是在这里，胡塞尔提出了起源问题，亨利发现胡塞尔提出问题的方式极具吸引力：

正是在内时间意识的讲座中（1905年），首次也是最后一次，现象学试图以一种严格的方式阐明印象的被给予性。

152

在这一奇妙的文本中——它当然是 20 世纪哲学中最美的文本——有一种强烈的对抗，一种质料现象学（在这个术语的极端意义上）试图在传统的沉积中开辟出一条道路。这一斗争导致了极其深刻的原构成哲学，更新了古典思想的很多方面，然而也付出了代价，失去了本质和质料现象学本身。（Henry，2008，p. 21）

尽管他对胡塞尔的文本极尽赞美之词，亨利还是抱怨，胡塞尔从未真正以一种足够彻底和纯粹的方式展现出主体性的真正内在性。但是，当人们试图退后以通达将自身给予我们的任何东西，在意识之前，在印象的情感性或人的体验的源头之前，人们发现了什么？亨利提出了（因为缺乏一个更好的词）"生命"本身。正是生命的情感性有时让我们能够感觉到它在我们的存在中奔涌。这种情感性不是生命导致的，而是生命本身的自动－情感性（auto-affectivity）。在生命的层面，没有意向性，没有真正的或超验的对象、事物或观察的事件。因此，亨利说，生命不是一个现象。通过胡塞尔的本质还原不能靠近生命。然而，生命是一切的真正基础。亨利的核心观念是启示（revelation）：

> 生命是原初的显现，从现在起，我们将用语词"启示"来称呼它……
> 生命启示的第一个特征是，它作为自我启示被完成。生命启示自身意味着它体验自身。（Henry，1999，p. 351）

质料指的是意识、思想和记忆形成的原始材料。但亨利不使用术语"质料的"（hyletic），他将他的方法称为物质（material）现象学，以表明他的兴趣在于意识材料的源头，还没有形成现象，也没有以被称为意识的意向性的方式与世界中的事物相连。亨利想要探索人类体验的情感性的最深根源以及感觉。关于感觉，我们只能说它感觉到了它自己的感觉。在生命活力的情感性激情中，生命感觉到它的生命。这可能听起来很令人困惑，但在主动的反思中，它实际上可以与我们的存在感共鸣。

对于亨利来说，绝对的主体性不可能被对象化，或与意识处于一种意向性关系之中。他的现象学是非意向的现象学。主体性的内在性不是一个"显现"的现象，因此，它对于现象学的凝视仍然是不可见的。亨利没有求助于基础主义（foundationalism）的方法，而是使用基础观念指向内在的启示，这种启示只能是它自己的内在性的一种内在的呈现：

> 允许某物在它自身之内显现的东西，我们称之为基础……基础不是模糊的某物，它也不是光，只有当它照耀沐浴在光中的事物时，光才变得可感知，它也不是作为"超验现象"的事物本身，但它是一种内在的启示，对它自身呈现，即使这样的呈现仍然"不可见"。（Henry，1973，pp. 40-41）

根据亨利的观点，生命永远不可能从外部被看到，因为，它永远不会在世界的外在性中显现。在它的不可见的内在性和在它彻底的内在性中，生命感觉自身、体验自身。在世界中，我们永远看不到生命本身，而只是看到活的存在者或活的有机物。我们在它们中看不到生命。就像不可能用我们的感觉器官看、听、触摸到他者的灵魂，也不可能通过打开身体发现它，所以不可能通过观察或打开我们认为充满活力的存在者而看到生命。

> 现象学真正的对象是现象性，因为现象性使我们通达现象。正是在现象化中，现象性开辟了一条道路，指向现象。现在，在它最终的可能性中，方法只有开辟指向现象的道路。它允许我们理解现象并认识它。（Henry，1999，p. 344）

亨利提供了一种激进的现象学，在这种激进的现象学中重要的是这种自我启示的现象学本质。每一种关系从激情中汲取它的可能性，每一种关系并不凸显于世界的视域，不使世界以它的方式展现。激情指定现象化的模式，根据这种模式，生命在它最初的自我启示中现象化。它指定现象学的材料，从中完成这种自我赠与（自我被给予性），它的肉身：从超验的、纯粹的情感性中，一切事物体验它自身，找到它的具体的、现象学的实现。在这种激情中，启示的"如何"成了它的内容。"谁"启示变成了启示"什么"。假如生命原本启示的只是它自己的现实，这只是因为它的启示模式是激情，这种本质完全关涉它自身，关涉沉浸于痛苦和欢乐的自我情感中的肉身的自足。在它自己的激情中，这种生命的现实性根本就不是任何生命。它是一切，除了当代思想会将它变成的东西，亦即某种非个人的、匿名的、盲目的和沉寂的本质。在它自身中，生命的现实必然具有这种情感的自我生成，这个自我只在生命中启示自身，作为这个生命的恰当的自我启示，亦即生命的逻各斯。亨利说："没有任何感官中介所感觉到的东西在本质上是情感性的。"（Henry，1973，p.462）

亨利的物质现象学完全清晰地施展了事件后思考的力量和沉思生命的力量。这种思考的力量能够通过进行彻底的批判建立现象学的方法。胡塞尔想要在明证中看到和捕捉到生命。不幸的是，不可能有超验主体性的证据，因为在世界的语言中，所有的生命都消逝了。悖论是，没有直接的现象学的生命通达，因为，人们要将生命还原为另外的某物才能做到。然而，似乎只有生命意义的通达是直接的，因为生命在我们中展现自身为存在的原初性。

亨利的生命现象学将意义看作人们对自己存在的一种直接感觉。生命将自身感觉为活着。生命既可见又不可见。可见是因为在所有活着的东西中它可以被看见，不可见是因为它只能间接地被看到。一些人指责亨利的现象学是一种神秘神学，特别是因为他撰写了关于基督教的主题，如《我就是真理：通往基督教的一种哲学》(1996)。但是，假如人们对于他的激进现象学保持开放的心态，那么，人们可以被说服并理解他的研究。亨利为了揭示绘画中不可见的东西，展开了艰苦卓绝的研究。他转向康定斯基①的抽象画，是为了表达形式、构图和颜色的统一性如何表达生命本身的不可见的强度。

> 尽管不同的印象编织在一起才成为一张完整的构图，但假如世界是一，它一定是一，因为不同的感觉使我们通达这个世界，它们本身就是一，一个相同的独特的力量，有多种多样的完满的模式。这种单一的力量是我们的身体。它的统一性包含着什么？什么使看、听、触摸和感觉相同，尽管有各种不同的体验？是它们的主体性。没有不体验它的看的看，没有不体验它的听的听，没有不直接体验它自身的触摸，无论触摸什么东西，没有一种触摸是在那行动瞬间不与自身同一的。在极端主体性的基础上，所有这些力量都是一，一种相同的力量在看、听和触摸。因为我们真正的身体是一个主体的身体。它是组成它的所有力量和所有感觉的统一。因为所有提供这个世界的感觉是一，世界也就是一个相同的世界。（Henry，2009，pp.111-112）

对于亨利来说，生命永远不能作为一个对象被研究。所以，他问："生命如何在艺术中呈现？"他说，在一幅画中我们看或似乎看到的方面，生命从不呈现，在这种意义上，抽象是这个问题的答案，"只有当看发生时，我们内在所感觉到的东西——绘画的构图、色调和形式"（Henry，2009，p.121），才呈现出生命。生命呈现于它们不可见的统一性。

---

① 出生于俄罗斯的画家和美术理论家，是抽象艺术的先驱。——译者

1930 年，德里达出生于法属殖民地阿尔及利亚的埃尔比哈。他的父母是犹太人。在中学，他擅长体育，但随着他年龄的增长，他对极具影响力的作家兼哲学家萨特很着迷。他决定尝试追求一种文学和哲学的学术生涯，虽然他对萨特的倾慕之情最终消退。一开始，他的事业发展并不顺利。但他在索邦大学获得了一个教职，教授哲学和逻辑学。在巴黎，他沉潜于研究现象学和结构主义，特别是胡塞尔、海德格尔、列维纳斯和布朗肖。他的创造性思想和他最终的高产突然降临：1967 年，他突然出版了三本重要著作，这使他声名鹊起，这三本著作是《言语与现象》（一本研究胡塞尔的书）、《论文字学》（可能是他的最佳作品）、《书写与延异》（论文集）。2004 年，他在巴黎去世，享年 74 岁，这时，他已写了大约 70 本著作，以多种语言出版。现在，德里达被视为他生活的时代最有原创性的思想家之一（假如不是最有影响的思想家）。他对解构观念的发展、对古典哲学文本的批判性阅读、对许多领域的问题和主题的富于启发性的讨论，影响了几乎所有国家和大洲的学者，涉及人文学科、社会科学、哲学、建筑学科和艺术。

德里达因为一种阅读古典哲学文本的新方法而闻名，这的确是一种重新阐释整个哲学史的富有启发性的方法。他被看作所谓的法国语言学转向的最关键人物，另外还有他的同事，如朱丽娅·克里斯蒂娃（1980）、埃莱娜·西苏（1997）。德里达旨在表明，意义首先总是语言学的，虽然对他作品的看法注定要么过于简单，要么完全是错的。在他的名著《论文字学》中，他开始专注于写作的观念，这在某种程度上占据了他的几乎整部著作。他论说西方的思想被逻各斯中心主义所统治，还有一些被普遍接受的观念，如直接性、在场、缺席、同一性和接近，误导了我们思维的逻辑，或根本是站不住脚的。对于德里达来说，语言包括了人类表达和意义的全部复杂性：文学、电影、视觉艺术和雕塑等等。他的名言"文本之外一无所有"，一方面指的是这样一种观念，即文本的意义永远不可能固定（永远有差异和延迟），另一方面指的是这种语言学的困境是每一种人类处境和体验的特征。

在一次采访中（收录在《品味秘密》中），德里达（Derrida and Ferraris，2001）对于他作为作者的一生提供了一些洞见，如他写作的理由，以及他最初反对被拍照，等等。好奇的读者可能要问，他个人的秘密显露了吗？标题会引导人们期待没有。然而，德里达分享了一些内心的思想。论清晰："我自己的写作体验引领着我思考，人们写作并不总是渴望被理解，有一种希望不被理解的自相矛盾的欲望。"（p.30）论学校："即使我永远在学校学习，我也永远不会学习好。我很多考试不及格，我留级了。"（p.40）论语法："我厌恶语法错误。甚至当我过于随便时，一些人也发现很富有启发性，我这样做，伴随着这样的感受（合理或不合理），事实上我的确知道语法规则。对一种规则的违反应该永远知道它违反了什么。"（p.43）论死亡："我只思考死亡，我一直在想，事物在那儿的直接性只需十秒。"（p.88）论来生："我不相信永生。"（p.88）

对于写作和秘密的意义与地位的关注，在他的整部作品中不断出现。在《品味秘密》中，德里达解释，分享、主题化或对象化某物如何暗示着有些东西不可分享、不可主题化和不可对象化。这个某物是绝对的秘密，我们说及（speak of）它，但不能言（say）之，我们唤起它，但不能写它。秘密是绝对的，因为它与它所归属的东西超然、隔开或分离。这种无条件的和绝对的秘密的重要意义是什么？在秘密之中，我们被迫认识到事物的不可还原性。它提醒我们体验的独一无二性以及存在在与语言和探究的关系中体现的独一无二性。读者可能会同意，我们必须不仅仅要品味秘密，而且必须培养对秘密的关爱。

品味秘密对于德里达具有个人意义。他将它与他在阿尔及利亚的童年生活联系在一起，他的犹太血统、他的母语感，以及他在学术界颇有争议的地位。所有这些使他更喜欢秘密，而不是非秘密，他说："它显然与没有归属有关。"他解释到，归根结底，公共和政治空间需要一种固有的恐怖感。它没有为秘密留下空间。假如拥有秘密的权利没有得到维护，我们就生存在一种极权主义的空间里。

德里达（Derrida，1995b）表明，一个人的独特性与他或她的个体有死性（mortality）这一事实形成鲜明对照。反讽的是，我们一出生就被给予了这种有死性的权利。因此，德里达称此为"死亡的礼物"，因为这是我们自己的有死性，属于我们每一个人，这比其他任何可以想象的东西都更具独特性。无论什么都可以从我们这里拿走，只有一种东西本质上属于我们，没人能拿走，这就是我们自己的死亡。我可能以牺牲的方式将我的死亡给予他人，然而即使这最高的礼物也不可能替代他或她自己的死亡。因此，死亡的礼物是我必须保存的他者无可替代的独一性，我不可能将其出卖给普通性从而毁灭它。德里达说，然而，这正是我们每天做的事情。他使用了克尔凯郭尔对亚伯拉罕故事的例举：上帝让亚伯拉罕牺牲他的儿子以撒。他试图理解亚伯拉罕杀自己的儿子以对上帝负责的不可能性——他爱他的儿子胜过一切——这使我们不寒而栗、恐惧、无法理解。德里达说，然而，我们都要承担这不负责任的责任。

> 通过偏爱我的工作，付出时间和注意力，偏爱我的活动，作为一个公民、教授和专业哲学家，用一种公共语言写作和言说……可能我在履行我的义务。但我每时每刻都在牺牲和背版我所有的其他责任：对我所认识和不认识的其他人的责任……也有我私下热爱的那些人，我自己、我的家庭和儿子，每一个都是我牺牲给他者的唯一儿子，每一个牺牲给了每一个住在摩利亚山这片土地上的他者，我们每时每刻都居住在这里。（Derrida，1995b，p.69）

似乎关爱责任的召唤持续遭到背叛，当我们在义务的一般意义上去关爱时，就像在我的专业实践中，这也可以意味着一种对自我的关爱。换句话说，通过撰写关爱（甚至写对我孩子的关爱），我在遗弃我的孩子对我的真正召唤。德里达以这样一种方式清晰表达了这种两难，他坦白没有对他自己的儿子的召唤做出回应，这成了无法解决的困境。他说：

> 关于亚伯拉罕与上帝关系的言说也可以用于我的关系，没有与作为每一个他者的每一个他者的关系，特别是我与我的邻居或我所爱的人之间的关系，这些人与我无法接近，就像耶和华一样是一个秘密和超验者……由于被转译成这个奇特的故事，真理得以显明其具有的正是每天发生的事情的结构。通过它的悖论，它言说了每一个人每时每刻所要负的责任。（Derrida，1995b，p.78）

在某种意义上说，德里达似乎让我们摆脱我们关爱作为他者的他者的独特责任。一方面，他建议我们需要注意这种呼唤；然而，另一方面，他的解构主义策略旨在表明，我们必定持续地失败，因为我们不可能对在那里的每一个他者回应诉诸我们关爱的责任。因为我们在同一时刻只能担心一件事情，我们不可能担心每一个人和每一件事。

的确，甚至作为一名教师、护士、内科医生、治疗专家，人们也应该会同意德里达的观点。我们真的不明白如何能为每一个孩子担心，为我们负责的每一个病人担心。这是否意味着我们逃进了专业责任的伦理领域，必须把我们关爱的行为纳入一般的道德准则？德里达方法的难题是，当他反思性地解构前反思的关爱事件的发生时，他已经逃进了语言和伦理学。在日常生活中，被他者呼唤的体验，作为担心的关爱的体验永远是偶然的和具体的。正是这个人的独一性触动了我的独一性。

因此，对于德里达来说，主体间性就是交互文本性。这与胡塞尔追求在认知中人类理解的确定基础形成鲜明对照。德里达指出了符号、语言和意义的本性的根本不稳定和未决特征。通过解构的方法，德里达旨在展示的不是人类现象的不变性，而是根本的变化——"延异"（différance），使所有有意义的区分和可辨识的同一性变得不稳定。传统上，我们说同一性是指某物与其他看起来相同的事物的独特差异。现象学的确可以被当作同一和差异的研究。现象学的问题是，什么使一个事物是其所是，而不是其他的任何东西？

　　也许，意识到这一点也很重要，德里达的解构首先指向文本，而不是生活体验，这些体验可能是语词、短语和文本的源头。从现象学的视角看，没有相同的体验。甚至我自己的体验也不同于在这之前和之后的相似体验。例如，"保密"观念可能有某种我们可以试图阐明的现象的同一性，但在不同的场合保守某个人的某个秘密的体验不可能被体验为完全相同的，甚至是在为同一个人保守秘密时。换句话说，人们不需要德里达的延异观念就能意识到，"保密"的生活体验的意义从未最终确定。

　　在他的许多论文中，德里达是一位矛盾大师，他表明了我们的普通意向和行动如何使我们卷入悖论、不可解决的矛盾和僵局。他说这些困境是未定的。例如，当我们热情好客，或送给某人一个礼物，我们可能认为这样做没有弦外之音。我们送礼物是出于心中的善意。但德里达表明，事情并非如此简单。可能性的条件同时是不可能性的条件。我们不可能送出礼物而没有任何回报，只要做好事后的感激和内在的满足。礼物创造了债务。所以，真的可以给出一个礼物吗？或者，送礼物最终总是某种交换？的确，仿佛真正的给予或好客是一个未定者：既不可能也不是不可能。

158

第六章
新思想与未思

不断展开的方法

在本书出版时，本章提及的这些现象学作者都还依然健在，所以，他们的作品仍然呈现为新的思想和未思。他们的写作为现象学研究提供了当代的挑战。

技术科学后现象学：唐·伊德

唐·伊德出生于 1934 年。他创造了术语"后现象学"（postphe-nomenology）以便寻求代替他所称呼的古典现象学的新的研究，并描述现象学与实用主义［如威廉·詹姆斯（William James）和约翰·杜威（John Dewey）］的结合。他将这种结合看作为现象学开辟一个新的未来，这种新现象学被称作经验现象学或物质现象学，它有助于技术现象学新视野的形成。伊德采用的经验和物质现象学这一专门术语，部分来自于荷兰技术哲学家，如汉斯·阿赫特胡伊斯和彼得－保罗·维贝克，他们从伊德本人那里也获得了一些研究线索。对于像胡塞尔、海德格尔和梅洛－庞蒂这样的伟大思想者的持久声誉，伊德显然缺乏耐心。

我并不把我自己看作在现象学"之上"，但我的确认为后现象学"经历了"（past）古典现象学，并与它不同，后现象学是现象学的一种发展。另外，我不明白为什么人们必须永远敬畏这些大师们（godfathers），古典现象学之后的确有新的发展，后现象学只是其中之一。太多的所谓欧陆哲学表现出仿佛大师们已把最后的话说尽了，在新的方向上真可以有新的发展吗？一些人会将现象学"自然化"，其他人则做"异类现象学"，所以，我做后现象学。我当然承认受惠于胡塞尔、海德格尔和梅洛－庞蒂，也受惠于解释学传统，它将伽达默尔和利科添加到这一传统。但对于与胡塞尔紧密相连的"主体主义"，与海德格尔相连的"浪漫主义"以及与解释学学者相连的"语言学主义"，我也持批判的态度。更重要的是，技术哲学——最好用我的术语"技术科学研究"——必须对物质性敏感。胡塞尔几乎没有谈及技术；海德格尔倒是说了很多，但保留了关于简单技术的一种怀旧的浪漫主义；梅洛－庞蒂经常极富洞见，通常也是间接地提及技术。

160

伊德论辩说："我们必须从现象学的视角理解技术，亦即把技术理解为以不同的方式归属于我们的体验，和对技术的使用，作为一种人与技术的关系，而不是抽象地将它们作为对象。"（Ihde，1993，p.34）他区分了四种人与技术的关系：具身化、解释学的、他者性和背景关系。

具身化关系适合成为我们身体体验一部分的技术产品。例如，我们的眼镜、衣服、鞋，盲人的拐杖和年迈者的助行架都是技术的例子，它们已经与我们身体的存在、功能和行动融为一体。所以，技术可以成为身体的一种延伸（扩展者和／或放大者）。技术本身倾向于变得相对透明、不被注意。我使用手中的拐杖，手杖的尖端变成了我的指尖。我能感觉到世界的质地。汽车成了我身体的延伸。我说："我没办法穿过那里，我的轮胎瘪了。"技术可以异化（alienate），但它不是也能提高我们身体体验的丰富性吗？

解释学的关系适用于技术被用来解释和阅读我们居住的这个世界。解释学关系的例子如下：显微镜、温度计、道路图和路牌。这些技术拥有图表、字母或其他工具性语言，可以用来阅读我们环境的内在和外在的各方面意义。在解释学关系中，技术不是借此体验（experienced-through），而是一起体验（experienced-with）。在解释学关系中，技术更像文本。电视机带给我被解释的世界，科学仪器让我"阅读"自然。就像科学家实际感知亚原子现实一样，从现代主义的科学观点来说，它原则上是不可感知的，计算机用户可能实际体验到他人的在场，虽然他是通过网络发邮件与我们交流。

当我们使用的技术具有拟人的或他者性意义时，人与技术之间的他者性关系就发生了。例如，我们对待我们的汽车、计算机或手机的方式仿佛它们有个性一样。在他者性关系中，计算机被体验为准他者（quasi-other）。倾向于将计算机拟人化的人机关系有两方面。在解释学的关系中，技术显现为我们与之对话的准他者。体验聚焦于和指向技术设备。（想一想电影《2001 太空漫游》中的超级电脑 Hal）。因为计算机模仿语言学解释活动，有人倾向于将计算机当作幻影。一些人觉得，面对面的交谈与网上聊天之间没有区别。作为写作技术的计算机以一种钢笔做不到的方式"帮助"我。它为我记忆，唤起我的注意，催促我，纠正我，甚至烦我。但是，作为他者的他者的意义减弱了吗？

最后，背景关系存在于我们和我们的技术环境之间，这种技术环境已经变得如此理所当然，以致它们退隐到背景之中。例如，我们房子的供暖、电力和管道技术维持着几乎看不见的关系。在背景关系中，技术被体验为我们世界的事物和家具的一部分，我们与它们工具性地、审美地和实践性地互动，例如与我们房子中的用具互动。这种关系体验中的一部分（如与房子中的空调和供暖系统的关系体验）从未被注意，只在背景中，就像我们的日常活动一样。其他的关系体验与我们对待在我们周围各种各样的自然或人造对象（像冰箱、微波炉或洗衣机）的方式相似。

伊德的技术现象学有助于检审我们与设备和它们的技术结果的专业关系，如在医疗、护理和教学等实践中。虽然伊德对技术感兴趣，但他也评论了现象学的表现维度。他提到，虽然"现象学，特别是胡塞尔意义上的现象学，可以被看作就指涉问题与语言分析哲学的互动（reciprocate），但它的更深层的关注在于其他表现的倾向"（Ihde，1993，p. 167）。在语言称呼的、指涉的和语义的功能与一个文本的表现的、超验的和诗化的功能之间的差异，并不仅仅是一个阐释性问题。称呼的和表现的意义都包含着阐释，但方式和程度不同。

学习现象学：休伯特·德莱弗斯

1929 年，休伯特·德莱弗斯出生于印第安纳州的特雷霍特。他在哈佛大学获得博士学位并在多所大学任教，主要是在麻省理工学院和加利福尼亚大学伯克利分校。德莱弗斯也是胡塞尔、福柯，特别是海德格尔的主要阐释者之一。他的原创作品特别关注技术对于人类思考、互动和学习的重要意义。在麻省理工学院的时候，德莱弗斯撰写了《计算机不能做什么：人工智能的局限》（1972），1979 年更新修订，1992 年再一次修订为《计算机仍然不能做什么》。德莱弗斯说，技术专家倾向于将大脑当作计算机硬件，而将认知过程当作软件程序。人工智能乐观主义者描绘了一种未来，到那时候我们的身体不再衰老或得病，我们的大脑将会连到数字化机器，这些机器会将我们的认知自我转变成离身性的（disembodied）信息加工智能。但德莱弗斯指出，这种乐观主义依赖于第一步谬论的历史，此谬论仅仅因为我们已经爬上了一个斜坡，就认为我们实际上能够翻越它后面的高山（Dreyfus，2012）。

1980 年，斯图尔特·德莱弗斯和休伯特·德莱弗斯兄弟发表了一篇关于人类学习计划的论文。他们将人类技能习得的发展过程描述为五步，从新手到熟练掌握（Dreyfus and Dreyfus，1980）。后来，他们略微提炼和重新命名了这五个步骤，依次为：新手、高级入门者、胜任者、熟练者和专家。他们将这一模式应用于伦理专家的现象学（Dreyfus and Dreyfus，1991）。新手靠规则来学习处理各种情境；高级入门者能够辨别出行动的相关背景；胜任的学习者能够制订战略计划；熟练者学会了将一系列的情境和位置内在化；专家能够在极具挑战的情境中即兴发挥和自然而然地靠直觉行动。帕特里夏·贝娜（Benner，1984）和其他健康科学的研究者使用了这一"新手到专家"模式来研究护士们在他们的专业技能和专业知识发展中是如何进步的。

德莱弗斯批判人类实践（互动和关系）的技术理性化，甚至本质上是沟通的社会实践也落入技术和批判理性之间的奇怪联系的支配。例如，友谊变得越来越理性化。与过去相比，有过之而无不及。似乎人们交朋友不是因为友谊体验的固有性质，而是因为他们希望与老板交朋友和打高尔夫球能使他们得到升迁。更有甚者，心理学家建议，友谊有益于更放松和更长寿的生活。爱情和婚姻也被认为可以延年益寿。在讨论米歇尔·福柯和"边缘实践"的观念时，德莱弗斯看到了一种技术的转向：

> 边缘实践总是面临这样的危险，它会被技术理性的理解所代替，高效而高产……当你交朋友是为了你的健康或你的事业时，你就有了一种新的友谊，技术理性的友谊……这种新的友谊可以代替其他的友谊。人们甚至将不再知道什么才是真正的友谊。（Dreyfus，引自 Flyvbjerg，1991，p.7）

在社交媒体和社交网络环境（如脸书、微博和博客）的技术背景中，似乎这些关于友谊和亲密意义的反思越来越重要。

感觉现象学：米歇尔·塞尔

1930年，米歇尔·塞尔出生于法国的洛特－加龙省。年轻时，他是一名海军军官。他精通物理和数学，也沉潜于文学、艺术以及古代和当代的哲学传统。塞尔的作品有哲学的严谨性，但有时也非常抒情和极具感召性。他的写作横跨令人难以置信的广泛主题、现象和关注点。塞尔说，科学和科学语言是有价值的，但它们掩盖了我们对世界的感性感知。“感觉与感受性”不仅仅是他主 163
要的作品题目之一，而且是他的反思兴趣的基本主题。作为一位作者，他使用了文字游戏、神话、成语、绘画、建筑和诗歌作为他现象学探究的资源。

塞尔也讨论全球污染的伦理问题、政治以及如何教育年轻人这样的问题。他问道，作为一名社会成员，当我们抚养一个孩子、教一个学生，或教育一个人时，我们会做什么？他强烈要求：

> 离开。走出去。让你自己有一天被吸引。变成多样的自己，勇敢面对外面的世界，与另一个地方分离。这是三种不同的事物，他者性的三种变式，暴露自己的三种基本手段。因为，没有暴露、没有经常身处险境、没有面对他者，就没有学习。我将永远不再知道我是谁，我在哪里，我来自哪里，我将去哪里，要经过哪些地方。我暴露于他者，暴露于陌生的事物。（Serres，1997，p.8）

对于塞尔来说，教育需要冒险却必要的离家，并且极富挑战性地与他者和他者性相遇。塞尔以自己年轻时的海上冒险经历为背景，他将学习比作从熟悉到陌生的一次航行。“没有哪种学习能够避免航行……学习引发惊奇。”（Serres，1997，p.8）在他的著作《五感：一种混合身体的哲学》（2008）中，塞尔探讨了五感的语言以及我们的感觉如何能让我们体验到语言所不知道的东西。

像布朗肖和马里翁这样的哲学家采用了俄耳甫斯和欧律狄刻的神话来解释作为想要看到不可见的欲望的俄耳甫斯凝视。但塞尔用他自己极富魅力的方式讲述了俄耳甫斯神话。塞尔想要得到的洞见必然与语言的神秘本性相关，这种本性超越了描述并唤起那些被唤起者（evokes evocations）。塞尔想要表明，语言的抒情和铿锵有力的性质如何能够产生普通命题式的话语所不可能企及的理解。当我们阅读塞尔的文本，我们开始惊奇：语词如何与存在相连，命名如何与生存相连，诗化描述如何与真理相连，有限如何与无限相连？通过他对神话的现象学重写，既哲学又诗化，塞尔让俄耳甫斯复苏了欧律狄刻的生命。语词使她被囚于死亡，但现在，俄耳甫斯充满召唤的声音必然产生相反的效果，将她带回凡人有死性（mortality）的状态。

> 她离开了语词，从她的名字升起，将她自己从轮廓中解放出来，使她自己远离表象（representation）。
>
> 再发现运动、稳固性，她消融的肉身和消逝的容光，她身体的物质容量，她皮肤的细腻、柔软质地，她的凝视富于变化的、清澈的、有色的光芒，她的步态适应了地面，平稳而轻盈，她的胸部、臀部、肩膀和脖子的重量，她坚硬的骨骼。她飘然走出她的影子、形象和语词。语词成了肉身。
>
> 召唤：某物，肉身的，从声音中出现。
>
> 俄耳甫斯乞灵，他的声音和琴弦颤动，他叫着、喊着、唱着、吟诵着。他既谱写了音乐，也成就了欧律狄刻。
> （Serres，2008，p. 132）

我们开始惊奇：语词如何唤醒身体、创造肉身、使存在发声？在这一文本（在个人电脑被普遍接受之前写成）中，塞尔已经在重述的俄耳甫斯神话当中玩弄起软件、虚拟、软性与硬性等语言和观念。

164

鬼女苏醒了，她跟随她的召唤。

声音使名字有了血肉，从死亡中传送着语词，光驱散了黑暗，音乐增添了血肉，使柔软的变得坚硬：道成肉身（incarnation）会走多远？

就像健硕的乳房从里拉琴悦耳的声音中轻轻滑过，就像黑暗的森林使尖锐的荆棘和针叶变得柔和，仿佛一体，柔和的被召唤者欧律狄刻在坚硬中跟随她的丈夫，穿越创造和诞生的复杂迷宫，朝向入口。冥府之门禁止以这种方式穿越。欧律狄刻变得坚硬。当勇敢的人（lion）走向西塔拉琴，它变成了影像、影子和幻象，它更加言词化。另一方面，欧律狄刻的进程变得有血有肉，她的名字发出了声音，她的声音变得和谐，和谐穿越喉咙，她的喉咙出现在头上，她的头和飘逸的秀发出现在她的肩上，召唤中，她迅速生长，躯干、腋窝、腰和乳房从黑暗中长出，就像阿芙洛狄忒从大海中涌现，就像我们每个人从子宫的黑盒子中出来，从感觉的纯洁和无知中出来，就像我们每一个人从寒冷中来。光和温暖软化（抚平了）因冻结的黑暗而布满皱纹的皮肤。俄耳甫斯谱写了、构造了一个活的欧律狄刻，一块接一块，一种感觉接一种感觉。站起来行走！走起来！并且言说！

迷宫的长度表明，需要多少耐心才能达至道成肉身。创造从冥府出现，在那里，语词、概念、影像、名称和影子飞散，通过魅力或通过召唤它们，它使它们结合在一起，冷淡的、恍惚的，名词苏醒了。构造。每一本书从图书馆（最致命的陷阱）被释放出来。（Serres，2008，p. 132）

但是，当然，我们已经知道，语词失败了，因此塞尔继续说：

俄耳甫斯为自己设置了最艰难的任务……但他没有将欧律狄刻拽到斜坡的顶端，在使其成为肉身的最后一搏（act），他的爱人又散落成她自己的影子：从头到喉咙，从喉咙到和谐，从和谐到声音，从声音到名称，瞬间衰退，返回到墓志铭。最高的成就（稀有而壮丽）在赋言词以生命。平庸的日常姿势、轻松的姿势代替了指物的一个词。创造试图突破以抵达世界本身……但没有什么像命名、描述和构思那样轻松。（Serres，2008，p.133）

这最后一行特别重要。在此，塞尔批判了方法、理论、概念化和表象话语。

这些奇妙组成的原创文段来自于塞尔反思语词之能为与不能为的一个章节。塞尔建议并表明，召唤的语词可以通过他自己的召唤式叙述来创造。这种反思性写作是真正的现象学分析。分析即写作。在召唤的行动中，现象学写作可以变得富有原创性：它让我们瞥见原初者。通过他的文本，塞尔让我们看见不能被直接看到的东西，让我们听到诗化语词的召唤性沉默。塞尔的写作是召唤的、审美的现象学方法的极好例子，我们将在第九章讨论。

生态现象学：阿方索·林吉斯

1933 年，阿方索·林吉斯出生于伊利诺伊州的克莱特。他在宾夕法尼亚的一个农场长大。他的父母是立陶宛人。在 20 世纪 50 年代后期，林吉斯在比利时的鲁汶大学（胡塞尔的档案保存在那里）学习。在那里，在阿方斯·德·威尔汉斯（Alphonse de Waelhens）的指导下，他完成了他的博士论文。但他获得的最初声誉是作为梅洛－庞蒂和列维纳斯的重要著作的翻译专家。

我写作的博士论文是关于萨特和梅洛－庞蒂的。不久之后，梅洛－庞蒂去世了，留下了著作《可见的与不可见的》，我觉得我在写作博士论文期间真正学会了哲学。在课程学习中，你熟悉了那些事物，但在论文写作中，你试图通过自己来思考它，尽可能深远，尽可能努力。所以，我真的感觉他教会了我，他将我送上哲学之路。我想充满感激地翻译这本书，我对他满怀感激之情。所以，我翻译了《可见的与不可见的》，然后，在我第一年的教学中（在杜肯大学），利科来到美国，我安排了他在我们学校演讲。我问他法国这一年发生了什么事，他说，大事件是列维纳斯出版了《总体与无限》，所以我找到了这本书，然后我们大学出版社的编辑建议由我来翻译它。我爱这本书，特别爱。（Lingis，1997，p.29）

林吉斯随后翻译了列维纳斯的《别样于存在或超越本质》以及《从存在到存在者》，他编辑和翻译了列维纳斯哲学文集。林吉斯被认为是在世的最重要的原创哲学家之一。他写作了规范的哲学文本，如《现象学解释》（1986a）和《力比多：法国存在主义理论》（1986c）。在这些早期文本中，林吉斯的分析风格是技术的，这与他晚期作品中的几乎是抒情风格形成鲜明对照。例如，《力比多》是对萨特、梅洛 – 庞蒂、列维纳斯和其他人的作品的一种关于性欲的现象学检审。性欲是主流哲学家常常避讳的一个主题，但爱欲成了林吉斯晚期作品的主导性主题。他描述手和眼睛的性能力：

> 性欲的运动是爱抚。手不仅仅是一种抓和拿的工具，也是发现和感觉的精密仪器，一个感觉器官，一种做手势的装置，一个表达器官；也是一个抚摸的器官，一个性器官。眼睛不仅仅是穿透、揭露和发现的器官，也是感觉器官，也是靠近、拥有和居住的器官，占有的器官。因为，目光也可以抚摸。甚至身体最笨拙、最盲目的部分，如肚皮、大腿、乳房和臀部，也是抚摸器官，它们的确如此。（Lingis，1986c，p.22）

林吉斯作品中的重要主题是共同体、生态学、伦理学和文

166

化的他者、肉欲性以及他者性。在《无共同之处者的共同体》（1994）、《紧迫之事》（1998）、《感觉：感受性中的智性》（1996）中，列维纳斯的影响特别明显。另外，林吉斯也撰写了一系列不俗的现象学研究，这些研究看起来像是游记，但却是关于人的存在与人的境况的根本反思，以及在被人遗忘的、贫穷的，有时是充满异国情调的地方与他者相遇意味着什么。这些作品源于他周游世界的体验。在一次采访中，他解释说：

> 我总是离开。只要我得到一份工作，有一个星期不需要待在美国，我就会离开这个国家。自从我教书以来，我每年都这样做。我不知道我脑海中是否有一个特殊计划，我只是想看看这个世界。我想生活在这个世界中。它的确不是有规划的哲学计划。我想做许多不同的事情，看许多不同的人。我不是真的在旅游，我从未把自己当作一名旅游者。我以前许多年做的只不过是去某个地方，经常是偶然的。我有一位法国朋友去过许多地方，我很羡慕他。他不是一位学者，但他哪儿都去过。从前，当我的学期结束时，我会首先去巴黎拜访他。很多年来，我私定了一条规矩：他提到的第一个地方是哪儿，我就去那儿度过余夏。这一规矩持续了许多年，他自己对此一无所知，以这种方式，他把我送到伊斯坦布尔、布拉格和各种各样奇妙的地方，直到有一年，他提及的第一个地方是柏林，我才改变了规矩。（Lingis，1997，p. 28）

林吉斯在他的毕业论文中被萨特和梅洛－庞蒂所吸引的原因可以使我们理解，为什么林吉斯发展了这样一种写作和做哲学的方式，这种方式很独特，它是分析的、抒情的、雄辩的和文学的。萨特以作为一位哲学家和小说家闻名于世。特别是，在萨特的一生中，他主要以他的存在主义小说和戏剧而闻名。在这些文学作品中，萨特实验了他的哲学文本中的现象学主题。

实践现象学：现象学研究与写作中意义给予的方法

林吉斯与萨特的不同之处在于，他并不试图在巴黎，在他自己的社交圈子和居住地寻找写作的资源。相反，他会在远离书桌的地方，在永远变化的、陌生的、遥远的地方收集他的材料。这些作品包括《过度：爱欲与文化》（1983）、《妄用》（2001）、《陌生的身体》（1994）、《危险的情感》（2000）、《紧迫之事》（1998）、《信任》（2004）、《暴力与壮观》（2011）。在采访中，林吉斯解释说，这些作品最初是被忽视的，因为它们不被当作哲学。

对于林吉斯来说，叙事不是虚构的，而是他与真人相遇体验的表达：普通的村民、庙中的住持、乞丐、妓女、囚犯、狂欢节的歌后、吸毒者和城郊贫民窟的居民等等。他书写友谊，在曼谷穷街陋巷的陌生人中间，患病时得到帮助。他在贫困者和流浪汉之间看到的悲惨和痛苦让他感动，对那些陌生人的善良心怀感激。但他的故事不是新闻故事。在这些书写的相遇中，他的反思性的和伦理的关注以许多现象学的主题得以表达，如暴力、面孔、过度、肉欲、事物的声音和内在空间。

林吉斯受到许多思想家作品的哲学激发，特别是列维纳斯、梅洛－庞蒂、胡塞尔、海德格尔；他也受惠于与一些思想家的对话，如德里达、巴塔耶、拉康、齐泽克（Slavoj Zizek）、德勒兹（Gilles Deleuze）和格尔茨。在这些思想家的影响下，林吉斯创造了现象学文本的深刻而又富于启发的丰富性。他的写作被描述为哲学的艺术作品。它们开启了一种高度原创的做研究方式，比如在这段关于有限时刻的反思中，当人们被叫到垂危的父亲或母亲的病床前：

护士说："我很高兴你来了！"他们知道你能做，也必须做一些他们做不了的事，对即将逝去者说点什么。人们能说什么呢？在人们嘴里说出的任何话听起来都很空洞和荒诞。对于你来说，难题并不仅仅是你没有说话的技能或你无法找到合适的事情去说，因为你没有这种情境中的体验，问题的关键是，语言本身没有力量。在语词和语言的可能组合中，没有力量言说不得不说的内容。然而，你必须在那里，你必须说点什么。你从未对任何事情如此清楚，有那样一些人不去病危者的床边，不知道说点什么的可怕的语言无力感使这些人去道德化（demoralized）。对于他们来说，似乎在他们的无言中，他们已经被带入与病危者的死亡和沉默之域。但假如你以某种方式鼓起了去说的勇气，你已确定你必须在那儿，必须说点什么。迫切的事情是你应该在那儿，说点什么，最终你说什么并不重要。你最后说："会好起来的，妈妈"，你知道这样说很蠢，甚至是对她智力的侮辱，她知道她要死了，她比你勇敢。对于你说的话，她并不责备，最终都无关紧要，唯一迫切的事只有你说了些话，任何话。你的手和你的声音伸向她，陪伴着她去无何有之乡（nowhere），她正在向那里飘逝。你声音的温暖和语调让她听到，当她的呼吸渐渐逝去，你的目光遇到妈妈的目光，而妈妈的目光渐渐失神，无所看。（Lingis，1994，pp.108-109）

　　语言是人类的工具，让我们在对话和关系中言说我们所要言说的内容。但是，有时，它不是一个我们说什么的问题，而是我们要说点什么，以及如何说的问题。林吉斯通过强有力的感受性例子唤醒（invokes）这些有限的情境，这些例子表明在故事的独一性中有某些普遍的东西。通过例子，他表明，当你不得不说语言不能言说的东西时，到底是怎样一种情境。"说本身变得很紧迫。"（Lingis，1994，p.113）说不可说者。然而，林吉斯表明，这个悖论在语词中如何得到克服：通过现象学实例的语言。

　　林吉斯建议，我们不能将世界当成只是一个掌握和理解的景象，更确切地说，通过我们与世界感性的、生存的联系，我们无处逃脱，是世界的一部分，伦理地存在于世界中。他说："责任和我们的感受性同在一个时空。在我们的感受性中，我们暴露在外，暴露于世界的存在，以这样一种方式，我们注定要回应它。"

（Lingis，1994，p.226）

在他的公开演讲中，林吉斯遭到主流哲学家的鄙视，这些哲学家不理解他呈现作品的感受性方式。他的闻名之处在于，他使听众沉浸于某种表演的呈现中，这些表演高度原创，唤醒感觉的敏感性。他的目的似乎是要陌生化，创造一种异国情调的氛围，听众需要这种氛围来理解他的诗化散文。下面是笔者个人的观察：

> 礼堂里座无虚席。来听林吉斯讲座《爱迷》的教授和研究生们在黑暗中安静下来。一个演讲者在完全的黑暗中开始讲座，这实在不同寻常。另外，人们还未看到林吉斯。一些人期待地向后看着，看着礼堂入口。但当最后的听众悄悄进门时，一切都在黑暗中。然后，突然，毫无警告，一首强劲的摇滚歌曲震撼着礼堂。与此同时，一个投影仪往屏幕上投射出抽象、流动的轮廓像，性感地移动的身体。当音乐向听众们倾泻而来，九寸钉乐队演唱的《再近些》的性感歌词和屏幕上性感移动的身影相配："你让我侵犯你，你让我亵渎你，你让我穿透你，你让我使你更加复杂……"直到声音和最后的歌词慢慢消逝，灯光部分亮起，人们听到林吉斯的声音。他走进礼堂，在昏暗中，慢慢走到前台。听众看到的是一个男人，他的脸上、半裸露的肩膀和胸部上满是白色粉笔末。他衣衫褴褛，唤起异域的形象，带着一种陌生的独特性，他读着他的演讲稿《爱迷》，以一种柔和而又极具魅力的声音朗读。这是韦恩和谢丽尔（易性癖者）之间的动人爱情故事，两个流浪者同居一间班房。她们都是吸毒者，即将死于艾滋病。林吉斯在礼堂的过道慢慢走来走去，读着许多页的演讲稿，读完一页，他就从肩上扔出一页，一页接一页，直到结束。（马克斯·范梅南）

这就是我记忆中的林吉斯的演讲，当他在 2008 年 9 月到阿尔伯塔大学讲学时。他的《爱迷》朗读伴随着视频、声音效果，当然还有林吉斯自己衣衫褴褛和布满粉笔末、涂成白色的脸。在演讲中，林吉斯唤起了爱的形象，性感的、侵犯的亲密性，在两个悲伤的流浪者之间。听众直面这样的挑战，捕捉到两人（两个独一性）之间爱的极致和狂喜体验，听众在他们自己的生活中可能永远不会遇到那种人。

对于林吉斯而言，列维纳斯的他者的面孔是具体的、独一的，例如他描述在第三世界城市下公交车的情景：

> 我们正在用力挤过人群，我感到有个东西，朝下一瞧，一个乞讨的孩子碰到了我们……
>
> 面对另一个人就是用眼睛面对……弄脏了我们的眼睛……用污垢、毒素和细菌……另一个人的痛苦在我们的眼睛中被感受到……然后，那个人暴露在我的眼前，有意转向我，朝向我。在相遇中，另一个人的折磨作为一种恳求折磨着我，要求的紧迫性催促着我。
>
> 无家可归的女人呼吁我们注意我们的眼睛所看到的形象。
> （Lingis，1998，p. 131）

在一种真正意义上，他者和事物使用我的眼睛看他们自己。正如林吉斯所说，"看"想要看的东西终究不是事物，而是"看"本身。眼睛唯一看不到的东西是它自身的看。这可能就是为什么看欲求看。

> 当人们沉潜到深处，退回到深处，眼睛离开了正在抓握的手、移动的姿势，和它的看分离，现在被它自己强烈的情欲推动。情欲的眼……抚摸，被陌生领域的表面效果抚摸。它在寻求不可见的。情欲的眼所寻求的不可见者不再是实体、原则和陌生的原因。它是那陌生的看。

看……寻找他者。情欲的眼发现它没有自己的看，在他者中寻求看，他者的看。（Lingis，1983，p. 13）

在林吉斯所有的著作中都有他遇到的人、事和游览过的地方的照片。其中许多拥有罗兰·巴特"刺点"[1]的力量（Barthes，1981）。它们触动我、刺痛我、感动我，就像只有真正的摄影作品能做到的那样。就像现象学的"实例"使独一者可知和可看一样，林吉斯的摄影作品具有存在论的和本质的（eidetic）触动性，以一种感受性的方式使不可见的可见。

片段现象学：让－吕克·南希

1940年，让－吕克·南希出生于法国的波尔多附近。1973年，在利科的指导下，他获得博士学位，毕业论文是关于康德的研究。在南希作为哲学教授的学术生涯中，他始终都与斯特拉斯堡大学紧密相连，他也在其他许多大学任哲学客座教授，如柏林自由大学、加利福尼亚大学等。他的作品主要受到来自于笛卡尔、黑格尔、康德、尼采、海德格尔、萨特、巴塔耶、布朗肖和德里达的影响。和他的朋友菲利普·拉古－拉巴特（Philippe Lacoue-Labarthe）一起，他撰写了拉康研究。南希在他的大部分作品中批判了弗洛伊德和拉康的理论。他曾是法国外交部驻东欧、英国和美国的几个文化代表团的成员。1987年，南希在图鲁斯被选为国家博士（docteur d'état），提交的博士论文题为《自由的经验》（1988），此论文聚焦于康德、谢林、萨特和海德格尔作品中的自由观念，探索非主体性自由的意义和可能性。

南希写了五十多本著作和数百篇文章。他的作品中的重要主题有哲学的共同体观念和当代政治学主题，如正义、责任和作为一种道德关注的"裸在"的存在论偶在性。南希的作品特别

170

---

① 罗兰·巴特关于摄影的概念，与"认知点"相对。——译者

多样化，反映在他的一些著作的题目上，如《非功效的共同体》
（1982）、《在场的诞生》（1993）、《缪斯》（1996）、《世界的意义》
（1997）、《独一复多的存在》（2000）、《形象的基础》（2005）、《聆
听》（2007）、《电影的证据》（2007）、《尸体》（2008）、《陷入沉睡》
（2009）。南希经常使用其他思想者的文本完成他自己对讨论中的主
题的反思。例如，他的著作《非功效的共同体》（1982）是对巴塔
耶和布朗肖作品中的共同体的进一步再思考。这反过来又促成了
布朗肖的著作《秘密的共同体》（1988）。南希关于共同体意义的反
思中一个富有启发性的主题是，共同体不是某种可以制造出来的
东西，并不像社会理论家和政治社群主义者经常建议的那样。

> 共同体占有一个独一无二的地方：它假定自身内部的不
可能性，一个社群主义者以主体形式存在的不可能性。在某
种意义上，共同体承认和牢记——这是它古怪的姿态——共
同体的不可能性。一个共同体不是一个融合计划，或在某种
一般意义上，不是一种生产性或操作性的计划，它根本就不
是一个计划。（Nancy，1991，p.15）

南希长期与癌症抗争并做过心脏移植手术，但他坚强地活过
来了，从未停止写作。关于他疾病的写作被拍成了一部电影《心
之潜蚀》。南希的作品以它的原创性、文学视野、智性的严格以及
常常诗化的风格著称于世。

伊安·詹姆斯撰写了一本著作，题为《片段的要求》（2006），
其中，他捕捉到了南希思考、表达和写作的独特风格。他说：

> 南希的思考总是出现在一种偶然的写作实践中，这种实
践尝试各种各样的道路，穿越具体哲学语境中的多样性，首
先和最明显的是那些思辨哲学和生存论现象学……南希的思
考将自身保持为片段的，作为一种思想的实践，展现多样的

独一姿态，或暴露思想的局限。（James，2006，pp.231-232）

从一种现象学方法论的视角来看，南希对意义和片段观念的使用暗示着激发创造性洞见。例如，《世界的意义》（1997）的目录包含着一个文本的片段表，每一个片段只有四五页长，用表现性的哲学语言，提供了彻底的反思性回应，回应思考观念的片段性要求，这些观念包括世界的意义、世界的末日、中止的脚步、意义与真理、触摸、时间的张力（或时间的空间化）、某人、政治写作和感觉自身的意义。

在他的一些篇幅更长的论文中，南希反思了一些现象学的关键主题。在《独一复多的存在》中，他解释了独一性如何与个体性或特殊性不同。总有一种无法逃避的偶然性与独一的相遇相联系。

在此的"某人"以这样一种方式得到理解：关于一张照片，一个人可能说"确实是他"，用这个"确实"表达盖住一个间隙，使不充分的变得充分，能够只与一个瞬间的"瞬间"捕捉相联系，这一瞬间正是它自己的间隙……就独一的差异而言，它们不仅仅是"个体的"，而且是个体外的（infra-individual）。我永远不会是遇到了皮埃尔或玛丽本身，而是遇到他或她处于这样一种"形式"、这样一种"状态"和这样一种"情绪"等等。（Nancy，2000，p.8）

独一性是通向世界的通道：

"陌生性"是指这样一个事实：每一个独一性都是通向世界的另一个通道……在他暴露的独一性中，每一个出生的孩子已经隐藏了"为他自己"的通道，在这条通道中，他将自己隐藏"在自身内"，就像终有一天他将隐藏在一个死亡面孔

171

的最终表达中。这就是为什么我们如此好奇地辨识这些面孔，寻求确认，看看孩子看起来像谁，看看死亡是否看起来像它自身。就像在照片里一样，我们在那儿寻找的东西不是一个形象，而是一条通道。（Nancy，2000，p.14）

在我们与他者的"一起存在"（being-with）中，南希发现了"本源"之源。本源不是某个古老的神秘源头，更确切地说，它在于我们与他者存在的永远更新的开端。

到达本源不是错失它，而是合适地暴露给它。因为它不是另一个事物，本源不是可以错失的，也不是可供私用的（可以穿透的、可以吸收的）。它并不遵从这一逻辑。它是存在者的存在的多元的独一性。我们到达它以至于我们和我们自己接触，和其余的存在者接触。在我们存在的范围内，我们与我们自己接触。与我们自己接触是使我们成为我们的本源，在这种接触背后，在共存的"一起"背后，没有什么其他的秘密可以发现。（Nancy，2000，p.13）

做现象学并不意味着回到某个神秘的开端的本源以追溯存在的意义。本源就在那儿，在我们日常存在的独一模式中，但它需要我们与我们自己接触，与我们经历的生活接触。当然，这种"接触的存在"（being in touch）可以是一种富于挑战性的前提条件，这个前提可能意味着，对于存在的多元的独一性意义，我们能够体验和表达洞见。南希通过表明日常的独一性如何不可能作为一种无差别的一般性被靠近，将海德格尔"此在"的观念彻底化。

海德格尔混淆了日常的与无差别的、匿名的和统计的。这些很重要，但它们只能在与有差异的独一性的关系中构造它们自己，日常的已经是它本身——每一天、每一次、日复一日。人们不能确定存在的意义是否必须从日常性开始表达它自身，然后通过忽略日常的一般差异、它的不断更新的断裂、它的更替和它的多样性来开始表达。一"天"不仅仅是一个计数单位，它是世界的转动，每一次转动都独一无二。日子，每一天，即使它们不是从根本上有差异，也不可能是相似的。（Nancy，2000，p.9）

显然，南希作品中的独一获得了独一的意义。每一个独一总是独一。他经常使用这样的策略：表明内在与外在、差异与相同、无限与有限性、独一性与多元性如何相互建构与相互解构。我们在日常生活中体验的现象与事件的多元性是由独一性组成的，每个现象和事件的独一性都不同且原初。

梅洛－庞蒂的超级反思观念非常适合南希的写作风格。他实践了一种不断反思它自身的反思，导致不断转换的悖论阐述。例如，当本源被日常经验的理所当然的日常性所掩盖时，我们如何思考日常经验现象的意义源头？对于南希来说，独一的源头在于独一的多元本身。

> 恰恰是我们日常经验的这一普通层面包含了另一种基本的存在论证明：我们靠独一性所接受（而不是感知）的东西是世界其他本源的朴素通道。在那儿发生的一切——弯腰、依靠、转动、发言和否定，从生到死——首先既不是"亲密的某人"，也不是一个"他者""陌生者""相似的某人"。它是一个本源，它是对世界的肯定，我们知道这个世界再没有其他本源，除了本源的独一复多性。
>
> ……
>
> "普通"总是例外的，无论我们对作为本源的它的个性知道的多么少。我们共同接受为"陌生"的东西是，普通本身是原初的。存在以这种方式裸露，世界的意义是其所是，例

外就是规则。（Nancy，2000，pp.8-10）

从 20 世纪 80 年代早期，南希和德里达建立了亲密的智性关系。德里达的方法显然存在于南希的思考中，但后者又似乎超越了解构主义，向一个新的方向推进，从而显示出令人惊奇的洞见。显然，德里达也与南希有着密切的思想联姻。德里达（Derrida，2005）撰写了一篇极具可读性的迷人文本《论触摸——让－吕克·南希》，反过来进一步探讨了出现在南希现象学中的重要主题。这个文本不仅仅通达南希的思考，它也提供了德里达明晰写作的一个范例，在此，一个本源心智的反思被他者的彻底反思性增强了。

宗教现象学：让－路易·克利田

让－路易·克利田出生于 1952 年。他是一位哲学家、神学家和诗人。他在巴黎大学教授哲学。他的已被翻译的作品包括《无法忘怀的与无法希望的》（2002）、《手牵手：聆听艺术作品》（2003）、《召唤与回应》（2004a）、《言语方舟》（2004b）。在他的作品中，克利田利用了现象学和神学资源反思他的重要主题"召唤与回应"以及相关主题，如祈祷、好客、无法忘怀、不可抗拒和沉默。

在他的各种著作中，克利田开始表明，人如何通过回应召唤（经验的召唤）来生活。对于克利田来说，召唤和回应的主题使现象学进入一个新的领域，在那里，就像利科指出的一样，经验不可能被直接给予。因此，克利田被看作现象学的神学转向的法国运动中一位最早倡导者。多米尼克·雅尼哥（Janicaud，2000，2005a，2005b）首先批评了列维纳斯、亨利、克利田和马里翁作品中的这种神学转向。雅尼哥（Janicaud，2000，2005a）指出，神学损害了现象学，因为它不是以内在性体验为基础，而是以像信仰一样的超越元素为基础，这些元素不可能通过还原来接近。他以论辩的方式回敬了一种"极简主义现象学"。

虽然列维纳斯和马里翁否定了他们的作品可以还原为神学，但是克利田似乎对这种"指控"置之不理。相反，他想拓宽现象学的方法来言说可能的人类经验，这些经验可能存在于信仰的广阔领域。为了推进他的宗教现象学，克利田反思了祈祷的意义，因为"祈祷是卓越的宗教现象……宗教随着祈祷者显现和消失"（Chrétien，2002，p.147）。虽然一些人可能从不祈祷，从未体验过祈祷，但克利田依然论辩，祈祷是一种可能的人类经验。一种祈祷的现象学的可能性暗示着宗教体验现象学的可能性。当然，宗教体验现象学是一种非常重要的对人类的关注。

所以，克利田的问题是祈祷的当下发生了什么。他对祈祷的人种志研究——在不同的宗教和文化中祈祷如何进行——不感兴趣。他接近作为一种普遍的"言语行为"的祈祷，他的先导问题是关于这种行为中声音的现象学：声音是可以听到的还是静默的？如何描述祈祷中声音的生活体验？克利田观察到，"对一场祈祷的首次描述，可以将其置于对不可见之物的一种呈现行为中"（Chrétien，2002，p.149）。祈祷的声音将那个人置于某种力量的在场中，它将祈祷人的自我暴露给他者性，这个他者性可以称作上帝，或安拉，或耶和华，或某个其他的神性。

> 不可见的范围，是从精神的完全不可见性，到一个自身可见的存在的力量的内在神圣性，像一座山、一颗星星或一个雕塑……在上帝前祷告的存在是一种向上帝的积极的自我表现。祈祷的所有模式都是自我表现的形式，无论是个体的还是集体的。（Chrétien，2002，p.150）

当我们看见某人祈祷，我们可以看见那人的嘴唇在动，仿佛独自言说。但克利田指出，祈祷的独自言说与纯粹孤独中的自言自语（或与某个感觉不到的、不在场的他者言说）有很大区别。

因此，在祈祷中言语发挥的第一个功能是在不可见的他者前的一种自我表现，成为通过他者的自我向自我的表现，在这里，自我向他者的呈现与他者向自我的呈现不可能分开，就像里尔克唤醒的不可见的呼吸的诗歌。这种表现不仅仅将在它面前的东西带进光明，而且它有自己的光——事件之光，在事件中，对我自己不可见的东西以一种方式照亮我，从现象学的意义上说，这不同于与我自己的对话或一种对意识的考察。（Chrétien，2002，p.154）

在《召唤与回应》中，克利田模仿海德格尔的思的召唤与语言的召唤的观念中召唤 – 回应的生存论结构。克利田自己的语言越来越诗化，越来越具有声音的召唤性：

我们必须如何思考使我们言说的召唤？我们必须如何思考仅仅通过回应来回应和聆听的言语？我们必须如何思考声音，仅仅在声音中和通过声音，召唤和回应肉身化（incarnate）？……

每一次声音引发的言说是为了说出存在的东西，在它的核心存在的东西，像一种动能推动着它，或像一个坚守它的诺言，是为了它回答的所有这一切的整体的铿锵的丰沛性。我们言说只因已被召唤，被要言说的东西召唤，然而，我们只在言语本身中学习和聆听要说的东西。我们击碎沉默，沿着它自己隐藏的断层线，或者更确切地说，沉默自愿破碎，在我们的声音中回响……我们总是向世界言说，我们总是已经在世界中静静言说……从我言说时的声音到我聆听到的声音，我的声音震撼了世界的整体厚度，它试图要言说的世界的意义，攫住它、吞没它的意义，事实上自远古而来。（Chrétien，2004a，p.1）

在《言语方舟》（2004b）中，克利田探讨了在好客的体验中言语与沉默的相互影响。他的现象学文本有时具有非凡的召唤力量。

> 在人类之间爱的相遇中最感性、最肉身性的一切，表达和描述了最精神性的沟通。只有爱可以以这样一种方式超越它自身意指某物。这种沉默的瞬间既清澈又隐秘，从相互的在场中浮现，那些沉默的人将他们自己奉献给彼此，在他们亲密的巅峰体验中承受他们的礼物，而恰恰是他们交换的礼物强化并深化了这种亲密。（Chrétien，2004b，p.60）

如上所述，人们认为，克利田的现象学反思有时转向了一种神学的解释学。关于礼物和给予现象，神学元素特别具有暗示性，这在马里翁的文本中也有超强的呈现。但是根据马里翁的观点，激进现象学永远不应该与神学混淆。与此同时，克利田撰写了韵味十足的文本，既有理性的说服力，同时又极具智慧、诗意和感召力。

语文学现象学：吉奥乔·阿甘本

1942 年 4 月 22 日，吉奥乔·阿甘本出生于罗马。他在罗马大学学习法律和哲学，在那里，他撰写了毕业论文，讨论西蒙娜·薇依（Simone Weil）的政治生活。在 24 岁的时候，阿甘本通过选拔被邀请参加一个哲学家小组，参加海德格尔在 1966—1968 年举办的勒托尔研讨班。那时，海德格尔已经 77 岁了。一系列小型研讨班促使阿甘本决心以哲学为业。他任教于威尼斯建筑大学、巴黎国际哲学院、瑞士欧洲研究生院。他是美国多所大学的客座教授，并被纽约的新学院任命为特聘教授。

阿甘本的哲学和现象学写作主题多样，从语文学、美学、诗学到政治（Agamben，2005）。对阿甘本作品产生重大影响的思想者有海德格尔、黑格尔，特别是瓦尔特·本雅明，阿甘本是意大利版本雅明文集的编者。阿甘本也沉潜于亚里士多德、柏拉图、希腊和罗马法以及犹太教和基督教圣经文本。关于胡塞尔、维特根斯坦、德里达、德勒兹、福柯、荷尔德林、卡夫卡和费尔南多·佩索阿（Fernando Pessoa）以及许多其他思想者，阿甘本撰写了批评和文学作品。阿甘本积极参与政治评论和关于现代生活及民族–国家政策的激进批评。

几个完全不同的主题反复出现在阿甘本的许多著作中：潜在性和实际性、语言的体验和形而上学、哲学散文和诗歌的关系、从语文学中获得灵感的共同体观念、政治存在和例外状态、赤裸生命的观念（与获得意义的生命相反）、范例与范式。

阿甘本的话语经常艰涩难懂却有深度，鞭辟入里，并苛求精确地阐释。但他的一些文本提出了不同的挑战，因为它们是以令人困惑的散文形式写作的，如寓言、片段、格言、轶事、谜语、道德小故事、隽语和短篇小说。从现象学研究和写作的视角看，阿甘本对语言体验、散文、范式和实例的反思特别值得关注。阿甘本的故事竭尽全力捕捉生活体验的不可言说处，虽难懂却令人愉悦，哲学的解释性散文无法表达这些生活体验。例如，在他的《散文的观念》中，阿甘本提出了许多"观念"，如物质、散文、停顿、职业、独一性、口授和真理。这些反思中有的只有几页，有的只有几个句子。"爱的观念"只有两句话：

> 爱的观念：与一位陌生者亲密生活，不是为了将他吸引得更紧，也不是使他成为故知，而是使他陌生、疏远——模糊，如此地模糊，以至于他的名字完全包含了他。日复一日，甚至在不安中，也无异于身处永远的开放之地，永不衰退之光，其中，一个存在，那个事物，永远保持裸露与密封。（Agamben，1995，p.61）

"清晰"是一个普通词，意思是清楚地被看到或理解，似乎真切，但并不必然真切。现象学将自身与显现相联系，某物如何在体验或意识中显现自身。但是，阿甘本说，爱显现为模糊的。他对单词"模糊的"的恰当使用使爱变成了某种神秘的东西，使它的现实性反而更加模糊。这一片段的余下部分与我们对爱的体验产生共鸣，或者说是可能充满了我们应该如何体验爱或我们如何体验爱的观念的形象和情感。对阿甘本文本的认真阅读甚至会使人们搁浅或沉浸于召唤性的意义，这种意义只能通过诗意的模棱两可来暗示，以及通过私人的记忆回响来确认。在这些片段文本中，阿甘本极具魅力地吸引我们反思我们体验的本质秘密（他称作"观念"），这些体验从根本上超越了纯粹的哲学散文。

阿甘本在他极具文学风格的小书《未来共同体》(1993)中对语言体验继续进行了反思性探索。它是对语文学现象的一种反思性考察，例如：无论什么、范例、光晕、假名、同形异义词和无法挽救的。特别是，他对范例的简短反思可以教导人们去思考现象学意义和现象学写作的本性。后来，在他2002年的讲座《范式是什么？》中，阿甘本继续反思范例性。

虽然阿甘本声明，他对认识论或方法不感兴趣，但他关于范式是什么的反思使他潜心考察在哲学中、人文科学中，甚至在艺术中使用一个范式意味着什么。他把关于范式意义的哲学讨论追溯到亚里士多德、康德、维克托·戈德施米特（Victor Goldschmidt）的柏拉图研究，以及本雅明。阿甘本指出，亚里士多德说明了范式如何既不是普遍的也不是特殊的，既不是一般的也不是个体的：

> 亚里士多德说，范式、实例并不是就整体关注部分，也不是就部分关注整体，它是就部分关注部分。这是一个很有趣的定义。这意味着，范式并不从特殊到一般，也不从一般到特殊，而是从特殊到特殊。换句话说，我们首先有演绎法，从一般到特殊，然后又是归纳法，从特殊到一般，后来我们

有了第三种范式，类比是从特殊到特殊。（Agamben，2002）

阿甘本注意到，古希腊范式的词源学意义是"在一旁显现自身的东西"。范式意味着只是一个范例，一个独一的现象，一种独一性。使一个范式如此有趣的是，它能做概念、概括、普通类比或隐喻不能做的事情：使独一者可知（Agamben，2002）。

通过将范式与柏拉图的辩证法联系在一起，阿甘本表明，范式如何使一个新的关系成为可能，特别是观念和现象的关系。有时观念作为可感事物的一个范式，但有时是可感事物作为观念的一个范式。

> 范式关系并不发生在多元的独一对象之间，或在一个独一对象与外在于它的一般原则或规律之间，范式不是已经给予了，相反，独一性变成了一个范式——柏拉图说，通过在他者旁边显现，它成了一个范式。因此，范式关系发生在独一现象和它的智性之间。范式是一个独一性，通过它的可知性被思考。使某物可知的东西是它自己的可知性的范式展示。亚里士多德说，实例"更可知"。所以，一个实例和一个对象所共有的关系是这种可知性的展示。（Agamben，2002）

实例是所例释的东西的一个例子。它的意义并不在于它的实际性或某种预设的原则。它的意义在于这样一个事实：它使独一者可知。这是现象学计划的重要洞见。现象学指向独一者，现象的现象性通过实例变得可知。

> 以它原初的范式特征显明一个现象就是要通过它的可知性展示它。你没有预设的原则，它是原初的现象本身。再没有其他源头，只有一个原初的现象。（Agamben，2002）

虽然概念是语言学的概括，因此放弃独一者，但是实例和范式是位于艾多斯（eidos）之核心的独一性。当然，为了在文本中起到一个范式或实例的作用，一个范式必须拥有某种修辞力量。像阿甘本《散文的观念》这样的文本，可以被看作由实验范式（观念）构成，使可感事物（现象）的现象性可理解、可知。

激进现象学：让－吕克·马里翁

1946 年，让－吕克·马里翁出生在法国的默东小镇。他在巴黎第十大学和索邦大学学习，在巴黎高等师范学院进行哲学专业研究生学习，师从德里达。马里翁的早期作品包括对笛卡尔、胡塞尔和海德格尔的详尽研究。他的博士论文题目是《笛卡尔的灰色存在论》。其中，他将笛卡尔置于亚里士多德关于事物和存在话语的历史中。马里翁首先在普瓦提埃大学获得哲学职位。然后，他在巴黎第十大学任教。1996 年，他成为索邦大学哲学教授。1994 年以来，马里翁也是芝加哥大学的哲学客座教授，在那里的神学院，他现在依然拥有约翰·纽文（John Nuveen）客座教授教席。当前，马里翁被认为是最具原创性和影响力且依然健在的哲学家之一。他的一些重要文本是：《被给予：朝向一种被给予性现象学》（2002a）、《论流溢：充溢现象研究》（2002b）、《仁慈绪论》（2002c）、《可见之物与启示之物》（2008b）。

马里翁对原初的现象学原则的讨论比近来任何其他现象学家都更加激进——"事物如何显示或给予它们自身"到底意味着什么。他指出，事物并不显示它们自身，因为当我们转向它们——当事物显示它们自身时，它们能如此显示只是因为它们已经将它们自身给予了我们。他的现象学是被给予性（donation 或 givenness）现象学。因此，马里翁现象学挑战了主体的以及它与世界的意向关系的优先性，他拒斥意识的构造或意义生成功能。

马里翁说，我们需要第三种还原。胡塞尔超验论的还原关注意识的意向性对象；海德格尔的生存论还原关注显示自身的东西的存在；而马里翁的现象学还原寻求理解一个现象的显现，以这样一种方式——作为一个自我，它给予它自身。

> 今天，从根本上说，哲学已经成为现象学，然而现象学不再假装回到事物本身，因为它担负了这样的任务：看给予它自身的东西——什么给予。（Marion，2004，p.9）

这个陈述实际上有点模糊，因为马里翁的被给予性现象学的独特之处在于，与胡塞尔和海德格尔最初的叙述相比，马里翁试图对在它们本身中的事物提供一个更加彻底的叙述。在探索这种激进的被给予性现象学的结果时，马里翁提出了流溢和充溢现象的观念。马里翁问：当一个现象如此充溢着直观（感受到的意义）以至于它超出或淹没了任何意向性时，到底发生了什么？他表明，当反思一种充溢现象时，生活体验如此矛盾地"被给予"，以至于不可能进行任何系统的现象学描述。

马里翁提供了几个我们熟悉的充溢现象的例子：事件、肉身、偶像、图像，以及更加神秘的启示。用传统的现象学方法（此方法忠于胡塞尔和海德格尔的还原观念），这些现象不可能被充分地捕捉和描述。在他的著作《论流溢：充溢现象研究》中，马里翁使用了康德的四个重要范畴（量、质、关系、模态）来描述这些充溢现象的意义的流溢。他说，以量、质、关系和模态来看，充溢现象都是不可见的。所谓量，即事件；所谓质，即看所不能承载的东西，如偶像、绘画；所谓关系，即绝对现象的关系，因为它们轻视任何类比，如肉身；所谓模态现象，即不能被审视的、逃离了所有关系的模态现象，如其他人的图像（Marion，2002b）。

179　　　例如，在他者的看中，什么给出了自身？马里翁注意到，我们不能看"看"（look at the look）。所以，我们必须看"看"给出它自身的所在，即看面孔。

他人的看仍然不可能被看到。更进一步：在他人的面孔中我们看什么？不是他或她的嘴——虽然与身体的其他部分相比，嘴更具有意向的表现性——而是眼睛，更确切地说，是看那个人眼睛的空洞的瞳孔，它们的张开的黑洞，在昏暗的眼睛的空洞上。换句话说，在面孔中，我们唯一凝视的地方，其实什么也看不到。因此，在他人的面孔中，我们看到的正是那个点，所有可见的景象碰巧不可能看见，在那里没有什么可看的，在那里，直观给不出任何可见之物。（Marion，2002b，p.115）

马里翁问，如何抵达一个现象，这个现象所有的现象性都源自被给予性？他构建了"还原越多，被给予的越多"这条原则的意义，还原能够去除越多的强加于现象的束缚和条件，一个现象就会在它纯粹的被给予性中显现越多。换句话说，还原需要超越胡塞尔的对象性和海德格尔的现象的存在性。

马里翁举了一对爱人凝视的例子，他们彼此看着对方的眼睛。我们只有通过对象化它，才能看到"看"（see the look）。我们试图通过使看变成一个对象，使看的不可见性可见。但是，没有被看的对象。只有爱人们能看到俄耳甫斯爱的凝视。

考虑现象学对爱的限定：两个绝对不可见的凝视……彼此交织，因此共同追寻一个交织，这对每一个其他的凝视都是不可见的，只对他们自己的凝视可见……两个确定不可见的凝视交织，在这种交织中放弃它们的不可见性。它们同意让它们自己不看而被看到……两个永远不可见的凝视向彼此暴露它们自己，在它们相互的目光的交织中。爱（loving）不再琐碎地在于看或被看，也不在于欲望或引发欲望，而在于从双方目光的交织之中体验凝视的交织。（Marion，2002，p.87）

胡塞尔的基本原理是，现象学必须回到事物本身，描述现象或意义在意识中如何被构成。对于马里翁来说，这还不够彻底。事物本身的自我的观念回指事物所是的东西，不是一个对象或一个存在，而是更确切地说，作为一个事件，在"被给予性"中显现。一个现象永远不会真的是一个静止的对象，而是像海德格尔所说的物的物化（the thinging of the thing）。正是物化在现象的显现事件中被给予。马里翁被给予性现象学的魅力在于，事物回到了它原初的意义，这个意义超出了存在者或事物的存在的形而上学。

> 假如显现暗示着显现它自身，就像显现它自身暗示着给出它自身，两者都暗示了一个现象的自我。这样一个自我，假设它能够抵达，无论如何不会等同于对象或事物的自在……现象的自我的标志是作为一个事件的确定性。它来，做它的事，自己离开，显现它自身，它也显示出努力或放弃努力给出它自身的自我。事件，我可以等待它（虽然它常常让我吃惊），我可以记住它（或遗忘它），但我不能制造它、生产它或激发它。让我们描述这个事件，现象给出它自身，到这样一个关键点——它自身显现它自身。（Marion，2002a，p.159）

马里翁讨论了俄耳甫斯和欧律狄刻神话的意义，是为了提出这样一个问题：在一幅画作中，眼睛不可见的某物如何可能显示它自身。眼睛只能看到画布上的颜料或画屏上的颜色。所以，画作中显示它自身的东西如何给出它自身？布朗肖已经做出了大胆的断言：俄耳甫斯转身凝视没错。俄耳甫斯想要看到欧律狄刻，在她不朽的完美中。想要看到欧律狄刻之真的欲望其实就是作家的欲望。但是，相反的事发生了：俄耳甫斯的凝视将欧律狄刻对象化，没能在她的本质中、在她的不可见性中（除了可能在转身的一刹那）看到她。马里翁也提到，俄耳甫斯的那一瞥已经毁灭了他试图看到的一切。

> 俄耳甫斯一想到要看欧律狄刻，他就将她转变成了一个
> 对象并依此取消了她作为爱人的资格。他使她消失，因为他
> 不承认她的不可见性。只有对象可见，进入可见性是对象的
> 特征。（Marion，2002c，p.80）

布朗肖说，写作的行为开始于俄耳甫斯的凝视（Blanchot，
1981，p.104）。俄耳甫斯不是一个歌者，而是一个写作者。虽然没
有提及布朗肖，但马里翁探讨了布朗肖的俄耳甫斯凝视的主题，
然而他使用的不是写作的隐喻，而是绘画的隐喻。马里翁说："俄
耳甫斯没有歌唱，他在作画。或更好地表达为，他在不可见中看
到了黑暗之幕不能隐藏的东西。"（Marion，2004，pp.26-27）所以，
对于马里翁来说，意义的源头、被给予性的源头不在于俄耳甫斯
的一瞥（超验的主体），而在于现象的自我——在于自我－被给
予性。

> 被给予性的源头依然是现象的"自我"，除了它自身没有
> 其他原则或本源。"自我－被给予性"表明，现象本身被给
> 予，而且特别是它被给予它自身，从它自身开始。只有这种
> 被给予性，源自它自身，能够给出现象的自我，使证据笼罩
> 着现象性卫士的高贵头衔。（Marion，2002a，p.20）
>
> 为了给出礼物，"为了礼物"，给出必须隐退。给出从礼
> 物那儿隐退，从它的可见性、可获得性隐退。正是因为在给
> 出礼物时，给出松开了自身，从礼物那儿隐退，使给出自身
> 离开了礼物，给出让与。一种无法逃脱的结果是，给出从来
> 不能和它给出的礼物一起显现，或者较少地显现，因为给出
> 礼物不仅仅是使礼物留下来，而且也要与礼物不同。（Marion，
> 2002a，p.35）

这的确是一种激进的现象学，完全聚焦于现象本身，当它给出它自身时，没有主体或意识的中介行为。在《爱欲的现象》（2008a）中，马里翁表明，他如何将他的现象学应用于人类基本的爱的现象。笛卡尔式的宣言"我爱故我在"很有吸引力但很模糊。爱欲现象应该如何接近？我能首先爱吗？我被另一个人爱吗？爱的能力是以知道自己已被爱为条件的吗？马里翁爱的现象学无疑阐明了读者会有的爱的体验。他讨论面孔的爱欲化、肉身的唤醒、爱欲的快感与欢乐、嫉妒与恨等等。马里翁解释，他想让爱欲现象显示它自身，而不陷入哲学传统的泥潭中。所以，他开始逗留于他自己的体验，并相信它也是其他人的体验。

> 我会说，我从在我之内和为我自己的爱欲体验的视角谈起。因此，我会谎称表面的中立：我，而不是别人，有必要谈及我知道的这种爱欲现象，以我对它的认识去谈论……

> 当然，我打算谈及我几乎不懂的东西，从我知之甚少的东西开始——我自己的爱的历史……不过，我将在我内心保存记忆，每一瞬间都是新的，对于那些爱过我的人，那些仍然在爱我的人，那些我希望有一天能够去爱的人，因为她们应该被爱，不予计较。在我对她们充满感激的认识中，她们会认出她们自己。（Marion，2008a，p.10）

我引用这些句子，因为它们似乎与马里翁的自我‐被给予性现象学矛盾，后者不应该依赖构成的意识或作者的意向性主体。他说："人们必须谈及爱，以人们必须爱的相同的方式——以第一人称……爱使我的同一性、自我性、比我自己更内在的那些资源起作用。"（Marion，2008a，p.9）然而，他说："我们必须做不可能的事：制造我们将表明它从它自身开始的东西。"（Marion，2008a，p.9）马里翁似乎要表达的要点是，现象学反思的资源在于我们生活体验的记忆，以及其他人（读者）在他们自身中认出的生活体验，但爱欲的还原必须让爱欲现象显示自身，如同在它的自我－被给予性中给出自身。这种被给予性在爱欲化的"肉身"相互被给予性中魅惑地耗尽自己，这超越了身体的意向性对象。换句话说，"肉身"在爱欲相遇中既不可能通过胡塞尔认识论还原的意向性来描述，也不可能通过海德格尔存在论还原的此在的存在来解释。对于马里翁来说，爱欲化的"肉身"既不是我们拥有的身体客体，也不是我们所是的身体存在。

> 他者第一次将我给予我自己，因为她第一次努力将我自己的肉身给予我自己。她唤醒我，因为她使我爱欲化……
> 导致肉身的爱欲化并非来自一个更少占有、摸索或掠夺的触摸……在我肉身的感觉与它感觉本身的感觉之间模糊不清，因为我肉身感觉的不仅仅是相互感觉，而且是他者肉身对自身的感觉。（Marion，2008a，pp. 119-120）

爱欲化肉身超越了我们对他者和世界的意向性体验。马里翁解释说，《爱欲的现象》这本书没有引用，没有参考文献。他想描述爱欲现象，就像它给出自身一样，而不使它陷入哲学的争论。尽管如此，他的一些重要主题，如"我的肉身与他者的肉身""面孔的爱欲化"，都有列维纳斯和梅洛－庞蒂思想的回响。在引论那一章，马里翁声明，他想要规划他所有的作品："我们很想认识，而不是不想认识，然而，这种愿望与我们认识什么无关，而是关于我们这些去认识的人。"（Marion，2008a，p. 12）

技术发生现象学：贝尔纳·斯蒂格勒

1952 年 4 月 1 日，贝尔纳·斯蒂格勒出生于法国巴黎附近的塞纳瓦兹。26 岁时，他因为一系列持械抢劫银行案件被捕，被监禁 5 年，直到 1983 年出狱。服刑期间，斯蒂格勒对哲学产生了浓厚的兴趣。他以与杰拉德·格拉奈尔（Gérard Granel，他将胡塞尔、海德格尔和维特根斯坦的作品翻译成了法语）通信的方式学习哲学。出狱后，斯蒂格勒师从德里达。1992 年，在巴黎高等社会科学研究院，他完成了他的毕业论文，随后在国际哲学院开始了他的教学生涯。这个学院的创建是为了使哲学教学免于政府权力的干预，德里达是合建者之一。在法国的学术和文化机构，斯蒂格勒担任了几个重要职位。2010 年，在法国中部的一个小村庄埃皮纳伊莱弗勒，他创办了自己的哲学学院。

自 20 世纪 90 年代中期开始，斯蒂格勒通过一系列的文章、专著和访谈闻名于世，他的作品涉及技术、个性化、消费资本主义、青年，以及他的关于视听计划"艾斯勒"（一项海德格尔研究）的作品。他在一本书中描述了他在狱中的转变，此书名曰《付诸行动》，很恰当。他的三部曲《技术与时间》使他获得了认可。他被认为是一位极具启发性和有深度的现象学家，他的原创思想涉及人性与技术的关系。

斯蒂格勒极具启发性，因为与他的任何前辈相比，他都更强调作为人类存在的存在论的技术。斯蒂格勒使用了古希腊神话中普罗米修斯和埃庇米修斯的故事来表明，从一开始，人类的演化就与技术的演化交织在一起。假如人类看不出在技术存在论中总是发生的这种交织关系，那是因为就像"水中鱼"一样，人类并没有看出他们的水中世界就是技术。没有技术，人类不可能存在；没有人类，技术也不可能存在。

普罗米修斯的神话的确讲述了人类的创造。当宙斯觉得该创造生物了，他就命令普罗米修斯去为他制造的形式——宙斯用泥土塑造的动物和其他生命形式——吹进生命的气息。斯蒂格勒重新讲述了这个神话，埃庇米修斯恳求他的哥哥普罗米修斯让他做宙斯给他哥哥的工作。哥哥如此喜爱他的弟弟埃庇米修斯，于是让他做那份工作。所以，埃庇米修斯得到了那份工作，让生物活了，赋予它们性质和特征，以确保它们的繁衍和生存。例如，像

实践现象学：现象学研究与写作中意义给予的方法

长颈鹿这样慢而高的生物，他赋予它们柔韧的长脖子，以便它们能从树尖上吃到绿叶；对于狮子这样凶猛的动物，他赋予它们力量和锋利的牙齿去捕捉和吞噬它们的猎物；对于羚羊这样的动物，他赋予它们速度和观察力以便逃脱捕食它们的动物；对于其他生物，他赋予它们大大的翅膀和敏锐的眼睛以便在高空中飞翔，或更小的翅膀以便轻快地飞翔。

然而，在给予生物所有这些关键性质后，埃庇米修斯想到人类了，并且意识到他已没有什么可给予的了。这是一个很大的难题，因为显然人类一生下来就是裸露的、依赖性的。现在，这一困境并不完全令人吃惊。埃庇米修斯以愚蠢和笨拙而闻名。在古希腊神话中，他被描述为活在当下，缺乏先见之明。在古希腊神话中，埃庇米修斯的意思是"后见"，字面意思是"马后炮"（afterthought），而普罗米修斯的意思是"前见"，直译为"先见之明"（fore-thought）。埃庇米修斯只能通过反思过去犯过的错误来从经验中学习。绝望中，因为没有什么性质可以赋予人类，他去找他的哥哥普罗米修斯，后者无意中看到了整个创造过程。普罗米修斯被认为是聪明的有先见之明的哥哥。他意识到人类注定要毁于无助。他们不可能使自己保暖和安全。普罗米修斯明白，他需要做点什么，所以他从不朽的诸神那里盗取了火，并将它给予人类。实际上他给予他们的是技术的开端。现在，他们可以建造温暖的地方以保暖，用火制造工具。

所以，根据斯蒂格勒对普罗米修斯神话的解读，人类的境遇是以一种原初的匮乏和一种存在的缺陷为特征的。他们的创造缺乏确定性，缺乏像其他生物一样的真正的开端。由于埃庇米修斯的错误，人类缺乏一个原初的特征，因此，缺乏一个本质。人类最初没有一个本源（Stiegler, 1998, p. 19）。缺陷意味着，从一开始，人类就一直依赖于制造人工的手段（即技术）来求生和谋生。他们不得不制造他们自己的假体（prostheses），即人造的身体部位或工具。的确，人类是假体的存在者——电子人或半机械人（cyborgs）。斯蒂格勒重新阐释了普罗米修斯神话以表明，工具和火不是早期人类所发现和获得的有用的东西；而是假如没有原初的技术礼物（火的使用），人类就不可能存在。根据斯蒂格勒的观点，人类将他们的存在归功于两个错误：埃庇米修斯的错误和愚蠢，没有留下任何东西来武装人类；以及普罗米修斯的错误，即为人类从诸神那里盗火。因此，人类既非不朽者（诸神），也不是仅仅像动物一样的有死者，动物并不知道它们的有死性，直到死亡突然降临。技术存在论将人放置在不朽的诸神和只生活在一个封闭的场域中的动物之间。伴随着技术，有了时间，伴随着时间，有了记忆，有了那样一种意识——我们出生，并且有一天我们必须死去。

电子人是有机和无机部分组成的存在者。人类的电子人是装备了机械的、电子的和机器人部件的人类。但从斯蒂格勒的技术观点看，电子人不应该被看作装备了技术装置的人类——人的存在论的拙劣模仿。更确切地说，技术是人类演化和存在的条件。所以，人类在与技术捆绑在一起存在的意义上来说永远是电子人。但在一种更加深刻的演化意义上，人类既是有机的又是无机的。人类并不仅仅创造技术，他们也反过来被技术创造。他们演化的生理和智力是技术的创造，正如技术是他们自己的创造。因此，斯蒂格勒想纠正海德格尔。并不仅仅是存在者的存在被哲学遗忘了，存在者的技术也被哲学遗忘了——技术是人类的基础存在论。

斯蒂格勒将人类的境遇描述为原初的愚蠢，愚蠢之源在于埃庇米修斯的健忘。不过，埃庇米修斯的祸根也是人类自由的来源以及人类人性独一性的来源。根据斯蒂格勒的观点，人类最初是一个假体的、技术的偶在。人类的生成本质上是技术的生成。技术生成是生命技术外在化的过程：从生物学的、社会的和心理学的视角看，人类通过他们的技术本性历史地、文化地演化和发展。

在《关照青年和世代》中，斯蒂格勒（Stiegler，2010）将他对技术和生命的洞见转向在当代技术世界中专注的意义和教育意义。

技术、空间、时间紧密交织在一起。关照青年和世代与时间有什么关系？斯蒂格勒从一些简单的问题谈起：

> 这些孩子值得拥有什么？"我们的"孩子值得拥有什么？孩子们，无论他们是谁，值得拥有什么？难道他们不至少值得拥有父亲、爷爷和一个家庭（从根本上说总是可取的），在家里，他们可以玩耍，通过这样做，学会尊重，亦即学会爱，而不仅仅是恐惧？和女儿或孙子玩意味着什么？想象中，它意味着大笑，和他们一起"忘记时间"——给予他们时间，将时间不仅仅给予他们的大脑，而是给予他们刚诞生的专注的养成，通过将成人的专注感放在他们稚嫩的生命中。（Stiegler，2010，p. 14）

在《关照青年和世代》中，斯蒂格勒循序渐进地提供了对专注的意义的广泛而详尽的现象学考察，从胡塞尔的原初印象意识和他的滞留和前摄结构开始：

> 专注的形成总是包含着心理技术的积累或滞留与前摄。专注是意识流，它是时间性的，如此，它首先由胡塞尔分析为"原初的"的滞留，"原初"因为它们包含着清晰的（或在场的）对象，我保留了这些对象的形状，仿佛它们本身在场。这种滞留被称作"原初"正是因为它发生在感知里，然后，这种滞留由"再次的"滞留调整为专注的意识的过去，作为它的"经验"。将某些原初滞留与再次的滞留相连，意识投射出前摄，作为预期。专注的构造来自于原初滞留和再次的滞留的积累，以及作为预期的前摄的投射。（Stiegler，2010，p. 18）

接下来，他讨论了认知技术的发展，以及视听、信息学、通信技术与文化技术借助新媒体的融合。斯蒂格勒关注许多社会问题，将技术现象学与专注的微观经济学相连，与对资本主义机器的批评相连，与面对无法管理的百姓的社会工作者和不愿付出者的虚无主义相连。他警告技术产业对年轻人专注感的毁灭性威胁，因为技术产业需要吸引年轻人的专注感和智力，使他们偏离他们的父母和老师，从而迎合他们的商业目的。

对象性现象学：君特·菲加尔

君特·菲加尔在海德堡学习哲学，并于 1987 年获得居住权。现在，他在德国弗莱堡大学执掌胡塞尔和海德格尔的教席。人文科学的学者可能对菲加尔的作品感兴趣，因为他旨在重新阐明对象现象学和事物世界现象学，以及胡塞尔的问题"转向事物本身意味着什么"。菲加尔赞同利科的观点，即解释学始于现象学，又回归现象学。施莱尔马赫和狄尔泰的老一代解释学旨在建立奠基在理解之上的一种人文科学，而不是解释人类现象。他们的解释学是一种认识论的计划，关注的问题是如何通过作者或艺术家创造的表达（文本、画作等等）来理解作者或艺术家的心智（精神、天才和主体性）。解释学的文本能比作者本身更好地理解一个文本或艺术对象的意义。

菲加尔指出，海德格尔、伽达默尔和利科的新的解释学的目的并不在于理解一个文本作者的心智（意向、思想、情感和主体性），而在于解释文本呈现的可能的世界的更加存在论的问题，无论作者是谁。因此，理解一个文本更多地是一种自我理解的形式。

哲学解释学的普遍性，就像伽达默尔提出的，依赖于确信一切理解"最终都是自我理解"……理解是在人们固有的存在（然而从未完全适应）的不可理解性之内的自我认识……伽达默尔，像他之前的海德格尔一样，也将亚里士多德的"实践智慧"当作理解的范式。作为自我理解，它是一种情境的光亮度，人们必须调整自己以适应情境，即使它可

能永远不会被完全照亮。（Figal，2004，pp. 21-22）

通常，当我们沉浸于事物之中时，它们变得透明，消失或失去其作为物的独立性（Figal，2010，p. 111）。例如，当我们在键盘上打字并看着计算机屏幕时，键盘和屏幕不再被看作它们自身中的事物。只有后退并给出对它们的描述时，对于解释的凝视来说，它们才变成可见的。菲加尔称这种距离化的后退为解释学现象学的对象性转向。他强调"事物的自动性"和"事物世界的原初性"，这种事物世界不可能被还原成生活世界（Figal，2012，p. 504）。现象学并不构造事物，但是通过距离化的反思行为，让事物在它的对象性自我中如其所是地显现。一个事物的对象性的现象学理解并不必然是一种近的功能，而是一种远的功能（Figal，2012，p. 505）。解释是后退，让文本或现象显现它自身。菲加尔指出，解释不是理解，而是呈现。它并不包含给出对某物的一种主观观点或个人感知，而是像一位舞台上的演员，意味着"让我自己缺席，让对象从它自身显现或呈现它自身"（Figal，2012，p. 506）。

德语的"对象"是"Gegenstand"，对象性是"Gegenständlichkeit"。这些术语既表达对象的对象性，也表达这样的意义：对象从外部面对我们，它与我们形成某种张力。当把这层含义应用于解释学的解释实践时，它意味着被解释的文本或对象与解释者处在一种强化的或紧张的关系中。换句话说，菲加尔不是始于主体或自我，而是想要始于对象的对象性，这个对象面对我们并要求我们。解释诞生于回应我们世界的对象时，诞生于这些对象干预、打断、交叉和干涉我们互动、行动和活动的正常稳定的状态时。在这种意义上，文本也作为外部对象与我们相遇，它们也需要确认它们的对象状态和它们的潜在意义。

对于解释的实践，菲加尔将实例的意义赋予模型。模型就像现象学实例一样。所以，以解释学现象学的方式反思某个对象的意义，就是把它作为一个原初模型来考察。一些模型更适合得到对象的原初意义。所以，必须认真挑选作为解释的实例的模型，因为对象的本质必须在模型之中。"模型必须通过确认它们是谁的模型的问题，证明自己是模型。"（Figal，2010，p. 29）对于菲加尔来说，模型让它们开端的意义原初性得到特别清晰地显明。"模型以它们的充盈而著称。它们必须通过真的让某物在它们中显明来证明它们自己。"（Figal，2010，p. 30）

在我们日常生活中遇到的对象中，只有一部分需要解释学的回应。菲加尔区分了解释学对象和单纯的对象。解释学对象是真正的外在物，它们面对我们并要求被解释。

> 艺术作品、哲学的古典文本以及宗教的神圣文本都是绝妙的解释学对象。它们永远是一种解释的推动力，是对意义的许诺。（Figal，2004，p. 29）

菲加尔说，单纯的对象不是真正的外在物，而仅仅是内在物的外在物：

> 它们是内在物，是意识经过刻意装扮后固定在一种移植到外在物的确定性中——仿佛概念中被捕捉的东西被实际给予。单纯的对象内在于意识，这包括归属于它们的外在性。然而，这种外在性不能只在意识的内在性的基础上得到解释，有些外在物可以被追溯到另一个经验，亦即，解释学对象性的经验。对单纯对象的认识预设了解释学对象的理解。因此，单纯的对象具有虚构的外在性。（Figal，2004，p. 30）

真正的对象和单纯的对象构成了我们的世界，它们包括人类的意义、价值和规范的世界，以及事物的物理世界。我们世界的解释学空间以三种生存论维度为标志：自由、语言和时间（Figal，2010）。菲加尔从历史的哲学文献中获得了这三个维度。他将它们看作我们存在的基本的、持久的和相互关联的主题。

出神－诗意现象学：詹妮弗·安娜·格塞迪－弗伦采

格塞迪－弗伦采在哥伦比亚大学学习，并在那里获得了诗歌艺术硕士学位；在维拉诺瓦大学，她获得了博士学位和文科硕士学位；在牛津大学，她被授予德国文学哲学博士和欧洲文学研究硕士学位。她的广泛而多元的背景可以从她引用和讨论的大量资料中得到证明，这些资料涉及哲学、现象学、艺术和语言学。她翻译了［与毛西亚斯·弗莱切（Matthias Fritsch）合译］海德格尔的《宗教生活现象学》（2004）。她出版了自己的诗选《宫殿燃烧之后》，并因此荣获"巴黎评论诗歌奖"。格塞迪－弗伦采对现象学、文学哲学和美学有着特殊的兴趣。她的著作包括《海德格尔、荷尔德林和诗意语言的主体》（2004）、《出神的平凡：现代艺术和文学中的现象学的看》（2007）以及《德国现代主义中的异域空间》（2011）。

格塞迪－弗伦采与人文科学的联系特别紧密，她探索现象学与诗歌和绘画媒介的交叉。特别是，她探讨诗歌语言的创造性意义以及对现象学理解的启发。在《出神的平凡》中，格塞迪－弗伦采建议，现象学就像艺术一样，它倾向于对日常和日常性——平凡之物——感兴趣。当然，现象学的重点是，帮助我们捕捉世界的意义，让我们在日常体验中经历它。世界的日常性和它的理所当然性使现象学不仅可欲而且可能。但格塞迪－弗伦采表明，在现象学和艺术中，对平凡之物的专注的、审美的凝视如何必然使平凡之物转变成非凡，她用的术语是"出神的"（ecstatic）①。

这种从普通到普通之外（出神的普通）的转向暗示着现象学看的时刻。当我们以现象学的方式"看"一个普通的现象，到底发生了什么？我们需要承认，这种现象学的看是一种反思的看，

188

———————

① 亦可译为"狂喜的"。——译者

通过站在自身之外的现象学方法的折射镜：悬置（加括号）与还原（回到或引回生活体验）。这种"站出自身"①被体验为一种疯癫的震惊或发狂式的惊奇：以一种狂喜的状态重新看这个世界，通过现象学的一瞥，回归和重新聚焦于生活体验的世界。在描述这一惊奇时刻时，海德格尔提出，现在我们看到的一切并不真的是平凡之物的非凡性，而正是这种平凡之物的平凡性产生于这种狂喜的体验。据此，格塞迪－弗伦采的短语"出神的平凡之物"（Ecstatic Quotidian）的确可以被理解为一种诗意的重言（tautology）。

格塞迪－弗伦采推进了方法论和存在论的讨论，一些日常生活现象学的前辈们早已开始了这种探索，例如，乌特勒支大学的学者们。马蒂纳斯·兰格威尔德谈论过"家庭－花园－厨房"的现象学旨趣。兰格威尔德和他的同事们在他们对日常现象，如交谈、微笑、在家、旅馆房间、秘密的地方、事物等等的敏感性解释中使用了一种艺术的方法。这种对日常或普通事物的关注与文学和诗意的风格融合，使日常生活现象的描述可以辨识。的确，弗莱德里克·拜滕迪克讨论过"现象学的点头"，这种点头的发生是通过描述和唤起的方式辨认出微妙的、细微的体验意义，而这些意义只能通过一种现象学的描述才能唤起。这就是为什么他建议可以用一种与文学和艺术相联系的现象学，提供对心理学、日常动机和人类生活的深层戏剧的洞见，而心理学学科本身无法提供这些洞见。在他 1962 年出版的专著《小说心理学》中，拜滕迪克阐述了这种关于文学和诗歌文本的价值的反思，这是他通过陀思妥耶夫斯基的小说《卡拉马佐夫兄弟》所做的一次现象学研究，研究小说的力量以及理解人类现象的潜力。

所以，格塞迪－弗伦采的计划并不是全新的，但她通过将纯粹诗意的与纯粹的（胡塞尔的）现象学文本进行对照挑战了极限。在《出神的平凡》中，格塞迪－弗伦采极富启发性地利用了诗意

---

① 海德格尔的术语 Ekstasis，亦可译为"出窍状态"。——译者

的看和现象学的看之间的张力。两者似乎都围绕着对于独一之中的胡塞尔的本质的再认知这一中心点。但是，胡塞尔的现象学目的是在直观的看的行为中的直接描述，而文学的描述利用间接性。格塞迪－弗伦采考察了胡塞尔对某物本质的现象学的看，同时也考察了里尔克的诗意的看。她注意到，里尔克的间接诗意现象学导致了对意义的一种直接或感受性捕捉。

> 但里尔克诗歌所获得的是一种非认知的捕捉，触动直觉和感觉，因而向诗意的凝视言说的东西的具体性可以被保留。里尔克对本质的捕捉只有通过语言的功能才能发生，而这对胡塞尔来说必须限定在表达现象学研究结果的一种功能中。里尔克的诗歌并不再现，它展现诗意再认的能力。（Gosetti-Ferencei，2007，p.113）

她还写道：

> 现象学家在对现象结构的反思性研究中所获得的，诗人只能通过一种间接方法获得。我们可以谈论捕捉本质这个共同目标，但这对胡塞尔式的现象学家和里尔克诗歌的言说者有着不同的含义。（Gosetti-Ferencei，2007，p.115）

因此，格塞迪－弗伦采建议或暗示有两种现象学：本质的胡塞尔的方法，旨在捕捉一个现象的本质；文学诗意的方法，能够捕捉到更微妙的、非认知的本质，这种本质只有诗歌能表达。

在格塞迪－弗伦采《出神的平凡》中的一个早期主题是，她努力回归童年的记忆和儿童意识，把它们作为一种资源，重新获得对日常生活的平凡性的一种纯真的视角。格塞迪－弗伦采旨在利用童年意识来达到现象学体验的普通维度。她说："可能童年天真态度的反思更像是现象学反思，而不仅仅与自然态度相似。"

（Gosetti-Ferencei，2007，p.77）

格塞迪－弗伦采的这一主题——通过回忆我们的童年恢复自我和世界的意义——是我们的文化和文学中一个普遍的主题。她广泛引用了诗人里尔克、弗罗斯特、华兹华斯以及小说家普鲁斯特的作品。问题是，童年意识是否能够重新获得，我们作为孩子看这个世界的记忆是否具有一个可被再认的结构。在《有一天一大早》中，迪伦·托马斯（Dylan Thomas）就一个简洁的文本《童年的记忆》发表了两个略微不同的版本。他的描述包含了对他的家乡和童年世界的感性的、生动的和敏锐的记忆。它真是这样吗？

> 童年的回忆无秩序可言，所有那些充满色彩的、变幻的浅滩，在回忆时刻的表面之下移动着，一个，两个，混杂的，突然，从它们旋流的水中冲上现在的空气中：不朽的飞鱼。（Thomas，1954，p.6）

《童年的记忆》的第二个版本只做了略微的、有效的修改。文本的最后一行如下：

> 童年的记忆没有秩序，也没有目的。（Thomas，1954，p.14）

童年的记忆没有秩序（记忆是片段的）也没有目的（人们叙述和重新叙述自己的童年，为了在其中筑起一个家）。的确很奇怪，我们的童年记忆如何显得如此无常和偶然。我为什么能以如此生动和感性的方式记起看起来如此琐碎的事件，而更重要的时刻好像从记忆中抹去了？至于记住或忘记我们遇到的人的名字，我们对于童年事情的记忆和遗忘似乎没有秩序可言。有时我们无意间瞥见呈现给我们的来自过去的形象。在这些"一瞥"中，我们可以认出我们看的东西深深地属于我们，并限定了我们是谁——仍然是孩子。或许那就是我们可以希望的：恢复我们失去的东西。努力像一个孩子一样去看是一个浪漫主义的计划吗？这些是格塞迪－弗伦采的作品中应该论及的问题。

格塞迪－弗伦采作品的最有意义的主题可能是她对文学现象学以及文学、诗歌与艺术的力量的探索，以现象学的方式捕捉日常生活现象。她说："虽然胡塞尔坚持用一种科学的方法探究生活体验，但他的技术决定了此方法可能使它的真正活力变得不可企及，其他的现象学家转向了艺术和文学，去捕捉世界原初的性质。"（Gosetti-Ferencei，2007，p.41）人们都会同意格塞迪－弗伦采的观点，传统的哲学争论与诗意表达是不同的种类，每一种都在利用它自己的语言学域。只要在胡塞尔的本质性文本和文学－诗意的文本性之间保持比较，那么使现象学超出胡塞尔现象学允许的有限的本质分析就显得很合适。

格塞迪－弗伦采强烈暗示，胡塞尔现象学需要对人类体验的丰富性和深度的细微差异更加敏感。同时，她极具启发性地建议，里尔克诗歌是一种诗意现象学，与经典的胡塞尔现象学一样，同样需要认可和承认。但并不完全明朗的是，格塞迪－弗伦采为什么没有承认，自胡塞尔之后，有许多现象学家越来越意识到在他们的现象学反思和写作中文学和诗歌元素的表现价值。

格塞迪－弗伦采广泛讨论了在海德格尔的后期文本中这种诗意主题的开端，她经常引用萨特、梅洛－庞蒂、巴什拉和布朗肖，这些思想者都使文学形式成为他们的哲学和现象学研究和写作的主题。当她在现象学的应用与现代艺术之间建立一种对话时，她不断依靠胡塞尔现象学。

191

现象学与文学之间的关系是一种重要的复杂的关系，文学有助于现象学家想象的变更，而现象学常常有助于解释现代文学的具体操作，它将日常感知转换成作家希望的更真实、

更强烈的再认形式。（Gosetti-Ferencei，2007，p.111）

然而，在《出神的平凡》中，她并没有提及林吉斯、南希、阿甘本、亨利和马里翁等现象学哲学家，他们都以不同的方式将文学风格实例化、关注形象以及在他们现象学写作中绘画的使用。通过坚持使用胡塞尔意识现象学作为她的实例模板，格塞迪－弗伦采并没有创造机会承认后胡塞尔现象学已经演化成了一种现象学反思与诗歌文学形式的语文学融合。所以，有点奇怪，格塞迪－弗伦采的个案似乎有点夸张。尽管如此，她对文学和诗歌形式力量的详尽探索依然有启发意义和诱惑力。

再重复一遍，格塞迪－弗伦采是一位非常迷人的作者，她已经以一种原创的方式为现象学的国际舞台做出了自己的贡献。在她的各类出版物中，她展现了对各类艺术家、诗人、文学作家和现象学家以及他们的著作的广泛熟知和详尽的基本知识。她给出了有力的、细致的证明，说明文学与艺术对于现象学理解的方法论的重要性。格塞迪－弗伦采的贡献在于她部分地探讨了现象学与视觉艺术、文学和诗歌之间关系的复杂性。她竭尽全力寻找绘画中形象的视觉的看与文学文本中形象的诗意的看的共性与差异，然后急切地将形象的诗意再认与本质的现象学再认联系在一起。

潜在事件现象学：克劳德·罗麦诺

克劳德·罗麦诺出生于 1967 年，他毕业于巴黎高等师范学院，在那里，他获得了哲学博士学位。自 2000 年以来，他一直在巴黎索邦大学任教，而且是巴黎胡塞尔档案馆的一名成员。2010 年，由于他的两本书《事件与世界》（2009）和《事件与时间》（1999），他获得了法兰西艺术院的"Moron Grand Prix"文学奖。

192

罗麦诺利用一个新词语"潜在事件"（advenant）来描述一个潜在的、有意义的事件的发生。事件是发生在我们身上的某件事情，使世界向我们开放，以我们不可能预料的方式。例如，一次交谈是一件事物：一种研究的现象。但罗麦诺会说，从潜在事件的意义上说，一次交谈是一个事件。罗麦诺对于经验的一种熟悉的特征进行了新的阐释：作为事实的经验和作为事件的经验是有差异的。例如，我们可以通过电话或邮件与一位我们很久没见的老朋友聊天并约定见面一起喝咖啡。我们的见面是安排好的，当我们坐在一起喝咖啡时，我们见面的事实现实化了。这是作为事实的事件，作为某件发生的事。作为事实的事件通常是可以计划的、可以解释的和可以预测的。但是一个事件的潜在事件性在这种意义上是不可解释的。

> 因为一次真正的相遇永远不可能还原为作为一个事实的现实化，它总是发生在它的潜在性的秘密和不确定中，以至于我们永远和它不同步，直到后来才意识到它，"太晚了"，本质的、超验的、必要反思的较晚时间（当相遇的事件已经发生了）已经改变了我们所有的可能性和世界。（Romano，2009，p.123）

约这位老朋友喝咖啡的体验可能比简单的事实情境更有意义。当我的朋友和我见面，我们可能以这样一种方式谈论一些事情，它深深地影响了我，我将它体验为有意义的。我们见面的事件的体验使我深深地被触动。关键在于，我们一起交谈成为一种事件，只有到后来才能看出它的意义。谈话的事件可以改变我如何感觉我自己和我的生活。在这种情况下，事件有一种不可预测的性质，在某种真正的意义上，事件是神秘的，意义和结果都无法捕捉。在我们意识到我们身上发生了什么之前，一个事件可能"已经颠覆了我们是谁"，罗麦诺说。然而，不可能体验的东西——正是通过这种差异，这种亲密存在的不协调——可以来触动我们、刺伤我们，通过向我们言说它自身，通过指定我们经历它，给予我们通过被改变而接受它的可能性（Romano，2009，p.49）。

罗麦诺描述了事件的四种现象学特征:(1)事件使我们突显,我在我的自我性中发挥作用;(2)事件形成新的世界;(3)事件是一种本源,它们不可解释,然而有意义;(4)事件的时间不可确定,但它们打开了时间(Romano,2009,p.49)。

> 因此,用陷入惊奇来表达不可捕捉的东西的体验。诗人强有力地、唯美地表达了这种混合在一起的几乎是神圣的恐怖和震惊,它以此为特色……恐怖和惊奇、骇人的和神秘化、震惊和恐怖:所有这些体验都是被不可捕捉的东西所捕捉,被像吃惊这样的东西压倒我们、中止任何掌握,它从未由我们支配,而是通过将我们暴露给不可体验的东西,使我们在它的支配下。因为一次真正的相遇永远不可能还原为作为一个事实的现实化。它总是发生在它的潜在性的秘密和不确定中,以至于我们永远和它不同步,直到后来才意识到它,"太晚了",本质的、超验的、必要反思的较晚时间(当相遇的事件已经发生了)已经改变了我们所有的可能性和世界。(Romano,2009,p.123)

潜在性的观念也一直被胡塞尔讨论,指涉"惯习"的观念——皮埃尔·布尔迪厄(Bourdieu,1985)使这一术语远近闻名。胡塞尔说:

> 生活体验本身,以及在其中构造的客观时刻可能被遗忘,但这一切不可能毫无痕迹地消逝,它只是变成了潜在的。就其中被构造的东西而言,它是一种以惯习为形式的拥有,时刻准备着被一种积极的联想唤醒,成为新的……对象将感觉的形式融入它自身,这些感觉形式原初构造于凭借惯习形式的知识进行解释的行为。(Husserl,1973,p.122)

实践现象学:现象学研究与写作中意义给予的方法

罗麦诺探索了体验的原初的现象学意义，作为经历不可能从"有经验"的常识中体验的东西。一个事件不可能在它的潜在事件性中被体验。通常我们可以讲述（假如被问及）我们刚才体验了什么。但是一个事件不可能如此轻易地被捕捉到。

> 但是，难道事件不应该被发生在他身上的那个人以某种方式同时"体验"到吗？经验主义的"经验"概念（就此而言，事件不可能被体验）是"经验"唯一可能的概念吗？换句话说，难道没有一种经验在潜在事件的意义上公正地对待事件？难道没有对本身不能被体验的东西的（矛盾地）非经验的经历？假如这样的话，该如何构思它？（Romano，2009，p. 143）

罗麦诺作品对现象学研究者的意义在于，某些现象最好作为事件来研究，事件应该被捕捉为潜在事件——在它们的潜在性中，而不是它们事实的本质。

第七章
现象学和专业

在 20 世纪 50 年代早期，荷兰几所大学的专业院系的各种学术分支开始以现象学的方式探究他们各自的领域。胡塞尔、海德格尔、尤金·明可夫斯基、梅洛 – 庞蒂的现象学启迪了专业学科学术研究，他们以新的、令人振奋的视角探索他们自己的专业兴趣。有这样一些学者，如教育家马蒂纳斯·兰格威尔德（Langeveld，1983）、医生弗莱德里克·拜滕迪克（Buytendijk，1970a，1970b）、精神病学家让·亨德里克·范登伯格（van den Berg，1966，1972）、儿科医生尼古拉·比茨（Beets，1952/1975）以及心理学家汉斯·林斯霍滕（Linschoten，1987）和汉里克斯·鲁姆科将现象学主题整合到他们的专业学科的语言和结构中。他们在很大程度上回避讨论理论的、方法论的和技术的哲学问题。就像兰格威尔德强烈声明的一样，他们首先关注作为应用的和反思的事业的现象学，而不是作为理论哲学的现象学。其中的一些学者参加了胡塞尔和海德格尔的研讨班，这些前辈中有许多人在大师的作品中找到了灵感并保持与这些现象学家的通信联系，这些现象学家包括马克斯·舍勒、让 – 保罗·萨特、西蒙娜·德·波伏娃、罗麦诺·古阿迪尼（Romano Guardini）、赫尔穆特·普莱斯纳（Helmuth Plessner）、路德维希·宾斯万格、阿尔贝·加缪、莫里斯·梅洛 – 庞蒂、尤金·明可夫斯基、乔治·古斯多夫和保罗·利科。

几十年以后，在北美，现象学渗透到专业领域，部分是通过人种志、解释学社会学以及其他这样的社会科学流派，这些流派的主要灵感来自于阿尔弗雷德·舒茨的现象学社会学。一些学者，如心理学家阿德里安·范卡姆和阿玛迪欧·吉奥吉，与乌特勒支大学的荷兰前辈们建立了联系。为了区分对现象学的专业兴趣与纯粹的哲学兴趣，"人文科学现象学"的观念在北美流行开来。所谓的人文科学现象学将现象学方法与来自社会科学的更强调以经验为基础的方法相结合。

荷兰学派或乌特勒支学派

荷兰学派或乌特勒支学派的一个早期可见的标志是《人与世界》（1953）的出版，此书由精神病学家范登伯格与心理学家林斯霍滕编辑出版。它包括一系列文章，如《孩子生活中的秘密地方》（兰格威尔德）、《交谈》（范登伯格）、《开车》（范伦内普）、《旅馆房间》（范伦内普）、《面孔与性格》（库沃）、《性感的化身诸方面》（林斯霍滕）。在《人与世界》（1953）的前言中，范登伯格呈现了生存论的，或现象学心理学作为一种新的"心理学"的研究计划（"心理学"也是人类现象的一般现象学研究的术语）。他解释了这种心理学如何拒绝内省与客观化（extraspection）。拒绝内省的心理学意味着拒绝通过研究自己来研究他人。拒绝客观化就是拒绝采用自然主义的、科学的心理学的客观化态度。相反，这些现象学学者对直接体验感兴趣，探索人与他或她的世界的关系。

通常被认为属于乌特勒支学派的各学科人物并没有组成一个严密的学术群体。他们甚至不把自己看作"乌特勒支学派"。一些学者与不同的大学相联系。范登伯格和林斯霍滕主编的《人与世界》（1953）的封底上可能是第一次提及乌特勒支学派，上面写道："人们可以说，在50年代，在乌特勒支大学，一个在拜滕迪克领导下的现象学学派诞生了。"拜滕迪克写下了重要的现象学文本，文本涉及生理学（Buytendijk，1974）、医学主题，如强迫症（Buytendijk，1970b）以及其他现象学文本（Buytendijk，1962，1970a）。所以，历史上，这一发展渐渐被人熟知为现象学的"乌特勒支学派"或"荷兰学派"。事后想来，现象学的乌特勒支学派可以被视为荷兰人对专业实践现象学的国际化建设所做出的原创贡献。

在《人与世界》中，作为主编的范登伯格和林斯霍滕有一篇纲领性的宣言，即现象学家决心尽可能地靠近日常生活的日常事件。的确，兰格威尔德谈及实践现象学的"家庭、街道和厨房的方法"以表明这种对日常生活主题的普遍兴趣，甚至这些主题通常诞生在专业实践的生活世界中。在哲学家亨利·列斐伏尔（Henri Lefebvre）的作品中，对日常生活的兴趣也同时得到了表达，据说，列斐伏尔几乎在同时"发现"了"日常性"（Ross，1997，p.19）。

艺术中关于日常生活背景的短暂偏离可能对理解现象学荷兰学派的文化 – 历史语境颇有助益。斯维特拉娜·阿尔珀斯（Alpers，1983）在她的著作《描述的艺术：17 世纪的荷兰艺术》中顺带说明，对日常生活的兴趣深深地植根于 17 世纪的低地文化。她讨论了 17 世纪意大利艺术和荷兰艺术的差异。意大利绘画传统为作品和解释性主题设置了标准，依此标准来判定其北方国家的艺术。许多北方艺术家必须向意大利朝圣，从那时起，艺术家以意大利风景为背景画当地的题材。意大利艺术的重大主题经常取材于圣经和古希腊神话。阿尔珀斯指出，理解宏大的意大利文艺复兴绘画意味着要求对这些被符号化地组织起来的精神资源具备解释性知识。但在北方国家，一些画家有了不同的动机。老彼得·布吕赫尔（Pieter Bruegel the Elder）就以画日常场景而闻名，如《丰收》和《孩子的游戏》，可以对这些作品做关于农民和孩子游戏的日常生活的社会学研究。扬·斯汀（Jan Steen）、亨利克·阿维坎普（Hendrick Avercamp）、加布里埃尔·梅曲（Gabriel Metsu）、约翰内斯·维米尔（Johannes Vermeer）和杰拉德·泰尔博赫（Gerard Terborch）开始画日常生活场景，与那时的艺术相比，这是一种绝然独特的方式。

所以，与意大利艺术相比，17 世纪的荷兰和弗兰芒艺术指向日常、独特性和独一性。甚至在荷兰肖像画中，艺术家表达所画之人的个性和独特性的方式也令人惊奇。阿尔珀斯说，荷兰的艺术连接着"一种保存这个世界的每一个人和物的特性的欲望"（Alpers，1983，p.78）。这些画家开始探索日常生活场景而不是理想化的、精神的场景，他们描述性地而不是象征性地关注这些场景，以一种体验的、具体的和脚踏实地的方式描述它们。艺术家关注通常不被关注的普通的对象和题材。例如，像加布里埃尔·梅曲、约翰内斯·维米尔和杰拉德·泰尔博赫等画家画了情人写信和读信的场景。其中一个例子是，梅曲创作了两幅画并排挂着，分别是情人写情书和读情书。男人和女人被他们各自的画框分开，提醒我们身体的分离使情书成为必要。这种使用双画的方式创造了缺席的张力，在那个时代，没有其他人尝试过。因为写信和收到信之间有一段时间间隔，写信者现在的时间是收信者的过去时间。当写信者在写时，他或她通常只对当下而写，对收信人言说仿佛他或她就在眼前。因此，它是一件有些神秘的事情，在 17 世纪画家的日常兴趣中，乌特勒支学派的现象学研究从文化历史的艺术传统中找到了早期的共鸣。更为重要的是，我们发现，荷兰学派的日常生活现象学转向表现的、艺术的（文学的、诗歌的和视觉的）媒介以提升他们的现象学写作的日常品质。

在《人与世界》的后记中，林斯霍滕解释，现象学心理学为什么对艺术资源感兴趣，为什么必须在诗歌与科学之间做出一种明确的区分。林斯霍滕说，生动的描述具有拉近我们生活世界的事物的功能。文学材料可以用作一种资源。但根据林斯霍滕的观点，现象学始于小说或诗歌停止的地方。现象学澄清是一种意义的解释，在一种解释学循环中行进。小说、诗歌、电影摄影术或艺术可以将我们带回到生活体验的前述谓领域，但现象学想要在述谓的或文本的形式中捕捉这种前述谓领域。

在《现象学心理学：荷兰学派》（这本书包括了《人与世界》中的几篇文章）的导言中，考科尔曼斯（Kockelmans，1987）也观察到，乌特勒支学派现象学家经常利用诗歌和文学。他引用了三个理由：（1）许多"伟大的诗人和小说家看到了非常重要的东西并以一种特别充分的方式言说了它"，这有助于现象学解释；（2）现象学家可以利用文学资源"阐明一个现象学家想要关注的要点"；（3）可能最重要的是，"诗歌语言……能够指涉可以'清晰和明确'言说的东西的领域之外"（Kockelmans，1987，pp. viii–ix）。考科尔曼斯补充说，在他的荷兰学派文集中所包括的作者没有利用文学作品代替想要完成的作品，注意到这一点很重要。考科尔曼斯说，诗歌和小说不能证明一切，但"两者会极大地帮助我们让某些现象更靠近我们……帮助我们理解我们自己和我们生活的这个世界"（Kockelmans，1987，p.ix）。

所以，荷兰学派包括了在专业领域的各种现象学导向的学术研究，如心理学、教育、教学、儿科学、法律、精神病学和普通医学。他们组成了一个松散的兴趣相投的学术研究和专业实践者的联盟（Levering and van Manen，2002）。他们作品的独特之处在于：（1）这些学者探究现象学，不是出于纯粹的哲学兴趣，而是出于一种实践的、专业的兴趣；（2）他们几乎不去思考或劳神发展他们的现象学研究实践的方法论解释；（3）在他们的现象学研究中，除了哲学和现象学资源，他们也利用了各种文学和艺术元素；（4）他们的实践现象学写作表明了一种生动的叙事品质，这种品质吸引了专业读者群，但这不是过于自我意识化的讨论（虽然偶尔受到一些评论者的批评）。

总而言之，来自乌特勒支大学、莱顿大学、阿姆斯特丹大学和格罗宁根大学（还有比利时和德国的其他一些大学）的不同学者似乎对做现象学特别感兴趣，这可以服务于他们的专业学科，或更一般意义上，为了理解日常生活实践。他们所做的事情（每个人以他独特的方式）是写出具体的，经常是极具吸引力和洞见

实践现象学：现象学研究与写作中意义给予的方法

的对于人类现象或人类关心的问题的描述。在现象学写作中，这种日常兴趣显而易见，这种写作涉及接地气的，然而又与专业相关的主题，如"入睡与忍受失眠之痛"（林斯霍滕）、"儿童游戏现象学"（维米尔）、"忍受强迫症之痛"（拜滕迪克）、"儿科诊断现象学"（比茨）、"教育氛围"（博尔诺夫）等等。

再重复一遍，名称"乌特勒支学派"或"荷兰学派"成了非正式标签，在这个标签下，这些现象学家的作品为人所知。但在20世纪60年代中期，在乌特勒支学派的一些同道中已经有了分歧，几个主要人物已经退休。林斯霍滕撰写了一本书，名曰《心理学家的偶像》，这个题目影射着培根的《新工具》。在这本书中，林斯霍滕似乎在批评他的老师和同事（如弗莱德里克·拜滕迪克、本杰明·库沃）的现象学心理学。他的书中有一行实证主义的句子如下："所有的科学都测量。心理学遵循相同的路线，当它提交实验被试，进行关键实验，以便确定测量和其他特性时。"（Linschoten，1964，p.67）

一些人将林斯霍滕出版的书看作乌特勒支学派对实践现象学实验的盖棺论定。其他人则坚信，林斯霍滕从未想让自己与现象学分离，但是他意识到心理学能够而且应该以两种方式探究，一种是实验的（量化的），一种是现象学的（质性的），即便这些基本的方法不可能拥有同一标准（van Hezewijk and Stam，2008）。很不幸，《心理学家的偶像》出版的那一年，林斯霍滕去世了，有人兴致勃勃地将他的著作解读为对于70年代早期乌特勒支学派渐渐暗淡的声誉的批判，这些人掌握了推动社会科学政策朝着更加经验分析的和量化研究的学术研究方向前进的武器，仿效美国所做的量化研究方法。

现象学教育学：马蒂纳斯·兰格威尔德

马蒂纳斯·兰格威尔德（1905—1989）出生于荷兰的哈勒姆。他在阿姆斯特丹大学学习并获得博士学位，毕业论文题为《语言与思考》。1931—1938 年，他在高中任荷兰语中学教师。然后，他被任命为乌特勒支大学教育学教授。作为他学术工作的一部分，他建立了诊疗教育学院，在那里实践诊疗教育，帮助那些学习和心理有问题的孩子，以及他们的父母。

推动这位乌特勒支学派前辈的工作的激情是全神贯注于日常生活——普通事物之谜。例如，在他的文本《孩子生活中的秘密地方》中，兰格威尔德让读者对于儿童有时似乎要寻找的这个特殊地方的感受性意义产生共鸣的理解。"秘密"的地方是这样一个地方，在那里，儿童从他者的在场中退隐。兰格威尔德敏锐地描写了一个孩子安静地坐在这个成年人未曾注意到的地方到底是什么样子。这个特殊空间的体验并没有使孩子卷入活动，如藏猫猫、监视他人、恶作剧或玩玩具。我们看到的是，孩子只是坐在那儿，可能正做梦般地凝视着远方。这里到底在发生什么？兰格威尔德将这一空间体验描述为一个成长的地方。

孩子可以发现这样的空间体验，在一张桌子下，在一面厚重的窗帘后面，在一个废弃的箱子里，或无论什么地方，只要有一个他或她可以退隐的地方。事实上，在这里孩子可能开始"自我理解"。作为一名儿童诊疗心理学家和教育家，兰格威尔德的意图是要表明，成长中的孩子的秘密地方的体验有形成性的教育价值。他将它描述为"通常是一个孩子可以退隐的无威胁的地方"（Langeveld，1983a，p. 13）。兰格威尔德说："秘密地方的实际体验总是基于一种宁静、和平的情绪：正是在这样一个地方，我们可以感觉到被庇护、安全，依靠着我们亲密和特别熟悉的东西。"（Langeveld，1983a，p. 13）他描画了秘密的地方可以被体验成的各种模态。当然，有时孩子可以把某些空间体验为黑暗的地窖、阴森森的阁楼、神秘的柜橱，并将它们体验为不舒适的、隐隐呈现的危险：

　　　　儿童秘密地方的现象学分析向我们表明，外在世界和内在世界的区分融合成一个单一的、独特的、个人的世界。空间、空，还有黑暗居于灵魂居住的相同领域。它们在这个领域展现，通过复活这个领域给予它形式和意义。但有时，我们周围的这一空间用失望的空洞的眼睛看着我们，在这里我们体验着与无的对话，我们被吸入空的魔咒，我们体验着自我感的丧失。也就在这里，我们体验着恐惧与焦虑。窗帘神秘的宁静、关闭的门的怪异身体、洞穴的深黑色、楼梯和监视窗、窗户太高无法观望，所有这一切引起焦虑的体验。它们似乎保卫着或覆盖着一个入口或通道。没有尽头的楼梯、自己移动的窗帘、令人生疑的半开的门、或慢慢打开的门、窗户上奇怪的侧影都是恐惧的象征。在它们之中，我们发现了我们恐惧的人性。（Langeveld，1983a，p.16）

但在生命的第四和第五年，"我"渐渐开始向世界显示我自己的权利，焦虑不同程度地消失。兰格威尔德说，这是一个独特人性最初发展的开端，其中，世界与"我"之间的第一次对立变成有意识的，世界被体验为"他者"。现在，秘密的地方成了邀请。

事实上，不明确的地方向我们言说。它使它自身可以被我们利用。它提供它自身，它开放它自身。它看着我们，尽管它是空的，或正因为它是空的。这种召唤和可获得性的提供诉诸孩子们的能力，使非个人的空间变成他自己的一个特殊的地方。这个地方的秘密首先被体验为"我自己的"秘密。因此，在这种空中，在这种可获得性中，孩子与"世界"相遇。孩子在以前的各种情境中可能体验过这样的相遇。但这一次，他或她以一种更加可触动的方式与世界相遇，在这种开放性和可获得性中发生的一切，孩子必须积极地塑造或至少积极地使其成为一种可能性。（Langeveld，1983a，p.17）

尽管引用了兰格威尔德的这些句子，但要想总结或解释兰格威尔德的文本，这还远远不够，因为正是整个文本的特质导致人们反思性地重新认识体验对于一个孩子来说可能是什么样子。在《孩子生活中的秘密地方》中，我们可以观察到，兰格威尔德如何将规范置入秘密地方体验的现象学描述中。他表明的不仅仅是体验到底是什么样子，他也表明，它如何成为孩子的教育上恰当的体验：

> 在秘密的地方，孩子可以找到孤独。这也是一个很好的教育理由，允许孩子在他秘密的地方……某些积极的东西也在秘密的地方生长着，从孩子的内在精神生活中涌出。这就是为什么孩子会积极地渴望秘密的地方。
>
> 在通向成年的所有阶段中，秘密的地方始终是一个避难所。个性可以在其中变得成熟，这种离开他者、自我创造的过程，这种实验，这种成长的自我意识，这种创造性的宁静和绝对的亲密需要它，因为它们只有在独处中才是可能的。（Langeveld，1983a，p.17）

兰格威尔德说，我们必然看到规范如何紧密地与我们对儿童体验的理解相连，因为我们总是面对真实生活情境，我们必须在其中行动：我们总是必须在我们与孩子的互动中做合适的事情。我们可以说，一种实践现象学支撑着一种教育敏感性，它在成人那里以机智的方式表达自身（van Manen，1991，2012）。

对于像兰格威尔德这样的现象学家似乎极深地抵达人文学科的文体（stylistic）领域的方式，有些人可能感觉不舒服。乌特勒支学派前辈们的文本经常不仅仅充满洞见，而且极具召唤力量。文本不仅仅分析和探究生活体验，它们还向我们"言说"，它们可以激起我们教育的、心理的或专业的敏感性。

医学现象学：弗莱德里克·拜滕迪克

弗莱德里克·拜滕迪克（1887—1974）在 1909 年完成了他的医学研究。1918 年，他以论文《动物的习惯形成实验》得到晋升。1922 年，他接受了阿姆斯特丹大学的生理学教席。1929 年，他任教于格罗宁根大学。1946 年，他接受了乌特勒支大学理论心理学教席的任命，以及奈梅亨大学和鲁汶大学的任命。1957 年以后，他是乌特勒支大学的荣誉退休教授。在 1964 年，他的学生和接任者林斯霍滕去世后，他又重返大学在这一教席上工作了两年。

医学博士拜滕迪克的独特之处在于他的哲学起点是健康的人类而不是病人。在他涉猎广泛的出版物中，拜滕迪克极少关注方法论问题。在他的《小说心理学》（1962）中有一次貌似的方法论讨论，其中，他论说人们只能真正理解他们关心的事情。他谈及"爱的对象性"，在反思性地分析陀思妥耶夫斯基的小说时，他表明，文学可以为心理学理解提供特别重要的洞见。他也为阅读小说的现象学提供了迷人的洞见。在讨论陀思妥耶夫斯基的《卡拉马佐夫兄弟》时，他把文本叙事的声音比作爱人或母亲的声音。有这种纯粹的爱在场，就体验到坚实的地基、深深的信任，这一切弥漫着语词以及关于语词的沉默。拜滕迪克说："我们必须相信小说，甚于孩子相信童话，只有这样，我们读者才能进入一个新的世界，作为虚拟的现实，发现一种生活与一种秩序的有意义的关系，这种秩序不同于在我们自己的存在中被给予的秩序。"（Buytendijk，1962，p. 37）

在《胡塞尔现象学与它对当代心理学的意义》（引自 Kockelmans，1987）中，拜滕迪克表明，现象学方法如何应用到那些属于生活世界的实践的存在方式中。这个文本被视为乌特勒支学派的奠基之作，虽然它很少被引用。

拜滕迪克的现象学计划要求通过观察日常生活情境和事件来收集人类存在的知识。他说，我们用语言解释的生活世界的显著特征必须成为可质疑的和神秘的。《人与世界》就是现在经典的现象学生活世界研究的一个文集。在他的纲领性的出版物中，主编范登伯格和林斯霍滕使用了拜滕迪克的下述隽语：

> 我们想从情境、事件和文化价值的整体意义丰富的基础结构中去理解人，他被导向它们，并对它们有意识，他所有的行动、思想和感情都与它们相关，这是这个人存在的世界，在他个人的历史中与这个世界相遇，他通过他建构和赋予一切的意义来塑造这个世界。人不是一个有属性的"实体"，而是与一个世界相关联的积极行动者，他选择这个世界，也被这个世界选择。（Buytendijk，引自 van den Berg and Linschoten，1953，标题页）

根据拜滕迪克的观点，为了理解人的存在，人们不是从简单的底部开始，而是从复杂的顶部开始。与此相似，从更高的秩序向下，动物心理学会得到最好的理解。

这个方法是他所有作品的特点，从他的《动物心理学》到《一种人类学生理学引言》（1965）中清晰可见。例如，在后一本书中，他利用关于一种人类学生理学观念的思考，以及关于人类具身化诸方面与心理生理难题的思考，介绍了一种对人类存在的实例模式和生理调节系统的综合研究。他详尽描述了存在的方式，如醒来与入睡、疲惫、饥饿、情感，以及调节方面，如姿势、呼吸和循环。

除了他关于生理学的长篇研究，拜滕迪克还写了许多短小的研究论文，主题包括内在性与强迫症等。例如，在他的文本《孩子的第一次微笑》中，他使用了生理学和现象学来探索这个教育中的人类现象：

> 现象学发现，在有活力的肉身和精神存在之间有一秘密

的联盟。这一联盟独特地出现于每一功能和可观察的表情，但只有在这里才如此明显，有活力的运动成了人类中特别人性的表情：因存在于这个世界而欢乐。（Buytendijk，1988，p.15）

他指出，我们不应该假设孩子的微笑可以与一个成年人的微笑相比较。微笑也拥有与大笑不同的现象学意义。

在寻求对婴儿的第一次微笑的一种充分解释时，有两个原因需要特别小心。首先，很可能在婴儿出生后的最初几个月中，婴儿的人类本能冲动仍然处于一种休眠的、潜在的状态。在第一次微笑出现的时刻，孩子可能仍然在这样一种状态中活动，这种状态不可能是动物性的，而是一种生理上封闭的存在，一个还没有内在生活的存在。假如这是真的，那么，我们就不可能将婴儿的哭泣和微笑与我们成人的表情相比较。（Buytendijk，1988，p.15）

拜滕迪克谨慎地、试探性地探索了各种微笑和模仿的反应，以及在表情性中微笑如何经常是神秘的，并不太容易辨识。尽管如此，微笑似乎将阳光的、沉默的让出（surrender）外在化，通过面孔的舒展、眼睛的表情和双唇的紧闭，这是相遇所包含的一切可能性。

他将友好相遇中的微笑描述为一种打开人际空间的东西。事实上，友好相遇的微笑从一种安静的健康存在（well being）的氛围中涌现。这种健康存在的内在感不断增强成为一种温暖，照亮我们，如洪流一般淹没我们的存在。最后，他指出在婴儿成为人的过程中微笑的意义：

微笑是在第一次犹豫的、同情的相遇中显现的人性品质的表达，因此它是一个应答，一种自我存在感从中被构造。

但它也是害羞意识开始成长，既然这个小孩子作为一个活生生的自我，迈进了与他者的温柔统一体的门槛：这发生在孩子被母亲呼唤时，母亲是纯粹的爱的母体。

孩子通过微笑显露他或她的人性，可爱地移动着的孩子虽然仍被困在有机体的本能的束缚中，但接下来他在微笑中克服了它。孩子被困在无意识流中，但接下来，他通过实际地参与到一种感到安全的意识觉醒中，从而克服了它。在孩子体内，某种沉睡的东西苏醒了，像清晨醒来的鸟儿，从他或她的深深的内在性中涌现，焕发着生命之光，作为这种源头的回忆以及作为某种命运的象征。（Buytendijk，1988，p.23）

在《通向谦逊的教育：关于教育观念的一些反思》中，拜滕迪克发表了他的教育观点。在战争期间，他撰写了研究论文《痛苦》（1973）。其中，对于追寻无痛苦的生活，拜滕迪克提供了一个重要的当代的批评。

现代人将痛苦仅仅看作一个不愉快的事实，就像其他的恶一样，他必须竭尽全力除掉痛苦。为了达到这一目的，人们普遍认为没有必要对这一现象本身做任何反思……

现代人会被老一辈人泰然接受的事情激怒。他会被年老、长期的疾病，甚至是死亡激怒，总之他会被痛苦激怒。痛苦绝不能发生。现代社会要求利用所有可能的手段抗争与防止痛苦，无论在哪里，每一个人都如此……人们期待着诊断和治疗的进步带来越来越多这样的方法……结果是畏惧痛苦到了无节制状态，这本身就是一种恶，使整个人生笼罩着胆怯……医药、发现新的治疗方法的有能力的权威取得了巨大的成功……但却没有得到期待的效果：消除对痛苦的恐惧。（Buytendijk，1973，p.15）

在今天的世界，忍受痛苦的大部分意义是消极的，拜滕迪克指出痛苦迫使我们反思，并给予痛苦在我们的生活中应有的地位和意义。

精神病学现象学：让·亨德里克·范登伯格

范登伯格（1914—2012）曾在医学院学习，主修精神病学。他在汉里克斯·鲁姆科指导下完成了他的博士学业，毕业论文是关于现象学生存论的精神分裂症，题目为《精神病学中现象学或生存论人类学的意义》。范登伯格生活在法国和瑞士，在那里，他研究了海德格尔、萨特与梅洛-庞蒂的现象学。1948 年在乌特勒支大学，后来在阿姆斯特丹大学，他担任精神病理学讲师。1954 年，在莱顿大学，他被任命为现象学方法和冲突心理学教授。范登伯格的作品对乌特勒支学派的声誉做出了重要贡献。他的出版物被广泛地翻译成各种语言。他的著作《病床心理学》（1952）被翻译成英语出版（1966）。《精神病学的现象学方法》（1955）再版时名曰《一种不同的存在》（1974），这本书还是介绍现象学方法的优秀之作。除了许多心理学和精神病学的现象学研究，他也写了几本明晰的一般生活世界研究，如《看：视觉中的理解与解释》（1972）。

范登伯格特别以一种历史的现象学方法的发展和应用而闻名，他称之为变化的方法（metabletical method）。"metabletica" 源于古希腊语，意思是"变化"。他的著作《变化：一种历史心理学的原则》（1961 年出版英文版，即《人的变化本性》）描述了成人与孩子之间变化的历史关系。这本书的出版比另一本相似的著作早了几年，后者的作者是一位法国历史学家菲利普·阿希叶（Philipe Ariès）。范登伯格描述了成人婴儿化的过程以及青春期作为一个历史和文化现象的出现。变化方法的特点是，它对研究对象的探究不是历时的，而是共时的，在不同事件之间关系的一种有意义的构造中，在相同的社会历史阶段中。例如，在《分裂的存在》（1974）中，他提供了一个具体的描述，一种令人吃惊的对人类心理发展的早期后现代解释，通过将它与周围文化中的各种同时发展相联系，从而表明自我同一感如何越来越碎片化、分裂，受到外在物的不良影响。假如我们想理解某个人的世界，我们应该看的不是这个人的内部，而是他或她的世界。事实上，这也是范登伯格现象学的方法：为了理解爱或悲伤等现象，你需要去看看爱者或悲者的世界看起来是什么样子。

> 现象学家不应该将他的目光"向内看"，而是要"向外看"。矛盾地表达就是，真正的内省受身体的视觉影响。"当我们观察世界的时候，我们在看自己。"（van den Berg，1972，p.130）

范登伯格特别意识到现象学心理学的历史和文化嵌入性。事实上，他远远先行于后来对基础主义、本质主义以及历史和文化的普遍主义危险的后现代批判。他说，所有现象学研究都是在语言的界限、文化、时间和空间中语境化。根据范登伯格的观点，现象学心理学并没有声称发现了一种研究人类现象普遍有效的方法，确切地说，它总是对它的人类学起点的自我意识。因此，言说一种普遍的感知现象学是无效的，因为来自不同文化的人会以不同的方式"看"，人们以与他们远近的祖先不同的方式看和理解他们的世界，就像他们自己的孩子会以不同的方式感知这个世界。范登伯格批评了像金赛报告《男性的性行为》这样的研究。他指出，虽然这个报告可能符合北美男性的特征，但它对于，例如欧洲男性，几乎什么也没说。

范登伯格发表了许多独特的、富于挑战性的现象学研究。1989年，他出版了《流氓：一种新型罪犯和歹徒的研究》，1994年出版了《上帝的变化》，1996年出版了《并非偶然：变化和历史的描述》，这本书对他的作品给出了一个综合的概述。美国杜肯大学建立了范登伯格档案馆，保存了他的作品。

范登伯格用一个丁尼森夜访他的朋友卡莱尔的轶事（他在他

的作品中经常这样做）开始讨论交谈现象学。故事是这样的：两个朋友在燃烧的炉火前共度美好夜晚，大部分时间沉默不语，品着各自的葡萄酒，并没有真正讨论什么，可能偶尔说出几句有思想的话。就这样，他们度过了这个美好的夜晚。

我们将讲述一个关于一次非凡交谈的轶事，以呈现所有交谈的一个显著特征。

有这样一个故事，丁尼森去卡莱尔的家中拜访他。两人在炉火旁坐了一整夜，沉默不语。当客人要离开时，卡莱尔用这样的话结束美好的夜晚："我们度过了一个美妙的夜晚，请尽快再来相聚。"（van den Berg，1953，p. 137）

范登伯格指出，这两位朋友显然在一起几乎没有说话，然而，丁尼森，这位诗人（对他来说，语词构造了诗意存在的意义）觉得他拥有了这次美妙的交谈。表面看起来，这两位朋友根本就没有交谈。

但范登伯格对这则轶事很着迷，他想知道这是不是如此完美分享的相聚，以至于它实际上是一次没有语词的交谈，语词已成多余。人们能够拥有一次没有言说的交谈吗？以一种有点像海德格尔的方式，范登伯格帮助我们感受惊奇：交谈的核心到底是什么？什么使一次交谈成为一种独特的、奇异的人类体验？

没有人想去辩护，这两位朋友卷入了一次有活力的交谈。根本没说一句话！然而，那天晚上一定发生了什么，与真正的交谈紧密相关。不然的话，为什么卡莱尔会真诚地渴望下一次如此美好的夜晚？

似乎对于我来说，这个非凡的轶事需要以下列方式得到阐释。真正交谈的那个重要条件得到了最大限度的满足，所以言说变得完全没有必要，可以忽略不计。这个条件是什么？

不错，我们观察到两人体验到了某种相聚。"在一起"才会允许任何一种交谈，而且也是"在一起"允许语词退隐沉默，然而，这适用于所有种类的交谈语言。这种相聚如此特别，以至于言说可能会搅扰对炉火旁知音般宁静的彼此享受。（van den Berg，1953，p. 137）

常识似乎是说，一次交谈包括谈话、被言说的语词，毫无疑问表面看来的确如此。但语词不是一个交谈关系的限定性特征。从更根本的意义上说，它是某种相聚的方式，一个分享世界、体验一个分享的领域以及彼此相伴的方式，这使一次交谈是其所是。范登伯格探讨了这种交谈空间的现象学特征。他提出，我们都知道这种相聚，置身其中，我们如此强烈地感觉到彼此被理解，以至于我们的语词完全可以休假了。我们可以言说，也可以沉默，因为在这种分享的交谈空间中，我们感觉无比舒适。

请注意，范登伯格在使用轶事让我们捕捉一种交谈的相聚的体验敏感性，这种相聚很难用对象化语言去解释。他对那个很短的轶事的反思是随后的现象学分析的一部分，这种现象学分析包含着文本的敏感性写作。分析发生在写作之中，写作就是分析。表面上，我们可能理所当然地认为，交谈的本质当然是在一起言说。但范登伯格表明，在更深的层面，交谈的确是一个神秘的现象：一次真正的交谈可能并不需要语词。卡莱尔的轶事作为一种开端（an incept）在起作用，这种开端让我们通过它的意义的最初源头捕捉到一次交谈的不可捕捉的意义。

现象学的儿科学：尼古拉·比茨

比茨是一位儿科医生，在20世纪50年代，他对荷兰的儿童做过几个现象学研究。在1952年的一份考察了医学与教育思想关系的文本中，比茨讨论了这样一个问题：在孩子们的生活中扮演着专业教育角色的内科医生与心理学家，当他们试图理解孩子们并决定如何对待这些年轻人，以及试图理解他们的监护人体验到的困难和难题时，为什么应该避免直接或首先转向诊断性理论和心理学模式。比茨试图阐明，现象学教育学的什么特性使它成为一种与医学心理学和医学不同的思维模式。

当比茨将医学实践者的方法与教育方法相比较时，他从他自己的儿科医学实践中汲取了广泛的实例。他描述的孩子，都是因为体验过创伤、虐待或者似乎在家中或学校表现出明显不安的行为，被转诊给他。在对待这些年轻人时，比茨发现一种诊断方法（医学的或心理治疗的）对于理解和帮助这些孩子常常远远不够。事实上，他认为，恰恰是这种诊断性的思维方式与教育态度以及对年轻人所做的教育工作都是冲突的。所以，为了清晰地区分医学 – 治疗思维与教育思维，他以它们的"纯粹"形式平行地考察了这两种方法。

比茨表明，医学诊断性思维首先寻求症状的线索和发病原因。人们寻求发展模式，寻求在父母、祖父母和其他近亲中出身、心理、身体以及遗传缺陷方面的困难。他指出，心理医学思想以相似的方式运作：人们做心理分析，使用诊断仪器，运用智力实验、人格调查记录和其他测量工具。人们通过追溯个人和家庭的历史来寻找疾病模式。

因此，医学思维模式导致了某种关于治疗意义的观念：定位病灶，然后"切除"多天（多个星期，甚至多年）来一直在化脓溃烂的侵入部分。就像人们通过外科手术切除阑尾，人们寻找和切除生命中的"难题"。治疗意味着使某人免除过去的一部分，一个病灶阻碍了现在不受拖累的"正常"生活。隐含在病理学诊断观念中的是（统计上）平均的或正常的模式的（几乎是道德的）观念。心理咨询的发展和阶段模式也倾向于遵循这一基本假设。例如，悲伤的咨询旨在帮助病人从事悲伤的工作（经过悲伤的各阶段），为了最终消除痛苦的根源、清除障碍，使更加正常的活动和情感成为可能。

比茨说，在儿童心理学中，诊断性思维力求通过追溯形成一幅解释的图画——儿童的一种解释性再现。他提供了几个他遇到的和接受了医学－心理学治疗的孩子的具体实例。比茨说，通常在做出诊断后就开药方，向家长、老师、校长和学校咨询者给出专家建议，孩子被送回家。接下来，人们就做他们认为最好的事情。比茨承认，他描画了一幅纯粹诊断方法的图画，但在他那个时代（20世纪50年代），对于问题孩子，这是一种司空见惯的医学治疗方法。

那么，教育思维与医学诊断思维有什么不同吗？差异在于：教育思维直接转向孩子本身，在他具体的情境中，如家中和学校，利用他度过他的时间的方式和在日常生活中与他人的关系。教育者想要会见这个具体的孩子，而不是将他还原成一幅诊断的图画、一种心理类型、一系列心理量表中的因素，或一个理论范畴。

比茨说，更具吸引力的那种教育方式，即任何具体的孩子都不匹配先前构想的理论区分，一个特定的孩子持续地拒绝解释的系统表述和定义，他违抗诊断，总是与我们的评估不同。

这种持续"违抗的差异"使孩子是其所是，这与专家建构的诊断肖像永远不会相同。人类总是在档案、诊断和描述之外，而孩子在与他人的关系之内。例如，有一位名叫汉斯的男孩被诊断为精神分裂症。比茨描述了他第一次与这个男孩相遇时，男孩如何让他担心，让他无能为力，他只是看到孩子奇怪行为中的精神分裂症图画。但是不久，经过一段时间的常规探访，比茨理解了汉斯本人，以及他所有的个人习性和生活环境。比茨说：

> 在他与他的父母、朋友、老师和我的日常交往中，汉斯是其所是。首先，他是其所是，但这对于我来说是"边缘领域"或"背景"，可能汉斯符合精神分裂症的范畴，但我对于这个诊断的恐惧在我与他持续的交往与关系中逐渐消失了。（Beets，1975，p.61）

因此，比茨在诊断心理治疗与教育援助之间做出了明确的区分。他并没有否认治疗和教育可以彼此融合。但由于治疗师指向预先构思的解释性模式或指向诊断与治疗之间的因果关系，这些专家仍然陷入一种医学思维方式，在这一范围内，不可能与孩子保持一种真正的教育关系。

再重申一遍，比茨并非只是抽象地阐述他的个案。他不断给出实例，孩子在不同的环境中如何被对待：儿科学、心理治疗和教育。他表明，在一种医学模式（无论作为治疗师还是儿科医生）中，必须先做出诊断，才可能开始或推荐一种充分的治疗，诊断和治疗思维意味着，治疗逻辑上来源于诊断。当然，这通常在医学中作用显著。相比之下，教育的相遇总是个人的、特殊的、具体的、暂时的，并向某一个不确定的未来开放。

照料现象学：安东尼·唐·比克曼

1926 年，比克曼出生于荷兰海牙。在乌特勒支大学，他学习哲学、圣方济各神学以及教育。1972 年，在兰格威尔德的指导下，他完成了毕业论文《照料的洞见》（1975）。在乌特勒支大学，兰格威尔德给予他理论教育学的教席，1972—1986 年，他负责现象学教育学的方法论研究。兰格威尔德希望，对于来自北美的越来越占主导地位的经验 – 分析研究模式，比克曼的任职可以起到平衡的作用。

比克曼与他的学生卡里尔·穆戴利（Karel Mulderij）和汉斯·布里克（Hans Bleeker）一起合作，通过注入一种生活世界的反思性现象学方法，使用以人种志学家斯普拉德利和麦克库迪（Spradley and McCurdy，1972）的作品为基础的参与性观察的方法，设计了一种现象学教育学的实践方法（Beekmen, et al.，1984）。布里克和穆戴利研究了城市生存空间和操场的儿童体验，以及身体残疾孩子对他们的身体和轮椅的体验。

不过，比克曼的确指出了，现象学不同于典型的人种志方法。人种志研究聚焦于文化或亚文化的意义。它们的目的指向分类学、文化意义的调查目录：例如，午餐时间和某一学校的教师办公室对他们可能具有怎样的重要社交意义，因为这些是相遇、计划、闲聊和分享学生故事的时间和场合。相反，现象学聚焦于人类现象的生存论意义，这些现象并不局限于某一群人和某些特殊的地方。

当 20 世纪 70 年代乌特勒支学派的现象学主力失去了动力时，比克曼试图通过使现象学更容易被教育学和心理学的年轻研究者掌握来拯救现象学，使所谓的乌特勒支知识精英的垂危传统复活。他的方法论反思拥有一种极具魅力的不合规范的创造性质，如《野性思维》（2001）。他也去过美国和加拿大，在那里，他帮助创立了各种项目和人文科学会议。

在荷兰，荷兰现象学运动在 70 年代渐渐销声匿迹，失去了它革新实验的力量和吸引力，原因可能是乌特勒支学派的开创者们，如拜滕迪克和兰格威尔德，在他们退休时没有留下一个实践的、系统化的项目以便年轻学者继承。乌特勒支学派被荷兰学术界宣布死亡（Beekman，1983）。但我们应该注意到，比克曼一直是一位默默无闻的、有点不被认可的重要践行者，为一种现象学计划做出了贡献，而这种现象学计划在荷兰、比利时和德国已不再独立发展，但现在却在国际上不同的地方被成功地追求和实践。

杜肯学派

在心理学方面，杜肯大学学者拥有早期的、缓慢传播的影响力，如社会心理学家罗尔夫·冯·埃卡茨贝加（Rolf von Eckartsberga）、天主教牧师阿德里安·范卡姆、心理学家阿玛迪欧·吉奥吉、治疗学家克拉克·E.穆斯塔卡斯，以及最近的儿童心理学家艾娃·锡姆斯。杜肯学派特别以出版现象学和相关质性研究方法的方法论模型而闻名，这些方法可以应用到更具实践性的领域，如咨询、牧师服务（ministering）、治疗和门诊心理学。

科学心理学现象学：阿玛迪欧·吉奥吉

吉奥吉是一位心理学家，他从胡塞尔的哲学原则中采纳了某些方法来进行心理学研究，然后提出应用这种现象学方法的程序性步骤。他将他的描述现象学方法当作一种纯粹科学研究的形式，这种方法不需要具有直接的实践价值。不过，那些实践性的心理学家和咨询者可以使用它。他最近的文本《心理学中的描述现象学方法：一种修正的胡塞尔方法》（2009）仍然努力保持科学的、经验的心理学研究的严谨性，但将其置于一种人文科学的框架之中。吉奥吉旨在提供一种理性方法，这种方法理论上奠基于胡塞尔的现象学哲学，然而却以一种实践的、程序化的方式来处理经验的资料。

在 20 世纪 60 年代早期，吉奥吉在荷兰乌特勒支大学花了一年时间师从心理学家林斯霍滕研究现象学。而恰恰在这个时候，乌特勒支学派正受到来自北美行为主义者经验分析影响的批评。而且也谣传着，林斯霍滕对他的一些同事产生了某种怨恨。所以，再与其余学者讨论现象学的背景就不太理想了。潜心于现象学研究的林斯霍滕似乎转向了一种更加"科学"和测量的心理学方法。在随后的岁月里，吉奥吉开始研究发展一种使做现象学研究更加科学的方法论基础，这种基础能够符合北美科学心理学学科与程序性资料分析的约束。他构思了一种实验报告分析的方法论，这成为一种很受欢迎的现象学研究计划（Giorgi，1970）。

吉奥吉在他对于胡塞尔和梅洛－庞蒂现象学的广博知识的基础上，成功地吸引了专业领域的研究者，如咨询心理学和护理学研究者，转向一种严格的、"描述的"现象学方法。

科学现象学方法的使用包含着描述、还原，以及寻求更高水平的不变的意义或者本质结构，这种结构对于研究者来说是情境的典型结构。因此，我从现象学的视角主张基于"胡塞尔视角"的方法。我也从科学的视角主张生产知识。我没有参与所有的论辩，我声明，科学的知识是一般的、方法的、批判的和系统的……更重要的是，可重复性是可能的，要么让另一位研究者对已经做过的分析重新做一遍，要么让其他地方的其他研究者获得相同现象的新的描述，并应用相同的方法，原则上使他们得出相同的结果。（Giorgi，2009，p.6）

然而，我们应该注意到，即使吉奥吉似乎直接从胡塞尔的作品中获得了他的实验报告分析的方法，从胡塞尔的哲学现象学到吉奥吉的描述分析程序仍然需要一个概念的跳跃。如果对胡塞尔本人可能如何看待"转换"的问题，或他的现象学如何应用到做研究计划的方法的指导原则感兴趣，可以参阅艾迪特·施泰因（Stein，1989）在1917年首次出版的博士论文《论移情问题》。这篇毕业论文是胡塞尔指导的。施泰因的毕业论文不仅仅是移情现象的一个现象学研究实例，而且她也以一种清晰的、增长知识的方式讨论了胡塞尔的方法论。她的毕业论文研究包含了许多"实例"，或就像本书中讨论的"实例轶事"，而且其研究的主要文本提供了一个很好的实例——还原的应用和她反思性作品中的召唤性。

在他的许多出版物中，吉奥吉为他的现象学研究的科学方法制定了清晰的、学术的方法论标准。从这一视角，他批评了乔纳森·史密斯的解释现象学分析的计划，批评它"表面的"学术性（与史密斯的一次辩论，请参阅Giorgi，2011）。吉奥吉的批评使人们怀疑，问题不仅仅是解释现象学分析计划中还原的一种表面的概念化，而且是规则式的方法导致了肤浅的洞见（假如它们引发了任何真正的现象学洞见）。按部就班的计划倾向于阻止年轻学者认真地探究原初的现象学文献。规范的程序化的计划对于新手有极大的吸引力，因为它们提供了探究的技术解决方案，而这些探究本来需要学者的智慧洞见和创造性思想。

吉奥吉的目的并不是使他自己的现象学方法敏感地回应后胡塞尔的现象学家的更具解释性的现象学传统。而且，吉奥吉的科学抱负似乎与（例如）德里达、马里翁、塞尔和阿甘本作品中更加语言－敏感的现象学发展不相符。显然，对于他没有试图完成的任务，吉奥吉不应该受到批评。尽管如此，在他最近的作品中，在他的心理学研究方法中，他似乎更能接受更少固定程序的探究方法。他在 2009 年出版的著作被描述为一种严格但又是开放的质性研究方法，这种方法容忍超理性的被给予者，也支持理性标准。毫无疑问，吉奥吉对现象学人文科学的学术贡献对于北美的心理学和其他专业学科都是开创性的。

启发和心理治疗现象学：克拉克·穆斯塔卡斯

穆斯塔卡斯是杜肯大学的一位现象学心理学家。他将他的现象学方法称作"启发式研究"，以便与吉奥吉、范卡姆等人的现象学方法相区分。穆斯塔卡斯推荐他自己的启发式和更加叙事性的探究，而不是他在杜肯大学的同事们的严格科学的现象学和更加解释学的研究，"重点是广泛地、持续地理解人类体验。研究的参与者保持与他们的体验描述紧密相连，用不断加深的理解和洞见讲述他们的故事"（Moustakas，1994，p. 19）。他说：

> 启发式研究者和研究参与者的生活体验不是一个需要阅读和解释的文本，而是一个整体的故事，是用生动活泼、精确、有意义的语言来描述的，这个整体的故事通过诗歌、歌曲和艺术作品，以及其他个人的资料和创造得到进一步阐明。描述本身是完整的。解释不仅没有增加启示性知识，而且从体验的本性、根源、意义和本质中剥夺了所有的生动性和活力。（Moustakas，1994，p. 19）

在《启示性研究：设计、方法论和应用》（1990）与《现象学研究方法》（1994）中，穆斯塔卡斯将启示性研究描述为一种超验的现象学过程，这个过程寻求"照亮"或寻找到对研究者意义重大的问题的答案。穆斯塔卡斯撰写了几个文本，处理在与孩子的关系中的心理治疗实践以及游戏 – 治疗、创造性、个人成长与孤独。特别是他的关于孤独的著作（Moustakas，1974，1996）展示了敏感的描述和探究性的洞见。

实践现象学

现象学与教育学：马克斯·范梅南

"实践现象学"（如在本书中的使用）是范梅南用来描述现象学意义给予方法的发展和表达的短语，这种方法以实践性例子为基础，这些例子可以在以下学者的原创性现象学文献中找到：胡塞尔、海德格尔、舍勒、梅洛 – 庞蒂、萨特、列维纳斯、布朗肖以及随后的学者。实践现象学的"实践"导向可以从现象学的荷兰学派或乌特勒支学派的一些前辈的作品里发现它的开端，如拜滕迪克、兰格威尔德、林斯霍滕、博尔诺夫、范登伯格，以及重要的思想者和学者的作品中现象学哲学、现象学的人文科学文献的演化与展开。换句话说，以一种"实践现象学"的意向为背景，人们持续尝试着将自己置于开放之中，向未来学习，它展现在现在已有和即将出现的现象学学者的作品中，如林吉斯、南希、塞尔、马里翁、罗麦诺、克利田、斯蒂格勒以及其他学者。一种实践现象学将新的思考看作通向"开放性"的邀请，被不断更新的创造冲动吸引着，探寻体验和生活意义的源头，以及人类生活中意义的意义。

实践现象学不仅仅要对专业领域的专业实践所关注的问题敏

感，而且要对日常生活中的个人的和社会的实践敏感。以这种方式，实践现象学将自身区别于处理理论和技术的哲学问题的更纯粹的哲学现象学。同样，实践现象学也对这样的意识敏感，即我们经历和体验的生活不仅仅是理性和逻辑的，因此对于反思是部分透明的，而且它也是微妙的、神秘的、矛盾的、不可穷尽的，充盈着存在和超越的意义，而这些意义只能通过诗意的、审美的和伦理的手段与语言来获得。

在阿尔伯塔大学，与"实践现象学计划"相连的项目产生了许多旨在为专业实践做出贡献的硕士论文与博士论文，例如，在教育、心理学、护理学、医学等等领域。研究生课程研究论文的样本可以在网上以及文集《在黑暗中写作：解释性探究的现象学研究》（2001）中找到。

从阿尔伯塔大学实践现象学计划产生的博士研究论文包括下列专业领域的各种主题：

教育学：托尼·赛维（Tone Saevi）《以教育的方式看残疾》（2005）；法洛·霍夫（Philo Hove）《惊奇与退隐的自由主体》（1999）；前田千鹤夫（Chizudo Maeda）《理解精神残疾孩子的生活世界》（1990）；斯蒂芬·史密斯（Stephen Smith）《冒险与操场》（1989）。

医学：迈克尔·范梅南《新生儿科学现象》（2013）。

心理学：温迪·奥斯丁（Wendy Austin）《青少年爱情现象学》（1997）；安娜·基洛娃（Anna Kirova）《儿童孤独的体验》（1996）；格莱姆·克拉克（Graeme Clark）《悲伤咨询现象学》（1994）；安妮·薇宁（Anne Winning）《家的语言与语言的家：移民体验的一种质性研究》（1991）。

卫生科学：伊冯娜·海恩（Yvonne Hayne）《精神疾病诊断现象学》（2001）；卡罗尔·奥尔森（Carol Olson）《与疾病一起生活》（1986）；万吉·伯格姆（Vangie Bergum）《从女人到母亲的现象学：转变性的生育体验》（1986）。

美术实践：罗斯·蒙特格莫里 – 维切（Rose Montgomery-Whicher）《观察中的绘画现象学》（1997）。

教学：安德鲁·弗兰（Andrew Foran）《校外教学》（2006）；帕特里克·霍华德（Patrick Howard）《寻求一种生活的识读》（2006）；李树英《论中国学生的应试教育》（2005）；李根浩（Keun Ho Lee）《一位旅行者的故事：外语学习体验》（2005）；莫林·康纳利（Maureen Connolly）《探问青少年生活世界中身体活动困难的生活体验》（1990）；罗德尼·伊万斯（Rodney Evans）《照料的洞见：作为教育实践的教育管理》（1989）。

护理：玛丽·海琴（Mary Haase）《强迫症的生活体验》（2003）；卡兰达·卡莫隆（Brenda Cameron）《护理关系现象学》（1998）。

技术：凯瑟琳·亚当斯《幻灯片与数字媒体技术教育》（2008a）；诺姆·弗里森（Norm Friesen）《计算机与学生关系的教育意义》（2003）；斯蒂芬·包德森（Stefan Baldursson）《技术、计算机使用与写作教育》（1989）。

这些毕业论文保存在阿尔伯塔大学图书馆。

现象学研究与写作的研究生项目中已毕业的几位学生，现在在他们自己的学术环境中继续追求着实践现象学。

在阿尔伯塔大学，凯瑟琳·亚当斯（教育）和迈克尔·范梅南（医学）通过以现象学的方式聚焦于媒体与技术教育（Adams，2006，2008a，2008b，2008c，2010，2011，2012）以及儿科与新生儿科学教育（M. A. van Manen，2011，2012a，2012b，2012c，2012d，2014），继续合作为实践现象学计划的教学和研究提供一种新的创造性动力。

第八章

哲学方法：悬置与还原

前反思经验在日常生活世界中习以为常的领域发生时，现象学如何获得造访它的权利？平常情况下我们很少对自身经验鲜活的敏感性进行反思，因为我们早已经通过身体、语言、习惯、事物、社会互动和物理环境来经验着日常实践内在的意义。现象学就是要打破这种理所当然，从而通达经验意义结构的方法。这个基本方法被称为还原（reduction）。还原由两个方法上相对的步骤所组成，它们互相补充。从消极的一面来看，它搁置或者移除阻碍到达现象的事物——这个步骤叫作悬置（epoché）或者加括号（bracketing）。从积极的一面来看，它回归现象呈现的模式——这个步骤叫作还原（reduction）（Taminiaux，1991，p. 34）。

在希腊文中"epoché"的含义是弃权、远离。古代怀疑论者使用这个词表示信仰的搁置。胡塞尔借用了"epoché"一词指搁置理所当然的信念的自然态度和科学态度的行为。他使用"加括号"一词类比数学中括号把内部和外部的运算分隔开来的作用。加括号就是括起来，把可能阻挡我们开启通往现象原初或鲜活意义之路的各种假设放到括号中。"reduction"一词来源于"re-ducere"，引领回到。"reduction"一词的意义可能会引起误解，因为现象学还原反对还原主义（reductionism）（抽象化、编码、削短）。

悬置和还原是胡塞尔现象学的伟大发明。尤金·芬克曾长期担任胡塞尔的助手，他曾说："仅仅'现象学还原'就可以是胡塞尔现象学哲学的基本方法。"（Fink，1970，p.72）但是还原并不是那么容易进行解释或描述的。从还原在《观念》一书发表时刚刚出现开始，胡塞尔反复对其进行再介绍，进行进一步的提炼和区分。悬置和还原作为一对孪生方法，是通向现象意义结构的途径。但是胡塞尔对还原的几种模式和形式进行了区分。在《笛卡尔式的沉思》中，他用笛卡尔式的用语把悬置和还原描述为对信仰的搁置；在《欧洲科学危机》中，他将还原描述为通往生活世界的超验路径（transcendental access）。同时，在卷帙浩繁的写作中，他在不同阶段区分了不同种类的还原，例如心理还原（psychological reduction）、本质还原（eidetic reduction）、认识论还原（epistemological reduction）和超验还原（transcendental reduction）。对于胡塞尔式的还原，理解难点之一便是其写作的艰深，似乎错综循环、抽象晦涩。当胡塞尔举例描述还原以及相关的方法论步骤时，所涉及的例子倾向于来自相对简单的知觉经验，比如观察一个骰子、一棵树，看一张纸，或者看见一所房子。当然，我们还想知道还原如何应用在更复杂的人类现象和事件中。

因此，为了向范登伯格（van den Berg，1961）的手法致敬，我冒昧举一个例子，这个例子关于回忆童年这个寻常的经验，试图呈现胡塞尔所说的还原的含义。

初秋时节，我从大学办公室步行回家。在拐角处，我转身穿过通往我家的公园时，发现秋天的落叶在路上累了厚厚一层。我继续前行，叶子在我脚下窸窸窣窣、吱呀作响。这时，奇怪的感受发生了：我仿佛穿越了时空，行走在荷兰我童年家乡附近森林的树丛中。当我把目光从地上的树叶中移开，投向小路时，我仿佛期待看到那树林的轮廓，这轮廓我多年不曾见过，也多年不曾想念过了。脚踏树叶，树叶随之被鞋履碾碎，我发觉这凋零的气息和触感突然勾起了我对童年鲜活的回忆。实际上，在这个加拿大的城市，漫步于树叶间，此刻的体验已经把我转移到另一个大陆上童年世界的生动回忆中。我突然能想起这些，很奇怪。这些事，如果不是在公园实实在在地漫步，非要使劲回想，恐怕还想不到。现在我记起来在那树丛中小径的拐弯处，一小片密密麻麻的古树在地上覆了厚厚的一层腐败的落叶。我记起那位童年伙伴，我们经常一起在这神秘树丛中玩耍，我记起我们如何搭起一座隐蔽的小棚子，还有我们藏在那里的秘密宝贝……

我想，实际上发生的是：干枯落叶充满质感的感觉和气味触动了我的回忆。但是同时我也可以提供很多其他可能的解释：也许是恋旧情结让我回忆起了童年，或者是感官（味觉和触觉）带来的生理刺激触发了记忆回应。心理学也许会呈现给我更权威的解释，说回忆是如何从大脑中凝练出来的。但是这些认知都不可能帮我树立现象学的理解。

从现象学的角度上说，我需要打开自己（悬置），尽量给自己的假设、常识和科学解释加括号；与此同时，我需要审视给予我经验的现象（还原），观察回忆是如何出现的，仿佛从我鞋下的叶子中释放出来。因此我需要描述在林中散步的时候，我的脚怎样在事实上将记忆从层层落叶中踏出。落叶仿佛捕捉了记忆，我的双足，通过踏过落叶，将记忆释放，多么奇怪啊！能够被这种方式所释放的记忆，本身又是怎样的呢？我需要叫停自己关于记忆如何工作的知识，要运用悬置，把自己直接对那个时刻的经验打开。还原给予我洞见：十月的下午，行走在树林间，这一事实意义或经验意义上的事件，给了我看待童年回忆的性质的主题性洞见。我说："这些落叶释放了我的童年回忆。它们为我带来作为幼童的自我认同感（sense of identity）。这些记忆让我在此刻的存在中，体验曾经的我。"

童年记忆的开端性意义并不仅仅在于它经验主义（empirical）

217

意义上的事实性，而在于经验（experiential）发生的初始原生性（originary primordialities）。在这段童年回忆中，我被输送进入一个现实，这个现实的意义并没有被阐释清楚：我作为儿童的自我感，自我认同感神秘的敏感性——以曾经、现在和将来的方式触碰自身的自我。过去和现在交织在我脚下脆弱的树叶中：我意识到生活和存在恰恰也如此脆弱。

但是，如此的还原还是不完整的，因为它仍然只停留在对事实–经验主义（factual-empirical）的事件的印象上。胡塞尔强调，现象学还原不是事实的效用（function），而是本质的效用。因此我需要从心理还原的事实性进入到还原本身。为此，我要给自己加括号，在交互主体性的层面提问："童年回忆是如何呈现在意识中，或者说在生活经验中出现的呢？"我不得不察觉到，这个记忆在"事物"中被囊括或者捕获（在上文的情境中，在我对秋天落叶的经验里），我需要认识到记忆通过感觉器官和肢体释放（触觉、听觉、嗅觉、视觉）。换句话说，当我问"童年回忆从哪里、如何展现自身"的时候，我不得不描述"记忆是如何在事物和空间背景中被体验的，我们可以通过自己的身体将其释放。然而，这个事件充满不确定性"。

到此为止，这个结论变得很奇怪。因为我清清楚楚地知道，记忆不是藏在事物中的，而是在大脑中的记忆痕迹和神经回路中。是这样吗？这个假设对我的立场来说是完全错误的。我甚至开始惊讶于这个奇怪的现象，丰富的童年记忆被储存在大脑中有机的记忆芯片上。我必须搁置自己的科学"知识"。这种搁置，是现象学悬置企图让我们达到的——因而我们能够深刻理解在日常经验，比如"走在窸窣作响的秋日落叶间"这样的日常经验中显现自身的前反思意义。如果我只是想解释这个神秘的回忆事件，那么神经物理学的解释就可以实际上"解决"这个奇迹。如果我们认为自己知道了奇迹的前因，奇迹就会消失。但是对这个时刻的惊奇是没有办法被解决的。童年回忆隐匿在周遭的事物中，可以通过我们的身体偶然摆出的姿态释放出来，是多么神奇的事啊：通过一次触摸、脚踢、呼吸、匆匆一瞥或声响。

实际上，很多人曾有过这种经历：童年记忆也许发生在深夜时分远方教堂的钟声中，在听到游行的队伍经过时，在一个旧玩具身上出现，或者在听到孩子们在公园里嬉戏时。回忆的现象学通过我们生活世界中的事物诱发（一片树叶、一面钟、一个乐队、一张图片、一片操场），并不总是在我们的掌控之中。比如，如果我把目光投向挂在墙上的儿时旧照——这个经历也许并不会诱发任何非比寻常的记忆。同样，如果第二天我漫步在相同的一片落叶间，它们也许不再包含着任何回忆——用海德格尔的语言来说，物没有在物化着（the things are not thinging）。记忆自身给予的方式，不能和打开电脑或硬盘上的数据文件相类比。相反，回忆具有时间性、变动性和恩赐般的属性，是现象学意义（sense）和本质的一部分。并且，我想起让－吕克·马里翁对充溢现象（意义在其中涌将出来）的论述以及克劳德·罗麦诺对事件性的论述（同样也具有变动性和延迟性，并且此时还不可能透彻了解其对未来的影响）。

我们也需要注意，在上述的例子中，追忆也许只可能在这种情况下产生：当我们恰巧处于一种状态，为悬置和还原预留了空间。如果没有对自我身处世界中事物的开放态度，我不可能从一开始留意到自己开始追忆童年。在散步时，我并没有被其他琐事所困，我没有思考什么。我只是在秋叶间漫步回家。所以我们也许得出，悬置和还原在日常生活中早已发生。现象学反思和分析，既不是逻辑演绎也不是逻辑归纳——现象学反思关乎还原。

再强调一遍，还原并不是技术程序、规则、手段、策略，抑或一套我们需要应用在研究现象上的既定步骤。相反，还原是带着开放的心态，用心面向世界，还原要通过悬置而发生。正是因为这种开放性，洞见也许会发生：追忆被锁在事物中，并且可能通过感官接触而发生，这些情景甚至并不可预料、并不由我们掌控。

通往悬置和还原之路

在 1913 年发表的《纯粹现象学与现象学哲学的观念》中，胡塞尔提出了悬置和还原要作为实践现象学方法的核心方法。他追问：

> 在悬置的作用下，主体性的实现如何可能？主体性如何在超验"意识生活"中可能，如何在延伸进隐匿的底层中可能，又如何能在它自身带来的明晰的方式，即这作为实体意义的世界中可能？我们又如何将它在自明中揭示，而不是通过发明或者神话般地建构？（Husserl，1983，p. 153）

这是胡塞尔早期对悬置和还原的探讨，人们对此有很多不同的诠释。胡塞尔本人也不断地修改和重新表达超验悬置和超验还原的意义和功能，直到他最后一部作品《欧洲科学危机和超验现象学》于 1936 年发表。

> 首先必须特别说明，通过悬置，在哲学家面前展示出一种新的经验、思考和理论的方式；按照这种方式，哲学家超出了他的自然存在，并超出自然世界，但是他并没有丢失它们的存在和客观真理的任何部分，同时，他也没有丢失世界生活的心灵成果和整个历史集体生活的任何成分；他仅仅是禁止自己——作为一位拥有独特的兴趣指向的哲学家——继续在世界生活中进行整体的、自然的行动。也就是说，他禁止自己提一些建立在周遭世界基础上的问题，存在的问题，价值的问题，实际问题，关于存在或者非存在的问题，关于可衡量价值的问题，关于效用、关于美和善的问题，等等。所有的自然旨趣都被抛弃。但是世界，正如早先之于我和现

在之于我的世界，我们的世界，人类的世界，在诸多主观方式上有效的世界，并没有消失；只是，在不断实施的悬置之间，它在我们的注视下，纯粹作为主体性的相关，给予其实体意义（ontic meaning），通过主体性的确认，世界才"存在"。

但是，这并不是加之于世界的一种"观点"，一种"诠释"。关于"唯一"世界的每种观点……每种看法，都有其预先给予的世界。就是在这基础之上，我通过悬置将自己解放出来；我超出于这个世界，这个世界现在对我来说，在非常具体的意义上，变成了现象。（Husserl，1970，p. 152）

而且尽管经过海德格尔、列维纳斯、梅洛－庞蒂、德里达、克利田和马里翁的发展，还原越来越具有诠释性、语言性和物质的复杂性与意义，它仍然被看作是现象学的主要"方法"。甚至曾经批评或者弃绝胡塞尔还原方法的现象学家，都可以看作在某种形式上实践着还原。

海德格尔同样强调了还原对于现象学方法的意义：

我们将此称为现象学方法中的基本成分——把探索的视野，从幼稚理解的存在者，带回或者还原到作为现象学还原的存在。因此，我们从胡塞尔的现象学那里继承了一个核心术语，我们继承的是字面的意义，而非实质的意图。对于胡塞尔来说，他第一次在《纯粹现象学与现象学哲学的观念》（1913）中清楚表达了现象学还原的概念。这种方法，引领现象学的视野从人类在涉及事物和他人的生活中的自然态度，转向意识的超验生活和其意向活动－意向对象（noetic-noematic）的经验，在这些经验中，物体作为意识的相关项而构成。对我们来说，现象学还原意味着将现象学的视野从对某一存在者的理解（无论这个理解的特征是怎样的），转回到理解这个存在者的存在（投射到它被揭示的方式上）。就像任何其他的科学方法，现象学方法随着其所参与调查的主题的进展而生长、变化。科学方法永远不是一种技术。一旦变成了一种技术，它便已经失去了自己恰当的属性。（Heidegger，1982，p.21）

海德格尔对还原的描述似乎仍和胡塞尔最初的构想相连，只是他把关注点从对某事物恒定意义（本质）的理解，转移到对某事物存在形式的理解。如果说胡塞尔是出世，自上而下地把握意义，那么海德格尔则留守在存在者的世界当中，从世间了解它们存在的形式（mode）。胡塞尔对还原的探讨，把它当成一门哲学技术（当然不是程序意义上的技术），对此海德格尔给出了中肯的建议：还原不能变成技术。胡塞尔从认识论的角度上指出，还原可以产生关于现象的通透的知识（虽然关于某些现象的知识会是概率性的），海德格尔从存在论的角度上指出，还原总是不完全的，现象的意义只能被局部地揭示。作为方法论还原的一部分，我们要搁置自己对整套规则、整组程序或一系列步骤的依赖。每个现象要求通过自己独特的方式来通达，要求独特地应用悬置和还原。

悬置指的是我们要以自己实际经验世界的方式，将自己对世界开放，把自己从假设中解放出来。方法论术语"还原"则通常指的是一种现象学的姿态，让我们发现梅洛－庞蒂（Merleau-Ponty，1962）所说的"生活世界的自发涌动"，发现现象给予和呈现自身的独特方式。还原的目的是与世界实现直接的、原始的接触，以我们经历的方式，或者以它自我呈现的方式——而不是以我们用概念把握它的方式。但是，我们也需要认识到，在某种意义上说，没有什么是"简简单单地被给予的"。至少，人们不得不对那些给予自身的事物保持开放和接受。

让－吕克·马里翁激进地阐释了自身给予的概念。但是在他的作品《爱欲的现象》中，同样，从自我的独一性到现象的普遍性，还原经由接连不断的意义层次，向外和向上螺旋。当然，在事物呈现自身和我们感知事物的方式中，有一定的规则，如逻辑

221

上、顺序上、情感上、连续或者不连续等等。但是，还原旨在去除任何阻碍生活世界现象和事件以自我给予的方式显现或呈现自身的障碍，比如假设、前提、投射和语言方式等。因此，我们需要参与还原，从而让那些给予自身的事物自身给予。

但是，通过还原这一途径对前反思的生活世界的发现总是超越着生活世界。梅洛－庞蒂所说的"直接原始的接触"，我们恐怕会体验成为（理解）生活意义的时刻，或者（理解）意义性的时刻。因此，还原方法意在将属于我们生活世界的前反思现象的隐匿的、不可见和原初的意义维度拉近，变得可见。而且人文科学实践从来都不是简单的程序操作。还原指的是一种关注的态度或者思维方式。如果希望能够达到对某物意义和重要性的理解，我们要通过践行一种富于敏思的关注来进行反思。

那么，反思如何来模仿生活意义或者前反思经验呢？当然，模拟的工具是语言，现象学模拟的过程通过写作来实现。写作的目的，是对我们在生活时能够认出的意义制造文本"肖像"，与之产生共鸣，将其变得可以理解。在反思性写作的经验中产生了完全独立的还原形式：感召。

尤其是在塞尔、南希等当代法国现象学家的作品中，有力地体现了哲学反思的感召性维度。反思性经验的语言意义结构从生活经验中还原，它无法完全模仿生活经验，但是，"建构"出的文本越具有感召性，人类存在的"不可见"或模糊的维度就越发能够进入感觉的领域。通过层层的主题分析，现象学生活经验描述盘旋地将现象的普遍性展露。

因此，还原是复杂的反思性关注，必须通过实践，才能使现象学理解得以发生。这种实践不可避免地要借用美学和伦理的表达源泉和表现媒介，并且与语言或哲学反思相连。因此，还原并不仅仅是一种研究方法，它还指现象学的态度和感召的反思性姿态，任何人如果希望回答特定研究项目所需要解答的问题，都要运用还原。换句话说，现象学文本或者其他表达手段的作者和读者，都在不断制造着新的现象学意义和理解。如果觉得还原让人困惑，记住还原背后的想法或者意义会有帮助：通过悬置和感召，抵达前反思的如亲历的经验（experience-as-lived），从而去采掘其意义。

　悬置－还原：开放的邀请

悬置和还原的基本理念是，以我们在自然态度中生活的方式，回到这个世界。悬置的所有维度和方法姿态都围绕着这个主要目的：把自己向亲历经验打开——某个现象和事件如何在生活经验中自我构成和自我给予。对生活经验的现象学还原既不是归纳的，也不是演绎的，而是还原性的。现象学不是发展概念体系，也不是证明预先持有的观念。悬置－还原的态度试图以我们生活的方式来接触经验。以我们经验世界的方式来接触世界，需要我们将自己置身于开放性之中，这便是悬置最基本的含义。哲学文献中包含着很多哲学探索和解释，很容易让悬置和还原的准确意义显得复杂、令人迷惑。因此，人们对现象学有不同的理解就不让人吃惊了。为了实现更兼容并包的实践现象学取向（也就是本书所要呈现的），我们会做出一些一般的区分。从启发的价值和方法的应用上来说，我们可以区分不同层次的悬置（对观念加括号或搁置）和还原（反思）。在接下来的段落里，我会在悬置和还原的相互交融之中，区分出悬置的几个不同维度。

我在现象学方法的开篇段落中，便说明了还原的核心理念：现象学是对人类存在的生活经验之基本结构的自我克制的反思。自我克制，是因为对经验的反思必须尽量开放，尽量弃绝理论的、争论的、猜测的和情绪的侵毒。生活经验，指的是现象学对日常存在前述谓（predicative）和前反思生活进行反思。因此，在现象学哲学文献的基础之上，我把悬置－还原区分为如下几个方法时刻：启发还原、解释学还原、经验还原、方法还原。在研究的过程中，对这些"方法"的实践，仿佛在演奏交响乐。但是我们也可以单独对待它们，同时保证整个现象学研究项目的整体性。

启发性、解释性、经验性、方法性还原是还原本身的准备性成分。这些还原的准备性时刻的特征在于，它们强调悬置。因此普遍的还原首先体现在四个悬置的维度中。接下来，还原本身体现在五个变型中：本质还原、存在论还原、伦理还原、激进还原和原初还原。

启发悬置－还原：惊奇

启发还原方法，是对习以为常的态度加括号（干扰、动摇）的悬置。它的目的在于唤醒一个人对感兴趣的现象和事件的深刻惊奇感——启发发生于惊奇来敲门的时刻。惊奇有占据我们的能力，但是惊奇不能与好奇、着迷以及赞赏相混淆。

在《知觉现象学》的前言中，梅洛－庞蒂谈到，尤金·芬克（胡塞尔的助手）在世界面前谈论"惊奇"时，他可能已经给出了还原的最佳公式（Merleau-Ponty，1962，p.xiii）。这是什么意思呢？惊奇是在最熟悉的事物中遭遇完全的陌生，是出乎意料的意愿（un-willed willingness）。惊奇，是愿意退一步让事物诉说，是一种主动－被动接受性，让世界中的事物以自己的方式在场。以惊奇为姿态的还原，并不是想打破与世界的接触。它只是后退得足够远，从而"观察超验的形式飞扬起来，如火花在火焰中升起一般；解开缠绕在我们和世界之间的意向性的绳索，因此把它们带到我们的注意范围之内"（Merleau-Ponty，1962，p.xiii）。实际上，现象学还原的最基本层面，便是惊奇的态度或情绪。

当被惊奇所打动时，我们当下从事的事情似乎暂时烟消云散，好比是清理了头脑中的垃圾（这又是悬置的一个方面）。我们被这个事物、这个现象的陌生所震撼。有那么一刹那，当被惊奇所占据时，我们张开嘴，却不知道该说什么。说惊奇是一种方法，也许听上去有些奇怪。但是如果把方法看作"methodos"，看作一种路径或者路途的话，那么我们实际上把惊奇当成人类科学探索的重要动机。通向知识和理解的"道路"始于惊奇。因此，从方法论上说，启发还原要求"发现"奇迹般的惊奇时刻（尽管惊奇并不是由于奇迹）。问题也许在这个时刻浮现，向我们发问，或者说，在等待着我们的回答。这根本的惊奇也许会激发人们提问世界生活经验的意义。

在《哲学基本问题》一书中，海德格尔解释道，惊奇是一种倾向（disposition，一种被移开原位的状态），激发于原生思考的需要。他展示了惊奇如何和一些相似的概念不同，这些概念包括惊异、奇异、震惊、敬畏、赞赏。惊奇，让我们在寻常中发现异乎寻常，在平常中发现非比平常（extraordinary）。而海德格尔做了一个精妙的论述，他说，问题在于我们会在对非比平常的追求中，将平常忽略和错过——然而，惊奇在平常中考量自身，因而所有平常的事物都非比平常。并且海德格尔警告说，惊奇的经验不能"模糊和空泛地沉迷于'感觉'之中"（Heidegger，1994，p. 149）。

再强调一遍，启发还原就研究者手上的研究课题挑战着研究者，敞开与唤醒于深刻的惊奇感中。它同时挑战着研究者尝试一种新的方式去探究和写作，让现象学文本的读者也能被同样的惊奇感震撼，对研究主题抱有关心。现象学研究不断地陶冶对世界关心的态度和惊奇的倾向，"因为它揭示了这个世界是陌生而矛盾的"（Merleau-Ponty，1962，p.xiii）。惊奇不仅仅是现象学方法步骤意义上的程序，惊奇的倾向是现象学态度的一部分，应该贯彻在整个研究过程的始终。

解释学悬置 – 还原：敞开

解释学还原法是这样一种悬置：给所有诠释加括号，对那些在写作研究文本时需要注意的假设进行反思性的解释说明。

一个人需要注意自己持续的倾向。预先存在的有关（心理的、政治的和意识形态的）动机的理解、框架和理论，以及研究问题的性质，都可以导致这些倾向。解释学还原的主要特征是，在我们和现象对话式的关系中寻找真正的开放。在还原中，我们需要不断克服自己主观的或个人的感觉、喜好或预期，因为它们有可能诱导或鼓动我们对经验得出不成熟的、意料之中的或者一己之见的理解，它们还会阻碍我们以亲历的方式接受一个现象。

一方面，这就意味着人们必须不断练习批判性的自我意识，认识到是哪些假设在阻碍自己对现象的意义和重要性保持开放。我们将包裹在自己身上的兴趣和既有理解遗忘，从根本上对现象开放。另一方面，这就意味着人们要认识到，忘记自己的前理解实际上是不可能的，因此要不断解释说明这些假设和旨趣，从而驱除它们，让那些希望说话的事物说话。

从操作的角度上来看，解释学还原的要旨在于，反思性地检验影响反思凝视的各种既有理解，并诉诸写作的努力。并不是说我们可以达到纯粹的凝视，我们不必抵达一个纯粹的观察点。解释还原要求我们选取人类经验的一些鲜活意义维度，就其本身不同的意义来源和层次进行考察，而不被特定的意义框架所遮蔽。现象学探究不断地敞开，质问假设和既有理解——敞开、做出明确假设是现象学反思的一部分。

225

经验悬置－还原：具体

经验还原法的要点是这样一种悬置：对所有的理论或者理论性质的意义，对所有关于何为（不）真的信念加括号，旨在解释具体性或者鲜活的意义。经验还原搁置抽象，追求具体经验事实。

现象学是揭示可能人类经验的生活意义的方法。但是说"经验"时，我们指的是什么呢？一方面看来，这个问题好像有点荒唐。经验就是我们感觉、经历、意识到的所有事物。另一方面看来，很多复杂的问题都和这个简单的概念相连。我们怎么知道自己所经历的、感受的、感觉的和我们生活在其中的事物？我们能拥有一些自己尚未发觉的经验吗？在我们所拥有经验中，反思和语言扮演了什么角色？所有的经验都是语言性的吗？抑或，对那些没有用语言来描述的事物，我们能有经验吗？我们的身体是如何参与日常经验的？所有的经验都有意义吗？

经验这个概念，似乎打开了一个宝盒，里面满载着哲学疑问和难题。而我们也许要对人类经验在最小程度上进行假设，暂时将哲学问题放一放，即使有些假设是自相矛盾的。

从存在意义上，我们可以说，经验是我们怎么样、在何处存在于时间和地点中，并且作为时间和地点存在；经验也指我们如何作为具身的和关系的存在，用身体的、关系的方式处于世界之中。从现象学角度上看，我们感兴趣的是"是什么"（希腊语"ti estin"），我们在何处、怎样存在于世的真谛。那么，经验是什么？那些直接展现其自身的，名曰经验。经验直接展现自身，不被后发的思想、图像或语言所调节。

然而，经验只能通过思想、图像和语言抵达。这样描述人类经验的方式的关键是，经验和即刻感相连。经验是即刻的意识，还没有来得及意识到它自身。就算是涉及反思、想象、口头或书面话语的经验，在这个意义上也是直接的、即刻的，不被思想、图像和语言所调节的。例如，当我们阅读或写作一段文本，阅读或者写作的经验以直接的、前语言的方式向我们展现。换句话说，对文本时间和空间的经验，与文本外的经验一样直接、即刻。但是，如果我们试图描述写作和阅读是如何被经验的，那么我们会想要通过概念、美学图像或者认知、表达性的语言来"捕获"这个经验。

因此，现象学关注生活经验，但是现象学反思只有在用反思的方式来捕捉前反思经验的活生生的意义时才真真正正开始。用利科的话说，"现象学始于我们不满足于'亲历'或'重新亲历'，打断生活经验从而来意指它的时候"（Ricoeur，1983，p.116）。现象学人文科学是对生活意义或者存在意义的研究，目的在于以一定的深度和丰富性来描述和解释这些意义。经验还原要求我们避免所有的抽象化、理论化、概括化，甚至避免所有对我们认为真实或者非真实的存在的信念（例如，梦境的经验能像实际事件经验一样真实）。

当然，从事任何研究课题，我们必须检验既有的理论，讨论关于这个课题的知识。从现象学的角度上来看，理论需要被重新审视，我们要看到理论关涉具体的程度，也要看到理论不能成功实现具体的界限。大多数理论包含着现象学的材料或建立在假定现象学理解的直觉基础上。在经验还原中，我们需要剥去理论的或者科学的概念化、主题化。这些概念化、主题化过度覆盖在现象的表面，阻碍我们以非抽象化的方式看待所研究的现象。

给理论意义加括号，并不是对其进行忽略，而是检验理论，从中寻找提炼现象学敏感性的可能。一种有益的做法是去检验概念化理论如何虚饰或掩盖经验现实，而这些经验现实恰恰构成了概念化理论的基础。理论倾向于解释现象，对现象不是从鲜活具体的意义上来理解的。因此我们必须提问：这个主题是如何被真实体验的？现象学探究要不断地指向开始，指向如亲历的经验。

方法悬置－还原：道路

方法还原法的要点是这种悬置：给传统的技术加括号，寻找或发明一种最适合手上现象学题目的研究道路。现象学包含根本反思或者超反思（hyper reflection），通过将自身的反思性囊括在自身的反思的考察中。

现象学方法论颇具挑战性，因为我们可以说任何特定的研究线索必须不断地被重新发明，并且不能被化约成为一套普遍的策略或研究技术。对以往的方法论道路的重复，会妨碍和抑制原初性的思考。因此，现象学探究总是很困难，因为它要求研究者具有敏锐的诠释能力和创造才华。从方法论的角度上看，必须对每个概念的假设进行检验，甚至包括方法这个概念本身。海德格尔说："如果一个方法为真而且提供了通往客体的通路，恰恰在这时，遵循方法的过程难免让其本身使用的方法过时。"（Heidegger，1982，p. 328）而且对现象学研究方法进行描述是很困难的，因为即使在哲学传统本身当中，也"并不存在唯一的现象学，如果存在，也绝不会是类似于哲学技术的东西"（Heidegger，1982，p. 328）。

我们需要灵活的理性，发明一种方法，通过学术的、创新的和原创的方式来探究某个现象。我们要采用灵活的叙述理性，在"可以被认出的"（感觉上可知的）[1] 文本形式中展现现象学意义。因此，我们必须带着受方法论影响的创造性进行试验，把反思的和前反思的意识生活融合。还原本身并不是目的——恰恰相反，还原是实现目的的手段：以丰富而深刻的方式，回归如亲历一般的世界。

在尝试不同写作方式和不同的组织现象学文本的方式的时候，我们需要留心那些偶然因素，它们让一段强烈的现象学文本变得纤细脆弱（更具有召唤的力量）。文本中嵌入的意义越强，它越容易因对文字、形式和内容的粗心大意而损毁。并且，考察一些代表性的现象学研究可能会有帮助：什么让这段文本强有力而且富有洞见呢？如果换一个研究题目，这种方式能奏效吗？这位现象学家是如何接近这个题目的？那位现象学家又会怎么来处理这个问题呢？

现象学的挑战在于创造一段在整体上具有标志性的文本。这也就意味着作者要意识到文本对不同读者可能产生的效果。基本的现象学问题应该如何被开启？如何对这个现象保持惊奇感？在文本的具体维度和普遍维度之间，如何保持平衡？如何把文本带入到深刻的意义感之中？在这种背景下，我们有机会来探讨一下现象学人文科学的两个顽疾：主体主义（subjectivism）的问题和客

---

① 英文原文为"re-cognizable"。通过连字符和双引号，该词在这里一语双关，意指现象学叙述可以让读者识别和认同某生活经验，同时以文字的方式让感觉经验被重新认知。——译者

体主义（objectivism）的问题。

　　首先，方法论的主体主义期望现象学能够让我们走进特定个体的私人内心生活。因而我们能获知在特定情境中、特定时刻下，他们感觉和经验到了什么以及他们感觉和经验的方式。虽然现象学方法的经验性程序（比如访谈以及邀请受访者写下生活经验描述）试图获得个体的经验叙述，但是这些叙述不能用来探索某人的心理生活。相反，任何特殊的经验叙述仅仅被当作可能的人类经验的具体的、可信的事例来研究。一段经验叙述也许能够让我们对某现象学主题产生反思性的理解。但我们不会宣称这个研究会让我们去理解某个人的个人世界或生平经历。现象学不是分析心理学或者治疗心理学。因此，现象学无法断定一个特定的人，比如约翰，是不是真的遭受着孤独（而不是悲伤、失落，或者其他存在意义上的焦虑）。但如果（从心理学意义上或存在的意义上说）约翰似乎正在经受孤独之苦，对孤独的现象学研究能够帮助我们以关切的态度来理解他的经验。

　　其次，方法论上的客观主义渴望被清晰界定的方法和程序，产生有效的现象学研究。自然科学和行为主义科学在进行研究之前会详细说明具体的方法和步骤，希望能制造特定的知识基础。比如，研究者会精心准备实验设计、调查方法，相信这种方式几乎一定会产生研究"成果"，尽管这成果也许会和理论假设相冲突。但是在现象学人文科学中，事先界定的方法和程序并不一定会产生知识。实际上，我们可以说方法（作为技术）并不能通向生活经验。而不幸的是，恰恰是方法的技术化让方法变得如此具有误导性。

　　实际上，在探究过程的每一个角落，都隐藏着我们的依赖，暗暗依靠现象学的态度，获得启发的关切、创造性的洞见、诠释的敏锐、语言的敏感和学术的准备与机智。

228

还原本身：意义给予的意义之源

如上文所说，悬置－还原是准备阶段，把我们从接近生活世界现象的障碍中解放出来。下文将要展开论述的是还原本身，包含了反思的现象学态度，目的在于用一个现象呈现或给予自身独特性的方式，表述其独特性。在阅读文献时，我们可能会遇到还原本身的这五个版本或者说是维度：本质还原、存在论还原、伦理还原、激进还原和原初还原。还原本身的这些形式之间有时不可通约，但是有时却有可能相互结合。

本质还原：本质或真谛

本质还原法的要点在于，通过检验一个现象或事件的意义，把握基本洞见。这就要求我们通过想象变更的过程，或通过比较类似的经验事例，来变换不同维度。当一个想象虚构的变化或经验变化破坏了现象，把这个现象变成了其他事物，那么这个维度便可以被看作是不可变的。举例来说，保守秘密和撒谎并不相同，因为撒谎总包含了欺骗，但是秘密并不必然包含欺骗。保守秘密也和维护隐私不一样，因为隐私从根本上说是非关系性质的经验，然而保守秘密总是涉及他人：我们对他人保守秘密，或者与他人分享秘密。

也许人们不普遍接受本质还原，不认为它是现象学探究可贵的特点。但是很多哲学家认为现象学扎根于胡塞尔的方法，本质还原是现象学反思的核心。本质还原试图描述那些在经验和意识中自我呈现的事物，描述某物是怎样呈现自身的。本质还原关注一个现象的与众不同之处。

对本质的直觉是对关键洞见的把握，本质还原的目的是抵达现象可能具有的不变量或本质。比如说，我们可以变换一条裤子的颜色、尺寸、剪裁、材质等维度，但它仍然是一条裤子。但是如果这条裤子不能遮盖腿的大部分，它便不再是人们公认的裤子，而是裙子或者别的什么服装。从胡塞尔的观点看，现象的本质是不变量，不变量使得某物成为某物，没有不变量，某物就不能成为某物。

本质（eidos），是现象学的普遍性。如果研究那些掌握现象实质的事例或者特定的彰显实质的结构，就能够对本质进行描述。换句话说，现象学就是试图揭示和描述生活经验的本质结构和内部意义结构。恐怕唯有通过研究生活经验中遭遇的个别性或事例，我们才能感知普遍性、捕捉实质。对于胡塞尔来说，用知觉来捕捉现象的意义，意味着"本质直观"（Wesenschau）——去看（schau）现象的实质或本质（Wesen）。在胡塞尔式的还原本身的启发下，我们希望能够通过聚焦于其恒定结构或本质结构，清晰地呈现现象的意义。但是我们也可以更保守地看待本质还原的范围。这就是为什么梅洛－庞蒂说，彻底还原我们关于世界以及在世界之中的意向性关系是不可能的。

本质还原对具体事例的事实状态不太感兴趣，或者说根本不感兴趣：比如某件事是不是真的发生了，多长时间发生一次，或者某个经验是否跟其他条件和事件的发生相关。比如，现象学不会问加拿大人如何体验旅行，而是问旅行经验的本质是什么（所以我能够更好地理解加拿大人的个别经验）。如果描述以反思的方式，在更丰富和更深刻的层面上，重新唤醒、唤出或呈现旅行的前反思经验的鲜活意义和重要性，作为一名旅行者（而不是一名难民或者记者）的事件或者现象的现象学意义上的本质便会被充分描绘。

本质还原的目的在于，通过某种方式用语言表达那些反思之前的经验。用梅洛－庞蒂的话说："本质还原……是企图用反思来模仿那前反思的意识生活……世界不是我之思考，而是我之经历。"（Merleau-Ponty，1962，p.xviii）在本质还原中，人们需要透过生活经验的特殊性，看到具体鲜活意义另一面的本质。现象学本

230

质这一概念，不是对人类生活中人性的恒定不变的普遍特征进行概括。这是本质主义的严重错误。我对读者首要的提醒是，现象学探究只关心"可能的"（possible）人类经验，而不是那些在经验上或文化上假定普遍的经验，也不是超越时间、文化、性别或其他条件的人类共有体验。第二个提醒是，通过一次又一次回到生活经验本身，回到现象学探究的开端，现象学对意义的确认总是不确定的、试探性的、不完整的，总是试图质疑假设。

我们把手上的现象和其他相关却不同的现象进行比较，可以从某种程度上实现本质还原。例如，探究保守秘密的现象学时，我们可以练习"在想象中变更"（variation in imagination）这一本质还原的技巧。秘密的体验是如何区别于隐私的体验或内向的体验呢？什么使得保守秘密不同于欺骗？秘密有不同的种类吗？保守秘密和撒谎又有什么区别呢？这个经验的具体事例是什么呢？等等（详见范梅南和莱维林在1996年对秘密现象学的研究）。

在本质还原中，意义的不同模式仿佛浮现出来。一些看上去属于这个现象的主题意义也许会自行展现。这并不是理论抽象或者概念抽象意义上的主题化。换句话说，这些主题并不属于任何现存的理论、分类、体裁、范型、哲学或者概念框架。现象学主题和还原的结果紧密相关——它们是现象学写作的工作原料。

本质还原和概念分析不同，是因为还原并不试图澄清现象的语言界限，也不想考察一个概念如何应用于不同背景。相反，还原试图为现象提供模范性的图像——意义性的暗示。本质还原提问：这段文本把经验带入了我们的视野吗？这个短语引起了我们前反思敏感性的共鸣吗？这些生活意义描述能够被识别吗？它们唤起了这一人类经验的独特性吗？

因此，本质还原不是把世界简化、固化或压缩为由本质观念构成的系统，恰恰相反，本质还原让世界以先于任何认知建构的方式出现：让世界出现在自身完全的模糊性、不可化约性、随机性、秘密性和终极的不确定性中。现象学探究不断地追问：这段关于现象或事件本质的文字描述指出了什么不同之处，能够产生有意义的差异？

存在论还原：存在的方式

存在论还原法的要点，是阐明属于某物或适合某物的存在模式或方式。某物的实体意义，是某物或者某人在世存在（being in the world）的方式。海德格尔并不完全接受胡塞尔把还原看成把握构成于意识中的现象实质（本质）。相反，海德格尔解释说，应该把还原理解成为回到生活时的世界——这个世界永远不会完全得以揭示。海德格尔将关注点从实体意义（ontic meaning）（存在的实质，whatness of being）转向存在论意义（ontological meaning）（存在的方式，mode of being）。理解一个现象，就要去理解存在的存在论意义，以及这个现象的存在（意义）。但是对于海德格尔来说，这种理解并不是认识论问题，而是存在论问题：每一种在世存在的方式，都是一种将这个世界理解成为存在的事件的方式。因此，比如说，"保守秘密"的经验已经是一种特定的在世存在的方式（秘密的模式或者情绪），已经是一种把世界万物理解为彰显其秘密存在的方式。又比如，德里达谈到"绝对秘密"是秘密的存在论：自身秘密性的秘密。

海德格尔的解释学 - 存在论现象学，对思考、反思、探究和从事现象学研究来说，着实是取之不竭的宝贵资源。但是如果海德格尔本人能看到当代研究者努力使用他的文本来构建实操性的研究项目和诠释程序，他恐怕也会感到惊讶（而且可能会感到惊恐）。不存在所谓的海德格尔式的程序性方法，可供人们一步一步地遵循，对具体生活世界现象进行研究。但是研究者可以试图通过留心海德格尔的思考，来培养自己研究课题和实践。

在梅洛 - 庞蒂晚期关于存在论的作品《可见的与不可见的》中，他说，现象的实质总是在逃避着我们：我们只能察觉到现象的非实质。但是让 - 吕克·马里翁说，生活现象越有趣味——比如牺牲、绘画、爱——就越充溢着意义，这些意义无法被本质所完全捕获。但是，这并不妨碍马里翁在他的《爱欲的现象》一书中，对"爱"这个作为存在方式的充溢现象，写下引人入胜的现象学反思。

伦理还原：他异性

伦理还原法的要点在于，超越胡塞尔的本质还原和海德格尔的存在论还原。早期的胡塞尔是一位认知现象学家（cognitive phenomenologist），因为他并不接受在意识之外会存在任何事物。对于胡塞尔来说，意识始于原初印象，但是对列维纳斯来说，原初印象先于意识。列维纳斯并不同意胡塞尔认为原初印象已经是意识的观点。他也批评海德格尔的存在论现象学将此在（Dasein）或者存在者的存在置于中心位置。海德格尔的存在论不能处理存在之外有什么的问题，也不能处理存在之外的意义问题。在我们接近和理解一个人或者事物的存在时（他们存在的本质或形式），有也应该有一种不同的方式，让我们可以接近他人或他物独特的他者性（otherness）（他异性，alterity）。

胡塞尔所关注的事物的实质或者本质，以及海德格尔所关注的在世存在的模式，都体现了将存在置于首要地位。当我们研究一个事物或者现象的存在时，我们想要知道这个事物或者现象是什么，它的本质、独特性或身份。因此，列维纳斯说胡塞尔和海德格尔现象学背后的兴趣指向着相同性。实际上，海德格尔写道："任何在世存在都以属我性（mineness）为特征。"（Heidegger，1962，p.32）这个"属我性"在海德格尔的存在论现象学中，围绕着存在或者在场（presence），实际上真正指的是"自我"。但是列维纳斯认为，为了获得对人类存在的深刻理解，一个人必须不仅追问存在、自我和在场的意义，还要追寻非自我的意义：有别于存在的他异性。

在与他人的面孔的遭遇中，列维纳斯找到了伦理和他异性间题的现象学力量。他人的面孔对我们发出恳请。列维纳斯说，在他者脆弱的面孔中，我们体验着恳请：我们被呼唤，被称呼。在这个召唤中，我们体验着他者的他者性。我们回应他者的脆弱，是"负责"（response-ability，回应－能力）的经验。这是一种伦理经验，一种伦理现象学。当我们真正看着他人的眼睛时，我们也许会体验到，自己认识到了他者的神秘。无论如何，我永远不会了解这个人。当我谈论这个人的时候，我所做的，不过是将这个人简化为我自己的类别和我自己的语言。但是对我自己来说，他者的他者性是没有办法被简化的。因此，我必须将胡塞尔的认识论还原和海德格尔的存在论还原抛在脑后，从而认识到，在他异性的体验中，他人对我发出了恳请，在伦理责任中，我受到了召唤。

列维纳斯已经说明，只有在与他者的直接的、不受任何阻碍的相遇中，我们才可以瞥见伦理冲动的意义。他将这种伦理冲动描述为人类的回应性（responsiveness），回应他者的他者性发出的恳求，它呼唤着我的关心。通常情况下，我们设想他人作为自我生活在世界中，就像我们作为自我生活在世界中一样。因此我们共栖，我们是生活在互相给予的关系中的同类。在这样的关系中，我们当中的每一个人都不可避免地将他者看作我们个人感知和思考的课题。但是这并不是唯一的可能性。他人还有可能突然打乱我的世界，在我自己的意向认知倾向之外，对我提出要求。换句话说，我们也有可能在感召中经验他者：当某人扰乱我、触摸我时，他发出了恳请。在我们面对着他者的脆弱时，尤其如此。比如我们恰巧要照看一个受伤而无助的孩子，或者我们突然看见一个人在面前跌倒。

奇怪的是，我越关心这个他者，我就越担心，而且我关心的欲望就越强烈。列维纳斯使用"欲望"（desire）一词，指的并不是个人的愿望（want）或需要（need）。愿望或需要和欲望不同。也许我总是想要买一辆豪华跑车，现在我总算能够买得起自己所梦寐以求的了，我感到很满足；或者我发现自己很失望，发现自己的愿望根本不像之前想的那样有价值。无论如何，我的愿望静止了。但是欲望在我关心的关系中存在，超越了任何可以带来满足，从而顺从了这个欲望的事物。例如，爱就是这个意义上的欲望。想象一下，爱人会这样问他爱的人："你爱我吗？"他的爱人回答说："当然。你是我的爱人，唯一的爱人。"问题在于：欲望会怎样反应呢？很有可能，一周以后，一天以后，或者甚至五分钟之后，这位爱人又感到提问的欲望，"是啊，但是你真的爱我吗？"他的爱人又一次回答说："是，我的爱人，我真的爱你。"这个例子说明了真正的欲望不可能静止。没有答案会一劳永逸地令人满足。实际上，欲望自我哺育，自我助燃——想一想那些伟大的爱情悲剧吧。同样，关心的责任与自我假设的尺度成比例地增长。越关心这个人，我越担心；越担心，我就越想要关心。每个真正的父母都体验过这种关心。

关心责任的伦理体验的特别之处还在于，它会单独挑选我。它会独特地呼唤着每一个人。当这些声音发出呼唤时，根本不用环视四周，看看是不是对别人的。不，这个孩子在我面前，我看着这个孩子的面孔。甚至在我思考之前，我就已经经历着我的回应性。我"知道"这个孩子在要求我。我已经体验到这样的恳请，不容许任何否定。这样的经验是一种知道（不是在认知的意义上使用这个词）。我知道我被呼唤着。我被称呼着：我是这个负有责任的人（Levinas，2003）。列维纳斯的见解如此独特，是因为他是唯一一位向我们提出责任伦理，但是却不基于伦理理论的哲学家。这就是为什么列维纳斯将其称为纯粹伦理。从某种意义上说，这尚不是伦理，尚不是哲学，尚不是政治，尚不是宗教，尚不是道德判断。列维纳斯（Levinas，1998）向我们展示出，在和他者的相遇中，在问候中，在面孔中，在我们卷入到作为思考、反思、理论和道德推理的一般伦理之前，我们已经经历了纯粹的伦理。

激进还原法的要点，是在对所有主体性或能动性的感官进行悬置时，关注现象以自身给予自身的方式。通过仅仅关注给予自身的自我，激进还原法批评意识、主体性或者构成世界意义的个人。让－吕克·马里翁把胡塞尔的本质还原看作第一类型，把海德格尔的存在论还原看作第二类型，把他自己提出的自身被给予性（self-givenness）看作还原的第三类型，是一种激进的还原。现象学不应该借助于任何构成性的或理解性的主体或能动性，而是仅仅关注现象的自身被给予性。

马里翁解释说，现象学经典的"第一原则"——回到事物本身——并不够根本，因为胡塞尔式的现象是意向对象，归根结底是发源于主体的主体性（意识），或者发源于超验自我的交互主体性的能动性中。相应地，对于海德格尔来说，此在被"抛入"（thrownness）的核心和此在构成世界的核心，仍然在于"我"或者"自我"。马里翁的目的是超越意向性。他不停地回归胡塞尔和海德格尔，并且注意到两者都仍然受康德／笛卡尔传统的习染，而他自己要努力去克服或者抹除这种影响。他认为，现象学不能接受主体或者能动性的构成来源的权威影响。现象学的第一原则应该仅仅关注于事物的自身被给予性。"自我呈现的事物首先自我给予——这是我的一个主题而且是唯一的主题"，马里翁说（Marion，2002a，p.5）。

意向性的概念是在说，"有意识"即对某物有意识。意向性描述了人类通过构成世界总是与世界发生联系。因此，马里翁及其同事进行的激进还原，并不考虑意向性的构成性角色。激进还原是非意向的：它不能被简化成为主体的意识。在米歇尔·亨利和让－路易·克利田的写作中，激进还原也显而易见。米歇尔·亨利说："现象学的问题……不再考虑现象，而是它们自我被给予的方式，是它们的现象性（phenomenality）；不是考虑显现的事物，而是考虑显现本身。"（Henry，2008，p.2）实际上，对于某些现象来说，现象学家也许想要把探究的关注点放在现象性的"如何"（howness）上，而不是"是什么"（whatness）上。例如，在讨论"事件"的意义时，克劳德·罗麦诺展示了"事件"的本质意义存在于自身给予和它呈现自身的动态方式中。我们也许会说，事件性的本质或实质存在于"如何"当中：自身被给予性的给予中。因此，事件的意义在根本上并不在于现在发生着什么，而在于事件在展现延迟性的过程中获得的意义。换句话说，意义并不是其本质（我和老朋友见面喝咖啡，相谈甚欢的事实），而是其延迟的效应（我和朋友聊的话题现在还萦绕着我）。事件以绵延的自身给予的形式将自身给予。

一些现象学家，比如多米尼克·雅尼哥（Janicaud，2000，2005a，2005b），曾经质疑马里翁、亨利和克利田，说自身被给予性这个概念中似乎透着神学意味。马里翁承认自己对神学有浓厚的兴趣，并且他在写作中涉及了宗教主题，例如慈善和启示。但是，他强烈反对将自己的现象学简化为神学基础。

马里翁说，现象学只能接受那些被给予的。当某物呈现自身的时候，正是这个事物的给予性的"自身"呈现和给予着自身。呈现自身的事物，在其被给予性中显现，而不是反之在意识中显现，或者被意识所构成。作为现象出现的事物，是给予自身的自身。因此，并不是主体（超验自我、意识或此在）的自我构成或构建了现象，而是物（所给予的）的自身本身是给予性的给予源泉。研究者如果希望实践马里翁的第三还原，就应该注重描述某物如何给予自身，同时避免卷入一种建构性主体的视角。采用激进还原的例子可以从让－吕克·马里翁（Marion，2002a，2002b，2002c，2004，2008a，2008b）、米歇尔·亨利（Henry，1973，1975，1999，2008，2009）和让－路易·克利田（Chrétien，2002，2003，2004a，2004b）的作品中找到。激进的悬置和还原意味着，一个人意在尽可能地将自己从意义给予的过程中释放出来。这并不意味着在自我被给予的现象学中，要否定主体或者个人的存在，而是说主体在更大程度上是消极的，对所有被给予自身的事物开放。

原初还原：开端或原初意义

原初或开端还原法的要点在于，指向现象的原初开始（the originary beginning）。原初还原法要打开自我，从而在一个现象的原初意义被识别的地方，体验到开放（悬置）。海德格尔说到，洞见的闪现可能作为专门的事件而发生。对海德格尔来说，当存有（beying）显现自身的时候，专门的事件发生。在洞见的闪现中，我们不仅仅能获得对某物体、某事物的现象学理解，而且能够获得对作为人类的我们的原初性洞见。这也就指向了存在意义的起始的核心和源头，海德格尔用古代的拼写方法"Seyn"（beying，存有）来指称它。在 20 世纪 30 年代，在《存在与时间》之后，海德格尔就已构建了开端（inception）这个革新性的新概念，记录在《哲学论稿》（Heidegger，1999，2012a）一书中。但是《哲学论稿》、《事件》（Heidegger，2013）和《不莱梅和弗莱堡讲座》（Heidegger，2012b）这些文本最近才被翻译成英文。

当海德格尔提及开端式的思想（德文 anfängliche Denken，最初的想法）时，他脑子里面想的是那些珍贵的历史时刻，人类理解发生了不同的转向——比如，当真理是不可隐匿的观点出现在古希腊文化中时。但是，更贴近现实的是，我们也可能使用开端这个概念来反思突然出现的洞见会揭示一个现象的真理的方式。更加精确的构想是，开端是"存在"本身作为居有（appropriation）发生的特别事件——这便是成己（德文 Ereignen）（通常翻译成为"enowning"，新造词，指变成某人自己的）。海德格尔将这最先开始的奠基性的协调看作深刻的惊奇或者深刻的敬畏，但是在这种情况下，也以震惊为标志：大吃一惊。

再强调一遍，胡塞尔的现象学关注现象的本质意义。实际上，本质还原经常被看作现象学分析的核心。但是后胡塞尔现象学家，

236

例如让－吕克·南希和米歇尔·塞尔，从根本上对原初还原感兴趣。原初还原的目的在于，在意义原初的特质、其源泉、其开始的起始中寻找其意义。本质还原主要关注现象意义的本质（whatness），原初还原首先关注意义的出现，以及现象如何产生并成为存在。

从现象学的观点来看，洞见的闪现并不仅仅是富于创造性的行为和经验，它比这还要复杂。在创造性的行为当中，主体是创造者，创造的自由主体（agent），具有创造性的成果。但是开端并不取决于我的创造性的主体；开端性的思想也许作为礼物和恩赐发生在我身上——一个我无法计划甚至无法预见的事件。这就是为什么海德格尔将开端性的经验描述为居有事件或发生。实际上，对于现象学家来说，在纠结于现象学探究时，有直觉性的理解闪现的重要时刻：抓住反思性的洞见，突然"看见"某物的现象学意义，在写作的瞬间辨别出真理，被敏锐的想法所震撼（这个想法是从哪里来的呢？）。

> 对存在的洞见是居有事件本身，因为存有的真相将自身与毫无防备的存有相联系，并且与之相随……首先并且几乎直到最后，"对存在的洞见"都仿佛仅仅表示我们人类向存在投去的匆匆一瞥。"存在"（that which is）被人们习惯性地视为具体的存在物，因为"存在"（is）是对存在物而言的。存在者，因为"在"便是存在着的"在"。但是现在，所有的事物都转向了。洞见并不命名我们对存在的检视，闪现的洞见，是在定位的时段中，存有自身本质转向之结晶的居有事件。（Heidegger，2012b，pp. 70–71）

现象学研究者所面临的问题在于，原初洞见的事件或发生并不能被计划中的方法所保证，尽管原初的洞见本应该是还原方法的目的。没有技术、方案、手段、批量方案或者程序能够制造或者抓住原初性的思想或创造性的洞见。反之，意义发生或意义出现的现象学挑战着我们，让我们寻找着自己的回到开始的方法，或者像海德格尔所说的：回到开端，回到原创性的事件，思想和意义从此开始，某物展现自身，给予自身的事物将自身给予。我们必须探索这个开端，不是以抽象建构和理论的方式，而是在生活经验的原初性当中展开。

那么，原初洞见的生活经验的开端性到底是什么呢？开端性（页边）237的时刻是如何被体验的？开端暗示着起始、诞生、黎明、起源、开始和开启。海德格尔已经思考到我们需要如何对开端性的空间和地点开放，在开始的开始，因而去见证意义的诞生。我们需要让自己准备好迎接它吗？或者它们在我们最意料之外的时刻发生，就像恩赐一样？开端事件令人困惑。但也许，开端的存在论认识论也许可以这样描述：

（1）开端是启发性事件的脆弱的时刻：偶然遇见，被震撼，或者突然把握一个原创的见解，经历最基本的洞见，认识到某物的深刻意义。例如，我们也许经历过，在某一个瞬间，我们突然意识到自己正探索的某个问题的意义。并且这个突然的想法也许会出人意料，在我们甚至并没有思考的时候降临。这些时刻在存有的闪现中发生，非常脆弱和娇嫩。

> 当洞见发生，在存有的闪现中，人们被其本质所震撼。人类，便是被洞见所捕获住视野的事物。（Heidegger，2012b，p.71）

（2）开端的思考（inceptual thinking）和概念的思考（conceptual thinking）是不一样的：开端的思考包含着把握，偶遇开端性的思想。海德格尔区分了概念（Begriff）和典范（或开端）（Inbegriff）。"Begriff"意指概念，而"Inbegriff"并不能被轻易翻译出来。概念是抽象的再现，在理论和科学报告中被给予精确的含义。而字典将

"Inbegriff"一词描述为典型、本质和典范。典范，可以指"典范性的范例"（参见有关感召的章节）。典范召唤出意义具体的丰富性和唯一性。因此，概念将具体概括为抽象，而典范则使事物独一化。

在翻译海德格尔《哲学论稿》时，帕尔维斯·伊马德（Parvis Emad）和肯尼斯·马利（Kenneth Maly）将"Inbegriff"一词翻译为把握（in-grasping）（Heidegger，1999，p.45）。相比而言，在新版《哲学论稿》中，理查德·罗西维茨（Richard Rojcewicz）和丹尼拉·瓦莱加－诺伊（Daniela Vallega-Neu）将"Inbegriff"一词翻译成了典型（epitome）（Heidegger，2012b，p.52）。在《存在的突发：论海德格尔的〈哲学论稿〉》中，理查德·波尔特提出，"Inbegriff"这个词最接近的翻译恐怕是开端（incept）一词（Polt，2006，pp.115–128）。开端，不能被系统的行为和操作所方法化、固定化。开端时刻的发生，仿佛突然的停顿和转向。典范或者开端的重要性"在于抓住转向本身"，就好像我们思想中的急转弯：一个突然的、对"原初－唯一意义上的基础事物"直接把握（Heidegger，2012b，p.52）。

> 在转向之中突然闪现的，是存有本质昭示的澄明。这种突然的自我照亮，便是灵光一闪。它将自身带入到适合它的光明之中，这是它自身带来的光明……当存有的真相闪现时，存有的本质便点亮；存有本质的真理便进入。在发生时，进入（Einkehr）是朝着什么转向的？朝向存有本身。在对本身真理的遗忘中，本真显现（essencing）。（Heidegger，2012b，p.69）

（3）开端性的思想往往直接发生在我们身上，就好像是从后门进来的。也许我们在思考酝酿着其他的事，洞见突然震撼了我们。周密的计划和系统的方法，或者仔细构建的程序，都不能将我们带入洞见栖居的所在。但是，尽管洞见不可以强迫；在洞见和思考与反思的情感之间，却存在着重要的关联。

现象学家知道，研究者越是强烈地被驱动探寻的不可抗拒的追问所占据、所困扰，原创性的思想就越有可能突然降临——尽管这往往发生在最意外的时刻。就仿佛我们最沉重的挫败感、最绝望的怀疑为我们铺垫了一片肥沃的方寸之地，让开端性的思想得以发芽、生根。开端并不会在我们并不栖居的地方发生，它只会在我们留心探寻的所在生发，在我们为着痴迷的兴趣孕育渴望（desire）之处生长。

（4）我们不能找到开端的思想，相反，是它找到我们。原初的思想或观念并不是通过我们故意的行为或者刻意的努力来找到的。这也意味着，我们并不能雇用他人来帮我们寻找。现象学研究也许会得益于合作式的反思，但是更基本的开端的洞见并不能如此简单地从他人那里得来，或者从与他人的合作中得来。洞见往往要求个人的挣扎、私人的痛苦，以及个人的坚持。

> 开端的道说是那种创造性的思被开端性居有，居于开端性之中，并作为开端性……它所指的，并不是思想者的"观点"，又或存在（"世界"）的某个教条。也不仅仅指的是"关于"存在的说法。创造性的思就"是"存有，而后者，是居有的事件……
> 开端性……展开了起始，因此居有了起始……我们正开始猜测其本质。（Heidegger，2012a，p.258）

我们捕捉开端性的思想，其实是让它捕捉我们，或者说让我们被其捕捉。然而自相矛盾的是，如果我们不去寻找，它就不会来找到我们。这就意味着，在我们主动的被动性状态中，开端才最有可能发生。

（5）当开端性呼应了我们探寻的召唤、我们存在的事业时，我们知道，自己也许"触碰到了真理"。正如诗性表达的突然涌出，也许会深深地触动诗人，而正是在这位诗人的头脑或者手指间，语词变成书面图像（或者诗人的手指仅仅是自动化的工具？）。因此，一个开端的思想也许会用见证一个短暂瞬间的强烈感受来震撼人，即使它可能仅仅是昙花一现，眨眼之间。

综上所述，关于一个现象的现象学反思、分析，以及洞见的产生，也许要求的是一种紧急的突发（emergent emergency）（参见Polt，2006）。这样的突发，是孕育，是情感妊娠的过程，是开端性事件发生的必要条件。只有我们慎重而痴迷地思考现象的意义时（通过反思经验、轶事、相关的文章等等），它才能在最猝不及防的时刻发生，我们突然被开端的洞见造访和震撼。而这种突发仍然假定了挣扎和紧急的状态，即使在当时这挣扎看上去无谓或无望。因此，一个人无法在自己的物质性中"看见"意义、无法写作，实际上也许是一种临界的（critical）意识状态。这种沮丧和突发的条件也许是产生创造性洞见的必要的心理和生理前提。

这些对于海德格尔关于洞见的写作的诠释，明显是一种简化，是对海德格尔式的原创性思想在日常生活领域中的大胆阐释。海德格尔关心的是开端开启通向纯粹存在的空间的重要时刻。他谈及原初的开端并且随之成为可能的"其他的开端"。甚至海德格尔所说的"其他的开端"都是一个模糊的概念，尽管这个概念对思考意义的原初性有重要的启示：意义的原初性发生于从寻常经验中提炼出现象性的现象。理查德·波尔特提出，如果"我们以开端的方式思考我们自己的生活，我们会补救《哲学论稿》一书中［海德格尔艰涩文字］的疏离感"（Polt，2006，p.253）。君特·菲加尔曾经也说过类似的话：

> 那……被理解为原初性的哲学时刻，同样出现在日常世界。平静的停顿，在场［此在，Dasein］和隐匿［Entzogensein］，一个词独特的本质意义，以及怀疑，对于"作为一个整体"的经验，和对某物是什么的质疑，也可以在日常生活当中被经验。（Figal，2010，p.43）

最后，人们有时用"创造性"这个词来描述思想和意义的原初事件。但是海德格尔警告我们说，这恐怕是对开端的粗浅理解。首先，开端的标志往往是发生在我们身上的某事，因此应该被理解成为典范（Inbegriff），而不是概念（Begriff）。和激进还原相似，原初还原并不强调主体的行为——主体往往被看作处在不同的，或许是更加消极的状态当中。开端或原初性思想的挑战在于，寻找非概念性和非理论性的通道来抵达这一领域，在这里，以非直接的、诗性的和感召的手段，来呼唤出理解。它要求研究者具有耐心，以及愿意臣服于意外偶得之恩赐，尽管这意味着，研究者要遭受现象学洞见迟迟不降临之时的沮丧甚至绝望。

第九章

语文学方法：感召

240　　　现象学方法的感召维度，在现象学写作的实际过程当中尤其活跃。在写作这一反思性的过程中，研究者不仅进行分析，并且试图表达属于这个现象的非认知的、不可言喻的、感受的意义维度。现象学课题，不仅取决于还原的关键作用，并且需要感召的表达方法，这可能是现象学研究过程当中最具挑战性的方面。并且，反讽的是，现有的现象学文献对这个方面是最为忽略的。

　　一方面，现象学写作是理性的过程，它试图系统地探究一个现象或者事件的意义结构。另一方面，这个过程有时是非理性的，因为它试图找到表达途径，来穿透或激起我们亲历经验的前反思的基质。经验性文本的写作应该试图在读者内心中制造共鸣。共鸣意味着，即使读者从来没有亲自经验过这个时刻或这类事件，通过阅读，他也能辨认出经验的可信性（plausibility）。

美感之责任

　　"唤"（voke）这个词，来源于"vocare"——呼唤；来自描述声音、声响、语言、音调的词源；它同时表示致辞、将某物带入言语。但是现象学方法召唤（voking）的维度，并不仅仅是要表达和制造文本来表现我们对某物的了解。说话时，我们容易停止倾听

　　　实践现象学：现象学研究与写作中意义给予的方法

我们所谈论的物体。如此一来，这个物体失去了它触动的、神秘的力量。只有在事物被我们倾听时，只有我们感到它们的呼唤时，它们才能跟我们诉说。

文本的召唤特质，必须是文本可以跟我们"说话"，我们或许经验到情绪的、伦理的回应，我们知道自己被呼唤着。在文本的写作结构和对读者可能产生的召唤效果之间存在着联系。文本越具有感召性，镶嵌其中的意义就越强烈，因此想要复述或者总结文本和镶嵌其中的理解就越难。

多种感召的方法能让意义体现在现象学语言当中。和平常的叙述散文相比，这些意义更加牢固地凝结在文本里：语调、亲历、靠近、强化、恳请、可应答性的方法。毋庸多言，这些方法是写作的维度，而非工具意义上的方法。

现象学的感召维度包含了美感的必要和写作的诗化形式。在专业领域中，我们见到的大多数研究结果都可以和研究方法相割离。而现象学研究和这些研究不同，因为研究方法和研究结果之间的联系不能被打破。这也就是为什么在聆听富于现象学性质的演讲时，如果想要听到"研究结果""结论"或重大新闻，那你的希望就会落空。如果想要对一首诗歌的"结果"进行总结，就会破坏诗歌的结果，因为诗歌本身就是结果。诗歌就是事物本身。现象学和诗歌相似，具有感召性，它试图采用咒语般、呼唤式的演说，以原初的方式进行讲述。

然而诗化并不是诗歌本身，不是创造诗句。诗化，是考量最初的经验，因而在最原初的意义上诉说。和抽象地诉说世界的语言不同，本真地诉说世界的语言是一种能与世界回响的语言，如梅洛 – 庞蒂所说，是歌唱世界的语言（Merleau-Ponty，1973）。我们必须把语言当作最初的谜咒，诗意地歌颂，才能回归寂静、聆听寂静。正是从这片寂静中，文字得以流淌而出。我们必须做的，是发现我们存在的存在论核心。因此，正是在语言之中，或者更确切地说，尽管在语言之中，我们悖论般地发现那以前从未想过或者从未感受过的记忆。

唤回法：亲历性

唤回法（the revocative method）旨在把经验鲜活地带回现场（通过经验性的轶事、表达性的叙述或者质性的意象），因此，读者可以通过前反思的方式（而非通过反思或者思考的调节）来认出这些人类生活的经验可能。"唤回"一词指的是回忆、带回、取消。唤回我们的文字，就是背弃我们的文字——不是去背叛它们，而是回到文字将意义和形式固定在其中之前的状态。要废除文字所做的认知性的断言，我们就要恢复与生活世界的接触。伽达默尔用"生动的"（vivid）一词来描述语言的感召性。直观，就是当语言超越概念时，我们对某事物的直接的、想象的现象学把握或理解：

242

> 想象力是拥有直觉的普遍能力……即使没有对象的存在……
>
> 我们只想赞赏生动性——它将我们的直观能力落于行动中——尤其让我们"象征性"或"概念化"的理解变得生动……
>
> 正是在语言的使用中，在修辞学和文学中，"生动"的概念才真正找到了归属；也就是说，作为一种特别的描述和叙述的特质，它让我们"当面"看见那些不能如此被见到的，那些只能被诉说的。（Gadamer，1986，pp. 158-163）

通过生活经验描述，我们可以将经验生动地带入现场，从近距离紧紧抓住。例如，一段轶事如果写得好或编辑得好，可以为作者和读者创造出在时间或地点上在场、临近、亲近或接近的经验。

语言和经验：超越诠释性描述

一旦开始从事解释学现象学研究，我们便很快会发现，这种研究并不是一个封闭的系统。人文科学的旅程中，镌刻着多重矛盾。人们一旦生发出对生活经验现象的兴趣，这些现象马上就变得难以捕捉而悬疑未决。如果我关注一个有趣而动人的经验，但是它不容易用语言捕捉，那么我也许会好奇：要用怎样的语言来描述这个经验？有时用故事也许会有帮助："类似这样的事情曾经发生在你身上吗？"有时电影中的场景或者诗歌中的诗句也许会帮助传达我们探究的主题。然而，和任何描述所能传达的相比，经验总是更直接、更神秘、更复杂、更微妙、更模糊。人文科学研究者是学者 – 作者，必须保持一种近乎不合常理的信念：相信语言的力量可以使那些不可言喻的事物变得可以识别、可以理解。

我被一段乐章所触动。我感到轻拍我肩膀的手给予我的鼓励。我回想起一段童年可怖的记忆。我见到一个人，被他的可爱触动。我充满渴望地回忆起一段假日的奇遇。我和某人交换了一个意味深长的眼神。我们怎么捕获和诠释类似经验的意义呢？我们试图去描述和诠释的这些事物，其实并不是事物——准确地说，我们的实际经验是非物（no-things），什么都不是（nothings）。可是当我们在现象学探究中使用语言时，我们似乎创造了某物（some-thing）。

那么语言和经验之间的关系到底是什么呢？文字似乎永远不能满足我们的企图。也许这是因为语言试图将我们的意识理性化——语言是种认知的工具。然而，语言同样是表达的媒介。我们在现象学研究中想要做的，是通过语言感受性的媒介，例如虚构、事例、轶事和诗性意象，来呼唤理解。当代现象学家能够引出感受性的知识和理解形式，来超越语言的普通认知功能。这一点非常重要，因为很多专业（例如教育学、护理学、治疗学、咨询学）似乎不仅仅要求认知性和诊断性的专业知识与技能，而且要求酌情的、直觉的、感受的和机智的识别力和敏感性（van

243

Manen，1991）。似乎在这些专业方向中，解释学现象学可以做出相关的和持续性的帮助，贡献于专业实践的微妙复杂的存在论的和伦理学的认识论。

当现象学家使用经验叙事来探究某个现象的现象学意义维度时，他们往往将一些事实的、想象的或者虚构的故事当作自己的材料。例如，在萨特著名的对"看"（look）[①] 的反思中，他运用了一个想象中的事件：一个人靠在门上偷听，在锁孔中看，偷窥隔壁房间的一对男女。

> 让我们来想象一个场景，我出于嫉妒、好奇或癖好，刚刚把耳朵贴到门上，朝锁孔里看去。我独自一人，置身于非主题（non-thetic）自我意识水平中。这首先意味着，在我的意识中，"自我"并不存在，因此我也不能以任何事物来参照自己的行为，从而对自己的行为进行限定。它们没有办法被认识到；我是我的行为，因此它们在自身中具有全部的合理性。我是对事物的纯粹意识，而且这些事物，受制于我的自我性的回路（circuit）中……这意味着，在那扇门后，一个景象，作为"被看到"，一段对话，作为"被听到"，正在呈现。这扇门，这个锁孔，既是工具，同时又是障碍……（Sartre，1956，p.259）

透过门上的监视孔看过去，我完全被在门另一边发生的事所吸引。我没有在反思着自己的行为；相反，我满怀妒意地沉浸在偷窥的世界中，想要知道那对情侣在门另一侧的究竟。甚至连嫉妒都以简单的、前反思的方式，构成了经验的一部分。

[①] 又译作"注视"，但是"注视"一词含有长时间和专注的意味。萨特对他人的看的描述，更具有普遍平常的意味。在存在论的意义上来说，他人的看，是无所不在的。——译者

（因为我嫉妒，才有了要在门后面看到的场景。但是我的嫉妒都不是别的什么，只不过是这个简简单单的事实：门后面有个场景要被看到）——我们把这叫作处境（situation）……而且因为我是我所不是，而且我不是我所是——我甚至不能将自己定义为真是处于在门后偷听的过程中。（Sartre，1956，pp. 259-260）[①]

萨特强调说，在透过锁孔看的过程中，我如此忘我，以至于我完全没有意识到我自己——我逃离了自我。但这时，突然，我意识到自己不是独自一人。别人来到了这个场景中，看到我在门旁偷窥。这时，一些事情发生了：我不再把自己遗忘在从事某事的时刻。我感觉得到他者的眼睛，在这第三人评判的目光中，我感觉到自己被客体化。

但是我突然听到走廊里传来脚步声。有人看着我！这意味着什么？这意味着，在我的存在中，我被影响了，本质的变化在我的结构中显现——通过反思性的我思（the reflective cogito），我能理解和从概念上把握这些变化。（Sartre，1956，p. 260）

萨特提供了一个详尽的现象学分析，来展示当他者的目光将我对象化，把我的主体性脱去时发生了什么。他者的注视将我变成客体。这个注视让我感到羞愧，让我感到不自然。

首先，现在，因为我未加反思的意识，我作为我自己

244

[①] 此处及下文翻译参考：萨特著，陈宣良等译，杜小真校，《存在与虚无》，生活·读书·新知三联书店，1997年版，336-339页。结合译者理解，有所改动。——译者

而存在。对自我如此的干扰，通常被描述为：因为有人看见我了，我才看见我自己——通常这样说。这种说法并不精确……非反思的意识并不将一个人直接看为其对象；只要人是他者的对象，人便呈现给意识……现在，羞耻……是对自我的羞耻；它承认，我就是别人注意和评判着的那个对象。只有因为我的自由逃离了我，我才能感到羞愧，从而变成一个给定的对象。（Sartre，1956，p.260）

萨特通过这个注视的例子，精妙地区分了在参与和经受注视时，自我和他人的前反思经验。萨特通过"让我们来想象一个场景……"开启了一段轶事，但是我们不知道萨特的这段关于偷窥的轶事，到底是来自于真实事件，还是完全想象出来的。现象学探究的关键点在于，故事真实或虚构，并不重要。通过现象学还原反思的检视，任何对于经验的真实经验叙述，马上变化为虚构叙述的状态。或者更确切地说，区分真实经验叙述和虚构想象的经验叙述，并无用处。唯一重要的是，经验叙述在其真值上是可信的（plausible）。

爱德华·凯西（Casey，1981）强调了现象学解释中，经验叙述的虚构特性的重要性。他给出了梅洛-庞蒂的例子，在凝视风景时人们共有的看的经验。在这样的时刻中，共有的世界的意义和移情的敏感性是什么呢？我们如何分享彼此的姿态呢？

假设我和朋友保罗在看风景。这一刻到底发生了什么？是否应该说我们两个各自有私人的感觉，我们知道一些事情，但是不能对彼此交流——只要继续保持着纯粹的、亲历的经验，我们便禁锢在各自的视角中——这风景对我们来说并非完全一模一样，而且这只是具体身份的问题？当我考量我的知觉本身时，在任何客体化的反思之前，我并没有意识到我被关在自己的感觉中。我和朋友保罗向对方指出一些风景的细节。保罗的手指指着塔形教堂，这手指并不是为我存有（finger-for-me）的，也不是以我所认为的方式指向一个对我存有的塔形教堂。这是保罗的手指，在向我展示一个保罗看见的塔，正如相反情况下，当我朝风景中自己能看到的点运动时，我没有想过，凭借某些预先存在的和谐，我会在保罗身上创造和我一模一样的内在视觉；相反，我认为我的姿势侵入了保罗的世界，引导了他的注视。当我想象保罗时，我并不是在设想通过中间符号调节发生的与我相关的个人感觉流，而是具有活生生经验的某人，跟我拥有同样的世界、同样的历史，我可以就这个世界、这个历史和他进行交流。（Merleau-Ponty，1962，p. 405）

梅洛 – 庞蒂指出，如果我们把世界看作一个对象或者普遍的物体，我们就无法理解共同经验。但是，如果世界是"我们经验的场域（field），就好像我们不是别的什么，只是一种关于世界的视界（a view of the world）"（Merleau-Ponty，1962，p. 406），我们就会立即理解它。

那么，我们是否能说……我的世界和保罗的世界是相同的，就像在东京讨论的二次方程式和在巴黎讨论的二次方程式是一样的，简而言之，世界的理想特质保证了主体间性的价值？……保罗和我"一起"看这片景色，我们一起身在其中，它对我们来说是一样的，不仅仅作为可以理解的意义，而且作为世界风格的一种格调，落实于它的此性（thisness）中……恰恰是因为风景对我产生了影响，制造了我的感觉，因为它触及了我独特的个体的存在，因为它是我对景色的视界，才让我拥有风景本身，拥有保罗的风景和我的风景。（Merleau-Ponty，1962，pp. 405–406）

第九章　语文学方法：感召　　　*309*

我们可以再次追问，梅洛－庞蒂所提供的是怎样的描述？这是关于过去的、记忆之中的经验描述吗？或者纯粹是想象的、虚构的经验描述？重述一下上面的观点，对现象学探究来说，经验是真实发生的还是虚构的，并不重要。只要这段经验叙述是可信的，那就意味着类似这样的事件多多少少发生过，而它也许是纯粹想象虚构出来的。或者，实际上这段叙述是直接从虚构文学和小说中借鉴而来的。

借用梅洛－庞蒂的语言，凯西解释道，梅洛－庞蒂的描述是"想象的情况；这是可能的描述，可信的同时又是假设出来的"（Casey，1981，pp.176–201）。但是我们也不能认为只有萨特和梅洛－庞蒂在他们的现象学反思中运用了事例。实际上，每个现象学家都用了类似的经验事例。

现象学家所使用的经验材料，既是纪实的（factional），又是虚构的（fictional）。同时，现象学家从小说、短故事、诗歌、日记和传记写作中借鉴了很多文学虚构或虚构叙事——特别是从存在主义作家的作品中，如陀思妥耶夫斯基、普鲁斯特、荷尔德林、里尔克和卡夫卡。有些最令人着迷的现象学思想家使用了圣经中的故事和神话文学。比如，克尔凯郭尔（Kierkegaard，1983）和德里达（Derrida，1995b）通过亚拉伯罕和以撒的故事，对伦理进行了深刻的现象学反思。布朗肖、塞尔和马里翁使用了俄耳甫斯和欧律狄刻的神话来反思艺术表达的现象学。斯蒂格勒使用普罗米修斯和埃庇米修斯的神话来解释技艺（technics）在人类进化当中的意义。同样的，米歇尔·塞尔借用几段伊索寓言来探究人类关系是怎样类似于寄生虫和宿主之间的关系（Serres，2007）。通过转述神话，诠释和理解生活与人类经验的新方法变得明白易懂。

例如，厄洛斯（Eros）和赛琪（Psyche）的神话也许能够让我们理解，和某人"坠入"（to fall）爱河意味着什么。我们坠落进对新朋友的喜爱、对恋人的热爱、对某人的敬爱。我们也许碰见一个人，他的头脑让我们着迷，不能自已，我们因这个人的陪伴感到备受启发。我们爱上这个人身上独特的独一性，要求我们献出我们的挚爱。

坠入爱河的神话：厄洛斯，带着他的弓箭，碰巧遇到了沉睡当中的赛琪。他弯下身子，凝望着她，他不小心将自己的弓箭扎向了自己，因而立刻爱上了她。他爱上了美丽的赛琪，而赛琪醒来，发现厄洛斯在充满爱意地注视着自己。从那以后，在夜晚的黑暗当中，厄洛斯便造访美丽的赛琪。他的抚摸是如此充满爱欲，他的爱情是如此完美，因而一晚又一晚，她降服于她神秘的爱人。但是渐渐地，因为她神秘的爱人在早上便要离去，赛琪开始产生矛盾的心理。不管她对爱人的感觉有多么亲密和美好，她从来没有真正见过厄洛斯。因此，尽管她早就被厄洛斯警告说，她不能看见他，但在一天晚上，她还是点燃了一盏油灯，想要一看令她落入爱河之人的究竟。然而，就在她看见让自己"坠入"爱情的原因时，热油意外地坠落在厄洛斯的身上。他醒来，受了伤，大吃一惊——然后，他便永远消失在不朽的天堂世界。

可是现在，赛琪对厄洛斯的渴望不可遏止。这一瞥，已经唤醒了她强烈的渴望。她真正地坠入爱河。她"看见"了爱情。在另一个著名的传说中，特里斯坦（Tristan）和伊索德（Isolde）通过饮用有魔力的爱情药水而爱上了对方。他们并没有早已爱上对方，而是解锁了对方心中的爱：他们陷入了对爱情的爱。相似地，赛琪也被爱情的爱所打动。就像每一位真正的爱人，赛琪只能想象着这种爱情。她对厄洛斯如此痴迷，她的渴望驱使着她，踏上寻找他的旅程。

但是，爱情可怕的地方在于，它永远不可能被拥有。赛琪和厄洛斯之间的分离，象征着不论我们与爱人在时间和空间上是多么地接近，都可能经历着分离。无论我们的亲吻是多么甜美，无论我们的拥抱是多么温存，似乎我们想拥入怀中的这个具身的存在，总是逃脱着我们的掌握。甚至是在我们最亲密的时刻，在狂喜的瞬间，我们仍然是分离的。在我们爱人的可爱的面庞上，这让我们感到窒息的面庞，每一个表情和姿态，都变成了一个秘密，不可触碰，无限深刻。在这张面庞中，我们认识到了那不可被认识的事物，认识到了我们所渴望的厄洛斯的涟漪。爱，是他人的他者性之谜。或者用哲学家列维纳斯的语言来说，他者的面庞从最根本上来说是不可见的。列维纳斯说，爱情呈现出一张面孔，而这张面孔超越了面前的这张面孔。他者的面庞并不是我们所见的皮肤、眼睛的颜色和鼻子的形状。真正的面庞，是这些表面特质背后所呈现的裸露的面庞。

这个神话的一个版本是，赛琪去寻找厄洛斯，但是再也没有找到他，后来阿芙洛狄忒将她变成了一只猫头鹰，永远在树林里猎寻。另外一个版本相对来说更加广为人知：阿芙洛狄忒嫉妒赛琪的美貌，为她设下了重重看似不可征服的障碍，赛琪一一将其克服。故事告诉我们爱情在最后获得了胜利——赛琪也得到了永生，因而能够通过宙斯的神谕，与厄洛斯团聚。当然，结局实际上是神话性质的。对于寻常人的世界来说，并不存在完美的团聚。厄洛斯，爱情的化身，是神圣的、不朽的、神秘的，因而在根本上对普通凡人来说是不可见的。爱情给我们快乐，但是同时也渴望更多：合二为一。

黑格尔曾经对爱情进行过探讨，即陷入对某人的爱恋，就是一种特别的承认。落入爱河并不仅仅是对他者的渴望和了解，同时也是奇怪而自相矛盾的自我了解：在和他人与我的统一和我与他人的统一当中，了解自己。对黑格尔来说，爱情是最强烈的冲突。这是为什么呢？因为在这个统一当中，仍然保留着分离和差异。列维纳斯也对爱情进行过探讨，认为爱情是处于一体和分离之间的关系，只是他认为对合二为一的渴望在实现的同时又是失败的，"考虑到'被给予'的爱情和'被接受'的爱情，对爱情之爱，肉欲……像自发的意识……在肉欲之中，他者就是我，而又与我相分离"（Levinas，1979，p.265）。根据列维纳斯的观点，爱情在最根本上指向的既不是他者，也不是所爱的人的与众不同的品质。爱上某人指向的是他者的涟漪，这涟漪总是引诱着我们，但是不可把握，让我们成为一体，而甚至在最亲密的时刻都保持着分离。爱情是一种承认，同时承认他者身上能够被认出和不能够被认出的事物：他或者她的隐匿性（incognito）。

赛琪和厄洛斯完美结合的传说，体现着那些爱上某人的人所怀有的不可能的渴望：渴望能合为一体，在爱情中愉快地结合。每个爱人充满激情地渴望着触摸、看见、拥抱爱人——但是从最根本上说，爱人想要触摸的，是不可触摸的事物；想看到的，是不可见的事物；想把握和拥抱的，是不可把握的事物。我生命中最亲密的爱情，让我经历的是不可思议的亲密，同时也是不可弥合与测量的距离。在爱情当中，和我们最亲密的人，同时也离我们最远。我们最深爱而了解最深的人，恰恰是最难描述的人，这难道不奇怪吗？然而，这同时也是一种承认：这个唯一的人，这个在生活中我尽全力去了解的人（我的孩子、密友和爱人），不能被化约为一系列品质和特征。赛琪和厄洛斯的神话传说，也许能够给我们一些现象学的启示，来看待与某人"落入"爱河的神秘经验，看待解锁彼此秘密的经验——看待一个可能的人类经验的意义的经验。

利科说，神话并不仅仅是对过往世界的怀旧，它们"参与发现了前所未有的世界，打开其他可能的世界，超越了我们实际世界中建立的限度"（引自 Kearney，2004，p.124）。并且，通过解释学再诠释神话，让人类现实的意义可以通过现象学的方式来触及，如果不是这样，这些意义很难进入我们的经验理解。

因此，让经验现象学叙述保持"虚构"，在方法论上其实很重要。无论生活经验描述来源于实际情况或历史事件，无论它们是不是可靠的见证人的叙述，无论它们是不是个人经验——无论如何，只要这段叙述被纳入现象学反思的调节中，它们就会被变形、被还原，或者我们应该说，将它们"上升到""虚构"的状态，它们完全有可能是想象出来的例子。胡塞尔曾论述过虚构对于现象学探究来说，在方法论上的重要性：

> 在历史的馈赠当中，我们可以得出非比寻常的成果，从艺术，尤其是诗歌当中能得到更多的成果。诗歌，当然是虚构的，但是在它们创造形式［Neugestaltungen］的原初性中，它们独特特质的丰富性和它们意图的坚固性，将我们幻想的产物更上一层，除此之外，当它们被领悟时，它们便借助特别通过艺术表现的暗示的力量，被十分轻易地改变成为无比清晰的幻觉。

> 因此，如果一个人喜欢充满矛盾的词句，他实际上可以说，并且如果他从正确的意义上意指模棱两可的词句，他可以在严格真理的意义上说，"假装"（Fiktion）构成了现象学的重要成分，对于其他本质科学也如是，假装是对"永恒真理"的认识得以产生的泉源。（Husserl，1983，p.160）

胡塞尔的观点再一次表明，现象学反思的材料在根本上是制造出来的、虚构的。甚至所谓的经验材料也被当作虚构来对待，因为它们不是用来对某现象或事件做经验概括或者对事实进行公布。当然，胡塞尔并不是在说文学文本和小说本身就是现象学描述，但它们是现象学分析过程的材料。"虚构的"事例有可能从文学、艺术、生活、想象当中汲取。文学呈现了表达性的来源，比如神话、诗歌、传记，而且还有绘画、电影和其他艺术形式。进行现象学研究和分析要在生活中汲取经验材料，例如轶事、故事、片段、格言、隐喻、记忆、谜语和谚语。同时还包括生活和艺术之外的想象和假定的材料。

上述讨论对于现象学研究的作用其实在于，研究者要认识到，由访谈、观察、书面叙述和其他社会科学方法获得的经验材料，是进行现象学反思的基本材料。然而，一旦经验材料变成了现象学反思和分析的对象之后，其事实性就被剥去了。而这并不意味着事实性的叙述对于现象学研究来说并不重要。相反，这意味着从经验叙述中萌发的洞见，也许越发充满深刻的生活意义，能和人类真理产生共鸣。同时，这并不意味着虚构叙述或者诗歌的文本本身就已经是一种现象学。但是正如林斯霍滕恰如其分地说道，这也许是指"诗歌之尽头，人文科学之肇始"（Linschoten，1953，后记）。

再强调一遍，某个经验是否真实发生过，或者仅仅是我们想象其发生过，都无关紧要。这样的认识，也许会让一些质性研究者觉得有问题。但我想提醒的是，现象学研究即使采用经验材料，也并不做经验断言。现象学并不从经验样本概括到特定人群，并且也并不对某些事务、事情或事实性事件的状态做出事实性的结论。那么在现象学探究中，轶事和其他（虚构或者真实）的召唤性文本的哲学或方法论的地位是什么？在接下来的段落中，我将要展示几种性质特别的事例（轶事、故事、片段等等）如何作为"现象学事例"或"典型范式"。

唤出法：临近性

唤出法（the evocative method）是在写作活动中练习对生活意义的感知性表述。它让文本以一种表述的方式对我们诉说，因此文本中回荡的意义诱导我们去留意和认可。唤出法赋予关键词全部的价值（通过隐喻或者诗歌的工具，例如反复、头韵等），因此，意义层次便能强烈地镶嵌在文本之中。

当具体事物在文本中被命名，而语词又在文本中得到强化时，就会出现特别的效果：事物的文本的意义便能够向我们诉说。我们说："这首诗、这段文字，是对我说的！"语言的"诉说"让我们产生一种感觉，我们被引入与某物的"接触"中，从而以经验意义上被揭示的方式"看见"某物。文本具有普遍化或概括化的特征，并不是说文本在经验的或事实性的层面上进行普遍化、概括化，而是说文本具有激荡人心的特质，激发了情感或情绪上的官能——营造出"感受性的理解"（feeling understanding）。感受性的理解通过语言的强化与我们沟通，具有增强、扩大的效果。它使我们对现象产生临近感和亲切感。

文本语言的强化效果很简单地表现为，意义变得更加临近、更加亲近。换句话说，强化的方法让事物临近和接触我们。而与此同时，文本的具体经验内容同样对唯一和独特保有敏感。因此，意义的强化在两个并行的方向发生效用。语词的感受性理解指向临近感，而文本表达的具体形象指向个别。

"唤出"一词来源于"evocare"，意思是将某物唤起、唤出——让某物进入头脑或记忆，富于创造力地以语言或形象重新创造，是引起（通过感受性的手法来唤出经验）。将经验形象唤出，是人文科学表现研究材料的方式。对于一个人可以鲜活表现经验的方式，并没有限制。但是唤出法的主要目的，在于通过具有唤出性的文本的调节作用，倾听在我们面前的事物，倾听那些对我们有影响力的事物。

"轶事"让我们用经验的方式把握意义

轶事，恐怕是人们讨论自己的事情的时候，最经常使用的工具了。当我们说起我们的日常经验时，我们倾向于通过轶事来说明。我倾向于相信，轶事是把特别的生活旨趣带入意识的自然方式。也许更恰当地说，轶事式的叙事，让人们可以对经验以具体的方式进行反思，因而恰当地使用这段经验。"讲轶事"，就是去反思、去思考。轶事构成了日常叙事的文法。轶事再造经验，并且已经采用了某种超越的（聚焦的、凝练的、强化的、倾向的、叙事的）方式。因此，"讲轶事"的行为是具体的反思，为现象学反思做好了铺垫。轶事之所以这么有效果，是因为它们似乎在讲述一些值得注意的、重要的事，这些事关乎生活，关乎我们日常生活的承诺和实践、沮丧和失败、事件和事故、失望和成功。

因此，轶事是具体的、从生活中（从虚构和真实的意义上）提炼的叙事工具，能在现象学的意义上提供"事例"（参见 van Manen，1990）。事例和轶事在方法论上紧密相连，二者的区别在于不同的感召或写作的角度。现象学反思要我们从直接经验中后退一步，进行反思。德里达曾指出，反思的时刻从世界中抽离，是为了以某种方式重新捕获世界，而这个过程本身其实已经是写作了——我们在这里应该说，这个过程本身已经是现象学写作。

轶事的现象学用法，不应该和那些不可信的事实经验叙述相混淆。例如，我们也许会听到有人说不应该相信某件叙述，因为"它仅仅是给予轶事般的道听途说（anecdotal evidence）"。作为"轶事般的道听途说"的证据，不足以支撑证明或论断。并且，建立在轶事式的证据上的概括，是完全错误的。而现象学的目的并不是经验概括。质性研究中对轶事的批评，疏漏了一点，那就是除了事实性－经验性或事实性－历史性的原因之外，轶事还另有其价值。故事或轶事如此有力，如此有效，如此有影响力，是因为它们可以解释那些拒绝被直接解释、直接被概念化所规定的事物。轶事通过非直接的方式解释，通过唤出形象来理解经验的意义。

轶事写作

一段轶事可以通过"生活经验描述"来建构。生活经验描述收集自访谈、观察、个人经验、相关文献或者想象叙述。有时经验描述（通过访谈或书面叙述得到，等等）的叙述十分充分，已经具有轶事的叙事结构了。

我通过事例的方式来呈现两段轶事。这两段轶事都选自戴安娜·麦高因的书，她记录下了自己患阿尔兹海默症的经历。她描述到即使在还没有确诊时，遗忘他人如何影响了自己的工作：

> 我刚坐到自己盖着玻璃的光滑的书桌背后，一位衣着光鲜的女人便走了过来。"你好？"我跟她打招呼。"你需要什么

帮助吗?"

"戴安娜!"这个女人停下来,明显吃了一惊。

"你什么意思?"

我感到心脏在胸中猛跳,我感觉这个女人觉得我们彼此认识,而且能直呼对方的名字。

可是,她是谁?

这个女人热切地看着我,将一个密封的工资单信封递到我面前。

"你宣布成绩单摘要的时候,工资单到了,"这个女人慢慢地说,"我替你拿了工资支票。"(McGowin,1993,p. 18)

当遗忘变成了长期性的,而且扰乱着日常生活秩序时,失忆更令人沮丧了。戴安娜仍然没有完全认识到,她的健忘并不是一件平常事。但她已经在尽力应对意外情况:

"嗨,戴安娜!很高兴见到你啊!你最近怎么样?"他微笑着来对我打招呼。

噢,天哪,又来了一个!我觉得自己仿佛置身于永无岛。这次,我试着和这位年轻陌生人寒暄,想以此蒙混过关。我们一同散步,他问我在这家事务所工作了多久。我迟疑了一下,然后回答说大约三年了。这小伙子信服地点了点头,然后说,他刚参加了个面试,面试送信员或通信员。我能帮助他吗?

我拱手认输了,不得不微笑着推辞。

"请原谅我。我知道我认识你,但是有时候就这样。我就是想不起来你的名字了。我很高兴为你美言几句,如果你能把你的名字和其他相关信息写下来给我。"

"我不明白。"他喃喃着。

"你的名字是?"我一点也没动摇。

"戴安娜，我是你的表弟，里奇啊。"他慢慢地说道。我的眼里充盈着泪水，我拥抱了我的表弟，小声说道："我只是不想让别人听见我的亲戚在申请。我当然会给人事部门交一份推荐信。没问题！"（McGowin，1993，pp. 19–20）

戴安娜·麦高因意识到自己记忆的脆弱，而一个结果就是，她越来越强烈地感觉到她"自己"在一天一天地消失。然而，讽刺的是，她在整段叙述中都呈现出强烈的自我意识。一方面，这个人的自我因为痴呆的折磨，似乎在磨损、消逝；另一方面，自我的经验似乎被特别强化了。例如，阿尔兹海默症患者敏锐地意识到自己在试图说什么，但就是说不出正确的名字或词语。一个旁观者也许不能注意到这些，只能看到沉默而孤僻的行为。现象学研究也许能够让我们更加能意识到疾病的生活意义。

轶事结构

本书提供的不同轶事表明，这样的叙事具有一定的简洁风格。下面的纲要，描述了轶事的叙事结构，这个纲要还可以被用作指导方法，来指导收集有力的叙事材料，或者把生活经验描述、编辑成为范例型轶事。

1. 轶事是简短的故事；
2. 轶事通常描述单独的事件；
3. 轶事在开头便接近经验的核心时刻；
4. 轶事包含了重要而具体的细节；
5. 轶事通常包含一些引语（说了什么、做了什么等等）；
6. 轶事在故事的高潮或事件过后，很快结束；
7. 轶事通常具有有效的或"刺激的"（punchy）尾句：它创造刺点（punctum）。

当罗兰·巴特追问什么让一幅摄影不同于一张快照时，他用了"刺点"一词。巴特用"展面"（studium）一词指我们对摄影所怀有的兴趣。展面，好比我们打开报纸时怀揣的兴趣。我们留意着报纸上描绘的那些脸孔、姿态、动作、事件和情景。展面依照的次序，取决于喜好与否，而不是热爱——它只动员了一半的欲望。当我们观察人们及其衣着时，也是怀着这样的兴趣，我们可能会觉得"还不错"。看到展面，就是看到摄影师的意图，人们可以认可摄影师的意图，当然也可以否定它。

而打破或者刺穿展面的，是刺点。"刺点"一词指的是点、刺。实际上，巴特并没有真正解释为什么一幅图片会震撼人心，他把我们的注意力吸引到这个事实，而且让我们好奇，为什么会如此。二者的区别在于：展面是我们投入或带入一幅照片的兴趣，但是刺点是照片对我们的打扰，对展面的打扰。"一幅照片的刺点，是意料之外的事物，在刺戳着我（同时挫伤我，让我觉得辛辣刺激）。"（Barthes，1981，p.27）刺点是我带给照片的，而且它"无论怎样早已在那里"，巴特如是说（Barthes，1981，p.55）。

有一个非常有趣的例子能说明摄影刺点的"打扰"特质，这个故事发生在著名摄影师安德烈·科特兹（André Kertész）身上。1937年，在科特兹初到美国时，《生活》杂志的编辑拒绝了他的照片，因为他们认为他的图片"说得太多了"，它们表达出一种意义，让我们思考——一种和表面上不同的意义。从根本上来说，摄影的颠覆性，不在于它所进行的惊吓、反抗甚至污蔑，而是当它沉思时、思考时。一幅照片的刺点，往往是一个细节。刺点的某些细节可能刺戳我。如果它们刺戳了我，无疑是因为摄影师故意把它们放在那里。但是刺点也可能是照片中意料之外之处。换言之，在刺点中，有偶发的成分（值得一提的是，科特兹无意间第一个发明了快拍照相机）。

数码技术让我们可以拍下生活中物体和事件的无数快照。并且实际上很多照片仅仅是快照而已。但是有时一张照片有可能把注意力吸引到它本身。它有什么正吸引着我，一名看客。因为它拥有刺点！

对现象学反思和写作的启发是，语言同样有刺点。因此，当轶事变成一段引人入胜的叙述性"事例"，拥有着激发我们的力量，带来一种寻常建议性话语无法带来的理解时，文本便拥有了刺点。这样的文本，帮我们"理解"并且体验那些并不在理智意义上知晓的事物。

实际上，轶事作为工具可以对现象学研究和写作大有裨益。因为这一原因，我额外从人们那里采集了他们和患有阿尔兹海默症的父母之间发生的故事。我让他们用一段具体的特别事件来表达自己与父母的经验。根据事件的不同和人们对经验的具体细节进行语言描述的能力，这些轶事在复杂性和深度上都有所不同。一些故事相对直接，另一些则更加耐人寻味。

> 当母亲饿的时候，她便起床，开始在房子里走来走去。昨天，她看上去饿了，我跟她说："去厨房，到冰箱里拿点什么吃吧。""好，我去。"她口气很坚定。可十五分钟过去了，我到厨房看看她在做什么，她站在那儿。她站在那儿，很安静，好像陷入了沉思。但是她真是在思考吗？她看上去不知道她为什么在那儿。但是她似乎意识到有什么不对劲——就好像她失败了，好像她应该做点什么一样。（RB）

一名阿尔兹海默症患者也许忘记了要做的事，但是这种丧失目的的感觉也许会逗留。随着我们记忆的衰退，要从事的事情也分崩离析，并且我们的自我感无法在人格中得到实现。

> 父母亲坐了六个小时的大巴车来探望我们一家。当爸爸走进门的时候，他张开双臂拥抱我。我喜欢爸爸给我一个大大的拥抱。我觉得自己仍然是他的小姑娘，他仍然保护着我，虽然痴呆症让他越加沉默寡言。我看着这个男人，我的父亲，他现在变得异常安静，几乎像个陌生人。"嗨，爸爸。"我把

刚才的念头打消，跟他说，"见到你太好了！"他点点头但是没有说话。他看上去如此脆弱！我颤抖了一下，突然意识到，我不再真正理解我父亲，我从前一直以为我理解他的。好像他对我的遗忘，变成了我对他到底是谁的遗忘。可我又感到自己与他从未如此亲近。（JA）

反讽的是，当生活的表象被粉碎，我们对自己和他人的他者性的理解反倒加深了。像这样经验性的轶事让我们惊奇：对于一个患有严重痴呆症的人来说，自我和自我感知受到了什么影响？如果自我（selfhood）是通过我们从事的事件来经历的，那么当一个人不再有事件感，自我会"是"什么呢？具体来说，一个患有病理性失忆的人，如何（或从何种程度上）经验自我感？阿尔兹海默症患者不能再认出亲友，他们所经验的，是一个溶解的自我吗？阿尔兹海默症患者的自我，是不是已经局限到事件仅存的程度？对于照顾患有阿尔兹海默症的父母或配偶的人来说，看着记忆这样如此根本的东西似乎在慢慢销蚀，想必非常令人迷惑。

轶事编辑

通过上面这些讨论，我希望展示出现象学轶事如何作为"事例"来描述一个现象。但是从访谈、报告或对话中获得的经验描述，很少具有能使得文本富于感染力、生动和引起经验共鸣的叙述质量。因此，接下来我对如何修改轶事提供一些建议，也许能帮助文本富有见解，为形成现象学主题和理解做好铺垫。

- 决定作为"事例"的经验性叙述材料的来源（访谈、观察、对话、偶尔听到的故事、书面描述等等），来切入论文研究现象的意义维度。
- 采集这些故事式的材料之后，对照你的研究问题，也就是你研究的"生活经验现象"进行阅读，在阅读的过程中，进行诠释，找出叙述中出现的看似重要的主题。

- 选取有潜力的叙述，把它编辑（重写）成轶事。通过删除繁冗或多余的材料，保留和主题相关的材料。（当心：不要过度创作、调整或扭曲文本。）
- 如果可能的话，向材料来源（比如受访者或作者）核对、咨询叙述标志性的效度（但是不要把标志性效度和实证的、事实的效度相混淆）。这段轶事是否呈现出你经验的某个侧面是怎样的？

- 接下来，就现象和轶事本身的主题，对轶事进行加强和修饰（编辑）。
- 问自己："这段轶事展现了这个经验的某个方面是怎样的吗？"
- 不要忘记，要想写得好，总是离不开重写，不断地对文本进行打磨。

下面的一段生活经验描述，记录了一个阿尔兹海默症发作的时刻。它的现象学问题是："在和父母的关系中，对类似阿尔兹海默症的痴呆症的经验是怎样的？"

　　我父亲的阿尔兹海默症逐渐恶化了。而且，他的健忘似乎进入了一系列不同阶段。有些阶段比其他阶段更加令人困扰。开始时，他总是问我相同的问题，或者他总是在几分钟以后重复刚才所做的评论。比如说，我进房间后，他就问："杰森现在多大了？"（杰森是我的儿子、他的孙子。）最近，他开始用我弟弟的名字称呼我，甚至用我儿子的名字杰森。他甚至把我和他的一些老朋友弄混。但是，无论我什么时候拜访他，他总是很高兴见到我。他总是对我报以欢迎的微笑。和我打招呼时，他的眼睛里闪烁着光芒，即使有时他叫了我弟弟的名字。我当然并不介意。所以我跟他开玩笑说，我体重减了好多斤，所以他一定是把我和大卫——我的弟弟弄混了。我弟弟身材健壮，比我帅多了。但是昨天，当我去拜访父亲的时候，发生了一件奇怪的事。我进了他的房间，他像往常一样坐在窗子旁边的椅子上。"嗨，爸爸，"我说，"你今天感觉怎么样？"他转过头来看着我，但是他的眼睛并没有显现出任何认识我的痕迹。他只是扫了我一眼。他的眼睛就好像，你知道吗，是空的，他看上去根本没有认出来我是谁。这让我感到难过。（MV）

这个故事中让人感到震撼的，似乎是对这对面不相识的目光的体验。被空洞的双眼所看见。接下来，我将上面的经验叙述进行改写，使之成为一段轶事。这段轶事会聚焦在目光上，并且删除所有和这个主题无关的内容。

今天，父亲的阿尔兹海默症似乎格外加重了。我走进他的房间时，他像往常一样坐在窗边。"嗨，爸爸，"我说，"你今天感觉怎么样？"他转过头，但好似没有看见我。他的脸上没有了往日的光彩。这目光很奇怪：眼睛空空荡荡。他勉强扫了我一眼：在这一瞥中，没有认出我来的痕迹。（RA）

删除了铺垫的材料或冗余的内容，经过编辑的轶事通常会明显比之前的叙述简短。但缩短轶事也许能让它更具感染力（而不是冗长乏味）。如果研究以阿尔兹海默症为主题，"对面不相识的目光"也许能成为阿尔兹海默症现象的重要维度。涉及目光的部分，没有必要充斥像忘记名字或重复问题和评论等等经验细节。其他主题可以作为同一现象学研究文本的其他部分。

现在，读者也许会发问："编辑"和"改写"文字实录或者原始文本是否是在改动某人的话，因此会篡改叙述，让它变得不那么真实？实际上，如果原始文本具有人种志意义上真实的相关性，那编辑的确就是篡改。但是，我们在做现象学，要实现对可能的人类经验的更加可信的描述，就要虚构一段事实性的、经验性的叙述，或者说，这段叙述早就已经是虚构性质的了。记住，现象学研究并不想要，而且不允许实证性的概括。现象学想要探究理解"可能的"人类经验、现象、事件。在编辑和打磨轶事时，读者可以参考下面的建议：

- 持续地指向现象的生活经验；
- 对事实性质的内容进行编辑，但是不要变动现象学性质的内容；
- 通过强调来突出本质或者现象学主题；
- 目的是要使意义强烈地嵌入文本；
- 使用现在时来写作，有可能使得轶事更加具有感染力；
- 使用人称代词有可能更吸引读者；
- 要删除冗余内容；
- 替换不当的词语，搜寻"恰如其分"的词语取而代之；
- 避免概括性的陈述；
- 避免理论术语；
- 只进行必要的改写或修改；
- 保持上文所述的轶事的文本特征。

轶事作为现象学事例

对于研究者来说，"轶事"在方法论上的意义在于，它能作为现象学"事例"。"轶事性的事例"，并不是在表达我们通过论辩或概念辨析所获得的知识，而是通过感召的方式，让我们经验我们所不知道（从理智和认知的角度上说）的事物。因此，轶事和事例（事例和轶事有可能是同样的文本单元）使得独一性可知。它们能如此，是因为典型轶事就像文学小说一样，往往指向独一性。实际上，任何文学故事或小说都是独一无二的故事，将某个现象或事件的特殊性和独一性展现出来。

假设有人对"什么是坠入爱河"提出了一个确定的、决定性的定义。这就意味着，我们不再需要把爱情当作神秘的现象来对待。但是我们早就知道，这是不可能的。我们充其量能做到的，是举例说明坠入爱河的体验。君特·菲加尔（Figal，1998，p. vii）说，如果有可能以令人满意的直接方式说这（某物）是什么，我们就不必通过事例来表现了。但是这恰恰是现象学必须做的。

比如，契诃夫的《带小狗的女人》是典型的文学虚构，它描述了一个从来没有真正发生过的事件。在这个虚构的故事中，契诃夫通过故事主人公无法控制的局面，让我们体验坠入爱河是怎样的。这段独一无二的故事当中呈现的，不是爱情的概念意义，而是爱情的独一性。并且，轶事作为事例，让不可解释的事物（例如爱情）变得在现象学意义上可知。因此，在一段以爱情为探究主题的现象学文本当中，使用典型性的轶事也许可以让爱情现象的独一性变得可知、可理解。从方法论的角度上说，在写作现象学研究文本时，使用事例这样的范式，可以让现象或事件的意义可知，而这是文本的概念性、论断性的维度所不能企及的。

通过时刻（moment）这个概念，也可以阐明独一性的现象学。现象学态度包含了一种对时刻的迷恋：迷恋一个经验或现象的唯一性或独一性。这个时刻是与众不同而唯一的，正像每个时刻总是与众不同而唯一的。比如，当我陷入爱情时，我思考着这个现象（爱情）的意义和独一性，接下来让我震撼的，并不是概念或抽象，而是我自己经验的具体性、独一性：刚才甜蜜的一吻，看着爱人的脸庞时我的满心温柔，读情书时我的渴望，听到她的声音时的愉悦，这一刻我所怀有的想要成为爱人之欲望对象的欲望。爱情的现象学，不能通过对爱这一观念进行理论话语或概念的分析得出；它必须通过唯一的、独一的语言来实现——独一的是"如此这般"，这个事例。

"事例"让独一性可感（可见、可听、可触）

拜滕迪克说，现象学是"事例的科学"。现象学反思和分析通过事例的方式进行。但是，这是什么意思呢？这意味着现象学分析的所谓材料（故事）以事例为其形态。正如上文所陈述的，当考察经验现象或事件的现象学特征时，现象学家通常谈论或者寻求"事例"的帮助。当马塞尔（Marcel，1978）讨论希望的现象学时，他举出了一个事例：一位母亲尽管明知儿子在多年前已经去世了，却总是在饭桌上给他留位置。但是，马塞尔说，这位母亲靠着希望生活。当列维纳斯描述异乎寻常的呢喃"il-y-a"（有）时，他通过事例来说明，童年记忆中他卧室的墙后传来"il-y-a"的喃喃低语。

当海德格尔反思"物"的意义时，他使用罐子作为例子。当亨利探讨内在性的观念（the idea of immanence）和"生命的自动情感"（auto-affection of life）时，他使用了康定斯基作为事例。当萨特讨论否定和虚无的经验时，他说他需要一个事例，然后他描述和皮埃尔在咖啡馆中相约见面，他们应该在 4 点钟见面。但是，当他到咖啡馆的时候，萨特环视四周，发现"他不在那儿"。接下来，萨特探讨我们如何"看见"缺席，这确实是虚无（不在那里）但又不是虚无（不在那里的缺席）。饶有趣味的是，所有的这些事例在哲学现象学文献中，都享有盛名。它们变成了现象学的著名轶事，不管它们是虚构的、想象的或者在实证意义或传记意义上为真，都不重要。

当下，在自然科学和社会科学中，事例通常被用作具体的、说明性的"例证"，来进一步澄清抽象观念或理论。通常事例 – 例证的用法目的是让理论知识更加可接近、具体或能理解，尽管例子本身也许并不能对知识有所贡献。康德在他的《纯粹理性批判》第一稿中解释说："事例是说明，对我来说总是必要的，因此实际上它们在我的第一稿中总是出现在合适的位置。但是然后……我发现用事例和说明来填塞书稿并不可行，它们仅仅因为世俗的原因而必要。"（Kant，1999，pp. 103-104）实际上，事例总是被用于信息性的说明。但是，说明 – 事例并没有增加新知识，因为这样的说明 – 事例可以被从文本中挑拣出来，而不让文本失去原意。因此，我们要认识到"现象学事例"和其他文本中解释性、阐明性或说明性的事例用法并不相同。

"事例"这一现象学概念，对于现象学探究来说在方法论上扮演了独特的角色。严格来说，现象学并不对事例的事实性——事实或真实——进行反思。现象学对事例进行反思，目的是发现现象或事件的典型性或独一性（exemplary and singular）。现象学探究当中的事例用来考察和表达现象的意义维度。事例在现象学中具有证据性的意义：事例是某个可知或可理解的事物例子，这个事物——也就是其独一性——不能被直接说出。如果独一性通过一般说明文来表达，它会马上消失。为什么？因为语言不能通过命名或描述来直接表达独一性。独一性不能通过概念来捕捉，因为概念早已是对语言的概括。语言使事物普遍化。而神秘的是，"现象学事例"在故事的独一性中提供了接近现象的途径。它使得"独一性"可知、可理解。

其他现象学哲学家同样发现了这点，并且详细阐释了对"事例"的看法，以及它对现象学反思、描述和诠释的可能作用。君特·菲加尔特别使用了"模型"一词，作为"事例"的等同语。他说："一个模型是确定的事例。"（Figal，2010，p.29）通过解释学现象学的方式来对某事物的意义进行反思，便是将它当作原初的模型。模型好像一个开端。它指向某事物的原初性。

希腊文"模型"一词的词源是"在某物中呈现某物，因而让其展现"，在阐释的、方法的意义上展现。同样，模型必须是精心挑选的，因为某物的原初意义必须在模型当中。"模型必须证明自身是模型，通过让其示范的事物被识别。"（Figal，2010，p.29）如果精心挑选模型，让它们互相补充，它们的混合就有可能支撑一幅图像，让现象或事物的丰富性和微妙性被识别出来。对于菲加尔而言，模型是反思性的概念，通过将注意力吸引到自身，使得它们开端的原初性能被清晰地认识。用菲加尔的话来说，"模型的不同之处在于它们之孕育；它们要证明自身，就要真正让某物通过它们被呈现出来"（Figal，2010，p. 30）。

同样地，吉奥乔·阿甘本将事例和范式（paradigm）二词交换使用，"事例"的意思是"para-deigma"①，范式。他说："范式指的是'事例'……一个独立的现象，独一性。"（Agamben，2002）独一性，从定义上说，是单独的、唯一的——事物不与他物相同的特征。换句话说，独一性没有能具体说明的身份（idem），它除了与自我相同（self-same）之外，没有能被认出的相同性（sameness）。独一性仅与自身（ipseity）同一。他指出，事例既不是独特的，也不是普遍的。他认为三个特征可以定义事例的典型性：

> 首先，自亚里士多德以来，事例从一个独一性发展到另一个独一性。第二，事例变得更加可知。第三，在一个现象和自身的可理解性或可知性之间，存在典型的、范式的关系。（Agamben，2002，p. 6）

因此，现象学事例多多少少是个谜或矛盾。但是理解事例在现象学反思和写作中的地位和意义，也是理解现象学方法的关键。不能把现象学探究中的"事例"假定为对论证的说明，或者体现抽象概念的具体事件，或者实证的材料，从中发展概念的、理论的理解。相反，现象学事例是语文学上的工具，保持着一定的张力，探索独一性的可知性。事例是如何做到这一点的？事例之所以能如此，是因为它让我们以直觉捕捉独一性，这恰恰是现象学的工作。

因此，独一的独一性也许会通过事例的方式来呈现自身。"事例使得独一性可见。"阿甘本如是说（Agamben，1993，p. 10）。但是一个人也可以说现象学事例实际上将"具体"和"普遍"这不兼容的一对调和在一起。换句话说，在具体和普遍的解构性融合中，

260

---

① 希腊语，例子，形式，样例。——译者

独一性便出现了。黑格尔认为生活经验起源于特殊性，但是只有特殊性提炼成为普遍性时才得以识别。而阿甘本的观点，可以看作是黑格尔观点在现象学上的变式，只是黑格尔会否认掌握独一性知识的可能性。

唤起法：强化

唤起法（the invocative method）强化了文本的哲学维度，因此文字强化了它们的感觉和可感的敏感度。"唤起"（invoke）一词起源于"invocare"：召集、请求、呼吁、乞求、祈求、引发、通过符咒来召唤而出。德文"Dichtung"可以恰当地描绘出诗歌这种唤起性的语言。诗歌，也就是"Dichtung"，指的是语言的强化。作者将语言的力量唤起，在读者身上产生特定的影响。充满呼唤性的词语，通过押韵或反复与其他词语建立关系，而这个词语的意义同时被其他词语的意义所影响和感染。写作现象学文本时，我们需要辨别文字什么时候能做到这些，是怎么做到这些的。我们需要敏感地察觉，通过什么方式可以让词语和表达方式拥有强嵌入的意义，让它们获得合适的强度。

声音的反复似乎能产生使人着迷的质感。就像演奏乐曲一样，文本中的反复能吸引我们身体的灵敏性。这就是为什么当我们朗读某种循环往复的形式时，我们往往会采用富有节奏的姿势。实际上，演讲，在这种意义上看是具有姿态的。富于质感的反复，通过押韵、谐音、节奏和内在节奏，构筑了丰富的音韵和听觉上的文本形象。而押韵、谐音、有节奏、有韵脚的文本所带来的悦耳效果，加强了文本想要暗示的意义的实际感觉。

而且，如果我们创造性地使用某些词语的新颖意义，也许能让这些词带有特别的语义学意义和预言（mantic）的力量。例如，海德格尔唤起了物（things）的"物化"（thinging）；梅洛－庞蒂写下了"吟唱世界"（singing the world）和世界的"肉身"（flesh）；列维纳斯让"裸露的面孔"（naked face）一词具有了特别的意义；马里翁探讨了现象的"自身给予性"；等等。这样的语言工具，具有唤起性的效果，使得文字效果更强烈，令人产生深刻的印象，便于引用。

诗性语言：当词语变成了"形象"

因此，现象学事例（轶事、故事）不是在表述人们所知道的，而是通过富于感染力的方式，让人们体验到他们所不知道的事。当我们在现象学文本中展现一段轶事时，语言的质感便希望能够变成形象。换言之，现象学文本想要对现象学知觉既进行解释，又以诗意的方式来唤起。

在《空间的诗学》的前言中，巴什拉通过"诗意形象"的现象来指称语言显现的性质，用他的话说，是在读者心中，进行现象学的回响的呼唤（Bachelard，1964b，p. xxiii）。现象学文本的力量恰恰在于这文字的共鸣以及这共鸣对我们理解造成的影响。有些文字触及了我们近乎漫无边际的、非认知性的理解，这些理解不太能通过概念和理智的思维来达到。在描述诗意形象时，巴什拉创造出现象学意义上微妙而富于感染力的显现形象。

> ［诗意形象的］共鸣，于我们在世生命之不同平面上铺陈开来。回响，赋予我们的存在更深的深度。在共鸣中，我们听见诗歌；在回响中，我们将诗歌诉说。诗歌属于我们。存在的改变从回响中涌将出来……诗完全占有了我们。诗歌掌握着我们的存在，毫无疑问，这其中凸显着现象学的标记。
>
> 在最初的回响后，我们能够体验共鸣，情感的回声提醒着我们往日的时光。而在形象搅动［我们存在的］表面之前，它已触及［我们自我的］深处。就连单纯的阅读经验也是如此。阅读时，诗歌形象向我们展开，现在这形象真的变成了我们自己的形象。它在我们身上扎根。别人将它赋予我们，

可我们却产生了这样的印象，仿佛我们能创造它，仿佛我们应该是创造了它。在我们的语言中，它变成了新的存在，把我们变成了它要表达的事物，进而来表达着我们；换句话说，一时间，它成了表达的生成（becoming of expression），我们存在的生成（a becoming of our being）。如此这般，表达创造了存在。（Bachelard，1964b，p.xix）

巴什拉对诗意形象的富于感召力的描述，说明了我们进行现象学写作的需要。在文本创作中，由文字的创造性的偶然定位，唤起了形象，打动了我们：它们塑造了我们，因而在我们身上发生影响，触动我们。或者使用巴什拉的话，在回响中，涌将出存在的改变和我们人格的改变（Bachelard，1964，p.xviii）。伽达默尔（Gadamer，1996）说，在唤起的时刻，语言触动了我们的灵魂。形象表现了直观：在诗意的鲜活生动中，达到对某物直接的把握。

> 我们只想赞赏生动性——它将我们的直观能力落于行动中——尤其让我们"象征性"或"概念化"的理解变得生动。
> 正是在语言的使用中，在修辞学和文学中，"生动"的概念才真正找到了归属；也就是说，作为一种特别的描述和叙述的特质，它让我们看见那些不能如此被见到的，那些只能被诉说的。（Gadamer，1986，p.163）

然而，形象这一概念作为现象学手法，是神秘的，因而拒绝被清晰地定义。作为现象学手法的形象，其本质既不是描绘与某物或某人相似的象征形象；形象也不是对原始形象的视觉复制。相反，在感召的现象学文本中，我们遭遇形象，这是极具吸引力的比喻，可以触动我们想象的官能。形象丰富了文本，深化了意义，唤起生活经验之不可言喻的特质。因此，当文本形象化（变成形象）时，它获得了（不）可听性，（不）可见性和触觉上的

（不）可感性。如果不是这样的话，现象学文本就不能沟通生活经验的具体亲历性。

> 感觉需要形象，从而能在其贫乏的原料中，从它的不可听性、不可见性中诞生。感觉需要声音、线条和形状。如果没有这些，它就会像缝衣针穿过网眼花边上的针脚一样，干瘪而短暂。（Nancy，2005，p.67）

像巴什拉描述的一样，形象往往具有审美或诗意的意义。但是在日常生活当中遭遇形象，也许只是平常的经验，这样的经验尽管稀松平常，却具有迷惑性的幻觉般的特质。比如，也许我走到某地，意外发现了一个形象，让我想起了某件事或某个人，给我带来了可以识别的情绪敏锐性。或者，我也许在听某件事或者聆听某个人说话，我觉得我被唤出的某种情感或情绪所捕捉，不是通过文字的语义含义，而是通过它们预言的或表达的效果。当我们听一首歌曲时，文字的预言意义也许这样展现自身：歌词不是通过字面的内容被倾听，而是通过其预言的效果。在这种情况下，歌手的语言变成乐声，与其他乐器的声音相交融。

在阅读和写作时，文本命题的或概念的语义也会破裂，形象破土而出，以新知识、新理解来触碰我们：文字变成了形象。形象不是图片，通过形象，点燃了感召性的理解。当海德格尔反思荷尔德林的说法"人，诗意地栖居"时，他展示出，对于荷尔德林来说，诗歌给我们提供了栖居在大地上的意义尺度。当然，对于诗人来说，尺度并不是计算的概念。用海德格尔的话来说，"尺度之本质与数字之本质一样，并不是一种量。诚然，我们能用数字计算——但并非用数字的本质来计算"[①]（Heidegger，2001，p.224）。

[①] 本节所引海德格尔著作的译文，均参考了孙周兴译《"……人诗意地栖居……"》，出自孙周兴选编《海德格尔选集》，上海三联书店 1996 年出版。——译者

因此，尺度指的是对广阔而神秘的天空所产生的绝妙感受。但是这样的感受并不能通过日常语言来承载和表达。只有当词语变为形象时，我们才能够想象自己意图中的难以捕捉的意义。

263 但是，诗人召唤着天空景象的所有光辉，及其运行轨道和气流的全部声响，把这一切唤入歌词中，并使其所召唤的事物闪光、鸣响。但是诗人之为诗人，并不仅仅描绘天空和大地的单纯显现。诗人在天空景象中召唤着那种事物，后者正是在自我暴露中让那些自我遮蔽的事物显现轮廓，而且让它们以遮蔽着自身的方式显现。在熟悉的轮廓中，诗人呼唤着疏异的事物——那些不可见的事物将自己赋于疏异之中，从而保持着自我未知的状态。（Heidegger，2001，p.224）

海德格尔在这里引出了形象的概念，来表明当语言变成了形象后，诗意的词语可以让不可见的变得可见：

我们所常见的表示某物之景象和轮廓的词是"形象"（image）。形象的本质是，让某物被看到。……因为诗歌采取了那神秘的尺度，亦即以天空之面貌为尺度，因此它以"形象"的方式说话。这就是为什么诗意形象是独特的想象：不是单纯的幻想或幻觉，而是构成形象（imaginings），即在熟悉者的面貌中去想象对疏异之事物的可见的囊括。（Heidegger，2001，p.226）

因此，海德格尔探讨"形象的诗意言说"（Heidegger，2001，p.226）。"形象"直接展现意义：我们通过直观行为直接捕捉意义。如果词语假定具有文字或诗歌的委婉力量，语言可以转化为形象。

文本语调和面相之看

文本也许承载着不同形式的语调。这一点在诗歌中得到了明显的表现。如果仅仅把一首诗当作消息来读，那么尽管这首诗能够表现一定观点、信息或意义，但它不能向我们诉说。但是，一旦我们用特定的解释性－反思性的注意力来读一首好诗（尤其是抒情诗），那么另一种意义出现了，它将会充溢在诗行间。我们可以将其称为诗歌的内在意义（inner meaning），与我们从阅读信息中获得的外在意义（outer meaning）相对。

内在意义是所有现象学文本的特征。实际上，我们说人文科学方法包含本质反思，是因为本质（eidos）指的是实质或内在意义。周全的反思的目的是将某物的内在意义引发出来。饶有趣味的是，海德格尔（Heidegger，1977）指出希腊语"eidos"最开始是指物体呈现给肉眼的"外部方面"。但是他解释说，柏拉图以非比寻常的方式使用"eidos"一词，并不仅仅指我们所感知事物的外部，而且指内部的、非物质的特征。而且海德格尔更进一步，说"eidos"不仅仅为物理可见的非感官方面命名，"并且构成了听觉、味觉、触觉，以及我们任何感知的本质"（Heidegger，1977，p.301），因此虽然"eidos"和"aspect"两个词与"表象、表面、表情、现场"相关（"aspect"来源于"aspicere"，看），但仔细审视之后，我们在一副面孔中可以看见的，或者我们在文本中能够发现的，不仅仅是外部的特殊性质，而且是渐渐浮现出的认可的体验（the dawning experience of recognition），而且是外部表象使这种认可的体验成为可能。特定的文本的表象之所以显露出意义，是文本语调的作用。顺便提一下，在此对于我们来说有趣的是，这个作为面相的意义的视觉观念，在现象学文本中却被感知为语调意义的听觉观念。

并不是所有的文本都邀请我们带着语调来阅读。例如，平常的报纸或正式科学报告不太可能包含语调，如果用诗歌感来阅读一段正常的消息，可能会有些搞笑。语调创造了和谐之音，创造了对唤起的对象的高度敏感。一段文本要能带着语调来阅读，就必须首先以潜在地承载语调的方式来写就。当我们关注于这样一段文本的语调时，文本突然获得了前所未有的意义。并且，通过这样阅读唤出的意义，并不是平常信息性质的意义。我暂且将其称为"诗性意义"，而且我想说，诗性意义并不一定存在于所有诗歌当中，而且并不一定仅仅存在于诗歌当中。诗歌本身，归根结底，是文化的话语，是一种文学创作或文学体裁。

关键的一点是，任何拥有诗性意义的文本，都和诗歌具有相似的性质：可以用一种特别震撼、贴心的方式向我们"诉说"，尽管我们很难确切指出敏思到底在哪里。现象学文本倾向于包含诗性意义，文本作为一个整体，用明显的方式让我们"看到"含蓄的意义。

维特根斯坦同样用"aspect"①一词指文本中意义的特质。他讨论了某物如何具有意义，而且他区分了"看"（seeing）一词的两种用法：物理的看和非物理的看。维特根斯坦说，除了直接看到这个或那个事物，有时我能突然"看到"某物的在场。例如，我可以看见一张脸，而且看到这张脸和别人的脸的相似之处。实际上发生的是，在他者的脸上，我"看见"了另外一个人："我注视一张脸，然后突然注意到它同另一张脸的相似性。我看到它并没有发生变化，但是我以不同的方式在看它。我把这种经验称为'注意到面相'。"②维特根斯坦（Wittgenstein，1968，193e）如是说。

"注意到面相"的经验，发生于我们突然在所观察和看到的事物当中，看到了新的东西。有时我们遇到好多年不见的一个人，但是我们还没想起，只是在看着一个陌生人而已。接下来，我们突然发现，我们认识这个人。我们在这张陌生的脸上看到了熟悉的面相，所以我们问："你是彼得吗？我们是不是在 15 年前一起上

① 维特根斯坦的这个术语通常译作"面相"。——译者
② 此处翻译参考维特根斯坦著，李步楼译，《哲学研究》，商务印书馆，2000 年版，294 页。——译者

过课?"

也有可能当我们看着某物的时候，有人指出可以以不同的方式看这个物体。维特根斯坦使用了一张既是鸭子，同时也可以将其看作兔子的图片。这看上去像一个魔术把戏。维特根斯坦问：兔子是从哪来的？没错，让我们感觉惊奇的是，鸭子一下子变成了兔子！我们知道这张图片并没有变化，但是，突然之间，我们能够看到之前看不到的事物。

另外一个关键之处是，这样的变化让其他事物也发生了变化：我们已经知道这只鸭子是一张可以看出不同形象的图片。而之前我们仅仅看到一只鸭子，甚至都没有想过这只鸭子是"一张鸭子的图片"。现在我们已经反思地意识到这张图像有不同的解释可能性：以一种方式或另外一种方式看它的可能性（详细讨论请参阅 Mulhall，1993）。这里引入了模糊成分。因此，我们看着这张图片，不仅看到了一只鸭子，并且再稍稍变化焦点之后，又看到了一只兔子。维特根斯坦将这个现象叫作面相的显露（dawning of an aspect）。在罗氏测验等心理投射测验中，精心制作的图像让面相的显露得以发生。你看到了什么：花瓶或两张脸？一个年轻女子或老年妇女的脸？你在这些墨水点间看到了什么？

显现出来的面相有一点很有趣，如果我们看得时间再久一点，它有可能消失。比如，我在黑夜中回家，突然间，我看到前面一个男人站在街上看着我。我不安地注意到他的存在，直到我走近他站立的地点，我才释然了，我把草丛恐怖的形状误当成人形。另外一个面相显现的例子是打错招呼：我们对一个熟人打招呼，但仔细一看，这个人其实是个陌生人。我们有点尴尬，我道歉说："不好意思，我把你认成别人了。"

问题在于，文本如何获得从平常信息层面上溢出的意义？第一，我们必须期待读者对文本的内在意义具有敏感性。第二，我们也需要对文本本身有所期待。例如，维特根斯坦（Wittgenstein，1968）探讨了文字可以通过感受性或表达性语调来朗读。他特别关

265

第九章　语文学方法：感召　　　*337*

注发出单个词的语调。他聚焦于赋予单词音色的声音的表达性质。当然，意义显现的经验可以包括整个句子、一个词组、一个段落或章节或整首诗歌和故事等。并且文本的语调并不仅仅取决于其表达的声音姿态的品质。

文本的语调由一系列语言因素所影响，我们可以对其研究，但是并不能轻易去控制。除了文本的结构以外，情境性的语境同样影响文本的语调。这类例子有：在教堂中优美的布道、葬礼上感人的悼词、悲伤家长的动人恳请、我们从祖辈那里学来的记忆犹新的言语、恋人富于诱惑的浅吟低语。

尽管如此，显现现象的本质问题仍然难以捕捉。看到同一幅图像的不同意义，似乎关乎（图片）外面有什么和内部有什么（观看图片的人的内心世界）。一方面，人们不可能完全控制显现的经验。拥有显现经验的可能性，似乎与人们看待某物的方式有关（Mulhall，1993）。

在看到面相的时候，人既不是完全被动的，也不是完全主动的。维特根斯坦认为这其中多多少少涉及想象。实际上，我们遇见过一些人似乎缺乏"看见"一个面相的能力——他们似乎不能去"想象它"。维特根斯坦将有"面相盲"的人和没有"音乐的耳朵"（musical ear）的人相类比。两种人都仅能"领会"一种意义，而领会不了另外一种。一个人对文本的语调耳聋，那么就无法读出文本的"意义"。诗歌也如此。大多数人能够读出词语的明显意义或说出的意义，但并不是所有人都能够而且愿意"读"诗歌。也许有些人对诗性文本感受性的隐微语气（undertones）不甚敏感（盲、聋、漠视、麻木）。

因此，接下来就是要认识到文字同样承载着显现面相经验的可能性。维特根斯坦自己运用诗歌的例子："当我怀着感情去读一首诗或者一篇故事时，我的确感到在我心中有某种东西发生，而这是在我单纯为获得信息而浏览这些文字时所不曾发生的。"①
（Wittgenstein，1968，214e）带着某种语调去读，文字完全充满了
意义，这些意义超越了文本的信息内容。因此，维特根斯坦做
出了区分：初始的意义（primary meaning）和派生的意义（secondary
meaning）。大多数人能够发现文本的初始意义，但是并不总是那么
容易找到派生意义。初始意义是信息性的内容，基本上是公共的，
而且遵循文字的字典定义。读者理解派生的意义只有在首先能读
懂初始的意义后才有可能；但捕获内在或派生的意义，似乎还需
额外的能力。

再次强调，想在派生意义的层面上理解文本，首先要求人们
能够理解文本的初始意义。是不是有可能有的读者对诗歌的特别
意义是"面相盲"呢？在这种情形下，马尔霍尔提出"意义盲"
的概念（Mulhall，1993，p.35）。当然，对内在意义的无视同样表现
在语调、情感、质感等多方面。如果人们只关注文本的信息内容，
诗歌能被理解吗？这些也许只是反问的修辞而已，但是这些问题
很重要，因为它们暗示着，人们有可能对诗歌的超越意义"麻
木"，同样也有可能对现象学文本的超越意义麻木。对文本的诗性
意义麻木是指人们看不到内在和外在之间的区别。但人们总有可
能学会去感知文本的语调。也许，当一个文本足够强烈，它便具
有引发如此感知的效果。这便是现象学文本的教育特征：让读者
敏感于文本语调中固有的意义。方法论上的启示是，在现象学写
作当中，我们需要练习两种语调：文本外在的和内在的意义、初
始的和派生的意义。

除了语调，我们还需要考虑其他方面。对英语语言文学的学
生来说，每段文本都具有语调：一篇文章也许有正式、非正式、
亲密、肃穆、清醒、戏谑、严肃、反讽、傲慢或包含其他态度的

267

---

① 翻译参考维特根斯坦著，李步楼译，《哲学研究》，商务印书馆，2000 年版，
327 页。——译者

语调。相应地，报纸上的一篇文章倾向于具有信息的语调，而教科书有讲授的语调，等等。然而，我们这里的区分多少有所不同。我们使用"语调"（tone）这一概念来区分两种意义。这种区分在诗歌中尤其明显，但是对其他种类的文本也适用。

我们有两种阅读诗歌的方式：可以阅读其信息，也可以阅读其语调。乍一看，这不过是对音调的常识。音调（intonation）取决于我们朗读时"声音和感情"抑扬的敏锐感觉，因此优秀的演说家可以带着语调朗读，同时为文本增加语调。但即使是在常识中，语调也不仅仅是听觉的事情，语调和意义以及感觉的体验有关（felt experience）。因而如果从现象学的意义上来说，我们带着语调朗读，那么我们要读出语调的意义，文本应该能够提供这些意义。写作也是如此。我们创造具有语调的文本时，希望读者能够受到感染。不得不说，我们对文本语调的体验，很像我们体验动人音符或迷人的曲调带来的陶醉效果。就像音乐的曲调一样，文本的语调也可以留下震慑肺腑的、身体上的痕迹（tracts）。我们真正被打动、受感染，令人陶醉的效果挥之不去。用乔治·斯坦纳的话来说："我们可以回应文本、回应艺术作品、回应音乐，我们的回应具有特别的意义，同时是道德的、精神的、心理的。"（Steiner，1989，p.8）现象学语调想要达到的特别效果是令人顿悟（epiphanic），现象学语调旨在触动我们对生命意义的理解，我们将此经验为生命中的意义。

召唤法：感受性

召唤法（the convocative method）旨在让文本拥有（感同）身受的 [(em)pathic] 力量去吸引读者——使得文本的生活意义向读者诉说，对读者发出要求。一段质性的文本可以突然开启根本的洞见，这种洞见不能被化约为概念的词语或理智的陈述。相反，文本中有一个充满意义性（meaningfulness）和感觉（sense）的时刻。

这种对意义性的渴望是人类探寻和反思的核心。"召唤"（convoke）一词来源于"convocare"，把很多人邀到一起，聚集、集会、召集。召唤，就是创造群体的伦理空间。感受性的语言工具倾向于让文本更难忘，更有价值，更能被记诵。这也是为什么古希腊史诗通常采用可以记诵的方式来写就。

感受的观念能帮助理解现象学文本如何创造某种非认知的知识：感受的知识和感受的行动（acting）相一致。知识的感受性在于实践行动依赖身体的感觉和感官的印象：个人的在场，关系的感知性，在偶然情境中和深思熟虑的常规与实践中知道如何说、如何做的机智，以及知识的其他方面——这些部分是前反思的，但却是敏思的，充满了思想。如果我们希望进一步研究、增强实践的感受性维度，我们需要召唤性的语言，来表达和交流这些理解。感受的文本需要持续指向生活世界的经验的、亲历的敏锐性。例如，经验故事为呼唤实践、反思实践提供了机会。尤金·简德林指出，这种理解并非通常意义上所说的认知性。他说："理解是感觉（sensed）或感受（felt）到的，而非思想到的——并且通过注意力也未必能被直接感觉或感受到。"（Gendlin，1988，p.45）

认识性和感受性

"感受"（pathic）一词，指我们称之为移情（em-pathic）和同情（sym-pathic）的表达性理解方式。移情和同情，通常被看作关系性理解的某些类型，通过想象把自己放到别人的位置，感觉别人的感受，从一定距离之外了解他人（心灵感应，telepathy），在更一般的意义上说，是理解性地参与他人的生活。但是，这些关系性的语言观念同样也开启了对表达性和理解方式的不同思考方式——与其说是语义的，不如说是预言的。感受性的理解毫无疑问有多种形式和模式。但是首要的一点在于，像移情和同情这样的术语表明，这种理解首先不是认识性的（gnostic）、认知的、理智的、技巧的——而是感受的：涉及感情、身体、诗意、感伤以及感受性的灵感。

诺斯底主义（Gnosticism）作为一种信仰，坚信理智（reason）是传授和修习宗教的恰当工具；在专业领域中，认识的态度也相信，专业实践应该被理性主义因素和认识的知识所定义。例如，医学是诊断（diagnostic）和预断（prognostic）知识占主导的学科。感受之知相比之下较难理解，因为它指的是直接感受的体验的存在。认识和知识相关，指判断、准则、意见；而感受和"pathos"有关，意思是能够激发经验理解的性质。

"感受"一词来源于"pathos"，意思是"遭受痛苦，同时也是热情"。感受的表达，不能和交际性的表达（phatic expressiveness）相混淆。"phatic"一词来自于"phanein"，呈现自身、出现。因此，在交际性的表达中，把一个人的存在展现给他人，有一种现象学的敏感。感受和交际的词语和表达中的现象学观念提出了语言的可沟通性（communicability）的限度与可能的问题。让－吕克·南希将感受性与语言的片段以及神秘的象征主义相联系：

> 因此，比如说，我们共同拥有语言的秘密，并将其视为比语言本身更遥远的东西———但秘密再遥远，也无非暴露在语言花饰的表面。或者，再举一例，可沟通性的秘密，毫无疑问与前一个秘密不可分，我们会称它为"感受的"，通过"移情""同情""感伤"来实现的可沟通性，一个比所有确定的感受还要遥远的秘密，充满感受性矛盾的秘密。（Nancy，1997，p.136）

269　　在更广泛的生活背景中，感受性指的是一般的情绪（mood）、敏感性、感官性（sensuality）和在世存在感觉到的意义。阿方索·林吉斯会说，在感官敏感性中，有感受的智性（Lingis，1996）。感受性协调的身体通过自身的回应来发现自身，与世界万物回应，与分享我们世界或闯入我们世界的他者回应。感受的感官以知和存在（knowing and being）的感觉与情感的模式来感知世界。拜滕迪克（Buytendijk，1970a）认为，在感受经验和亲历身体的情绪之间存在紧密的联系。同样，海德格尔使用"Befindlichkeit"（现身情态）一词指我们在情境中对自己的感觉。"Befindlichkeit"字面上的意义是在世界中"人发现自己的方式"（Heidegger，1962，pp. 172–188）。在情境中，我们对自己有一种隐微的感受性理解，尽管有时把这种理解诉诸文字很难。

一段现象学文本绝不应该仅仅从明确的意义上被解读。文本的感受性意义与现象学试图要唤起的意义直接相关。一个文本的情感性（pathognomy）是指它表达更深层的情感意义的赋意（signification）能力。然而，文本情感性的方面不可能直接用概念术语来解释。感受性意义是日常生活语言经验的一部分。当一个文本突然以确认我们经验的方式向我们"言说"时，当它表达一种触动我们敏感性的显明理解或真理时，我们就体验到了一段文本的感受性意义。

对我们来说，讲授概念和信息性的知识比引发感受性的理解要容易得多。但是，正因如此，才凸显出实践现象学的力量。正是通过感受性的赋意和意象，通过向我们言说并提出要求的现象学文本，我们专业实践的非认知维度才可能得到沟通、内化，进而加以反思。正因如此，我们需要发展一种在偶然的、伦理的和关系的情境中对敏思敏感的现象学。

其次，描述世界认识性的方面，比描述其感受性的方面要容易得多。我们姑且进行多少过于简化的区分：认知维度是某物的概念性的、客观的和可测量的特征。比如，我们可能会通过空间属性和尺度来描述学校或教堂的建筑空间或物理空间，而类似的空间同样具有气氛的、感官的、感觉的方面。并且，就像我们对同一片风景会感受到不同的情绪一样，感受的性质并不是固定不变的，而是不断变动的。从这种意义上来说，我们可以说学校、教室、办公室、医院或其他地方，专业实践者在其中从事对他人引导性（agogically）的工作（服务行业、教学、治疗、帮助、咨询、护理关系）。

很多研究始于这样的假设，认为知识是认知性的，因此，这样的研究已经绕过其他更富感受性的知（knowing）的方式。但感受性的知的方式其实构成了我们经验和实践的主要方面。在 20 世纪 60 年代早期，心理学家欧文·斯特劳斯（Strauss，1966）写到，在人文和社会科学中，理智或认知的因素一统天下，感受的维度从来没有被研究和探讨过。他所说的"感受"指的是我们和世界万物之间的直接或无中介的前概念的关系。

斯特劳斯自己对感受的观念进行了发展和扩充。因此，也许我应该在本书中也这样做，值得一试。"感受"一词虽然很少被研究，甚至没有被系统研究过，可是对于我们来说，在感受知识中的意义维度应该并不陌生。在人文领域中，人类敏感性的身体现象学最近得到了越来越多的关注，例如尤哈尼·帕拉斯马的作品《思考之手》（2009）和《肌肤之眼》（2005）。从现象学的观点来说，我们可以断定整个身体自身都是感受性的。因此"身体知道"怎么做事情，并且如果我们想对这种"知识"在理智上进行控制的话，我们实际上就在妨碍自己做事情的能力——当然，这包含常规、习惯、运动技能和记忆、惯例、规则等等。

梅洛 – 庞蒂（Merleau-Ponty，1962）说，身体主体（body subject，法语 corps subjet）让我们通向世界。但是我们也可以说，感受的知识并不仅仅是身体所固有的，而且也存在于世界的事物中，存在于我们发现自己身处的情境中，存在于我们和周遭他人与事物的关系中。例如，感受的"知识"将自身表达在我们做事情的自信中、我们"感觉"某地气氛的方式中、我们"读"某人面部表情的方式中等等。知识是世界所固有的，通过这种方式，它使我们的具身化实践得以可能。

实践的感受方面之所以是感受的，正是因为这些方面在身体中、在我们和他者的关系中、在世界事物中、在我们的行动中存在和产生共鸣。身体的、关系的、时间的、情境的和行动的知识并不能被转译或捕捉成为概念和理论表达。换句话说，某些知识方式如此直接地从属于我们的生活实践——在我们的身体中、我们的关系中、我们周遭的事物中——以至于这些知识方式看上去并不可见。

但是知识的确会在实践行动中显现自身。而且我们也许通过怎么做事、能做什么事，在事物中，通过我们与他者的关系和我们具身化的存在，通过我们做事情的时间维度来"发现"自己知道什么。就连我们的身体姿势、微笑的方式、声音的语调、头微微一歪、如何看对方的眼睛，都表达着我们了解世界的方式和在世界中行为举止的方式。一方面，我们的行为沉淀成为习惯、常规、运动记忆。我们发现自己身处于情境中，并且我们做事来回应我们身处其中的情境中的习惯（rituals）。另一方面，我们的行动对世界中偶然的、新奇的和预期中的事物保有敏感。

因此，我们也许能区分不同的知的形态（modalities of knowing），这些知的形态是非认知和感受性的。我们感到我们的知存在于行动中、情境中、关系中，当然也在我们的身体中。从现象学角度说，的确如此。在我们的日常生活中，我们通过行动，通过我们身处其中的情境，通过我们与他者和周遭世界的关系，通过我们具身化的存在或身体的存在，来体验我们自己的关于如何做与做什么的知（knowing）。

a. 在行动性的知中，我们感觉到我们的知识存于行动之中：知识即行动。从某种意义上说，我们通过自己行动的方式和能力，发现自己实际上知道什么。这种行动的知识被体验为行为中的信心、个人风格、实践机智，也被体验为习惯、常规、运动记忆等等。

b. 在情境性的知中，我们感到知识居于世界的物体之中。实际上，我们通过周遭的事物，通过属于我们的和我们所从属的事物来发现自己知道什么、自己到底是谁。就像通过在日常存在的空间、物体、偶然性中了解我们自己一样，我们体验情境性的知识。

271

我们通过认识、记忆、舒适和熟悉的情绪等等来体验情境。

c. 在关系性的知中，我们感到知识居于关系之中。我们发现，在与他人的关系当中，我们发现我们知道什么。这样的关系包括一段共同的经历、信任、承认、亲密；又如依赖、统治、平等、专业等等。在一些关系中，我们觉得很自然，对自己有信心，在与别人的交谈中，连我们自己都惊讶于自己到底知道多少、能说些什么等等。但是也有可能在一段关系性的处境中，我们觉得不自在，对自己没信心、别扭。我们大多有过这样的经历，一些老师让我们觉得自己很聪明、知道很多；也有一些老师让我们觉得没信心，甚至觉得自己愚蠢。

d. 在身体性的知中，我们感到知识居于我们身体的存在中。在我们对事物和他者的直接的身体感觉中、在我们的姿态举止中等等，我们发现自己知道什么。在日常生活和活动中，我们如此相信自己的身体。正是因为我们的身体知识和身体记忆，我们才能够自信地拿起发烫的水壶，然后倒一杯茶而不洒。我们的身体知道怎么在熟悉的空间和地点中穿梭，怎么在上下班的交通中驾驶。身体的知识同样表现在我们居住城市的气味、脚下秋叶的特别气息，以及从家里厨房飘散出来的熟悉的味道。

在我们的日常存在中，这些非认知或感受性的认识相互交织。但是普通认知的话语并不能很恰当地表达专业经验的非认知方面。我们需要感受性的语言来唤出并反思感受性的意义。感受的理解要求不同的语言，这种语言必须敏感于专业生活中经验的、道德的、情感的和个人的维度（van Manen，1991）。

272　　题外涉足：感受性的触摸

在我的研讨会上，一个护理学教授提到教实习护士时发生的几件事。这都是一些小事，如果不是当天早上又发生了类似的事的话，根本不会被想起来。简向学生介绍了触诊法（palpation），这是一种体检方法。实习护士基本上必须依靠他们的视觉、触觉、听觉和嗅觉来发现病人身体状况是否异常。这些技巧包含检查、触摸、敲击和听诊。护士运用所有的感觉器官，近距离详细检查病人的皮肤和身体：他们看、感、觉、摸、按、打、抖、敲、吹、击、闻、听。听了简的解释，我和研讨会上的其他研究生（他们都来自教育系和心理系）都不由自主地感到，这种诊断方法会不可避免地涉及人与人之间的亲密接触。

大多数医学教材将触诊法定义为"通过触觉来感受的行为"，但是这个定义太局限了，不足以涵盖在实践操作时，双手能够凝练出的复杂意义（DeGowin and DeGowin，1976，p.35）。人类的手具有奇妙的功能，能接受多种感觉。在医学和护理手册中，记述了很多触诊法操作的细节以及如何用手来探测和辨识感觉。由于其解剖结构，手对于不同的感觉有不同敏感区和不同程度的感受性。指肚对触觉的辨别最为敏感，能够探查湿度、轮廓、静止和运动。指尖特别适合探索细小的皮肤损伤。手背表面、尺骨边缘和手指对温度的变化最为敏感。脉搏可以通过手掌或大鱼际（拇指下面的球形肌肉）来体察。

轻触，是用来检查皮肤表面特征和近皮下组织结构。重触，指的是用力按压来检查深层器官和结构。手掌和手指的轻触，常常用来检查病人的脸、颈、股沟、胸、乳、腹和四肢。学生必须学会用手指来滑、滚和轻推病人的皮肤。课程大纲用写实的语调，描述了如何通过诊断的方式，将手变成采集数据的工具：

> 熟练掌握手触诊的部分，变化运动的方式会影响采集数据的种类。在皮肤表面，横向或纵向滑动手指肚可以生成有关质地和表面轮廓的数据。位置信息和结构的稳定性可以通过抓紧手指来获得。（Kot，nd，p.13）

一个人如果曾经被用触诊法来检查乳腺囊肿或腹部问题，也许会回忆起这段并不怎么愉快的经历。但是实习护士必须在对方 ²⁷³

身上练习触诊，他们也觉得这段经历不怎么令人愉悦，但是个中原因却不甚明了。简描述了这样一件事：

> 上午三个小时的实验课上，我教学生触诊法。我发现他们看上去很尴尬。首先，学生们在休息时跟我悄悄承认，她们不太愿意让班上唯一的男实习护士，肯，参加同伴训练。在同伴训练时，一个学生必须穿上病号服，另外一个身穿护士服。尽管肯有很多年的急救经验，尽管他为人友善，女学生仍然不情愿和他组对练习触诊法。我们让肯和假人练习，就此解决了这个问题。一些女学生甚至不愿对彼此触诊，有些人问，她们能不能在病号袍下穿内衣。（JC）

简解释说，尽管在同伴面前一丝不挂也许让人尴尬，但是护士必须学会触诊。之所以不允许穿内衣，是因为内衣会阻碍皮肤之间的敏感接触，尤其如果内衣很长或者有弹性的话，更是如此。

第二件事是在学生从实验室过渡到病房，必须对老年病人进行触诊时。学生不断推迟、逗留、拖延。用简的话来说，他们干什么都行，就是不愿触诊。简最后终于质问这些实习护士，他们承认自己非常犹豫。如果病人不愿被打扰怎么办？如果他们在读书或者打盹怎么办？如果他们想干其他事怎么办？

实际上，下一节课上，简让学生反思自己为什么在同伴身上和病人身上练习触诊时这么迟疑，而这时学生倒是乐于讨论。他们承认困难来源于模糊性。他们能感觉到，实际上有不同的触摸方式，而且有些方式对触诊来说并不合适。进一步追问这些差异时，学生用他们的语言，自发区分了专业触摸和非专业触摸。

那么，什么是专业触摸呢？简问。学生回答说："专业触摸不是轻柔的，而是有力的，自信而明确，有目的、目标和意图。"一个学生说："我在家里跟妹妹练习触诊，我手法太轻了。妹妹告诉我，不能这样触摸。她说，太轻了，病人也许会误会。"简然后让学生描述非专业触摸。学生们说："很难描述，但是如果有什么不对劲，一下就能知道。"

在一名学生身上还发生了不愉快的经历。当这位学生想要对一位老年女性病人做触诊时，这位病人并不配合，她吃了一惊，而后便躲开了。这位女士看上去这么不安，另一位在场的护士将她的手放在这位病人胳膊上，以示支持。病人被护士的手所折服，开始抽泣起来。"这难道不奇怪吗？"这位护士后来说，"病人拒绝了一个护士的手，但是却寻求另外一个护士的手！"当然，有点反讽的是，这位年轻的护士如此诚恳，尽力以正确的方式触摸，病人却并不这么认为。这里并不是专业触摸或非专业触摸的问题；病人实际上需要的不是触诊法带来的认识性触摸，而是支持的感受性触摸。

因此，在反思实习护士经历的情景时，我们可以至少辨别出两种触摸：认识性触摸和感受性触摸。

1.（诊断）认识性触摸

首先，正如医学教科书里描述的，在触诊法中存在认识性触摸。触诊法的目标是诊断。字面上"dia-gnostic"的含义是"透彻地了解"，意思是看透身体。触诊的手可以提供这样诊断性的观点。医学教材陈述道："如果检查者在进行检查时，在头脑中将解剖特征形象化，则可完成对皮下解剖结构的评测"（Kot，nd，p.9）。因此我们可以说，触诊首先属于医疗保健中诊断的或医学的维度。医生和护士带着诊断的目的来应用这一手法。一位内科医生这样描述触诊法异常有效的诊断效果：

> 我在重症监护室值班。监护室马上要从病房接收一位病人。昨天晚上，一个病人因阑尾破裂做了急诊手术，现在病情仍然很严重。她的表现为高烧、心跳过速、呼吸急促，她明显是感染了。开始的时候，我重点检查病人的腹部，因为这是手术切口的位置。

我小心翼翼地移除包扎，给病人以安慰。我预计这项检查会很困难。检查时，明显有液体从切口中流出。切口红肿而烧灼。我开始轻轻触摸检查，从相对的两个角落交叉进行到腹部。我能感觉到腹部柔软的肌肉，尤其是腹直肌。我轻柔地让病人抬腿。我想让肌肉放松，然后检查腹部。我计划最后检查手术切口，因为我知道她那时会觉得最疼。在正常的轻触后，我开始重触腹部，想要感觉凝块。只要我避开手术区域，她就能够忍受这个过程。

是时候移动到重点区域了。我的手指在手术切口附近打转，就已经感觉到腹壁里的气泡和摩擦感。我知道这不是肌肉里的良性空气。在发现其他症状之前，我把这个病例看作是坏疽。为了证明我的临床推断，我马上要求化验革兰氏染色的指标。然后我继续接下来的腹部检查。重触之后我快速把手移开，明显的反跳触痛，说明在手术区域周围有感染。我有答案了。

不一会儿，实验室数据确认了我的诊断。现在我面对真正的问题。我马上在皮肤上做标记，标示出摩擦感的程度，为病人预约了急诊手术。在接下来的 24 小时，她进行了三次清创术，之后幸存下来。（TD）

在这个例子中，我们看到了认知性触摸拯救生命的力量，感觉到专家认识性的眼睛、头脑和触摸之间的紧密联系。尽管医生意识到病人作为一个人的脆弱性，但医生对病人困境的关心通过认识性的方式——治疗病人的痛苦——进行表达。

"gnostic"一词来源于古希腊语"gnostikos"，指的是"知道的人、智者"，这个概念和"头脑、判断；理性、准则和意见"有关。在我们的时代里，从实践层面上来看，在医学领域，认识的态度同样表现在这样的原则中：用理性主义的因素来界定和对待治疗的过程。因此，不难想象，我们可以在很多常用医学术语中找到"认识"一词,例如"诊断"(diagnostic)和"预断"(prognostic)。而实际上,对于外行人来说,认识性知识也许仍然具有敬畏和盲信的因素。

2. 探测中的认识性触摸

诊断性触摸,可以被看作专业化的普通认知和探测触摸(probing aspects of touch)。触摸,可能是人类经验中最基本的特点,让我们通过独特的感知来探索、发现世界和我们自身。触摸,就是寻找事物的触感。而且手特别适合于这项探测任务。我们用手触摸,因而我们能够探索周遭世界的物质性。这也许就是为什么我们说去学着"操控"和"掌握事物"。触摸的现象学,非常微妙,极为复杂。

我们所有人都从经验中知道,触碰某物和被某物触碰是两个截然不同的经验——即使在这两种情况下,客观上落在皮肤上的压力也许是完全相同的。当某物出其不意地触碰了我们,我们的第一反应也许是退缩。

并且,当某物或某人触碰我们,我们并不仅仅感觉到他物或他者,而且还会感觉到我们自己。当我突然经受别人的触摸时,我不仅仅感到别人手上的皮肤,同时,通过我自己的皮肤,我感觉到了自己。甚至连我自己的右手触摸左手时,也是如此。梅洛-庞蒂将这个现象叫作身体反射("physical reflection",Merleau-Ponty,1964b,p.166)。当右手摸着左手时,左手不仅以相互的方式感受到了右手,而且左手还感觉到了自身。梅洛-庞蒂展示了,握手时,我感觉他者的手,好像是我自己的手。因此在触摸事物时,有两个方面:通过触摸,我们进而了解外在于我们的事物,而也是通过触摸,我们连同被触摸的事物一起,意识到了我们自己(Merleau-Ponty,1962,pp.90-97)。

这对触诊法来说意味着什么呢?触诊的病人,感觉到护士或医生的手,同时也感受到了他(她)自己的身体。探测中的手聚焦于解剖结构,而且病人也很有可能开始参与到探测的态度当中。

至少有人是这么描述自己的经验的：

　　我平躺在又硬又窄的检查台上，医生在检测我的腹部。这个程序让我有点尴尬，墙上的解剖结构图吸引了我的眼球，上面有完全被切开的躯干，不同的器官和肌肉群暴露出来。我把脸转到和医生相反的另一侧，然后马上聚焦在图上的肠部。我想象摸着自己腹部的那只手是什么感觉，希望没有恶性肿块或增生的症状。我尽量保持放松，但是突然，医生的手部按压让我感到剧痛。

　　我整理好衣服之后，医生解释说我有可能患有肠憩室炎，也就是结肠感染，对我这个年纪的人群来说比较常见。医生给我画了憩室在结肠壁上的图。要想确诊的话，需要做 X 光透视。

　　我离开医生办公室，走向繁忙的街道，感觉有点不安——好像我的腹部还暴露在外面一样。医生的手给了我 X 光眼。在街上，我看见的不是行人，而是横行的血肉躯干，遍布血液、器官和肠子的躯干。我如何才能看到人，而不是裹在皮肤和衣服中的填塞着器官的躯干？我去看医生，本来想简单说说我的肚子痛，可现在，我生病的结肠，连同街上来往行人身上令人反胃的解剖构造，好像在密谋，要给我设陷阱。（MV）

有多少人在生病的时候，经历过这样的 X 光眼的奇怪感觉？现象学家范登伯格描述了一段发生在 20 世纪 30 年代荷兰一个解剖实验室的相似经历，当时，他还是一名年轻的医学生。他回忆，他要和另一位女医学生在尸体上练习解剖。

　　当时我解剖了肩膀的肌肉组织和上臂，我的实习同伴解剖了下臂和手——看着她的一举一动，我注意到了两只手：

尸体的手和我同学的手。

　活的手晒成漂亮的小麦色，稍微修剪了指甲。稍微，是因为女医学生通常不会特别在乎美甲。只要想象一下装饰着戒指、涂着厚厚指甲油的手拿手术刀的情景，就能明白为什么了。如果那样的话，两只手之间的区别也许会被破坏。但是现在，这怪异的区别展示着自身。两只手。运动中熟稔地操控的活手，下面平放着的死手。这只手焦裂、苍白、枯萎、干涸。这只手死了。这是一只可怜的手。它被切开、爆开、挤开、裂开。这是只可怖的手。这只手有肌肉、肌腱、血管、神经、细胞、筋骨。这是只填得满满的手、重创的手、被过分关照的手。

　而在它之上的，是一只运动、活动、移动的简简单单的手，这位年轻女人的囫囵的手。只有手背上蓝色的血管微微地显现着。（van den Berg，1961，p. 220）

　范登伯格说，公元 1300 年左右，发生了对人类历史具有重大意义的事件，那时蒙迪诺（Mundinus）第一次解剖人体，后来其他人也进而仿效。从这个历史时刻开始，我们就可以从两种视角来看待手了：通过认知的眼光和感受的眼光。在伦勃朗创作的以这堂解剖课为主题的绘画中，我们甚至可以感到这种认知的眼光被描绘出来。

　当然，正如这分析的眼睛，手本身也变成了认知的。范登伯格所看见的两只手——一只手鲜活且正进行着解剖，一只手死寂且被解剖——都属于认知领域。但是，他不由自主地看见了另一只不同的手。这只手的不同之处，就是认知和感受之间的区别。他看见他同学的手，自然而完整——这是感受的手，感受的身体，不能被 X 射线眼穿透。因此，我们也可以说，范登伯格在模棱两可的态度中看见两只手：认知的态度和感受的态度。范登伯格看见一只漂亮的小麦色而稍微修剪的手，触摸着一只被解剖的手，后者以认知的方式被剖析。这只感受的手属于他身边的女同学。但与此同时，她的手在从事着认知的任务。因此，范登伯格看待这只手的方式，比他自己描述的，还要模棱两可。

3. 私人的感受性触摸

感受的触摸，并不比认知的触摸要来得简单。感受的触摸可以被体验为不同的模式。在讨论触诊法的大背景下，我要将私人的触摸（a private touch）和个人的触摸（a personal touch）进行区分。虽然两者都包含多种经验维度，但是在这里可以简略概括。私人的触摸可能是体贴的、友好的、情欲的或亲密的；个人的触摸也许被体验为鼓励、关心、安慰、治愈、治疗等等。我们都有过被一只手爱抚着的体验。拜滕迪克说（Buytendijk，1970a），爱抚转变了身体，甚至连心理学家都无法描述这样的转变。有时，我们会觉得自己的身体多多少少有些陌生。我为什么拥有这样一具身体？这双眼？这只鼻子？这双手？但是，当另外一个人触摸着我们——出于友谊、关心或者爱情——我们自己身体的偶然性此时便烟消云散了。由此，身体的存在便有了理由。触摸消除了两个身体之间的距离，邀请一个人成为自己，拥有自己的身体，在自己的身体里栖居。

恰恰是因为触摸能达成这样的效果，在私人的触摸中，或者甚至是亲密的触摸中，人同样也会感觉到令人不适的模糊性。亲密的触摸，便是那些实习护士所说的"非专业触摸"。他们害怕不小心给予这样的触摸，因为可能会引起病人误解。在彼此身上练习触诊法时，这一过程也充满了各种各样的模糊性。作为实习护士，我怎样能把富于自我意识的身体，交付给我同学进行检查和触诊，而不会觉得这触摸是亲密的呢？同样，在触诊我同学的身体时，我怎样才能假装这只是一具身体，一具没有主人的身体，尽管这身体的主人正在感到尴尬，正将自己暴露在病号服下？

同样的情况在真正的医院环境下也有可能发生，在皮肤上轻触，也许会被病人当成过于亲密的爱抚。因此，似乎正是私人的

触摸让护士 – 病人的关系变得模糊、令人迷惑。私人的触摸也许

意味着，进行触摸的手对另一方有特殊的兴趣。同时，这种兴趣
会在尴尬中显现自身。

4. 个人的感受性触摸

接下来要探讨的是个人的感受性触摸（the personal pathic touch）。
在触诊法的故事中，没有提到这种触摸，但是在病人对安慰的手
进行积极回应时，这种触摸能够明显体现出来。当然，私人的触
摸同样是感受性的，但是在个人的触摸中，手具有特殊的性质，
触摸并不带有私人的目的，而是出于专业的意图。感受之手，及
其背后的感受之知，可以被看作护理实践的核心，因为它能将病
人和他（她）自己的身体重新联合或整合起来。因此，医学的认
知方面和感受方面的作用正好相反。我们可以说，认知性的治疗
态度对我们的身体进行分析、解剖、剖析、做诊断和预断，因而
其目的在于将我们和身体分离开来。而感受性的治疗态度目的在
于安慰和抚慰，在病痛时帮助病人保持清醒，在病人需要的时候
守候，在病人恢复时给予支持，从而帮助正在生病的人康复、痊
愈、过良好的生活——即使病人有时不得不面临病痛的长期困扰。

想起来也许有些奇怪，触摸这个概念，假设了我们和事物与
他人之间的生活距离。没有触摸，就不可能有人与人之间的分离、
放弃、失去联系和重新建立联系。南希说："接近（proximity）固然
存在，但是只有到了极其贴近反而强调距离时，接近才能显现。"
（Nancy，2000，p. 5）这说明，触摸是原始媒介，用来克服分离和关
系上的距离，但是接触却又揭示着分离和距离。尽管如此，触摸
仍然是最初的接触（contact）。无论耳朵还是眼睛，都不能像触摸
一样，提供给我们感受的、直接的人类接触的经验。尽管我们可
以被某人的嗓音或意味深长的眼神所触动，但是触摸用特别亲密
的方式激发着我们。有时我们甚至会被泪水触摸——正像前面那
位老年病人和护士一样。

那么，认知和感受的思想与实践之间的区别又在哪里呢？一

旦我们比较认知的医患关系和更偏重感受的医患关系，我们就会发现，医学诊断实践首先要在病人的生活史中搜寻症状的线索和影响因素。例如，医学专家也许会找寻因果的、症状的或发展性的模式，询问跟病人出生有关的问题，探寻父母、祖父母和其他近亲在心理、生理和遗传上的异常。精神疾病临床推理也会以相似的方式进行：心理医生会做心理分析，操作诊断工具，展开智力测验，运用人格量表和其他测量工具。心理医生通过回顾（looking back）个人历史和家族历史来确定疾病的类型。

因此，认知性的思考和实践模式，塑造了对治疗意义的特定理解方式：认知取向就是要去将疾病定位，然后"切掉"溃烂化脓的入侵物，这入侵物也许已经存在了数天、数周甚至数年。外科医生在手术室帮病人切除掉阑尾；心理医生寻找"心理问题"，并且在心理咨询室中把它从人们的生活中"切除"掉。对此，病人是如何体验的？有时看上去似乎是医生、心理学家和精神病学家"给予了"病人肿瘤、神经官能症和妄想症。当然，一旦病人被给予（诊断为）某种疾病，在当今医学中，治疗方法是再次切除。

当下生活和身体功能的越加医学化，其中一个特征便是，认知性的操作变得碎片化。疾病被正确诊治，手术治疗成功完成，并不意味着病人重新和他（她）的身体，和他（她）的世界合为一体。在这样的治疗中，存在很多关键时刻，为感受性的实践开辟空间。我们可以说，感受性的医学操作补充了认知性的医学操作，因为医学实践的感受意义涉及让病人和他（她）的身体重新整合，因而以病人已经习得的方式，让生活有价值。比如，在日常护理实践中，包括了感受的过程，带病人上厕所，让他（她）起床，鼓励病人保持个人卫生，这有助于维持和重新建立人际关系。一个护士说："如果我看见病人正在照镜子，我就知道他正在痊愈，我知道病人正在'好转'。"

当然，说医生的认识的取向会排除有意义的关爱关系，这一论断是错误的。范登伯格说:"'认识'的接触不能被当作冰冷的、算计的、干巴巴的与病人残酷的联系。"(van den Berg,1972,p. 131)然而范登伯格认为,病人对那些(但愿是)长期陪伴和提供帮助的家庭医生、住院医生、护士建立的关爱和信任感,和那些只能短暂会面的医学专家相比来说,肯定是不同的。病人在专科医生(比如外科医生)身上,体验到的是不同的"距离"(nearness),这距离不是感受性的,而是基于医生和病人之间的认识关系(knowing relationship)。范登伯格说:"医学的接触糅合了最大限度的信任和最小限度的熟悉。"(van den Berg,1972,p. 131)那么,范登伯格会说,即使是认知的接触也能以感受的方式来体验吗?在护士和医生的关心爱护下,病人也许会体验到认知关系的感受性质,而这时病人的体验又有什么不同呢?范登伯格没有谈及这些观点,但毋庸置疑的是,我们要看到,医生作为机智而博识的实践工作者,能够在行动、知识和态度中同时实现认知和感受两个方面。

如果我对一名医生有信心,那么我会将其触诊的手体验为完全能胜任的工具,我相信它具有值得信任的知识和技能。博尔诺夫在现象学的角度上区分了信心(confidence)和真正的信任(trust)。他说,信任具有关系性和内在的道德性质,而信心却不具备这些。信心基本上只是考虑绩效表现、具体能力和已经被核实的专业技能。例如,从病人的角度上来说,如果对自己的外科医生有信心,病人会觉得宽慰,但是实际上医生是否具有专业能力,并不依靠病人的信心。

相比于实施触诊法的认识或认知的手,当医生和护士在换敷料、铺床、静脉注射、发放药物、给予鼓励、清理皮肤、镇痛、轻轻搀扶愈合中疼痛的身体,甚至只是简简单单在病人身旁陪伴时,他们的手是感受性的。的确,医学之手掌握着医学知识。但是,在运用高科技的重症监护、急诊或技术性的工作之外,病人仍然希望这治疗之手是关爱之手,不仅触摸着生理躯体,更触摸着自我,触摸着作为整体的、具身化的人。感受的性质构成了医

280

疗护理中治疗活动的核心。作为病人，如果我信任这只手，那它就拥有力量，能感受性地将我和我的身体整合，提醒我：我和我的身体是一体的，因而让我痊愈、坚强、变成整体。

当然，认知－感受的模糊性有可能出现在很多专业和社会情境中。例如，理疗师也许带着认知的意图去按摩病人的身体，但是病人也许会说治疗中有感受性的成分。很多医学程序首先都是技术性的，这会让病人给予医生感受性的信任，特别是如果病人和医生的关系已经具有个人化的性质。那么，感受实践和认知实践的区别在哪里呢？区别在于：感受的想法总是将自己迅速而直接地转向一个人本身。感受的关系总是具体而唯一的。即使病人和医疗工作者之间仅有短短的会面，他们的关系也可以具有个人的性质。个人的关系，只能产生在你和某个具体的他者之间。感受的倾向（orientation）在具体的人存在的中心，和他相遇，病人不会被简化为诊断的图像，简化成某个病例、某类病人、某个心理类型，变成量表的一组因素或者一些理论分类。换句话说，感受的关系包含着极其个人的元素和交互主体性的元素。这也就是为什么我们容易将感受的个人关系和私人关系相混淆。

医学实践最触动人心的地方在于，具体的人不能被预设的认知分类所限定，某位特定的病人拒绝被诊断或预断推论所限制。对于任何具体病人来说，疾病的临床趋势总是不同于医学评估。对不同的人来说，同一疾病的病症永远不会完全相同。病人有可能被诊断为没有生存希望，最后却活了下来；而生命征兆强的病人，最后却离去。一面是诊断和预断，另外一面是偶然性和具体性，不断"无视"两者之间的"差异"（defying difference），使每个人、每位病人成为独特的自己——永远不会和专家创建的诊断病历画等号。在某种程度上来说，个体的人总是落在档案、诊断、描述和预断"之外"（参见 Beets，1975）。

如果想要对专业实践的感受的本质保持敏感，我们就需要不一样的研究，在其中我们可以运用感受的语言。一段文本如果想要传达认知意义、理智意义、理论意义或技术意义，就不能解答感受性质的问题。而且，认知性质的见解不可能生发出感受性质的经验。我们如果想要建构文本来表达和反思疾病，就需要超越客观化，而客观化归结于用标签命名世界之事物，标签让我们与事物分离。我们进行写作（和阅读）时，要追求语调，追求感受的理解。

激发法：顿悟

激发法（the provocative method）要阐明研究的现象中蕴含的伦理困境，以及积极的规范性回应是什么（建议、政策和机智的实践等）。"激发"（provoke）一词来源于"pro-vocare"，把某人某物叫出来，挑战；煽动、搅起、刺激出某种感情，使加快，使兴奋。优秀的感召文本要激发行动。这样的文本具有行动的敏感性，开启了伦理的领域。比如，现象学研究也许会展现孩子如何体验父母离异，或者如何体验被忽略或抛弃，抑或孩子如何体验认可。在理解之上，现象学研究也许会提出展开行动或制定政策的建议。但是，我们必须小心，由现象学产生的普遍性的见解，也许并不能完全适用于具体情境中的个人。人们经验事物的方式有所不同，而现象学只能提供可信的（plausible）洞见。

我们对周围人们的内心生活和经验了解多少呢？我们可能最了解身边人的内心生活：配偶、恋人、兄妹和朋友。但是，如果我们觉得自己知道别人的思想或感受，或甚至觉得自己会知道自认了解的某人将怎样经历某个场景，那么，我们难免会犯下错误。反讽的是，我们对于坐在身旁的那个人的内在生活，也许不如对一本小说的主人公的内心世界了解更多。实际上，小说如此引人入胜，正是因为小说让我们体验他人的内心思绪和感受，看见隐藏的（但可知的）事物，以及神秘的事物（因而不能直接可知）。读小说，写小说，就要关心人们的内心世界。当然，对于外部世界来说，故事的主人公往往了解得比读者要多。相反也是可能的，小说的读者拥有关键的知识，但是主人公却并不知情。在某种意义上说，所有具有叙事结构的文本，都要依赖于内心世界和秘密的复杂性，从而描绘情节和人物。因此，短篇故事、小说、戏剧和电影也许让我们关注角色，将秘密囊括进意识当中。可如果在日常生活中，人们变成一本对彼此敞开的书，那么人类的叙述文本也许就不会这样引人入胜了。

无论从专业从业者的角度上看，还是从乐善好施的普通人的角度上说（例如家人、朋友等等），现象学旨趣总是包含着两个方面：一方面是人类现象的意义，另外一方面是个体人或一群人的内心生活。现象学，作为哲学的方法论，不能帮助我们了解具体个人的内心世界。作为现象学家，我们聚焦于可能的人类经验（possible human experience）的现象学理解。但是，在实际生活世界中的具体画面里，我们必须应对人们的真实生活。

医学工作者必须应对个体病人及家属，教育家必须面对学生的个体学习和成长经验，心理学家必须面对个别来访者的个人生活和社会关系的经验等等。在普遍的层面上，专业人士可以通过反思关键现象（如疼痛、悲伤、困难、焦虑、孤独等等）的现象学意义来培育自己的敏思。但是，在日常思考和行动层面上，提供帮助的专业人士和普通人（家人、朋友、亲戚）也要尽可能去体谅，这个孩子或那个成人如何经历某个具体的时刻或具体的事件。在具体的实践关系和情境中，两种理解（现象学的和心理学的）无法真正分离。它们共同得到激发和把握——在每个时刻的当下，作为敏思和机智，共同展现。

题外涉足：感召的表达性——《陷入沉睡》

介绍现象学方法的著作，通常将关注点放在能够给读者带来主题性的（实质的、概念的、分析的）理解的文本上。关注文本的主题性，是考量文本在说什么，文本在"语义"上的含义和意义。相反，如果关注文本的"预言性"，我们试图抓住的是文本如何表达、如何卜测和激励我们的理解。主题性和预言性这两种理解形式，对解释学现象学探究来说，都具有关键的方法论作用。

许多作者的写作可能都会使我们受益匪浅，他们以丰富的创造力开拓了现象学的不同分支。而且，当代现象学研究也许有不同的意图，而且以变动的社会和变化的方法论框架为背景。那么，检视经典现象学文本时，我们能学到什么呢？我们怎么才能看到这些文本是如何建构的？

为了研究现象学文本的表达方式，我将检视一篇优秀的实践现象学写作，我会提问：这篇文字读起来怎么样？写作是如何构建的？如果我们把研究过程颠倒过来，不是从方法达到意义，而是从意义回到方法，我们能够从文章中发现什么方法论的洞见？方法是关键的，并不是说存在唯一正确的取向，或者比其他取向更高级的探究取向，能让我们发现或者探明某物的真相和真义。没有唯一的方法，正如没有未经辩论的真理。我们之所以对方法进行反思，是因为通过发觉历史的途径和哲学假定，能够在当下的时间和地点中，勾勒出可了解、可诠释、可理解的人类经验。因此，我们不期望得到什么诀窍或者一套万无一失的方法技巧来保证制造出可重复的科学结果：本节的写作目的在于，让读者对上述的感召方法更具敏感性。

我会把讨论的焦点放在林斯霍滕的《关于入睡》和南希的《陷入沉睡》（对于后者会给予较少笔墨）。两篇文章都反思入睡的经验；两篇文章都是现象学洞见与写作的典范，具有震撼人心的力量。无论是林斯霍滕还是南希，都没有从技术性、程序性的角度谈论现象学反思，但是他们二位都运用了反思技巧和感召意象（figure）。

我们的第一反应也许会是，入睡这个主题挑选得可不是太好。为什么不选一个不这么平淡而学术性更强的主题来勾画现象学方法问题呢？但是，在思考睡眠这个现象的时候，就连哲学家伽达默尔都被其神秘性所触动：

> 这是我们生活中所经历的最大奥秘之一。想想睡眠的深沉，突然惊醒，然后完全失去了时间感，因而我们不知道自己到底是睡了几个小时，还是睡了整晚。这是非同寻常的事情。入睡的能力，是自然或上帝最具灵感的发明之一，这种渐渐的抽离使得人们永远不可能真正说："现在，我睡着了。"（Gadamer，1996，p. 114）

伽达默尔认为，对睡眠进行反思可以"在身体状况的隐匿特性中，帮助我们认识到人类本质中的奥秘"（Gadamer，1996，p. 115）。他引用了柏拉图的观点。柏拉图说："不了解灵魂，是不可能疗治身体的；实际上，不了解'整体'（whole）的性质，就不可能疗治身体。"（Gadamer，1996，p. 115）伽达默尔还说，在这里，"整体"一词，并不是方法论的标语，而指的是"存在本身的统一"，指的是我们在世界中的地点和我们在世的方式，因为如果我们认为自己生病或健康，存在的统一就会受到威胁。

在伽达默尔思辨的构想中，我们已经看到现象学方法是颇具挑战性的，因为它想要感觉和捕捉我们存在核心的意义，使之清楚明晰。睡眠是我们生存中如此平常之事，而伟大的哲学家竟然在描述时无言以对，也真是很奇怪的事情了。这也就是为什么在概念命题话语（conceptual propositional discourse）之外，我们需要感召性表达语言，以其诗意的触角，超越清楚表达和模糊表述的界限。因此，在一定意义上说，这两段关于入睡的现象学文章的典范，并不仅仅是关于入睡这一主题，而是关于现象学文本的感召表达性（vocative expressibility）的方法论特征。

考科尔曼斯（林斯霍滕文章的翻译者）曾经给出一条评论，这评论可以作为起点，让我们反思现象学感召文本的独特特征。他将荷兰和德国现象学家的文章选编成书，在书的前言中，他简

284

短地评论说，这些作品大量运用了诗歌和文学。人们也许会对这些欧陆现象学家的风格感到不适，因为这些现象学家甚至在自己的写作中亦深深触及人文学科的风格。考科尔曼斯这样评价现象学作品中的诗性特征：

> 诉诸诗歌和文学往往几乎不可避免。由于运用象征（symbolism），诗歌语言便不局限于"清楚明白"。换言之……人类现实中，有些现象如此深触生命和栖居的世界。唯有诗歌语言才能将其充分表达，让我们指向意义，让意义在场。若不如此，我们不可能表达得清晰。（Kockelmans，1987，p.ix）

考科尔曼斯接下来补充道，但诗歌和文学不能成为替代品，因为"诗歌和小说不能'证明'什么"（Kockelmans，1987，p.ix）。他将"证明"一词放在引号当中，好像是说我们不能从字面上理解这个词的意思。考科尔曼斯并没有详细说明，为什么现象学文本似乎经常通过小说和诗歌的独特语言来完成自己的使命。他让我们不由得揣测，在我们"看见"意义和文本展现、呈现、澄清意义的过程中，诗歌形象扮演了什么角色？

刚开始阅读林斯霍滕的文章，我们便能马上从这篇现象学写作中辨识出显著的诗歌特征，只要看一看其引用文学作品的频率就知道了。在《关于入睡》一文中，我们可以看到民间诗和像华兹华斯、里尔克、纪德、波德莱尔、尼采、爱伦·坡和普鲁斯特等作家的作品，有时是一行、一节，有时甚至是一段。同时，林斯霍滕（Linschoten，1987）还参考了现象学家的相关作品，如萨特、梅洛－庞蒂、柏格森、布朗肖、拜滕迪克、范登伯格和博尔诺夫，引用现象学家的作品给我们诠释性的洞见。

关键的一点是，引用这些哲学家、诗人和小说家的目的并不仅仅是修饰、修辞或者说明——不，在这里，诗性材料存在的原因和现象学内在的逻辑一致。如果我们固守着公认的道路，想要发展从认识论到应用、从方法到意义的现象学研究与写作的方式，我们可能永远不会发现这样的逻辑。从认识论到应用的公认路径忽略了对语言形象的玩味。玩味语言形象在实际生活世界研究的具体和实际事例中得到凸显。重新强调一下，在接下来的探索中，我要检验林斯霍滕和南希的文本的现象学结构——不是从方法到意义，而是从意义到方法。我提出这样的问题：林斯霍滕和南希明显运用了哪些方法特征，来从事他们的现象学探究，来写就他们关于入睡的文本呢？我们在追问这些文本是如何写作的时候，有可能得到怎样的发现？我会特别留意这些文本中的感召性成分。

285

林斯霍滕的文章最早于 1952 年发表在一本荷兰的哲学期刊上。英文版发表于 1987 年，收录于由哲学家约瑟夫·考科尔曼斯选编和翻译的书中。这本书收集了荷兰和德国的现象学研究，书名为《现象学心理学：荷兰学派》，包含了自五六十年代以来创作的七篇文章（参见 van den Berg and Linschoten，1953），这是一套现象学写作的优秀范例，从属于乌特勒支学派现象学。

南希的《陷入沉睡》[1] 的法语原文发表于 2007 年——和林斯霍滕的文章相隔大半个世纪。其英文翻译版本发表于 2009 年。这篇文章恐怕是南希的反思性写作中最具可读性的一篇了。南希在自己的写作中经常引用诗人和小说家，但是在《陷入沉睡》一文中他仅仅引用了莎士比亚、福斯特（Edward Morgan Foster）和波德莱尔。但有趣的是，南希的文本与林斯霍滕的相比，更富于抒情的感染力。两位作者都制造出对惊奇的敏感，让读者怀揣着一个谜团，追问入睡的意义。林斯霍滕在开篇通过将入睡与失眠做对比，

---

① 《陷入沉睡》的英文书名为"The Fall of Sleep"，法语原文为"Tombe de Sommeil"。在法语中，"tomber de sommeil" 意指入睡，形容非常疲倦地睡去。"tomber"是动词原形。此处南希用"tombe"这一变形（该词也有"墓碑"的意思）的文字游戏来揭示睡眠的现象学意味。相比而言，英文版的翻译丢失了原文中疲惫地入睡和被睡眠所吞噬的意象。——译者

进而提问入睡的经验是怎样的。不同的是，南希在文章开头追问陷落入睡眠之时的"落入"（falling）是怎样一种"落入"，和其他的"落入"又有什么不同。

从这两段文本中，我们可以辨认出一些语调特征，这就是感召方法中涉及的具体、临近、强化、恳请和顿悟。我们虽然能将这些语言的意象分开讨论（亲历性、临近性、强化、恳请、顿悟），但是它们通常要作为不同的方面整合在文本的整体当中。

1. 亲历性（lived throughness）

亲历性是文本"唤回"的性质，是把一段经验生动地带入我们的存在。通过经验描述、具体形象和诗性或轶事性的事例，我们也许能实现亲历性。林斯霍滕用一段诙谐短诗，开启了这篇关于入睡的长达 38 页的文章。他引用华兹华斯诗中的一节，呼唤我们对失眠的具体感受。

> 一头跟一头悠然走过的白羊，
> 雨声，蜜蜂的低语，奔泻的川流，
> 清风，碧海，平旷的原野田畴，
> 澄洁的天宇，白茫茫一片湖光——
> 这种种，我在卧榻上轮番想象，
> 却总也睡不着！（选自 Linschoten，1987，p. 79）[1]

借用华兹华斯描写失眠的诗句，林斯霍滕引入入睡这一主题。他说："诗人无法入睡时写下的这些绝望语句，立刻让我们陷入疑问当中，我们的兴趣被激发起来：入睡，真是个问题。睡不着时的冲突和恼怒，我们都了然于心。"（Linschoten，1987，p. 79）

相隔不到半页，林斯霍滕引用了另外一首诗，一首古老的德

286

---

[1] 本段译文选自杨德豫译，《致睡眠》，《华兹华斯诗选》，广西师范大学出版社，2009 年版，125 页。——译者

国民谣，进一步描绘入睡的体验。他从方法论角度提出一个问题：反思入睡是否可能。因为睡眠作为一种生活现象，明显是不经反思的。下面是对这首德国民谣的翻译：

> 我想知道人如何入睡，
>
> 一次又一次，我将自己压在枕头上，
>
> 然后想着："现在可要注意了"，
>
> 但是，还没来得及真正加以思索，
>
> 早已是清晨，
>
> 我，又一次醒来了。（选自 Linschoten，1987，p. 80）

　　通过诗歌，林斯霍滕以具体的方式提出了现象学问题。入睡的体验不是理论问题，而是探索日常生活的一个侧面。这些民间诗可以证明，人们世世代代都流传着对入睡这一经验的兴趣和疑问。

　　睡眠并不总在我们想睡时就会发生。通过描述具体的、特别的情景，林斯霍滕继续呼唤着我们的日常经验：

> 我们都记得那些遍施浑身解数却全然徒劳的夜晚；相反，我们越努力，就越清醒。失眠之人在床上来回翻滚，不停变换姿势，唉声叹气，紧闭双眼，关上隔壁房间里滴答作响的钟表，塞上耳塞，一会儿感觉太冷，一会儿又觉得太热，听着自己的心跳，试遍流行的窍门，可是仍然无果——不一会儿，在毫无防备的时刻，他睡着了。（Linschoten，1987，p. 79）

　　作为林斯霍滕的读者，我自己的确想起了那些无眠的夜晚。但是更生动的是，我想起儿子上小学时，他时不时来到我和妻子的床前：

"爸爸，我睡不着！"

"你睡不着，这是什么意思？"

"我不懂。我使劲。我使劲。我辛苦得很，但是，你知道，我就是睡不着。我真气愤啊！我该怎么办？"

很多夜晚，我试着给儿子一些建议。但是建议仿佛不太能帮助他对抗失眠。所以，我给他讲故事，希望故事的催眠效果能让他在中间什么时候开始打盹儿。但是，这些都没用。我尽量帮他，耐心询问，倾听任何疑问和焦虑，看看是否这些焦虑让他无法入睡，无法完成这件对他弟弟来说轻而易举的事。他弟弟头一沾枕头，就马上沉沉睡去了。是什么让睡眠降临到一个孩子身上如此困难，而对另一个来说却如此轻易呢？而我又能做些什么？我有可能帮一个孩子对付失眠吗？数绵羊管用吗？如果一个孩子已经过了听催眠曲的年龄，还不够吃安眠药的年纪，他已经长大，已经超越了由大人看守着在床上爬滚的阶段，你又能做什么？

成人的睡眠问题也许是因为工作轮班，或者想在非常不舒适的飞机座位上打盹。抑或，我们一直担心某事或某人，所以没法入睡。病人，尤其在陌生的病床上很难睡着。他们睡不着，也许是在担心接下来的手术，或者因为被安排与陌生人住同一间病房。也许他们习惯了睡觉盖厚被子，现在却盖着医院统一配备的薄毯子，或者他们习惯裸睡，但是现在他们必须穿着睡衣躺在床上，穿着也许卡住脖子的病号服。护士说，医生可以定时开镇静剂，来帮助病人"睡眠"，但是这是医学操控下的睡眠。

林斯霍滕（Linschoten，1987）对入睡和失眠进行了具体的描绘，作为读者的我们也许能从这些具体事例当中找到连续性，在我们自己的生活中找到对应的特殊事例。文本的具体性将我们置于生活现实中，从而使类似于入睡的现象成为可感的研究兴趣。如果我们能够提醒读者保持对具体问题的兴趣，那么他（她）便有可能建立起现象学的关切。

南希使用了不同的句子来开篇，让我们揣度，在"落入沉睡"时，说我们"落入"到底是什么意思。

> 我落入沉睡。我落入睡眠之中，经由睡眠的力量，我落入其中。就像我从无聊中降落。就像我落入低谷。就像平常所说的，我坠落。睡眠总结了所有的这些坠落，睡眠将它们全部囊括。睡眠，由坠落这一标志宣告与象征，落下，或多或少急速下坠或下垂，昏厥。（Nancy，2007，p.1）

2. 临近性（nearness）

唤出指的是生动地将经验带到现场，因此我们可以对其进行现象学的反思。林斯霍滕不仅将自己的写作扎根于具体的生活世界，他对诗歌和文学文献的引用，以及他自己的轶事描写，通常也是生动而感性的。我想说的是，并不是所有的人文科学写作都是这样的。一段描述，也许很具体地扎根于生活世界中，但是并不是所有的具体描述都生动。生动和鲜活有时被当作评估现象学文本的评价标准。但是，生动本身并不是目的。生动如果具有实现（realization）的力量，如果具有把握住临近的力量，那么生动就成为功能性的。生动的经验描述，在方法论上很有价值，因为它创造了临近或在场的经验——林斯霍滕说："只有通过将其唤出，我们才能让某物在场。"（Linschoten，1987，p.99）唤出就是将形象或感觉召唤而出或直接带入当下。这些形象或感觉如此明快而真实，它们反过来唤出反思性的回应，例如惊奇、疑问、理解。因此，伽达默尔说："我们赞赏生动——因为它将我们直觉的能力置于行动中。"（Gadamer，1986，p.162）现象学文本意在引人，将世俗变为超越，将熟悉变为陌生。

在这里我举出另外一个例子。阅读林斯霍滕的文章也许会提醒我们类似的例子。阿尔贝·加缪（Camus，1980）的短篇小说《宾客》描述了一个发生在阿尔及利亚小镇上的故事。达吕被任命去押送一个阿拉伯杀人犯进监狱。他必须首先和这个囚犯在隔离房间中共度一晚，然后才将其送到邻村的司法当局。达吕是位老师，因而不难想象，他对自己的差事并不是很享受。

已经深夜了，达吕仍然没睡。他脱光了衣服以后就躺上床了，他通常是裸睡的。但是他突然意识到自己一丝不挂时，他踌躇了。他觉得不太安全，想要穿上衣服。然后他耸了耸肩。毕竟，他不是小孩子了，而且，如果真有什么情况发生的话，他会把敌人劈成两半。（Camus，1980，p.79）

接下来一段时间中，达吕保持警觉，因为他分明感到自己押送的囚犯只是在装睡。他清醒地躺着，开始注意到周围的乡村声响。他听着自己宾客的呼吸，这呼吸最后终于变得规律而沉重。这下，那阿拉伯人似乎睡着了。但达吕仍然无法睡着，他被自己周围的环境所吸引：和一个彻头彻尾的陌生人共处一室，现在他似乎和这个人被相同的纽带连接起来。出乎意料的是，他听见这个人动了一下，达吕感觉浑身一紧，因为他突然意识到，自己的左轮手枪还放在隔壁房间的桌子上。毕竟，这个人是一个自首的杀人犯。但是，达吕什么也没做，只是静静地观察着这个阿拉伯人。这个阿拉伯人悄悄站起来，走出了房间。

达吕并没有受惊吓。"他要逃跑。"他仅仅是这样想着。"谢天谢地！"但是他仔细地听着。母鸡没有扑棱翅膀，这位宾客一定还在高台上。他听见微弱的水流声，但是他没有意识到这是什么，直到这个阿拉伯人再次站在门口，小心把门关上，然后不动声色地回到床上。这之后，达吕翻身背对着他，陷入了沉睡。但后来，从沉沉的睡梦当中，他还听到校舍旁边传来一些鬼鬼祟祟的脚步声。"我做梦呢！我做梦呢！"

他对自己重复说。然后继续睡去。（Camus，1980，pp. 80–81）

当然，达吕的故事的重要意义在于，让我们对上床睡觉、睡眠和睡梦的现象有直接的感受，而且我们同时仍然意识到发生着什么事情。我们可以辨识出在陌生人旁边裸睡的不适。我们也许能感受到，周围的世界仍然招呼（call upon）我们时，不太可能入睡；我们也许能感觉到，即使我们意识的探照灯仍然能记录着发生的事情，我们仍然可以继续沉睡。加缪提供给我们生动的例子，展示了睡眠的困难，还有冒着重重困难的睡眠。他将这些经验带入了临近的当下，我们因此以可认知的方式（cognitively）"知道"这些经验，而以非认知的方式（noncognitively）"感觉"到它们。但是，当然，加缪给了我们一段故事，而不是一个现象学研究，因而在这里没有分析，没有反思，没有尝试将类似现象的可能意义结构带入语言的意图。

但是，加缪的故事从现象学的角度上看非常引人入胜，因为这个故事并不仅仅包含具体的描述，而且这些描述反过来可以唤起生动形象和联想，从而启发我们深入周全的反思（thoughtful reflection）。我们也许好奇，什么让达吕一开始睡不着，什么又让他后来睡着了？一个人如果还能听见动静，是真正睡着了吗？我们睡觉的时候，还在应和着世界吗？是什么让我们只被特定的声音吵醒，而不是其他声音？更根本的问题是，睡眠到底是什么？这些被唤起的惊奇，实际上可以引发现象学的反思。我们也许要说，在林斯霍滕的文本中，这些反思和呼唤紧紧相扣。当现象学家力求生动时，并不是为了生动本身，而仅仅是为了唤出特别的形象，这些形象可以把我们感兴趣的经验的相关方面引出，然后带入现场，从而可以让我们对其内在的意义进行反思。

3. 强化（intensification）

强化是说我们必须给予关键词以唤起的价值，因而现象学意义的不同层次便可以强烈地镶嵌在文本当中。让我们再一次关注林斯霍滕的写作方法。我们可以发现，他探究具体经验时，不仅仅向诗人和小说家借鉴。他不仅仅用生动的写作来为反思唤出形象——他还运用诗歌的手段，比如反复和押韵，从而制造出一定的诗意效果和诗意理解。

在探讨入睡的不同维度时，林斯霍滕的写作变得非常多样化、复杂化。但是在这里我只能给出简单的例子。林斯霍滕对两种寂静做了区分：妨碍入睡的寂静和有益入睡的寂静。而为了让我们信服，林斯霍滕不可能只做陈述或者使用概念性的定义（像我在此所做的一样），相反，他需要呼唤我们感觉的理解（felt understanding）。他写道：

> 我们睡眠所需的寂静，并不仅仅是无噪声（the absence of noise），而是无意义，是静止的寂静（stilling silence）。钟表的滴答、无聊的讲话、床的吱呀、大街上车辆的川流，甚至身边生动的对话，如果是无意义、无价值的，都不会妨碍我们入睡；然而，隔壁房间的低声细语、漏雨的屋顶刺耳的滴水声、你配偶不规则的呼吸，都足以让你睡意全无。这是因为，这些声音呼唤着我们，但我们对其恳请却没有答案。（Linschoten，1987，p.90）

寂静，静止的寂静，宣告着与世界意向关系的改变。林斯霍滕的现象学写作总是如此奏效，不仅仅因为他扎根于生活世界的具体描述，不仅仅因为他的语言唤出了生动的形象，并且因为他运用诗意的语言，使得超越语言的感觉的理解触手可及。林斯霍滕的文本在现象学的角度上是如此可信，因为他不仅具有冷静的态度，更用敏感的诗意。"静止的寂静"这个押头韵的词组[①]，可以看作文字强化的例子，仿效诗歌浓厚而凝练的效果。这"浓厚"当然指的是，在偶然而往往不可预料的时刻，我们恰好用到正确的字眼、正确的词组说出想说的某事时，突然经历到的意义变得浓厚。如果对文本进行转述或概括，那我们很可能会面临意义的丢失。使世界静止的寂静，让世界万物退却，正如降临的黑暗让可见的世界回避、投降，不再吸引我们的注意力。但是寂静和黑暗本身并不能诱发睡眠。实际上，有些人需要亮光，而另一些人需要钟表，或者需要远处街道的声响。

因此，我们可以说寂静之声对世界具有静止的效果，而实际上，这静止恰恰是睡眠现象的体验。遭遇静止的寂静就是感到困倦。但林斯霍滕说，一旦我们遭遇到"黑暗"或"寂静"本身，睡眠便不可能了。当寂静不再意味着与世界的对话关系的逐渐溶解，当寂静反而变得坚固，漫溢着静止的意味，却在任何时候都有可能被打破，那寂静就会变得可怖、可怕。这样的寂静，坚固的寂静（substantial silence）向我们发出了诉说，我们无法逃避。比如，房子里可疑的窸窣声也许都算不上噪声，但它却能警告着我们，让我们清醒。我们纳闷：是不是有人在那里走动？难道是入室抢劫？换句话说，我们听到有噪声，然后揣测可能是什么。林斯霍滕观察到，向我们诉说的寂静之声，有可能鼓舞情绪、激发欲望或挑战理智，在我们无法入睡是因为我们不能释怀某些欲望或放下牵绊我们的问题时。

为了考察入睡的经验，林斯霍滕不断将其和相反的经验做对比，比如失眠、受到干扰时想要醒来等等——当然，这是"现象学想象变更"（phenomenological variation in imagination）或者说是本质

---

① 英文"stilling silence"，两个词都为"安静"的意思，"stilling"侧重动作安静，"silence"侧重声音的安静。两个词都以清辅音"s"开头，"s"这个清辅音本身在音效上便有轻轻的、小心的、让人静下来的效果。——译者

还原。林斯霍滕质疑了流行观点所认为的，隔离刺激物和调暗环境可以带来睡眠。他说自己想"为另一种论题辩护"，也就是说在刺激物缺失和黑暗与入睡之间没有必然相关性。然而，尽管他就噪声和黑暗在入睡中的作用进行了论题般的论证，但是他话语的整体逻辑结构并不是科学推理，而是反思性的经验呈现。借助富于感染力的描述，他让我们在感觉和情感上理解了"黑暗和噪声的缺失可以促进我们入睡，但是并不导致入睡"（Linschoten，1987，p.89）。

让我们来考察一下林斯霍滕写作中出现的主题陈述。林斯霍滕的一些主题陈述目的在于质疑（错误的）常识。比如，他展示了通过让人厌倦而入睡的方法也许有用，但是其原因并不是人们厌倦了。这些入睡的方法有慢慢数数或不断复述短句子，如"花开了的时候"等等。林斯霍滕说：（1）入睡意味着世界睡着了，并且将自己包裹进静止的寂静中；（2）睡眠是身体的沉思，身体放弃了、放松了对世界的把握；（3）厌倦不是睡眠的先导，而是睡眠的无能；（4）失眠标志着不安全或不确定，因为不安全不确定，"离开"这个世界便不可能。

291

从事现象学研究的人喜欢寻找和罗列主题。但是论题般或主题性的陈述主要表达的是概念意义，而概念意义并不需要包含"感觉的"（felt）或更深层感受到的理解。因此，主题通常必须经过"预言性的按摩"。我们要发掘感官感觉（sensory sense）的节点和神经末梢，必须辨别出在哪里施加压力或压缩会立即产生语言的鲜活。经验的叙述、召唤的构建、强化的语言和周全的反思，拥有这些的文本会为主题陈述扎根，转换为具有现象学意义的叙事文本。

并且，即使文本中的沉默也蕴含着意义。不仅仅是文字本身，连字里行间的空隙都可以被强化赋予特别的意义。很明显，人们对高度强化的文本中的文字无法随便地摆弄。实际上，如果我们变换文字，试图转述或总结诗性文本，那么派生的意义就会流失掉。这就是为什么波尔姆斯和德·丹（Burms and de Dijn，1990）提出，在不同种类的文本中，意义也许有不同的化身或嵌入。在诗性文本中，意义是强嵌入的，而在信息性文本中，意义是弱嵌入的。说意义强嵌入或强化身，指的是文字和段落之间的张力关系浓缩而紧扣，稍有改动便会被干扰。

丝毫不让人感到意外的是，在荷兰语和德语中，诗歌分别被称作"gedicht"和"Dichtung"；而诗意地写作是"dichten"，"使某物密集、加厚、增强"。诗歌是语言之浓郁。作者使用诗歌或修辞手段，仔细推敲文字和词组，增加意义的复杂性与微妙性。他始终协调着词语的用法，协调着文字间潜在的增强和扭曲的效果：文字被构思、酝酿、排列、混合，铺陈成意义之沃土。并且，对感受性的反复，通过头韵、谐音、尾韵、措辞、句式、反复和想象，成就了丰富的听觉效果和文本的听觉意象。文本头韵、谐音、节奏或押韵的悦耳效果，加强了其含蓄意义的真实感受。

实际上，在头韵词组"静止的寂静"中，意义强嵌入的现象似乎体现得很明显。林斯霍滕将静止的寂静描述为世界入睡了：世界"变得静止，将自身包裹在寂静之中"（Linschoten，1987，p. 91）。他说，我们需要体验到寂静的积极品质，从而得以休息、入睡。为了唤出寂静本质的现象学敏感，林斯霍滕似乎使用了恰到好处的词语。寂静的静止效果被体验为特别的事物，"也就是说，寂静包裹住什么东西，我们不用去回答它，因为这个东西本身并没有提问"。这是"在我和世界之间的对话……的渐渐沉默"（Linschoten，1987，p. 91）。我小心翼翼地引用林斯霍滕的句子，尽量避免转述他的诠释。为什么呢？因为在注释、转述和概括中，强嵌入的意义中的张力被减少，意义不可能不丧失。

4. 感受（pathic）

文本的语调必然与其召唤的感受的性质相关。运用黑暗世界的形象和恰如其分的词组"静止的寂静"，林斯霍滕展现了入睡并不是特定活动的结果，而是对活动的放弃。躺在床上，让自己准备迎接夜晚，我们必须召唤一个世界，这个世界入睡，不再呼唤我们。我们放弃清醒，关闭与世界的对话，我们似乎唤出了睡眠本身，林斯霍滕如是说。我们祈求睡眠，把其当作一种态度来模仿。林斯霍滕引用梅洛－庞蒂，不是为了求助于梅洛－庞蒂的权威，而是使用其富于感染力的语调。在《知觉现象学》中，梅洛－庞蒂描述了这样一个经验的时刻，他让我们去感觉通过模仿在生理上唤出睡眠是什么样的：

> 我在床上躺下来，左侧卧，膝盖挺直；闭上眼，慢慢呼吸，让自己远离琐事。但我的意志或意识的力量也止于此。就像虔信者在酒神祭上通过模仿神的生活场景来祈求神明一样，我通过模仿睡眠者的呼吸和体态，呼唤着睡眠的造访……
>
> 睡眠在一个特殊的时刻"来临"，安顿在我提供的这对其自身的模仿中，我成功地变成了我假装成为的睡眠者：除了通过感官的隐匿的机警，那不看并且几乎不思的一团，局限在空间中的一点，不再存在于世。（Merleau-Ponty，2012，pp. 166–167）

林斯霍滕通过具体事例的展现详细阐释了梅洛－庞蒂的描述，睡眠并不是由我们主动进行的活动，不像用手抓事物或思考活动；并且，睡眠迷幻而压倒一切的效果，已经在睡眠精灵（Klaas Vaak，字面的意思是"沙子人"）这一形象中有所体现。在荷兰语中，睡眠是具有人形的神秘的男人。所有的荷兰儿童都听说过，睡眠精灵把神奇的沙子撒进你的眼睛里，然后让你睡着。早上妈妈会把你的眼睛擦干净，然后说："是啊，我可以看出睡眠精灵来过了。"很多荷兰孩子都试过抓睡眠精灵，但总是发现他太狡猾了。他在你实际能看见他之前，就神秘出现了。但是证据——你眼里的沙子——只能又一次在早上被发现。

5. 顿悟（epiphany）

顿悟是指文本具有激发的品质，因此文本的深层意义也许能在读者的自我上施展或激发转变的效果。顿悟，是突然感知或直觉地捕捉某物的生活意义。顿悟的经验如此强烈、震撼，因此能搅动我们存在的核心。

林斯霍滕（Linschoten，1987）关于入睡的文本也成功做到了这一点，它让我们读者受到了触动——触动我们存在的整体。林斯霍滕的文本必须应和我们的日常生活经验以及我们对生活意义的感受。这并不一定是说，人们很享受阅读林斯霍滕的文本，或者他的文本很"易读"。实际上，阅读现象学研究可能会非常艰难。但是，如果我们肯下苦功，我们也许就能说，这段文字激发了我们，如同艺术作品激发了我们，甚至按照马里翁的说法，如同艺术作品将自身给予我们，因此将我们自己给予我们。

为了获得意义的顿悟，林斯霍滕又一次诉诸文学作品：求助于普鲁斯特和波德莱尔的作品。马塞尔·普鲁斯特讲述了一个童年故事，也许能引起很多人共鸣。他等着母亲来床前道晚安，但是母亲却没有来。

> 我排除了所有睡着的可能性，除非我看见她，而且，伴随着我劝慰自己要保持平静，顺从自己的霉运，我变得越来越焦虑，我的心脏跳动得越来越痛苦。这时，突然，我的焦虑退却了，强烈的幸福感环绕着我，就像强效药开始发挥作用，而疼痛随之消散：我找到了方法，来放弃所有没见到妈妈就入睡的企图……（引自 Linschoten，1987，p.113）

小马塞尔如此渴望妈妈的到来，所以他睡不着。他想睡觉，但是他不能睡。如同失眠者一样，他不能离开这个世界。也许妈妈的缺席代表了马塞尔的不安全感。"他想要睡觉，来逃脱清醒；但是正是这种想要，让他保持清醒。"林斯霍滕写道（Linschoten，1987，p.114）。反思，是与世界进行谈话。反思的人保持清醒。因此，马塞尔·普鲁斯特不能停止清醒，不能停止反思他的困境。

并且正如林斯霍滕所展示的，没有谁比想要逃脱反思的人更加深陷于反思当中。

也许这就是为什么诗人波德莱尔构想出理想的睡眠——不仅仅要入睡，而且要生活在他的梦境中，林斯霍滕说。波德莱尔想要生活在这样一个世界，在其中他可以有意识，但却并不具有反身性。因此他追求睡眠这充满喜悦的虚无。用波德莱尔的话说："知晓无物，学习无物，感觉无物，一遍又一遍，睡了又睡，这是我唯一的愿望。"（引自 Linschoten，1987，p. 95）不用思考，不用愿望，不用和事物纠缠，只是在一个人的经验中漂浮。做梦者感到，是反思在破坏经验，而诗人波德莱尔正是想尽力逃离这反思。"反思的什么特性如此令做梦者惊恐？"林斯霍滕问道。然后，他自己回答说："是因为这一事实，［反思］不能理解自身，反思从经验中自我疏离，但是却假设某人自己走进经验流的可能性中。"（引自 Linschoten，1987，p. 95）在南希的文章《陷入沉睡》的最后，他同样引用了波德莱尔。波德莱尔承认，对睡眠的恐惧"就像恐惧一个巨大的空洞"（引自 Nancy，2007，p. 47）。但是他仿佛在渴望入睡带来的愉悦的虚无，"渴望虚无的麻醉感"（引自 Nancy，2007，p. 47）。也许波德莱尔在玩味弗里德里希·尼采的反思，动物快乐的生活似乎以梦一样的无意识的意识为标志，它们可以简单栖居在现在，有意识，但是不思考。

294

> 想想你前面吃草的羊群吧。这些动物并不知道昨天和今天的存在，但是却跳跃着、饮食着、休憩着、消化着，然后又一次跳跃；因此，从早晨到晚上，每日每夜，它们只关心自己的享乐和痛苦，被当下所迷惑，而且由于相同的原因，它们既不感到悲伤，也不会无聊。而人很难看到这一点，因为他因自己是人类而不是动物感到骄傲，但是他嫉妒动物的快乐，因为他仅仅想要像动物一样生活，既不会觉得无聊，也不会感到痛苦，但是他的希望总会落空，因为他不想像动

物一样……

　　人类也许同样要问动物：为什么你不向我诉说你的快乐，而只是看着我？动物的确想回答说：因为我总是马上忘了我想要说什么——而它已经忘记了这个答案，因而陷入了沉默，因此人类只能继续好奇。（Nietzsche，1981，p.8）

　　但是人们应该更加好奇，我们为什么不能够学会忘记？我们为什么总是继续和过去保持联系？尼采对时刻的时间性的反思，预示了胡塞尔原初印象意识的概念。此刻这个时刻，总是仍然并且已经关联着滞留和预持的意识，这意识关系到刚才和将要到来的现在。然而，尼采还没有看到，我们和过去的联系，要通过前意识和意识的记忆链：滞留的记忆和我们可以实际想起的可回忆的记忆。

　　这真是非常令人震撼：时刻，就在一眨眼间，在随着一个眨眼溜走，之前和之后什么都没有，可是还是回来了，像个幽灵一样，打扰着后来时刻中的宁静。在时间的卷轴上，一页接着一页松弛、脱离，接着拍翅而走——突然拍翅回到人的腿上。然后人说"我记得"，人嫉妒动物能马上忘记而且见证每个时刻的真正死去，沉入黑夜，永远消逝。通过这种方式，动物以无历史的方式生活着。（Nietzsche，1981，pp.8-9）

　　有的人会嫉妒动物能生存在无意识的意识的纯粹现在当中。为什么我们就不能快乐地活在当下！但是尼采指出，生活在此刻，生活在现在的此刻，而不被我们的过去和未来所羁绊，是不可能的。

　　他被触动了，仿佛回忆起了遗失的天堂，当他看见吃草的羊群，或者看见一个孩子在更熟悉的周围，这孩子没有过去要去否定，在过去和未来的藩篱之间，凭着被恩赐的无视，玩耍游戏。然而，孩子的游戏必须被打断：没过多久，他就会从遗忘的状态中被召唤出来。（Nietzsche，1981，p.9）

林斯霍滕和南希都得出了很多关于睡眠和清醒的深刻认识，还描绘了睡眠梦境般的状态会让我们感到的恐慌。这些都是文本的顿悟式风格，激发读者像作者一样阅读文本：阅读，就是去重新写作。并且显而易见的是，现象学文本不能仅仅从表面信息去阅读。文本的顿悟感，直接关系到现象学想要激发的生活意义。一方面，这一点很难实现，因为文本的顿悟力量并不能直接通过概念语言来呈现。另外一方面，顿悟又恰恰是日常生活中语言经验的一部分。文本突然验证了我们的经验、触动我们时，文本传达了敏感的生活理解而震撼我们时，文本拨动了我们生命整体的琴弦时，我们体验着顿悟时刻。现象学文本让我们"思考"，让世界从最广泛和最深刻的意义上呼唤我们、号召我们去思考我们的感觉。无论从感官的、前反思意识的层面上，还是从反思意义、考虑我们在生活中的位置的层次上，现象学文本打动我们，让我们反思地体验生活的意义。

在长文的结尾，林斯霍滕对现象学写作和文本做出了认识论上的重要评论。他提醒读者，"入睡的本质，并不包含于本文的分析中"。相反，只有读者"连续不断面对这个现象"（Linschoten，1987，p.115），他的文本才实现了目的。对于作者亦如是。乔治·斯坦纳说得好："真正的作者是自我 – 读者。"（Steiner，1989，p.126）写作，就是触动作为读者的自我。身为作者，如果我们触动了自己，那我们知道自己实现了顿悟的效果。当然，风险是我们很有可能仅仅被迷惑，陷入浅薄的感伤或唬人轻浮的噱头中。这就是为什么在写作文本之后，最好过几天再检查一下文本的效果。写作，就是试图构想文本的感受或预言的意义，作为语言的情感或感觉的方面，但是如果在感觉和理解、思想和感情之间进行过于严格的区分，便是错误的。转述诗人卡尔·夏皮罗散文诗中的一行，现象学理解是思想感觉起来的模样。也许我们应该给出这一行诗所出自的整节，因为夏皮罗关于诗人的评论同样适用于现象学家：

> 你（不无感伤地）说，诗人不看，他们感觉。这就是为什么变为感觉者（feeler）的人看上去像诗人。为什么孩子们富于诗性。为什么当智慧从少年心中涌起，这年轻人开始作诗。为什么伟大的悲剧靠诗句来记述。为什么疯子（lunatic）因月亮而得名。但是诗歌并不是用手来感受。一首诗不是一个吻。诗，是思想感觉起来的模样。星期日之思想，休假之思考。（Shapiro，1968，p.257）

296

一段深入周全的文本——反思生活的同时反映着生活——并不一定要从诗人和小说家处借鉴。富于敏思的现象学文本，在诗性和叙述之间，很难有清楚的区分。作为作家的研究者被给予了这样的挑战：创作现象学文本，使其拥有具体性、感染力、强度、语调和顿悟。

第十章
做现象学分析的可能性的条件

　　要想进行现象学分析，就意味着我们对哲学方法要有恰当的理解（比如各种还原和感召），我们也要恰当掌握某些人文科学方法（例如现象学访谈、观察、反思和主题化）。在介绍人文科学方法之前，在这一章中，我们要讨论两个相互关联的条件，现象学分析要满足这两个条件才能成功。如果研究项目或探究课题不能照顾到这两个条件，就不太可能进行现象学分析，也不太可能得出有价值的洞见。

　　第一，现象学分析的前提是有恰当的现象学问题。如果问题不具备清晰的启发性，缺乏重点与力度，那么分析就会因缺乏反思的重点而失败。第二，做现象学分析需要有经验性的材料从而支撑反思。如果材料缺乏详细、具体、生动而亲历性的经验，那么分析就会因为没有实质内容而失败。因此，现象学问题的恰当性和材料的经验性质是恰当的现象学反思和分析的两个重要条件。如果不能充分满足这两个基本条件，现象学写作就不太可能成功，不能够引发深刻的现象学洞见。在接下来的几段中，我将具体检视这两个基本条件。

分析是否由恰当的现象学问题所指引？

现象学分析应该被现象学问题所指引，去追问某个人类现象的生活意义。这个人类现象要在经验层面上能够识别和接近。抽象的、理论的和概念的问题，或那些询问解释、认识、观点或诠释的问题，不能帮助我们进行现象学探究和反思。同样，现象学研究始于饱含着惊奇的问题：在平常中发现超乎寻常，在习以为常中发现陌生。现象学问题，追问什么被在当下经验中给予了，以及它是如何被给予或者呈现给我们的——现象学问题追问可能的人类经验。

298

举个例子来说，作为一名父亲，我注意到孩子们在大约六岁时开始有自己的秘密。由此，我开始有兴趣研究童年时产生秘密的经验。我该怎么措辞来表达这个问题呢？一般来说这个问题可以表述为："一个孩子保守秘密或者分享秘密的经验是什么？"

这就意味着，与孩子们和（或）成人们开展访谈或收集相关经验材料（对经验的回忆）时，我并不想要寻找认识、观点、信念或诠释来探索这个现象学问题。相反，我需要收集生活经验描述。人们通常认为这很简单，但是事实并非如此。研究者或许想要捕获经验叙述和个人叙事，但是他们很容易失败。

一个重要的提醒便是：要以亲历的方式捕捉经验。不要询问见解、信念或认识。不要提这样的问题："你认为这个或者那个怎么样？"就具体的题目而言，比如秘密的现象学，研究者不能问类似这些问题：

- 对于分享秘密，你的观点和看法是什么？
- 你觉得年轻人为什么有秘密？
- 女性比男性有更多秘密吗？
- 在某个英国寄宿学校中，孩子们的秘密生活是什么样的？

- 你对父母、朋友或配偶隐藏了什么秘密？
- 你觉得对父母或者朋友隐藏秘密在道德上是错的吗？
- 某区域中的某青年团伙是一个秘密组织吗？

这些问题有可能对其他的质性研究有帮助，但不是现象学。相反，现象学探究亲历的现象或事件的意义。简单地说，现象学追问："这个或那个现象或事件是怎样的？"

如果想要阅读一个现象学研究的例子，请参见范梅南和莱维林 1996 年的研究（英文版下载网址 https://archive.org/details/childhoodssecret00vanm；中文版《儿童的秘密——秘密、隐私和自我的重新认识》，教育科学出版社）。

我们值得重新强调一下上述关于现象学问题中心性的问题：现象学问题并不想要对经验或描述进行概括；它并不会产生社会科学的定律来解释某物和某人在某种条件下的表现；它不会检验假设；它不会询问人们对某问题或某现象的意见、观点、认识或诠释；它不想达成心理学的、性别的、人类学的或者其他种类的解释；它不想发展理论；它不追求道德判断；它不想对分析进行编码分类。因此关键在于保证研究问题恰当的现象学性质。而且对现象学探究来说，现象学问题处于探究各个阶段与时刻的核心。

进行访谈时，要想办法引导出具体的经验。研究者可以尝试询问某个经验是什么时候发生的、如何发生的——第一次发生的时候是怎样的？最近的一次？印象最深刻的一次？等等。

举例来说，秘密现象学问题的关键切入点，也许在于引出在一个人生活中秘密经验的起始——童年。而有效的问题有可能包括：尽量去回忆和描述你第一次对母亲、父亲、兄弟、姐妹或者朋友保密。

为了让现象学访谈继续，研究者可以提出更多具体的问题，比如：

- 你记得最早对妈妈或者爸爸保密吗？回忆这些往事，尽量想出一个具体的事件或时刻。

299

- 你隐藏了什么？一个念头？一样东西？你做的一件事？尽量回忆某个独立的事情或事件。
- 在当时你有秘密的地点藏东西吗？你能描述一下那个地方吗？
- 对一件东西保密的经验，让你感觉怎么样？比如，你的身体的感觉怎样？你对父亲或母亲的感觉怎样？请举例描述。
- 你干了些什么？你说了些什么？你有什么想法？发生了什么？

研究者要尽量让问题锁定于经验发生和经历的单独的、具体的时刻。

分析是否针对前反思的经验材料进行？

通过上面解释什么是恰当的现象学问题，自然而然地引出第二个条件，现象学分析只能针对前反思的或经验性叙事进行。它不能建立在对经验的观点、意见、信念、认识、诠释和解释的材料上。换句话说，一个人不能将具体的经验叙述（concrete experiential account）和诠释的经验叙述（interpreted experiential account）相混淆。开展现象学逻辑分析的最佳材料是对经验的直接描述，而不是关于经验的叙述。因此对于"保守或分享秘密"的生活经验描述，不应当和我们对"保守或分享秘密"的行为或人的判断相混淆。意见、认识或信念的帮助作用，仅限于它们能够引导我们，让我们进入这些意见、认识或信念背后的生活体验。

下面是一段糟糕的访谈实录，包含了一个访谈对象对秘密经验的观点、诠释和认识（而不是经验本身）：

我不喜欢保守秘密，因为这根本就是撒谎。有时我发现有人对我保守秘密，我马上开始不信任这个人。如果别人不能敞开心扉，对我以诚相待，我宁愿不跟他们保持任何关系。

就比如，我不会爱上任何对我保守秘密的人，同样，如果我对某个人保密的话，我也不爱他。人们保守的绝大多数秘密，都是关于不道德的勾当。所以啊，如果有人告诉我一件事，而且嘱咐我要保密的话，我就知道我要听到一些坏事或者关于别人的闲话，又或者，如果这个秘密是关于这个人自己的，那我将会听到一些污秽不堪的事，我宁愿不听……（AN）

这段实录缺少经验细节。我们可以从中知道受访者的观点，知道这个受访者对保守秘密的看法和感受。但这段实录并没有描述保守秘密是怎样的。受访者仅仅是在探讨它。这段实录不是生活经验研究，并没有向亲历性的生活经验敞开。

接下来几段访谈实录，捕捉了经验意义上的秘密时刻。我把这些称为轶事化的"生活经验描述"。

当我还是个小孩子时，我喜欢和爸爸或爷爷出游打猎或钓鱼。清新的森林完完全全地让我振奋——秋天清爽的气息，大地和灰蓝色天空相互交融，透出温暖的色调，清晨的凉爽扑面而来，树林的静谧萦绕着我们等待的时光。

我对当天的记忆，在事情发生之前，就止于此。

一只鹿被打死了：火枪的爆炸声穿透了这片宁静。那时，我五岁。

我们回家后，大家都在兴奋当中，我朝奶奶跑过去，大叫着："砰！鹿摔倒了，流血了！"我本该和家人一起，庆祝这件了不起的事，但是在内心深处，我深知自己无法与他们分享。我假装高兴，但是我感觉厌恶。我为什么跟别人不一样？我为什么因为这只鹿、这片森林、这潭宁静而感到忧伤？

也许在这个时刻，我开始意识到自己与直系亲人们的深刻分歧。直到青少年时期，这将一直是我的秘密。（JF）

下面是第二个例子：

在我六岁时，我和爸爸去给妈妈买生日礼物。在开车回家的路上，爸爸说，我不能跟任何人说我们刚刚做了什么。"为什么啊？"我不解地问。"因为，如果我们把妈妈的礼物当成一个秘密的话，在她生日的时候，我们就能给她一个惊喜。"他说。

当我们快到家的时候，爸爸又转向我，用甚至有点严肃的语气说："记住，一个字都不能说。不能让妈妈知道我们的秘密。"在我们之间，仿佛交换了什么。我感觉很奇怪，不能直视爸爸的眼睛。感觉就像我做了什么错事一样。

"我们到家了。"我若无其事地说道。妈妈问我们去哪了，爸爸平静地说，我们去买生日礼物了。"爸！"我喊起来。妈妈看着我，我僵住了。我向爸爸看过去，仿佛在求助。"我们想买生日礼物，"爸爸继续说道，他眼睛看着炉子上的锅，"但是我们什么好东西也没找到。"我转身，赶紧逃离。爸爸刚才撒了谎！

晚饭时，我安静地吃饭，等待着爸爸和我被拆穿。我只能看见自己的盘子。父母的声音遥远而沉闷，那感觉好像我的头正埋在装满水的浴盆里听他们说话。

那天晚上我躺在床上想：什么事也没发生，爸爸和我仍然保守着我们的秘密。我感觉不错，马上要沾沾自喜了，马上。（EL）

下面是另外一段表现经验细节的轶事：

我总是盼着妈妈离开家。只有在这时，我才能翻看父母卧室的抽屉和橱柜。我特别好奇妈妈年轻时候是什么样。我喜欢试她的口红、首饰和衣服。当然，我总是小心翼翼地把所有东西放回原处。出于说不出的原因，我知道偷偷窥探不怎么对，要不我也不会只在妈妈不在家的时候进行。但这些抽屉仿佛不可抗拒，藏匿着关于我过去和未来的线索。

有一天，我在探索一个柜子时，发现了一本叫作《正常成年两性性功能》的书。我从来没见过这么形象的书。很多关于性交的细节描述，配以图片。我心跳加速，把这本书塞进我的床单和床垫之间。一旦有时间，我就贪婪地浏览着书里的内容。

我从来没想过要把这本书放回原处，直到有一天我走进卧室。让我心惊肉跳的是，这本书就赫然躺在床上。我错误地估计了藏书之地的隐秘性，妈妈来换过床单了。我迅速把书放回了原处，但愿她也许能相信这一切都是她自己想象虚构出来的。看见妈妈时，我感到欣慰，她没有要我解释。她恐怕看出了我眼中的慌乱。我们之间没有说一句话，却交换了一个眼神，似乎在说："我知道你知道，你也知道我知道。"但是，她嘴角挂着一个我不曾见过的浅笑，这个浅笑让我明白，一切都没事儿。（CA）

接下来还有一个例子：

我对童年家中早餐时的氛围印象极其深刻：煎蛋由蓝色盘子盛着，蛋黄流出来，外加烤面包。这些都是早餐时我熟悉的事物。我喜爱那红白格子桌布上闪闪发光的叉子和勺子，冰箱哼哼低吟着像只大白猫。

父亲身材高大，皮肤是古铜色的，他用叉子把食物送到他棱角分明的脸孔前。他手上布满裂口，这是一双技术工人的手，我几乎能感觉到油脂渗出来。他不停地聊天。母亲也聊天。他们的词语在空中飘浮，像毯子一样把我包围。妹妹

302

也在，抿着果汁，小口小口地，像只棕色的小鸟。

厨房的墙壁是黄色的，远处的墙上有扇门，光影斑驳。那扇门通常是关着，而在光影变幻中会现出：那个门上的人。他比父亲要年长。他坐在一把高背椅子上，侧对着我。我看不见他的相貌和衣着。他是影子人，在那里坐着，静静地坐着。

我至今仍然记得这位奇怪的存在者，仿佛他就在这里一样：他认识我，我也认识他，我们彼此默认这一点。但他还是从不把脸转向我。他只是在那儿，侧着脸，阳光照在周围的门上和墙上。我虽然一点也不害怕，但总是对这个人感到敬畏。我不能把他称为真正的朋友，但是，他像邻居院子边沙沙作响的枫树冠一样自然而不可避免，像上学路上埋在疯长草丛里的汽水瓶或者扔向电话线杆的石头一样真实。母亲和父亲继续交谈着。我全神贯注于影子人秘密的显形，几乎听不见他们在说什么。屋外，一辆车疾驰而过，响声消逝在临街。桌子上的杯影缩短、变形。门上的人摇动了一下，瞬间褪色，回归，再次摇曳，然后滑走，消逝。随着他的消失，我的家人回来了。我能听见父母的对话了，我的目光从黄色的墙壁转移回到盘子里黄色的蛋黄。我吃完了早餐。（RM-W）

这四段实录包含了丰富而微妙的经验细节。分析这些经验事例，我们便可以知道，秘密时刻的真实体验是如何的。现象学研究过程中的挑战，在于从叙述文本中得出现象学解释和诠释。显然，现象学工作不能通过主题界定来完成。主题只是对诠释性描述的抽象，而这些诠释性描述必须通过主题的帮助得以建构。

存在方法：引导性的存在探究

对反思探究过程有所帮助的一个方法，是运用生活关系（关系性）、生活身体（身体性）、生活空间（空间性）、生活时间（时间性）、生活物体和技术（物质性），以启发性的方式来探索现象。生活关系（lived relation）、生活身体（lived body）、生活空间（lived space）、生活时间（lived time）、生活物体（lived things）几个术语，是存在于每个人生活世界的存在维度（existentials）——它们是生活的普遍主题。比如梅洛–庞蒂的《知觉现象学》（Merleau-Ponty，1962，2012）包含了关于身体、空间、事物或世界、他者或关系和时间这几个主要章节。在现象学文献中，不断出现这些基本存在维度。通过这些存在维度，我们经验着世界和现实。

我们甚至能指出一些其他的存在维度，例如死亡（垂死）、语言和情绪。存在维度作为普遍的"主题"，对我们探索生活世界的意义维度以及研究的特定现象，都很有帮助。比如对于秘密的经验，我们可以提问："关系、身体、空间、时间和物体的存在维度，如何引导我们探索秘密经验的意义结构？"

关系性——生活的自我–他者

关系性的存在主题能引导我们反思，让我们追问在研究的现象中，自我和他者是如何被经验的。想探究现象的关系维度，我们就要问：人和事物是如何联系的？共同体的意义是什么？共生的伦理是什么？从词源上看，关系指的是人们回归时的参照系。因此，我们将家庭看作一种关系：家庭的亲密感驱使着我们回归和团聚。在关系中，自我是如何被体验的？主体–客体关系通过什么方式构成？他者被体验为客体，还是被体验为他（她）的他异性（alterity）？我们甚至有可能在非关系性的关系中体验他者，例如在牺牲、彻底奉献或服务的经验中，自我是被彻底抹除的。像爱和友谊这种现象，可以通过它们关系性的属性和意义来探究。和真实生活的接触相比，我们在网上与他人相遇有什么区别？一些现象学作者将关系看作理解人类现象最基本的主题。例如，多米尼克·佩特曼（Pettman，2006）将爱和爱欲当作技术关系来考

察。让－吕克·南希作品中一个普遍的主题便是独一复多性的成
对关系和共同体的中心性（centrality of community）。伊曼努尔·列维
纳斯是专注于他者性伦理关系的哲学－现象学家：反思关于他者
的他者性的经验。这些都是我们检视该存在主题的有用资源，可
以引导我们对现象的反思。

　　这样看来，关系的问题也许能帮助我们对上面秘密的故事进
行讨论，来获得一些洞见。在这些故事中关系是如何被体验的呢？
上文所有的故事都展示出，不管父母是否意识到孩子们对他们保
密，秘密在根本上说是一个关系性质的经验。关系体现在父母的
规范和期待中，没有这些规范和期待，就不会存在秘密。这些故
事同样展示出，孩子也许会经历一种与母亲和（或）父亲的分离
感（秘密的词源"secrete"意思就是使分离）。对于一个孩子来说，
隐藏某事或对父母保密，就是去体验（发现）隐私、面具、面具
人格（persona）。通过保守秘密，孩子们仿佛是在学习如何隐形
（尽管有些家长似乎能够看穿孩子们的伪装）。在狩猎的故事中，
304　这个男孩开始经验自己的内心世界，以及自己的内心世界和与家
人共有的外在世界之间的张力。他发现自己和别人不一样，别人
无法感受到寂静树林中的残酷。在生日礼物的故事中，我们能看
到在孩子和父母亲的关系中有一种张力。我们会发现，有时候秘
密和说谎紧密相连，但是二者却不是同一种现象。卧室的故事展
现出了解一个秘密也许会让家长和孩子的关系变得更加复杂，但
同时却更加丰富。在早餐的故事中，那个女孩似乎和想象中的他
者有深刻的关系经验：这个他者也许是她自己内心生活中秘密的
自我。追问秘密为什么是一种关系的经验，让我们意识到，保守
或分享秘密实际上总是关系性的。分享秘密，增强了共享的亲密
感；保守秘密，将亲密的某些张力打破或者固定。

　　身体性——生活身体

　　身体性这个存在主题，可以引导我们的反思去追问，在研究

的现象当中，身体是如何被经验的。作为客体？作为主体？萨特曾经说道，在日常生活当中身体可能会被体验为"在沉默中被忽略"（passé sous silence）。当通过身体来参与世界时，我们真的注意自己的身体吗？我们是如何、在何时意识到我们的身体的？欲望、恐惧、高兴、焦虑是如何在我们栖居的世界中体现自身的？我们研究的现象如何被身体察觉、感受与触碰？我们也许会像对待他人的身体一样，用评价的眼光看自己的身体——但是这个眼光却不尽相同，因为我们要通过自己的身体来感知自己的身体。那么，我们对自己身体的感知如何不同于对他人身体的感知？同样，我们如何经验被其他东西或别人触碰？我们上网时如何经验自己的身体？一些现象学家将身体、身体性和具身性看作理解人类现象的根本主题。例如，梅洛-庞蒂（Merleau-Ponty，2012）可以被称为身体现象学家。理查德·扎内尔（Zaner，1971）早期关于具身性现象学的文本，到现在仍然很重要。此外，道恩·威尔顿（Welton，1999）把和身体有关的现象学经典与当代作品汇编成册。

这样看来，身体性也许能够帮助我们对上述秘密的故事进行探讨，从而帮助我们获得一些洞见。在这些故事中，身体是如何被经验的？或者秘密如何成为身体的经验？在打猎的故事中，那个男孩尽量装得一切正常，不表现出伤感。秘密有可能让人们发觉自己身体正常表现的可能和限度。同样，在生日礼物的故事中，妈妈目光的质问，让主人公产生强烈的恐惧，害怕自己身体发出的信号泄露了秘密。保守秘密涉及整个身体的参与。为什么呢？因为身体可以成为隐藏、背叛和暴露的场所。保密可以通过身体感受到，通过人的姿态、眼神等等。身体同时也可以变成秘密的主题。阅读父母的关于性的书籍，对那个女孩来说，实际上是在了解她自己身体里逐渐成长的秘密。那个看见门上影子人的女孩，通过自己身体的敏感的识别力，看到了秘密的影子身体。所有的这些主题，都可以进行更深入的现象学分析。

305

空间性——生活空间

空间性这个存在主题，可以引导我们的反思去追问，在研究的现象中，空间是如何被经验的。我们对内部的经验和外部的经验有什么不同？大教堂的空间所带来的体验和小教堂的有什么不同？高高的天花板对我们有什么作用？我们是如何塑造空间的，空间又是如何塑造我们的？比方说，当我们健康的时候，我们对床和卧室的体验，和我们生病时候相比，有什么不同？空间和地点的体验有什么不一样？我们如何经验某些地点的俗世的情绪或者脱俗的氛围？我们如何进入、栖息、离开小说、电影和电脑屏幕这些虚拟的空间和地点？我们如何经验网络空间的维度？一些现象学家将空间和地点看作理解人类经验的基本主题（Bollnow，1960）。比如，加斯东·巴什拉（Bachelard，1964b）对空间诗性进行了描述。爱德华·凯西（Casey，1997）描述了空间和地点现象学的历史意义。

现在，对于在上述故事中对秘密的讨论，空间性的角度也许能够帮我们获得一些洞见。孩子们一旦学会保守秘密，他们就会生活在两个世界中：内心世界和外部世界。这在打猎故事中的男孩身上表现得尤为明显。他与那些对秘密无意识的他人不再共享同一个世界。并且突发事件打破了森林的静谧，这氛围正好应和了这个孩子的内心空间。同样，秘密物体可以被藏匿。床单下的秘密空间可不是藏东西的好地方。在影子人的故事里，那个女孩似乎栖居在另外一个空间维度中。影子人也许纯属想象，但不可否定的是，他被体验为真实的。在这个故事中，这个孩子的感受非常鲜活。影子人生活在一个只能够通过感官感知的领域，但是一个人必须特别注意才能看到他。那么我们是不是也可以说，秘密栖居在日常生活的阴影里？抑或，门上跳动的影子是不是反映了那在灵魂深处栖居的不安的影子？这些秘密驻扎在内心，本不可见，但在世间熟悉事物的背景下，是不是会在生动的轮廓中被发现呢？

时间性——生活时间

时间性这个存在主题，可以引导我们的反思去追问，在研究的现象当中，时间是如何被经验的。每个人都知道客观（宇宙的）时间和主观（生活的）时间，以及时钟时间和现象学时间的区别。我们在等待的同时，如果主动做一件事情，对时间的经验便会不同。比如，如果开车三个小时去另一座城市，我们会感觉某一段路程相对来说更长，哪怕客观来说它们的长度是一样的。也许开始的一百公里比最后的一百公里感觉要长。这个经验同时表明，生活空间和生活时间是相互交织的。空间是时间的一个角度，而时间以空间的方式被体验。这就是为什么我们说做某事要花"多长"时间。就连钟表上时间的流逝都有生活敏感性。比如，数字钟表上显示的数字和模拟钟表上的时针、分针、秒针是不一样的。手表或时钟的模拟表盘，将时间表示为空间的运动，表针在表盘上缓慢而坚定地行走。我们看一眼时钟就知道时间，盘算着分针还要走多远我们才能吃午饭。生活时间同样被体验为目的（telos）：我们努力实现的希望、计划和目标。通过我们的童年时光、工作和恋爱时期等等，我们确立着自己的身份感（同一性）。一些现象学家将时间或者时间性看作理解人类现象的根本主题。例如，海德格尔的《存在与时间》（Heidegger，1962）将存在描述为时间，因为没有时间，就不会有存在。

现在让我们回到对秘密的探讨上，追问时间性可以帮助获得许多洞见。在打猎故事中，男孩渐渐认识到，打猎时兴奋的时间感如何与他为鹿感到哀伤的时间相冲突。秘密的现象学同时也有可能标志着心灵上的显著发展。秘密让隐匿的、超越的、他者的、神秘的和深度的经验成为可能——有意义性甚至是和心灵相关的事物。时间在对秘密的隐藏中显现为成熟和成长的标志！那个给妈妈买了生日礼物的孩子，正在学习秘密在父亲和母亲的关系中扮演着怎样的角色。神秘的生日礼物会在生日当天揭晓。这也是对生活时间的体验。保守和分享秘密，在我们与他人关系中的重要性还在于，我们学着去协调要分享什么、不去分享什么、为了什么目的。那个藏书的小女孩，要了解自己未来将要发生的事，在长成像她母亲一样的成年女子时要面临的事。对于看见影子人的女孩，也有美妙的时间氛围。只有在早餐时的某一刻，当阳光照在门上的时候，他才出现。但是在这个时候，她深深地沉浸在与他相遇的时间性中。

物质性——生活物体

物质性的存在主题可以引导我们的反思去追问，在研究的现象中，事物是怎样被经验的。"物"在我们生活中的意义，怎么估计都不为过。事物，就是我们物质性的、物体般的现实世界。我们对于任何研究题目几乎都可以追问，"物"是怎样被经验的，对物的经验、对世界的经验如何影响现象的根本意义？在世界的事物中，我们以真实的方式看待自己、承认自己。事物告诉我，我是谁。可它们是怎么做到的呢？物如何延伸着我们的身体和精神？物如何被经验为亲密或陌生？物可以让我们失望，或者把我们的失望反射给我们。它们可以提醒我们自己身上的责任。现象学家布鲁诺·拉图尔（Latour，1992，2007）和彼得－保罗·维贝克（Verbeek，2005，2011）提出，物，尤其是在技术的状态，和人类一样都有能动性（agency）。因此，在我们和物的遭遇中，我们体验着它们对我们的生活施加的道德力量（moral force）。当然，物在不同的水平上展现着自身。就算微物体超越了直接感官经验的可能性，我们真能在纳米层面上经验它们吗？超物体是如何构成我们研究现象的经验的？超物体是大型物体，像蒂莫西·莫顿（Morton，2013）所描述的气候（全球变暖现象）和其他大型生态物体。我们可以用"超物体"一词来指"物"的复杂、困难、隐匿的维度，比如城市的"氛围"、战争的"恐怖"、景象的"壮观"。就连非物质性的物，都包含着一定的物质性。

现在让我们回到对秘密的探讨上，追问物质性，可以帮助我们获得很多洞见：物质性反思追问物是如何被经验的。秘密的事物可以是被藏匿的物体或个人物品。但是秘密事物同样也可以是思想、行为、经验、事件和发现，正如打猎的故事中，秘密的事物是关于事件的记忆。上面的经验故事表明，被秘密地藏匿起来的事物不能和自我相分离。实际上，在隐藏那本关于性的书时，那个女孩在隐藏自己。在书的故事中（这个故事并不只是关于一本书的），母亲和女儿之间，现在似乎在共同保守着一些有意义的事：未被承认的秘密之秘密。因此这个秘密本身，变成了一个要被保守的"物"：这个秘密，在母亲和女儿之间未被明确承认，但是已经被清楚知晓了。影子人是完全不同意义上的物。他是神秘的显现，通过各种物的互动产生：门、光线、早餐桌和桌上的东西，也许还包括父亲的身体轮廓、作为物的影子等等。

在上面的反思中，我对一些主题进行了识别和玩味，如果我们被存在维度的引导性问题引领，这些主题也许就会生发。我们还可以得出有关儿童秘密体验的更多洞见和主题理解。这些主题会激发关于童年秘密现象学的反思性写作过程。探究秘密经验现象学的文本，可以按照这些存在维度组织和发展。但是这个做法仅供参考。如果想要参考组织现象学研究文本的方式，请参阅《生活体验研究》一书（van Manen，1990/1997）。

附论：科技——生活人机混合关系（lived cyborg relations）

在流派纷呈的技术哲学基础之上，尤其是基于海德格尔、伊德、斯蒂格勒的探讨，我想附加一些关于技术的存在主题思考，也许会对读者有帮助。接下来，我会甄别出人类对物和技术存在的经验当中的五种关系。

（1）将科技经验为习以为常

在生活中，我们大多对技术采取习以为常的态度，把技术看成工具、手段（technique）。我们的生活世界越发被日新月异的技术形式所改变。对于那些能够运用新技术的人来说，生活变得越来越舒适；对于那些不愿适应新工具和媒体的人来说，生活反而更复杂。技术的追捧者通常认为技术都是好的，不会犯错。它提升了我们的健康、工作、学习和生产，为生活增添了乐趣。我们把自己人机混合体（cyborg）的存在当作习以为常了吗？我们是怎样把它当作习以为常的呢？

（2）从实体意义上经验科技

一直以来，伊德、德莱弗斯、阿赫特胡伊斯等学者试图确定我们如何理解像电脑和手持设备等电子技术，以及如互联网和网上活动等特性。阿赫特胡伊斯用荷兰语编著出版了一本书《从蒸汽机到电子人》，在本书中每一位荷兰学者都选取了一篇他们觉得是技术现象学的经验转向的一部分的哲学作品进行探讨。伊德对此书十分痴迷，将它翻译成英文，命名为《美国技术哲学：经验转向》（2001）。阿赫特胡伊斯说，现象学技术中"经验转向"可以导致"不同技术的具体经验的显现"（Achterhuis，2001，p.3）。

根据阿赫特胡伊斯及其同事的观点，海德格尔和其他欧陆哲学家的经典技术哲学虽然深刻，但是过于远离日常生活旨趣。这一思想发展并不令人吃惊，汉斯·阿赫特胡伊斯在 20 世纪五六十年代曾经在乌特勒支大学学习，当时那里的拜滕迪克、兰格威尔德、范登伯格、林斯霍滕、比茨等学者已经提出这样一种关注日常世界生活实际主题的现象学旨趣（参见本书关于乌特勒支学派的一章）。关于电脑，我们可以区分出人类和技术的经验或实体维度保持的一些体验关系（特别参阅 Ihde，1990）。我们在什么意义上是人机混合体呢？

（3）从存在论神学意义上经验科技

在所有技术现象学最近发展的背后，是海德格尔对于技术最根本的思考，作为存在论神学的技术带来了危险，也具有拯救能力，定义了我们历史的存在和命运，以及我们不能逃脱的灾难性命运。"技术是揭示的方式",海德格尔在《关于技术的追问》当中说道。技术将存在揭示为我们所用的资源。技术(作为技艺,techné),总是在将这个被揭示的(经验的)世界进行修正和转化。技术的实体意义是"实现目的的工具",或者"一项人类活动",制造事物。但是海德格尔说,尽管这很"正确","却并不真实"。因为,我们需要从实体论层面上升到存在论层面。技术作为技艺,让事物揭示其自身,因此,它从属于真理(aletheia):事物以自我呈现的方式来揭示。

对于海德格尔来说,技术的本质在于座架(Ge-stell),将自我揭示规定为持存(standing-reserve),可以被使用或储存的能量场或力量场。在这个意义上,世界变成了资源,人们也仅仅成为资源。从存在论上看,技术是文明的变体或者揭示的形式,为技术实体的出现提供了一系列可能性。在汤姆森(Thomson,2005)的文章《海德格尔与存在论神学》中,汤姆森特别在教育背景下讨论了技术的危险和希望。

(4)将科技经验为技艺(technics)

通过技艺这个概念,斯蒂格勒让我们看到,技术是人类的本质。和伊德不同,斯蒂格勒并不想推翻或者抵消海德格尔对技术意义的探讨,把技术看作经验当代生活的方式。相反,斯蒂格勒似乎发展出了更复杂的现象学,试图通过理解人类和技术所保持的不同关系,来启示伦理和政治,同时对沉迷最新技术发展的下一代的教育有所启迪。

(5)从审美意义上经验科技

在《无机物的性吸引力》(Perniola,2004a)和《艺术及其阴影》(Perniola,2004b)两本书中,马里奥·佩尔尼奥拉说,当代思想正在改变着人类和物或技术之间的关系。佩尔尼奥拉的作品中,探索了爱欲、欲望和性在今天事物的审美体验和技术体验中的作用。技术怎样克服物理身体的限制?身体越来越由有机部分和无机部分构成,在身体的人机混合经验中,对事物的感觉意味着什么？人类怎样成为电子化技术的延伸？我们能说事物也有感觉吗？佩尔尼奥拉认为，人类也许会把自我体验为"能感知的事物"。例如，在互联网上，在网络性行为中，某人将他或她自己看作虚拟的事物和技术的存在。

　　毫无疑问，技术现象学成为越来越重要的研究领域。比如多米尼克·佩特曼在《爱与其他技术：信息时代中爱欲的更新》（Pettman，2006）一书中，引用了斯蒂格勒、海德格尔、南希和阿甘本，发展了关于爱和语言作为自我、群体、色情片、身份认同和欲望的极富原创性的研究。凯瑟琳·亚当斯（Adams，2006，2012）展示了技术和物的现象学如何启发我们看待变动中的师生关系教育学，以及启发教育者采用新媒体，例如演示文稿、互动白板等等。迈克尔·范梅南（Michael van Manen，2012a，2012c）同样受到斯蒂格勒的启发，展示了医学技术化对医学实践伦理的影响，以及对病人及其家属在重症监护病房，比如新生婴儿监护室环境下的影响。我们可以进一步提问，我们的存在是如何被塑造成为人机混合的现实的？从某种意义上说，我们都是时而简单时而复杂的机器人。但是作为科技存在维度的一个主题，反思我们工作、爱情和休闲生活的人机混合的性质，也许会帮助我们更集中地理解人类在历史中偶然获得的人性。

第十一章

人文科学方法：经验和反思的活动

现象学哲学家几乎不使用来自于社会科学的经验的方法。然而，许多现象学研究却富含体验的、经验的材料。例如，萨特的文本就包含了具体的故事，他在他周围的环境中观察到这些事件，如在他经常光顾的巴黎咖啡馆。林吉斯的现象学游记文本也富含他对所遇到的人的观察与交谈。布朗肖、梅洛－庞蒂、马里翁和德里达经常使用神话和文学中的体验材料。在为年轻人提供教育建议时，塞尔使用了许多他个人生活的故事。就像我们所看到的一样，许多其他的现象学作者使用个人生活的、历史的、新闻媒体的、虚构故事的、小说的和艺术资源的实例。通过这种方式，人类存在的丰富地基和体验土壤被挖掘、耕犁和播种，以求获得现象学洞见。

特别是那些非专业哲学现象学的现象学研究者转向了社会科学的经验方法：（1）更加系统地收集体验材料；（2）使用反思的方法使嵌入体验材料的意义主题化。的确，这是现象学转向社会科学方法的唯一理由：为了现象学反思，我们要获得体验材料。当社会科学方法被采用来做现象学时，"人文科学现象学"就成了惯例。

首先，我们要意识到，借鉴社会科学的资料收集方法，如访谈、观察和参与，是为了现象学探究，它与社会科学学科中实践的那些方法有着重大区别，如人种志、叙事研究、批判理论和传记等等，意识到这种区分十分重要。区别在于，现象学访谈和相关的方法首先旨在收集前反思的体验叙述。我们也应该注意到，现象学访谈和观察需要在这样的时刻进行：当研究者采取了被描述为还原的现象学态度时。

其次，主题化和意义分析的反思方法必须与悬置和还原的方法整合在一起。从一种胡塞尔的视角来看，反思的人文科学方法关注的是确定主要的和次要的本质性（eidetic）主题，这些主题属于某一项现象学研究计划中正在被研究的现象或事件。但从一个更广泛的现象学视角来看，分析和主题化意义的反思过程也需要对还原的各种形式的理解与采纳。在分析文本时，就每一个片段，我们会问："它如何向现象言说？"这些主题化的反思方法是更大的反思过程的一个过渡部分，更大的反思过程最终必须在现象学写作活动中证明自己。现象学主题就像创造性速写，它有助于审慎地写作一篇详尽的现象学文本。在现象学文本的写作中，主题应该成为有益的向导。

所以，当现象学研究方法被引入到专业学科，如心理学、教育学、护理学和医学，它的方法论资源开始包含属于那些社会科学的研究方法和工具，然而，这些方法几乎没有被专业哲学家使用过（直到最近）。首先，现象学人文科学采用了经验资料收集的方法；其次，它采用了反思的方法和技巧。

经验和反思的方法可以有助于在专业背景中做现象学的实践。

经验的方法描述各种研究活动，为研究者提供经验的材料。它们包括个人的经验描述、从他人那里收集书写的经验、为收集经验的叙述而访谈、观察经验、甄别虚构的经验，以及从其他的审美资源中探索想象的经验。

反思的方法描述分析的或现象学反思的某些形式，并与严格意义上的还原保持一致。我们可以区分主题的反思，如合作反思、语言学反思、词源学反思、概念反思和诠释性反思，与解释学访谈的反思。在任何研究计划中，经验的（体验的）和反思的（还原的）方法的选择与使用取决于语境和研究的性质。关键在于，这些方法特别适合于现象学探究的目的（亦可参阅 van Manen，1997）。

收集生活体验的经验方法

再重复一遍，经验的（和诠释的）方法的主要目的是探讨实例和各种生活体验，特别是这样的形式：轶事、叙事、故事和其他的生活体验叙述。生活世界，日常生活体验的世界，是现象学研究的资源和对象。所以，我们可以在生活世界的任何地方寻找生活体验材料：通过访谈、观察、语言分析和虚构的叙述等等（参阅 van Manen，1997）。当然，我们需要意识到，体验的叙述或生活体验描述并不真正等同于前反思的生活体验本身。所有经验的回忆、经验的反思、经验的描述、经验的录音访谈，或经验的转述都已经是那些经验的变式。甚至录音机或摄像机直接捕捉到的生活，也在它被捕捉的时候已经发生了改变。假如没有我们反思地关注生活意义这种戏剧性的难以表达的元素，那么现象学就没有存在的必要。所以，关键在于，我们需要找到通向生活的生存维度的通道，同时希望我们从生活海洋的深处带到表面的意义不会完全丧失它们未被搅扰的存在的一些自然颤动，梅洛－庞蒂可能会这么说。

现象学研究的一种方法是"借用"他人的经验。我们收集他人的经验，因为它们允许我们以一种替代的方式使自己更有经验。我们对这个孩子、这个少年或这个成人的具体经验感兴趣，因为它们使我们变得"更有知识"（informed），被这种经验所丰富，以便能够表达它的意义的全部深义。再重复一遍，用来从"被试"那里获得"资料"的传统技术是通过访谈、引导书面反馈、参与性观察等等。现象学研究可以沿着相似的路线行进，但有一些重要的先决条件。从现象学的观点看，我们首先感兴趣的不是我们所谓的被试或信息提供者的经验，只为能够报告这个或那个人如何体验或感知某物。我们的目的是收集可能的人类经验的实例，反思它们可能固有的意义。

个人经验常常是现象学探究的一个很好的起点。意识到人们对一个现象的自己的经验结构，可以为研究者提供朝向现象的线索，并因此朝向现象学研究的所有其他维度。我们个人生活的经验可以直接被我们获得，而其他人的经验则不行。不过，现象学家并不想用个人生活的纯粹隐私的、自传的事实性来烦扰读者。在写出生活体验的个人描述时，现象学家知道，人们自己经验的意义模式也是他人可能的经验，因此可以被其他人辨识。

为了做一个生活体验的个人描述，我试图以体验的术语尽可能描述我的经验，专注于一个特殊的情境或事件。就像梅洛－庞蒂所说的一样，我试图对我如其所是的经验给出一个"直接描述"，不提供我的经验的因果解释或解释性概括。正是在这样的范围内，我的经验才可能是我们的经验，即现象学家想要反思性地意识到某些体验的意义。在现象学描述中，人们经常注意到，作者使用人称代词"我"的形式或"我们"的形式。这样做不仅仅为了提高以这种方式表达的一个真正体验的召唤价值，而且要表明，作者既意识到人们自己的经验可能是他人的经验，也意识到他人的经验可能也是自己的经验。

人文科学研究的"资料"是人的经验。因此，似乎显而易见，假如我们想探究某一经验（现象）的意义维度，从事研究的最直接的方式是请求选定的个人写下他们的经验。为了获得其他人的经验，我们可以请求他们写下个人经验，这称作生活体验描述：

就像你经历它一样，尽可能描述这个经验。避免因果解释、概括或抽象的解释。

从内部描写这个经验，如实描述——像一种心灵状态：

情绪、情感等等。

专注于经验对象的一个特殊的实例或事件：描述具体的事件、一次冒险、一次发生的事、一个特殊的经验。

努力专注于因生动而记忆犹新的经验实例，或者因为它是第一次或最后一次。

专注于身体感觉、事物的味道、它们的声音等等。

避免使用奇妙的短语或花哨的术语来美化你的叙述。

当请人们提供一个生活体验描述时，重要的是要意识到我们并不特别关注这种体验是否恰恰以那种方式实际发生。现象学不太关注事实的精确性，而是关注一种叙述的真实性——对于它，我们的生活感是否真实。

现象学访谈

现象学访谈被用作探究和收集体验材料的一种手段。访谈首要的具体目的是探究和收集体验的叙事材料、故事或轶事，这些可以作为现象学反思的资源，并由此对于一个人类现象形成更加丰富的、更深刻的理解。但这比它听起来要困难得多。现象学访谈的目的在于寻求前反思的体验叙述，不在于文化的叙事、社会心理学意见、个人观点、感知、视角或解释。有时，访谈者过分低估了让他人以故事或叙事形式讲述或分享"生活体验"的难度。不幸的是，为质性研究者撰写质性访谈方法的作者倾向于严重低估现象学访谈的独特挑战性。让受访者用前反思的术语实际讲述一个体验描述，是相当困难的。让人讲述一个经验很容易，而让他像经历时一样讲述一个经验则困难得多。通常，很容易让一位受访者分享他的观点、解释或关于某物的意见，而让他对一个事件或一个特殊地方的某一时刻及时地给予一个详尽的体验描述则相当困难。

在做现象学访谈时，应该记住哪些事情？哪里是适合访谈的地方？什么样的互动氛围有利于开展访谈？做访谈的最佳时间是什么时候？什么态度有助于一次成功的访谈？访谈者自己应该如何表现？下面是一些要点。

在哪里谈？在正式的环境中，如大学办公室或访谈室，访谈并不总是能最好地进行。人们更倾向于在有助于思考这些体验的环境中回忆和讲述生活故事。在医院或家里对病人做关于他们的疾病体验的访谈，不一定会富有成果地进行。一些访谈最好安排在厨房桌前、咖啡屋，或其他任何感觉很舒适的地方。

谁来谈？为了赢得受访者的信任，研究者应该是讨人喜爱的，特别是，假如被研究的现象触及了敏感的问题。所以，特别重要的是，在严肃地展开研究主题之前，我们应该发展一种个人分享的、亲密的或友好的关系。请问：哪些人可以告诉我们个人生活故事（轶事、故事、体验和事件等等）？谁对被研究的问题有丰富的体验？这个人善于表达或表达流畅吗？最好是访谈，还是试图获得文字叙述更合适？的确，有时，说个人体验比写个人体验更容易，因为写作迫使那个人进入一种更加反思的态度，这使如亲历一般地通达一种体验变得更加困难。

什么时候谈？试图安排一次访谈，不要太匆忙。一起喝杯咖啡或吃顿饭，创造一种氛围以及时空来探究体验。需要花一点时间，人们才可以轻松过渡到更专注的提问。一开始，人们不应该担心答案是否太短，好的访谈需要时间。最好将访谈当成一次交谈而不是"访谈"。交谈需要合适的氛围与情调。一些交谈式访谈在晚上谈要比一大早谈更好。

为什么谈？重要的是要专注于人们想探究的那种体验。现象学的问题应该给研究者注入一种对现象的惊奇和开放性，这种惊奇使交谈充满活力。

怎样谈？如果可能的话，人们应该通过录音来收集个人体验的描述。有时，语言可以起到阻碍作用。例如，假如人们对"希望"的体验感兴趣，那么，这个词可能充满意义，或充满肤浅的联想，以至于受访者很难知道访谈者想要研究的是哪一种生活体验。有时分享一个故事或一次体验的实例，或围绕这一主题使用个人的实例，或使用生活、书、电影中的例子，对于访谈者本人是有益的。

问什么？首先，记住主要的研究问题很重要（即使这太困难，无法完全与受访者分享）。对于故事的出现，要持续保持警觉。其次，不能过分强调现象学探究的访谈对话的首要目的是获得丰富和详尽的体验材料。因为我们访谈他人关于某一现象的体验时，必须靠近生活体验。当我们问一种体验是什么样子时，尽可能具体是很有益的。请那个人思考一个具体的例子、情境、人或事件。确切地说，这是什么时候发生的？你在做什么？谁说了什么？那时你说了什么？接下来发生什么了？感觉如何？关于那个事件你还记得什么？（不要求解释、概括、沉思，不要求任何可能偏离生活体验的东西。）换句话说，充分探索整体体验（故事、轶事）！

无论发生什么。常常没有必要问许多问题。耐心和沉默可以是更机智的方式，促使他人回忆并继续讲述一个故事。无论发生什么，都不要害怕沉默。假如似乎出现了一个中断，那就以一种提问的语调重复最后一个句子或思想，从而激发他人继续，这常常也就足够了。"所以你说你感觉不舒服……"每当受访者似乎开始概括那个经验，你可以插入一个问题，使话语转回到具体体验的层面："你能举个例子吗？""你记得一个特殊的事件吗？"等等。

所以，要想通过一次富有成果的访谈获得体验材料，还需提醒以下两点：

清晰地记住访谈的现象学意向。在开始一个访谈计划之前，重要的是要做好精神的准备。年轻的研究者常常充满热情地进入"访谈主题"，使用所谓的非结构的或开放式访谈方法，但没有事先认真考虑访谈为什么样的兴趣服务。你想要探索什么样的体验现象？这样体验的实例会是什么？什么样的体验可以提供相反的实例？有时，研究者困惑于他真正的兴趣或研究问题，在某种程度上期待着通过访谈对此做出澄清。通常，这是一个无用的希望。假如访谈者不专注于获得生活体验材料的需求，那么他得到的结果就会是，访谈材料只包含着对研究者的短的、冗长的或主要问题的许多太短的回答。最好是获得有限数量的详尽而又具体的故事，而不是很长时间的访谈却包含着极少的体验材料。结果可能是，研究者留下了大量无法处理的录音带或文字记录，然而却很少有解释价值。

努力获得特殊情境或事件的具体故事。太简单又缺乏足够的具体性的访谈材料（以故事、轶事和体验实例的形式）可能是无用的，它会诱导研究者沉溺于过度解释、沉思，或过分依赖个人意见。与此相似，过量的混乱的访谈可能会导致彻底的绝望和困惑（我现在怎么办？我能用什么方法来分析这些成百上千页的文字记录？）或导致意义寻求的混乱（这里有这么多啊！我要用哪些？不用哪些？）。重要的教训是，人们不想首先陷入这样的困境。

解释学访谈

与现象学访谈相比，解释学访谈有着不同的目的。解释学访谈旨在探索基本的现象学观念和方法能被理解的方式。这种访谈不应该与心理学或人种志访谈等方法相混淆，后者旨在探索传记的意义、个人或文化的或以性别为基础的感知。人们可以区分两种解释学访谈：资料－解释访谈和方法论－解释访谈。

资料－解释访谈在通过现象学访谈、观察和其他资料收集方法获得的对经验资料（生活体验叙述）的解释中寻求协助。有时，解释学访谈可以用作现象学访谈的一个后续行动。然而，我们不应该假设，分享了他们生活体验的那些人应该具有专门的技能和洞见来解释他们自己的体验。通过询问他人关于诗歌、摄影作品、艺术对象、神话、历史和文化事件、短篇小说以及其他叙事的解释性洞见，资料－解释访谈的追求也可以富有成果。例如，我们可以询问一位专业的实践者，如教师、护士或医生，对在他们的专业体验范围内的一个特殊的叙事、艺术对象或电影，他或她的解释性洞见。

方法论－解释访谈是典型的关注从现象学家那里获得的解释性洞见，现象学家们自己关于现象学假设、主题和方法的方法。一些现象学家在解释他们的现象学探究实践时，比他们的作品更加清晰。例如，列维纳斯、德里达和斯蒂格勒等现象学家，可能需要读者智力上极大的耐力。通过已发表的与这些作者的访谈，我们更容易得到关于他们作品的介绍。在书籍和杂志上经常可以读到这些访谈，也可以通过广播电台听播客，或通过观看在网上可以获得的视频。有时，人们也可以幸运地自己进行这样一次访谈。

观察生活体验

观察或近距离观察（close observation）是一种从他人那里收集体验材料的更间接的方式。例如，对于小孩子或重病的人来说，写下文字描述或进行对话访谈通常很困难。"近距离观察"，顾名思义，与更加实验性的或行为性的观察研究技巧相对照，它试图打破观察方法经常造成的距离。走进一个人生活世界的最好方法是参与其中。如，要想理解小孩子的体验，重要的是和他们一起玩、一起交谈、演木偶剧、画画或跟随他们走进他们游戏的空间，走进他们做的事情，与此同时，专注地意识到孩子们做这些事的方式。

自然，近距离观察方法并不仅仅是和小孩子们在一起的情境中更好的方法。"近距离观察"（在这个术语在此被使用的意义上）能产生除了我们以文字或访谈的方法获得的之外，不同形式的体验材料。不过这样说的时候，我们应该谨慎，不要将近距离观察过于简单地解释为一种参与性观察的变式。近距离观察包含一种态度，假设一种尽可能亲密的关系，与此同时，保持对情境的一种解释学警觉，这种警觉使我们持续地后退并反思这些情境的意义。这与小说作家的态度是相似的，他总是留心寻找要讲的故事、要回忆的事件。参与性观察的方法要求人同时既是一个参与者又是一个观察者，保持某种反思性取向，同时防止更操作性的和人工的态度，即倾向于介入一个社会情境和关系的反思态度。

借鉴虚构作品

虚构文学，如长篇小说和短篇小说，有时是体验材料最好的来源。例如，一部长篇小说的价值取决于人们所谓的作者的感知性和直觉敏感性。现象，如爱、悲伤、疾病、信仰、成功、恐惧、死亡、希望、斗争，或丧失，是构成小说的材料。一些名著的题目，如《罪与罚》《恶心》《审判》《追忆逝水年华》，表达了我们通过解释性阅读可以获得的基本的生活体验。

319

在阅读萨特的《恶心》时，我们情不自禁地感觉受到与洛根丁相同的情绪的侵扰。所以，作为读者，我们发现日常生活的体验不可抗拒地转换到小说的世界，在这个世界里，这些基本的生活体验以替代的方式被经历着。当我们将自己当作一个故事的主角时，我们经历着他或她的情感和行动，而无须真的行动起来。因此，我们可能体验到我们通常没有的生活情境、事件和情感。通过一部好的小说，我们获得了经历一种体验的机会，这种体验为我们提供了获得洞见的机会，获得对于我们选择的要研究的现象的某些方面的洞见。

从文本中理解意义的反思方法

在质性研究模式中，如扎根理论、人种志和概念分析，主题的观念和主题分析与现象学探究中使用的主题有着不同的意义。在扎根理论中，主题分析被看作一种符号化和发展理论的努力；人种志主题分析旨在发现确定和描述不同文化群体与实践的范畴

（categories）。相对来说，内容分析实际上预先选择了在经验材料中寻找的主题。内容分析可以检查文字记录，看某些主题术语的重复度，这会表明，例如，文本中存在性别歧视。扎根理论和人种志运用技巧让主题在某种程度上"出现"。"出现"意味着通过持续比较人们的叙述，寻找主题的相似性和差异性。这些质性方法中的主题分析有时可以用特殊的软件实现。但是这些不是做现象学的方法。

符号化、概念抽象或经验概括永远不能充分地形成现象学理解和洞见，就像这本书中描述过的一样，这应该是显而易见的。现象学传统的那些重要前辈没有哪一部著作会等同于抽象、符号化和程序的方法，建立分类学，寻找重复的概念或主题，等等。当我们检视一篇声称使用了一种现象学方法的学期论文或毕业论文，问这样的问题可能是有帮助的：这"看起来像"人们在更原始的现象学文献中遇到的任何现象学研究吗？这并不意味着人们必须在原创思想者的伟大文本的背景中测试自己，但是人们应该能够认出一种现象学态度的在场和一个研究中现象学洞见的呈现。

主题分析的方法

主题化分析指恢复意义结构的过程，这些意义是再现在文本中的人类体验的具身化和戏剧化。在人文科学研究中，通过检审它的方法论的和哲学的品性，主题观念可以得到最好的理解。主题分析常常被理解为一种清晰的、相当机械的某种频率计算，或是文字记录或文本中有意义术语的符号化应用，或是实验报告内容或文件材料的某种其他类型的应用。在这些应用的基础上，现在可以用计算机程序帮助研究者做主题分析。但"分析"一个现象（一个生活体验）的主题意义是一个创造、发现和揭示洞见的复杂和创造性的过程。捕捉和形成一个主题的理解不是一个规则束缚的过程，而是一个自由"理解"（seeing）的行为，这种行为是由悬置和还原驱动的（参阅 van Manen，1997）。

在探索主题和洞见时，我们可以将文本当作整个故事层面的，各个段落层面的，句子、短语、习语或单词层面上的意义的来源。

（1）在整体的阅读方法中，我们将文本当作一个整体，并问出这样的问题："本质的、原初的或现象学的意义，或作为整体的文本主要意义，如何能被捕捉到？"然后，我们试图通过造这样一个短语来表达这个意义。

（2）在选择的阅读方法中，就一个文本，我们聆听或阅读几次，并问出这样的问题："关于被描述的现象或体验，什么样的陈述或短语似乎是特别本质的或启示性的？"然后，我们将这些陈述画圈、画线或强调。接下来，我们可以努力捕捉在主题表达中或贯串在更长的反思性的描述－解释性段落中的这些现象学意义。在文本中出现的一些短语可能特别富有启发性，或有一种"刺点"感。这些短语应该被抄录和保存下来，作为发展和写作现象学文本的可能的修辞之"玉"。

（3）在详尽的阅读方法中，我们看每一个句子或句群，并问出这样的问题："关于被描述的现象或体验，这个句子或句群可以被看作启示了什么？"再一次，我们努力确定和捕捉主题的表达、短语或叙述段落，它们越加让体验的现象学意义在文本中显露或给出自身。假如整个体验的叙述特别有力，那么我们就努力凸显它作为一个实例的故事或轶事。

下面是生活体验描述的主题分析的一个简单例子，这个例子来自一位成年人的回忆。这个回忆是关于儿童秘密的早期体验。这个体验被呈现为：(a) 一个生活体验描述；(b) 转化成一个轶事；(c) 进行整体的、选择的和逐行的主题化；(d) 主题用于某个实例的现象学反思性写作。

(a) 我们请一位成年人回忆一个童年的早期秘密体验，并收集材料，开始写一个生活体验描述。我们既可以就这篇手稿做一个主题性阅读，也可以首先通过删除过多的材料将手稿编辑成一个更短的轶事。

在我大约十一或十二岁的时候，我和一群邻居家的男孩混在一起。他们不是坏孩子，他们的表现并不真的像古惑仔。不过，我们偶尔也惹点麻烦。例如，我们在村子后的树林里有几次秘密聚会。在这些聚会中，我们喝酒抽烟，假如我们能够得到烟酒的话。当时，我们想要有一种"长大了"的感觉。一天，我负责搞到一瓶烈酒，通过贿赂我的堂兄，他愿意为我买酒。我不得不把酒藏在外面的木头堆下，藏了两天，直到计划好的周末聚会。但一想到我的父亲会发现这瓶酒，我就特别害怕。我考虑扔掉它，但怎么做呢？在学校上学那一天，我满脑子都是藏起来的那瓶酒。我还记得在我的父母面前变得特别敏感（self-conscious），但却试图表现得很正常。我一直感觉我父母可能已经知道我在搞什么鬼，并突然出现在我面前。我难以直面我母亲的目光。我感觉她仿佛能看透我，并从我的脸上读出我的秘密。那两个夜晚，我难以入眠……我敢肯定，假如我父亲发现了这瓶酒，他会杀了我。

对于我的母亲，我感觉很内疚，好像我背叛了她一样。我敢肯定，假如她发现了这一切，她会对我很失望的。直到今天，我都从未告诉她发生在大约三十年前的这一童年秘密。（BL）

（b）为了这个例子，我决定将生活体验描述转变成一个轶事。接下来，用第九章所描述的方式编辑这段文字记录。在改动生活体验描述时，文字记录被编辑成这样一行主题："我敢肯定，假如她发现了这一切，她会对我很失望的。"

我当时大约十二岁，我将一瓶烈酒藏在外面的烧火木堆下，这是为孩子们组织的聚会准备的。我不得不把酒藏在木堆下两天，但我想到父母会发现它，我就特别害怕。我考虑扔掉它，但怎么做呢？

在上学的那一天，我满脑子都是那瓶秘密的酒。

我记得在家里想表现得一切正常，就像没事一样吹着小曲儿，但感觉很敏感。我一直感觉我的父母可能已经知道了，并突然出现在我面前。我难以直面我母亲的目光。我敢肯定，假如父亲发现了这瓶酒，他会杀了我。对于我的母亲，我感觉很内疚，好像我背叛了她一样。我知道，假如她发现了这一切，她会对我很失望的。（BL）

(c) 主题化

整体阅读：这一体验描述的一个总的主题可能是：当我们秘密隐藏某个东西时，即便它只是一个物体，我们实际在隐藏的是我们的"自我"。

选择阅读：轶事的最后一句看起来特别有意义。人们可能问："发现了什么？"答案可能是："假如我母亲发现我真正的面目时，她会失望的。"在这一行中，我们可以看到，秘密的体验如何与孩子的自我认同感的出现相关。

322

精读：接下来，我逐行阅读轶事。对每一个句子，我都问这样一个问题："关于儿童秘密的体验，这个句子言说了什么？"

我当时大约十二岁，我将一瓶烈酒藏在外面的烧火木堆下，这是为孩子们组织的聚会准备的。

我不得不把酒藏在木堆下两天，但我想到父母会发现它，我就特别害怕。

我考虑扔掉它，但怎么做呢？

在上学的那一天，我满脑子都是那瓶秘密的酒。

我记得在家里想表现得一切正常，就像没事一样吹着小曲儿，但感觉很敏感。

我一直感觉我的父母可能已经知道了，并突然出现在我面前。

我难以直面我母亲的目光。

我敢肯定，假如父亲发现了这瓶酒，他会杀了我。

对于我的母亲，我感觉很内疚，好像我背叛了她一样。

我知道，假如她发现了这一切，她会对我很失望的。

对于每一行，我都问这样一个问题："关于儿童秘密的体验，这个句子言说了什么？"

秘密包含着隐藏某物。

秘密可以体验为被发现的恐惧。

一个秘密可能很难承受、保守或解决。

秘密的内在的沉重可能会替代外在的存在。

人们可以通过人为的无动于衷的行为掩盖秘密。

儿童可以体验到，父母仿佛能够看穿他们。

人的脸和眼睛会泄露秘密。

保守秘密可能是危险的。

在儿童向父母隐藏秘密的体验中，某种透明性、相互性或公开性受到侵犯。

隐藏某"物"就是隐藏"自我"，包括自我认同。

（d）在此讨论的是关于主题的反思性写作。在这些主题的基础上，以及在第十章关于存在论的讨论中出现的一些主题基础上，就儿童秘密而言，人们可以实验性地撰写一个暂时的文本，目的在于探讨孩子们如何开始体验秘密的现象。这仅仅是个开始，但是我们应该看到，以上关于秘密的反思如何使这些写作实践成为可能。当然，人们会在主题的推断方面走得更远，使用副标题来更明确地组织形成反思性现象学主题的还原，并添加材料以补充文本。

大约不到五岁的孩子并不完全知道秘密是什么。他们可能仍然认为，他们的父母能够看穿他们并读出他们的思想。当他们大一些的时候，孩子们逐渐意识到，可以把某事保存在心里。一些秘密是关于个人的事情，一些与家庭有关，还有一些秘密存在于兄弟姐妹、朋友或同龄人之中。秘密的体验是显现与隐藏的体验。有美好的秘密、深层的秘密、亲密的秘密和人际秘密，但也有恐怖的秘密、尴尬的秘密、可怕的秘密、阴森森的秘密和不情愿的秘密。我们体验秘密的欲望、秘密的快乐和秘密的恐惧。力量感、惩罚、羞耻、内疚、关心、爱和恨可能都与秘密的领域相连。孩子们保守的一些秘密是"美好的"秘密。当孩子们藏在床单下，他们可以找到秘密的地方。其他的秘密倾向于与禁止的事情相关，与那些孩子们会受到惩罚的事情相关。一个孩子意识到，人们可以把事情保存在心里，因此不让爸爸或妈妈知道，这是一个巨大的发现。一开始，仍有一种不确定感。一位父亲或母亲可以说："我可以看见你没有告诉我一切，因为它恰好写在你的额头上"，或"我在你的脸上可以看见它"。孩子可能真的照镜子寻找背叛的迹象，因为他或她仍然不敢肯定妈妈或爸爸是否能"读出"孩子在想什么。当然，在某种意义上，在孩子脸上可能有一种内疚的表情，或透露没有公开的事情。所以，这个故事包含着一种真理，即妈妈或爸爸可以"读出"秘密。甚至成年人可能也难以掩藏他们的思想，因此，人们倾向于擅长控制他们的面容，如冷静的脸、戴墨镜和左顾右盼等等。成长中的孩子渐渐会发现，有一种像内在空间的东西，一种内在的自我，与外在自我不同，人们可以隐藏，甚至不让父母知道。理解孩子的意义是，这种内在世界和外在世界的分离也标志着成长的一种新的转向，朝向独立，从与父母的亲密关系中分离。通过将思想保存在内心中，孩子可以使自我的一部分不可见。这也意味着，一个孩子现在可以发现，他可以拥有与他父母很不相同的感情或思想。

概念分析

概念分析是一种详细说明意义差异的哲学技巧。它是这样的过程：将一个复杂的概念实体或语言学实体划分成它的最基本的语义元素。概念分析的一种假设是，一个概念的意义很大程度上在于它的用法。例如，在比较两个相关概念，如秘密和撒谎时，一位概念分析者可能问这样的问题："秘密"概念在日常生活中用在哪些方面？"撒谎"的概念在什么情境和情况下使用？有这两个概念可以互换的情境吗？通过追溯在不同环境和不同生活领域中概念的用法，我们能获得一个概念的最基本意义。

虽然现象学与概念或语言分析不同，但概念分析可以是现象学的一种有益的工具，因为概念可以显露人类是如何理解他们的世界的。例如，就秘密和撒谎概念而言，我们可以注意到意图的差异以及道德价值的差异。撒谎的意图通常是欺骗，而保密的意图通常是将某事隐藏。由于谨慎、保护隐私或谦虚，人们可能会保守秘密，不让他人知道某些事。我们只是不喜欢其他人知道个人私密的事情。我们中许多人可能每天都要撒一些小谎。例如，某人问候说："你好吗？"你说："很好。"不过，你并不是真的感觉很好。

重要的是，撒谎一般被看作道德错误，这就是为什么一个无辜的谎言有时被称作"善意的谎言"。小孩子还无法区分真与假的概念，因此不能指责他们撒谎。有趣的是，对于小孩子说的假话，成年人倾向于使用不同的语词。成年人不是说："你在撒谎，是吧？"而是对小孩说："你在讲故事，是吧？"当孩子稍大一些，成年人可能说，孩子在"胡扯"（fibbing）。显而易见，借由使用我们的日常语言，我们表明，我们感觉撒谎有一种道德重量，还不能

324

用于一个小孩子，只要孩子还没拥有真、假或欺骗的概念。

概念分析与概念澄清是一种有用的哲学技巧和认知的辅助手段，因为它能使我们"捕捉"事物和"知道"概念命名的事物。但从现象学的观点看，概念也是危险的抽象。就像拜滕迪克说的一样，一个概念就像一条狗链，使我们看管住狗。不过，危险在于，我们开始将狗链与狗混淆，我们称此为科学（Buytendijk，1961，p.93）。试图以概念的方式捕捉和理解生活体验的意义，必然剥夺了体验的丰富的、微妙的、复杂的和有深度的特色。例如，为了理解保守和分享秘密的生活体验，将秘密视为一个概念远远不够。确切地说，我们必须以各种各样的生活意义来探究秘密的生活体验。仅仅用一个概念"遮掩"它并描述概念是如何使用的，这远远不够。现象学将敏感地探究属于活生生的自我的体验的生活。

洞见培养者

在研究一个现象或现象学主题或事件时，洞见培养者是主题性洞见的资源。从哲学和人文科学的其他资源中，我们可以耐心地收集洞见培养者。它们有助于反思的解释性过程。换句话说，我们在阅读哲学家和艺术、人文科学的其他学者的反思性作品时寻找洞见培养者。洞见培养者给我们这样一种感觉："噢，现在'我明白了'！"它们帮助我们解释我们的生活体验，回忆那些似乎将这些洞见培养者实例化的体验，就我们在研究的现象而言，进一步激发创造性洞见和理解。

通常洞见的培养者是在精读相关文献时被发现的。其他现象学家的作品可以转变成我们计划的洞见的资源。自然，我不应该认为，我们必须无批判地接受或整合那些洞见以便融入我们的研究。洞见培养者让我们看到新的可能性以及界限，或超出我们解释性敏感的范围。一个研究者可以受益于研究其他的人文科学学者如何言说，以及如何将他们对选定的现象学主题的理解形成文本。

在这种意义上，一个针对我们感兴趣的主题的现象学研究，可以提出看待这个现象的不同方式，或揭示我们至今从未考虑过的意义的新维度。我们可以发现，文学、传记和其他艺术资源可以为我们提供强有力的替代性的生活体验和洞见的实例，这些实例通常在我们的个人日常体验之外。有时，一个资源可以为我们提供对我们的研究方法有益的洞见。

例如，我经常借助荷兰精神病学家范登伯格的作品向学习现象学的学生展示，现象学主题如何可以被富有成果地探究。在他已成经典的文本《病床心理学》（1966）、《一种不同的存在》（1972）中，以及他的著作《事物》（1970）中，范登伯格非常明确地使用了这样的方法，从一个生活体验描述或一个轶事出发，然后，对这个生活体验描述或轶事的体验细节进行现象学反思。在这种意义上，范登伯格奇妙的、易懂的现象学文本仍然可以作为"方法论的洞见培养者"服务于不同研究领域的其他研究者。

有些洞见培养者是我们偶遇的。在最不可能的地方或最偶然的时刻，我们可以获得令人吃惊的深刻洞见。当我们在网上、在图书馆或书店寻找某一条具体的信息时，另一本书的书名或对象吸引了我的注意力。我浏览这本书，书中的一个段落就我的研究计划里一直困扰我的材料给予我一种全新的洞见。当在医生办公室等候时，我阅读了一篇关于不相关事物的文章，但这篇文章给予我一种新的方式来看我的研究问题。或者，当我听收音机时，受访者讲述的一个故事给予我一个奇妙的情境中的实例，而我一直为我的论文思考这一情境。通过对洞见培养者不可预料的资源仍然保持开放性，有益的观念、看问题的其他方式和新的理解就可能突然出现在我们的脑海中。

有时，词源学和词汇学可以提供洞见培养者。词源学可以为我们提供洞见，看到语词的词根意义：某些语词是如何出现的，有些语词如何可能丧失了一些原初的意义，而这些原初的意义依然在这些语词的现有意义中回响。与此相似，词汇学提醒我们寻找语词之间的语义关系，这些语义关系可以启发我们正在研究的现象的意义诸方面。

题外涉足：洞见培养者——患病或健康的身体

我们如何体验我们患病或健康的身体？这样一个问题可以轻易地囊括一本书那么长的研究内容。在接下来的段落中，我们探究一些基本的区分，对于这个问题的讨论可能特别合适。健康科学专业工作者越来越意识到，人们不仅仅需要医疗帮助、外科干预或药物治疗，也要求专业工作者必须参与到人们体验问题或带着问题生活的方式之中，那种不同于以往，有时特别个人化和独特的方式。人们说，医学，特别是护理，从事着帮助病人、老年人、残疾人或由于种种境遇的原因身体失调的人重新恢复与他的心理－生理存在舒适得宜的关系。

所以，在文本洞见培养者的基础上，我将区分身体体验的现象学的五个方面，这些体验出现在他们的文献中，似乎与生命产生共鸣，就像我们在疾病和健康体验中所意识到的一样。我当然不是说这五个体验的方面穷尽了身体体验的维度。这些必然是选择性的、主题性的简化。我试着保持敏锐，甄别了对于疾病和健康的探讨有所启示的不同主题。这些主题中并没有囊括我们会如何体验自己所爱之人的遗体，也没有包括由性别意识所构成的身体，等等。

（1）身体被体验为世界的一个方面。

（2）身体被体验为反思的。

（3）身体被体验为被观察的。

（4）身体被体验为欣赏的焦点。

（5）身体被体验为召唤。

根据他们是关注自己身体的体验还是关注别人身体的体验，这些维度中的每一个都可以划分成两个模式。体验我们身体的这些不同的模式不是作为理论概念给出的，确切地说，这些区分旨在描述和构造一些可能的人类体验的某些共同的方面，而这些体验在我们自己的生活中也可能被体验到。现象学方法要求我们以我们具体体验的亲历现实为背景，不断地衡量我们的理解和洞见，当然，这些体验总是比任何特殊的描述和解释都更为复杂。

我们应该强调，这些体验的区分省略了许多其他可能的体验性质，我们在对自己身体的体验和对他人身体的体验中可以辨识这些被省略的性质。例如，倾向于更加性别化的身体体验，以及与男性的体验相比，女性的体验更显独特，在此，我们并未考虑这些身体体验。同样，也很有可能，在各种各样的文化和亚文化中，身体体验不同的细微差异在起作用。

在做下列区分时，我首先求助于身体现象学的文献，我们可以在著名思想家的经典文本中找到这些文献，如萨特（Satre，1956）、范登伯格（van den Berg，1953）、鲁姆科（Rümke，1988）、梅洛－庞蒂（Merleau-Ponty，1962）、列维纳斯（Levinas，1981）等等。然而，生活总是比我们试图进行的任何描述或解释都更复杂。像我们这里提及的现象学家并不必然自问：女人、男人、孩子、老人、易装癖者、时装模特、芭蕾舞演员、运动员、表演者、身体残疾者或其他人群的身体体验如何可以拥有独特的、不同的性质。

例如，在性别化的看、掠夺性的凝视、爱人的一瞥或艺术家的眼睛中，对象化的身体可以获得不同的价值。在此所做的区分只是介绍性的。目标是查阅更多的文献以表明，现象学探究严重依赖于培养洞见，有时可能是存在于完全不同领域的资源提供了这些洞见。洞见培养者帮助我们探讨或深化我们对某一个体验、某一个现象的理解。我们希望以下段落中的洞见培养者与医疗工作者产生共鸣，医疗工作者需要意识到，在健康或疾病、舒适与不舒适的各种各样的模式中，身体是如何被体验的。

作为世界的一个方面的自我的身体（萨特）：体验身体的最普通的方式是非位置意识的方式，一种近乎忘我的方式。萨特将身体言说为"在沉默中被忽略的东西"，因为当我们在一种正常或健

康状态中走路、阅读、开车、教学生、准备晚餐，我们通常不会
特别注意我们的身体。甚至这也是太一般的陈述，无法描述我们
的生活体验，因为当我走路时，并不是走路的行为使我全神贯注。
使我全神贯注的是，我在从我的办公室走向我的教室，或从客厅
走向浴室，或走在大街上，去小商店购物。

　　萨特区分了非位置或非规定的（隐微或被忽略的）与位置的
或规定的（显白的或主动的）意识。非位置意识是前反思意识，
这种意识被认定为日常体验意识的基础，没有这种意识，意识就
不可能意识到世界中的事物和它自身。在我们日常生存的很多时
间里，我们以一种前反思的方式生活，但通过突然专注于我们对
某物的意识，或通过专注于意识本身，我们能够拥有规定性意识
或规定性自我意识。用萨特的话说：

> 　　在非反思意识的层面，没有对身体的意识。那么，身体
> 属于非规定的自我意识结构……非位置意识是对身体的意识，
> 通过使它自身成为意识，它越过和虚无化了身体，亦即，作
> 为意识所是的某种东西，没有必要是身体，意识忽略身体，
> 使身体是其所是……身体在沉默中被忽略了，然而，身体就
> 是这种意识所是的东西，除了身体，它甚至什么都不是。剩
> 下的是虚无与沉默。（Sartre，1956，p. 330）

328　　位置意识意味着，当我们明确地意识到某物时，总是通过在
那些时刻我们所处的特定位置或角度意识到的。所以，在日常生
活中，我可能几乎不会思考我的身体。我忙于我的事务，全神贯
注于我的世界的事物。但有时，我可能突然感觉一阵疼痛；或者
我会有意识地专注于我的身体，并注意到我由于走得太快而气喘
吁吁；或者我可能感觉冷，找大衣穿上；或者我正准备出门参加
一个晚会，照照镜子审视一下我的身体美不美；等等。

　　并不是行走的身体运动本身，而是在我们日常计划中这种行

走所获得的意义，使与朋友沿着河谷的散步区别于去小商店，或行走在一个陌生的学校或医院大厅里。当然，这并不意味着我们对身体完全无意识，或在沉默的模式中无法记起身体的特殊方面。当我们将我们的身体言说成我们世界的一个方面，我们对它的感觉是一种无意识的意识。的确，我们原初就在世界之中，并与世界一起生存：与我们的计划、目的、与他人的关系和我们旅游或居住的地方一起生存。

疾病也并不总是直接显现自身或仅仅作为一种身体感觉，而是作为一种变化了的世界的面貌。当我得了流感，感觉迟钝时，那我的整个世界似乎也变得沉闷了。我们可能首先发现，我们病了，不是因为我们感觉到了身体症状，而是因为我们注意到，外部世界变化了的方面如何成为我们内部一定出了问题的症状。食品看起来不再可口，收音机的声音太大，阳光太亮，或阴沉沉的天太抑郁。用文学的方式表达就是，世界也病了。所以，当早上我拿什么掉什么时，我会对我爱人说："做什么都不顺，可能我出问题了。我想去睡觉。"

作为世界一方面的对他人身体的体验（萨特）：在日常生活中，当我们遇到其他人，我们首先通过他们的身体遇到他们：一个欢迎的微笑、一只伸出的手、一个不情愿的姿势或一个羞涩的表情。然而，当身体似乎强迫自己向前或者当我们毫无疑问地意识到其他人的具身化存在状态时，我们几乎不会想到其他人的身体，相反，我们沉浸于讨论或从事一个共同的计划。所以，就像我们忽略了自己的身体是为了有利于我们从事的事情，我们也可能忽略他人的身体。与此相似，他人也忙碌于世界之中。

有时，当我们不太忙碌，可以更多地观察另一个人时，我们就意识到，这个人如何沉浸在他的世界之中。当我儿子仍是一个少年时，我观察到这一事件：我看到我的儿子在大街上骑着自行车，在逆行的一边。他并没有注意到我，但我看到他在停放的汽车间如何敏捷地拐来拐去，没握着车把，手放在大衣口袋里。我知道那种感觉是什么样的。当我年轻的时候，在荷兰，我自己也像那样骑过自行车。我的儿子在马路上完全陶醉了，躲过路沿和井盖，他似乎并没有意识到自己如何完美地使用他的脚、腿和上身保持平衡。在某种意义上，我看见他忘记了他的身体，为了在大街上骑自行车，躲过迎面而来的车辆，没有撞上停在那里的汽车。我情不自禁地羡慕起他的身体技巧。与此同时，我对他过去一年的快速成长很吃惊，并且突然意识到他该理发了。这就是我对他身体的体验。

我们如此多地参与了他人的具身化存在，以至于他们的话变成了我们的话，他们的姿势变成了我们的姿势。因此，我们甚至可以捕捉到另一个人的情绪或疲惫感，因为它可以以伸懒腰的方式表达出来。突然，与这个人一起，我们感觉特别疲惫，而先前我们似乎感觉很好。我们甚至可以在自己身上感觉到他人身体患病的苗头。

被体验为障碍的自我的身体（南希）：正是因为一个人的健康状态被扰乱，他不能再生存于与身体和他的世界的所有其他维度的忘我的、忽略的关系中。重病改变了一切：我们的时间感和优先感、我们对空间的体验、我们感受到的与他人的关系、我们对自我和身体的感觉。当我们的健康被扰乱，那么在某种程度上，我们发现了我们自己的身体。我们可以说，身体反思作为身体的它自身。当在世界中我们存在的统一性被破坏时，我们会发现我们的身体像对象一样的性质。它发生在这样的时刻，当我们注意到某个引人注目的东西并开始反思它。腹部的疼痛感、胳膊下令人生疑的肿块、皮肤暗淡无光、胸部奇怪的紧绷感。引人注目的扰乱总是有障碍的特征，直面我们的某物，在某种程度上就站在我们面前，因此有对象的体验，南希（Nancy，2008）把它描述为作为侵入者的疾病。当我们感觉到引人注意的东西，我们倾向于去担心。正是当这种关系以一种忧虑的方式持续处于被扰乱的状态时，我们存在于疾病（dis-ease）的顽固状态中，字面的意思是不安（un-easiness）。

有时，只需要一种安慰性的解释来缓解我们，帮助我们恢复或重建与身体（并因此也与这个世界）的一种未被破坏的关系。解释的力量是非常惊人的。一位妇女几年来体验着不安的身体感觉：部分瘫痪、不舒服和疲惫。她做了大量的检查：支气管镜检、CT、核磁共振和其他许多不愉快的检查。有一回，她被送到另一位专家那里。他只是让她用一只手的手指做弹钢琴的动作，她做起来很轻松，然后，用她的另一只手的手指，但手指无法配合。他说："噢，很明显，你得了多发性硬化症。"

妇女顿时哭了，但不是因为恐惧或困扰。她说不是的。她哭泣是因为她总算松了一口气。终于，在经历了所有这些岁月后，某人命名了她的疾病。即使诊断很可怕，她也将这体验为一种缓解。她说："现在当我感觉到恼人的症状，我会告诉自己：'事情就是这样。这就是我不得不与其一起生活的问题。'它让我在我的生活中给予这种疾病一个位置。"

解释可以治愈，在这种意义上，它促使我们与我们的身体保持一种不太焦虑而更具反思性的关系。许多人时不时体验到某种让人忧虑的事情，但通常诊断是令人安慰的。医生解释它是流感或膀胱感染，需要进行一些治疗，这种解释经常已经足以使这个人感觉好一些了。很快，我们继续从事我们的日常工作，忘记了我们的身体。

假如，由于身体不适或疼痛，我们不得不持续反思性地关注我们身体的存在状态，而与此同时在教一个班的学生或在和某人谈话，那么，我们将注意到，继续这些活动会变得多么困难。我们很可能会将这一情境体验为无法忍受、不自然、刻意的或强迫的。描述健康的体验比描述疾病的体验要困难得多，了解这一点很重要。例如，参阅伽达默尔的《论健康之谜》（1990）。那些试图研究健康而不是疾病的人发现，健康现象之难以表述，与身体在"自然的"理所当然的或沉默的模式中的日常体验是不相上下的。

只要我们是健康的，我们就不大可能注意到我们的肉身存在。不像健康的婚姻关系会因为伴侣理所当然的态度而受到威胁，一种健康的身体关系会在遗忘中顺利生长。

但身体永远不会完全脱离我们意识的视野。身体被体验为沉默中的忽略，不过，在前反思的意义上，沉默的身体在我们存在的中心，因此，以一种无意识的意识方式，它仍然是我们所有的活动和情感的源头。对于医疗专业工作者以及他们治疗的病人，此为真。对于医疗来说，将身体当作沉默中的忽略的重要意义是，我们必须学会如何教一位病人，还有病人的家属，尽可能完美地改造或重建身体的这一维度，进入完全或部分地无障碍的状态。这种忘我的状态就是健康科学专业工作者必须帮助病人恢复的状态。

对他人身体障碍的体验（梅洛－庞蒂）：虽然在某种意义上我们必须"忘记"我们的身体，以便能够专注于和意识到我们在世界中从事的计划，但另一个人可能在安静地观察我们的身体并研究我们完成任务的方式。那么，这是第四种模式的身体，当它在某人的注视下存在。换句话说，我观察的他人的身体成了我的体验。

在《患病的生命》中，卡罗尔·奥尔森见证了当他人的身体由于疾病出现障碍时，我们体验他人身体的方式的错综复杂性。卡罗尔进行血液透析已经几十年了，但从 1971 年（就像她的兄弟姐妹一样，她也被诊断为遗传性肾衰竭）以来，她记得最清楚的是身体的故事。她有足够的机会观察疾病如何侵害着她周围的人。例如，她回忆在昏暗的透析室过道等待时，她突然注意到吉姆，另一位透析病人。奥尔森说：

> 我看见吉姆依靠着墙，气喘吁吁。他因为骨科疾病驼着背，桶状胸。我能看到痛苦在他身上颤动，灼烧着他。疲惫使他有了黑眼圈。在盯着他看时，我也恐惧起我的痛苦。（Olson，1993，p. 169）

卡罗尔看到的是某人的身体，一个患病的对象。她用她自己的身体看他的身体，深知他的命运就是她的命运。在某种意义上，她已经将她自己的身体体验为反思性地参与了另一个人身体的患病的外表。但紧接着，吉姆看了她一眼，卡罗尔知道自己被看着。她说：

> 那时，他对我微笑着。在他的眼睛里，我看见了这个受苦人是多么坚强，他向我表达的善意是多么强烈，他的尊严是多么强大。我相信假如他能活下去，我也能。我离开了这次邂逅，心中又鼓起新的勇气。（Olson，1993，p.170）

在身体的这种关系方面，奥尔森发现了那种力量，以便接受她自己的身体和她的命运使然的患病人生。

可能发生这样的事情，我遇见一个朋友，注意到他有点不正常：他很沉重地靠在桌子旁，紧绷着眼睛。我问："怎么了？你没事吧？"我的问题可能使我的朋友非常吃惊。"是的，我很好。你为什么问这样的问题？"只有当我坚持说他看起来有些不舒服，感觉不舒服的自我意识才实际上预告了它自身。因此，一个人可以在他人的身体中，通过他在世的方式来探查他人的健康状态。

一些有经验的医疗专业工作者发展了一种能感觉到病人的健康状态的神奇能力。皮肤的颜色、身体的克制、一种过分谨慎的步态，所有这些都可能是一种袭来的疾病或已出现但还未完全向这个人显露的残疾的迹象。与此相似，有经验的护士可能拥有一种能感觉一个病人的关键时刻的状态，或舒适、不舒适的程度的神奇能力。一位术后病人会内心充满感激地发现，对管子做一个小小的调节如何能使呼吸更容易或使吞咽不那么痛苦。一位有经验的护士可能已经长出了一双感知之眼，能够在病人的存在状态中辨识到问题所在，即使护士不能对于她对病人状态的知识和理解给予明确的解释。

　　我们将他人的身体体验为我们详细观察的对象的意义是，这种模式也使对象化的医学的看与对对象式身体的超然科学态度成为可能。保健专业人员、医生或护士遇到一个人，一个病人，他与他的身体处于有障碍的关系之中。当一种疾病显现自身时，那么，显然，病人不能也不允许遗忘他或她的身体。

332　　作为自我观察的自我的身体（梅洛－庞蒂）：但是，就像我们能够看到外在维度的他人的身体一样，这个人自己也能做到这一点。例如，我们可以照镜子观察我们身体的形状。或者，我们可以专注于我们身体的一部分，并以一种几乎超然的好奇心凝视这只手或这条腿。我们甚至可以感觉到一种生存论的惊奇，这只手，这个好奇的对象竟然是我们身体的一部分。那么，这是第三种生存论模式，当人们自己的身体成了自己详细观察的对象，特别是在身体反叛或不可靠时会发生这种事。

　　当我们感觉病了或受伤了，而我们却需要爬楼梯或参与一个活动，那么，身体就会反叛和拒绝合作。当反叛的身体不想做，或反对做你想做的事情，那么，它就成了对象。我的身体让我知道我不能，我失去能力，“不能”字面的意思是我“不能轻松地应对”，我“不能握住”东西。它在告诉我们，术语“能力”与习惯或沉默的常规有关，如同在我们沉默的身体中。身体变成不可靠的，假如我坚持我的努力，那我就会失败。我变得不稳，打滑，抓不住东西。或者，我的身体因为得病变得过度敏感和疼痛，表示着抗议。疼痛的身体不是持续在疼痛中的身体，更确切地说，当我试图做某件我不能做的事情时，痛苦就来了。因此，我变得对我敏感的身体敏感。

　　然而，甚至在一种健康的情境中，人们的身体也可能会玩一些无法预料的把戏。我再一次谈及我儿子少年时骑自行车的事情：我儿子一看到我，就摔下了自行车，于是，他检查受伤的膝盖，就像他检查自行车一样，他要判断自行车是否需要修理，他的膝盖是否需要治疗。他评估了身体和自行车的性能，就像许多运动员检查脚以及鞋袜以评估工具性的性能。我们从未完全对象化。但我们每一个人的确能将我们自己的身体对象化并掌控它的外表或身体状况诸方面。

不过，我们自己的身体是与其他所有对象不同的一种对象。梅洛－庞蒂（Merleau-Ponty，1962）在指出我们与自己身体的特殊关系时很好地表明了这一点。假如我对我看起来的样子不满意，或假如我担心我的身体健康，那么我能试图忽略或压制我的身体对我的要求，却不能躲避我的身体。虽然我可以从他人的视野中隐藏我的身体，因此隐藏我自己，但是我不能将我的身体与我的自我感分开。我永远不能研究我的身体，不能与我的身体分离，或不能像忘了其他对象一样，忘带了我自己的身体。我甚至不能像看其他身体或对象一样看我自己的身体。确切地说，我的身体使这一切成为可能，我能看、听、感觉和感受这世界上的其他事物。因为我有一个身体，我能探究世界中的事物。但我并不拥有这样一个身体，通过它，我可以探究我自己的身体。更确切地说，我自己的身体是这样的身体，所有其他的身体为我和它们自己而存在。

医疗保健专业清醒地意识到了现代的怨言，一些医生、医疗技术人员，甚至护理工作者患有这样一种毛病：二分的笛卡尔式盲区。他们有时忘记了，以一种言说的方式，有一个人附着于那个身体。将身体和心灵分离之后，他们只看到了身体。近来，医疗保健专业更清楚地意识到，当身体与精神分离时，疾病、治愈和健康就不可能真正得到恰当的理解。反思地和前反思地，我们将我们的自我体验为具身化存在，在一个以其物质性直面我们的激励人心的世界中，而我们也是由这些物质构成的。梅洛－庞蒂（Merleau-Ponty，1962）说，世界的肉身就是我们的肉身。身体－主体就是这种物质性，通过这种物质性，我们将我们的理解、情绪、恐惧、焦虑、爱和欲望肉身化（incarnate）。当他存在于他的世界中，身体和心灵都应该被视为那个人不可分的存在的复杂的诸方面。

不过，有时，医疗保健专业工作者必须以一种对象化的身体－心灵划分来观照身体－人。我们也必须观察到，是病人不断地邀请医生以笛卡尔的方式思考。关键在于，病人自己情不自禁地以这种方式思考，当向医生咨询时，抱怨某种显著的身体烦恼。我开始注意到我的身体的不规律性，我变得疑神疑鬼：这是某种可怕疾病的症状吗？例如，我可能觉得手臂麻木，我可能将它看作一种袭来的心脏病或是中风的明显症状。很早以前，人们可能怀疑恶灵的存在导致了一种渐进性瘫痪。或者一种苦恼被解释为对所犯罪恶的惩罚。但现代人生活在一种科学化的文化中，不由自主地会采取医学的诊断态度。

所以，我请医生做我做的事情，并检查我的身体出了什么问题。现在，抱怨"我觉得恶心"或"我肚子疼"需要抽象，一种身体感觉的认知的对象化。不舒服的感觉变成了一种对疾病这种实体的意识。我感觉好像什么东西在影响我，我说："我感觉不对劲"或"我病了"。据此，医生采取对病人身体的一种对象化观点，这本身是一种恰当的专业活动。的确，我在此提及的身体体验的许多模式都论及了人的存在的复杂性和奇妙本性。

在荷兰语和德语的口语中，在物理身体与体验身体之间有一普通的区分。在英语中，这种区分只能用有点笨拙的概念来表达：物理身体和体验身体。对象化的物理身体是体验身体的一方面，并不必然是它的反面，就像经常提到的区分客体－身体与主体－身体。确切地说，物理身体是这样一种形式，我们的体验身体在这种形式中可以将自己显现为客体。只有当物理身体与体验身体之间的关系被打破时，我们才可以言说一种疏离的肉身存在。

作为被他人观察的自我的身体（萨特）：回到我儿子骑自行车的故事。当时发生的事情是，我儿子突然看到了我。他立刻很高兴地叫我，敏捷地将自行车转过来。这是身体的第四种体验模式，

334

发生在这个人意识到某人在看他的时候。就像萨特所说的，"我看见自己因为某人看见了我"（Sartre，1956，p. 260）。我的儿子捕捉到了我欣赏的目光，他感觉到在我的目光中得到了肯定。有时，他喜欢在爸爸面前炫耀！但是，接下来，当他也注意到我严肃的面孔并意识到我对他不负责的骑自行车方式的恼火时，他犹豫了一下，试图将手从口袋中抽出，失去了专注感，车剧烈晃动失去了平衡，撞在了马路边上。刹那间，他明白了萨特所说的话：当某人看着你，他的表情可被体验为肯定的或批评的、积极的或消极的、主体化的或对象化的。实际上，萨特只看到了对象化表情的消极结果，在这种情况中，我的儿子会同意他的观点。

萨特可能会受到批评，他主要专注于他人的看可能剥夺我们的主体性的方式，使我们感觉像是一个客体。作为一名病人，当人们感觉仿佛患病的身体变成了一个物，任医务工作者处置，而不是有意义地融入人们自己的生命计划的物，这的确是一个痛苦的体验。这就是当人们被移动来移动去，静脉注射，在检查的时候被忽略，被他人讨论或被安排等待，在牙科的椅子上，或等待治疗、实验室化验、外科手术或简单的康复时，他们会有的感觉。

不过，人们自己身体的体验可能以几种方式受到他人的看的限制。首先，假如他人以参与我正在做的事情这么一种方式看我，那么，这种看能使我的身体成为沉默中被忽略的透明。例如，当我在小组中发言，或当我在全班同学面前在黑板上展示我算数学题的技能时，那么，他人的参与性的看让我忘记了我的身体并专注于我的任务。这是可能的，因为他人的看，老师和同学们与我一起忙着看黑板。假如情况像往常一样，一切进展顺利，那么，我会感觉自信，完成我的工作，回到我的座位。换句话说，参与性的看产生了忽略的、忘我的身体。

但假如他人的看不在我的全景的中心，而是停留在我的身体上，那么，这种目光能做两件事情：要么它对象化，使我的身体成为一个物、一个对象，要么这种目光事实上可以强化我的主体性并给予我特别的权利成为我自己，作为拥有这个身体的某人。几乎每一个上学的孩子都了解对于对象化的、批评的、嘲笑的和不喜欢的目光的体验，其他孩子有时可能用这种目光注视他。正是这种目光产生了身体形象的绰号，如胖子、麻秆、棍子、红脸蛋、墩子、丘疹、痘痘脸、麻脸、霹雳腿、肥子、圆屁股、跛子和管子（当我的孩子小的时候，这些名称他们可以脱口而出、喋喋不休）。问题是，从他人的对象化的目光中产生的自我意识使人们很难专注于他们所从事的事情或任务。

有时会发生这样的事情：你正在做某事，或和某人在谈话，突然，你意识到，另一个人不再聆听和回应你，而是在观察你的手、姿势，或你身体的其他方面。教师、律师、心理学家和治疗师可能犯这样的错误，用仔细观察的目光注视他人，以至于他们的目光妨碍了对话的关系，而这种关系对于相互理解的发生有着根本意义。

当然，女人知道男人的目光如何可以使她们的自我感简化成仅仅作为性欲对象的身体。与此相似，轮椅中的孩子，或身体有残疾的人可能将他的身体体验为在某些社交场合中特别显眼。性欲对象化的身体或变形显眼的身体是自我意识的身体，它知道自己被以好奇、厌恶或拙劣伪装的厌恶的方式所注视。当然，其反面也是可能的。他人的目光实际上可以增强我的自我感和主体性，就像在爱人肯定的目光中，或像孩子在喊"看着我，爸爸！看着我，妈妈！"时的体验中。它表明身体的这种模式是建立在关系的领域中，在这种关系中，身体可以被体验为要么是他人目光证明正当的，要么是他人目光否定的。

作为在欣赏的模式中被体验的自我的身体（鲁姆科）：当我意识到我发白的头发，我自己身体衰老的样子，改变了我已习惯了的做事情方式的医疗状态，或突然袭来的疾病威胁着我的健康的时候，我可能感到我逝去的青春的遗憾，或者，我可能感觉被靠不住的疾病背叛，这种疾病极大地改变了我与我的身体，完全属于我自己的、我完全熟知的身体的关系。

对于患严重关节炎的人来说，疾病显现在扭曲、怪异而又熟悉的手上。疾病就在对自己身体的所珍视的部分的体验中，这些部分很熟悉却可能感觉怪异。甚至一般的身体也可以被体验为不可接受的，像在极端的例子中，如神经性食欲缺乏（饿死）或食欲过盛（狂饮作乐和催泻）。

对自己身体的最初欣赏很容易被打断，当我们和他人在一起时，他人使我们意识到我们姿势的个性。在与某人聊天时，我可能注意到，这个人似乎在注意我说话的方式、我看的方式或我使用手的方式中某些奇怪或不寻常之处。当我觉得这个人似乎在对我做出一种否定的或令人窘迫的判断时，这种从评价的目光中产生的自我意识可能变得尴尬或令人苦恼。所以，我情不自禁地想知道：我看起来病了吗？我在出丑吗？但也有可能，另外一个人突然说一些恭维的话。像这种体验可能最终会对自己的具身化存在的亲密欣赏的性质产生某些持久的影响。

对身体的不满在年轻女性中很常见，年轻男性也越来越多，这导致自卑感。许多人似乎与他们身体的一些部分的形状和本性和平相处，而与其他部分则存在某种不和谐。现象学精神病学家鲁姆科（Rümke，1953）讨论了对自己鼻子的厌恶体验，这一主题在医学文献中很少讨论，虽然整形外科医生继续从人们对他们个人外表诸方面的否定性欣赏中获利。毫无疑问，这种身体欣赏的现象学有文化的和性别的维度。也可能发生这样的事：对于身体的某一部分，人们体验到恨、伤心或同情。相对照，没有获得我们赞同的身体部分，也可能有助于我们出乎意料地体验到它对全身康泰的作用，例如，当被触摸、抚摸或做爱时。

痛苦中的病人、分娩的女人或外科手术后恢复期的人可以体验到对他人照料的完全的顺从感，以至于这个他人不再被体验为一个可能对我做出判断的人、可能批评我行为的人、可能将我的裸体对象化的人。对于这种境遇中的人来说，它已变得无关紧要。在正常情况下，他（她）很谦虚或羞涩，不愿在公众面前脱衣服，或穿露出身体形状的衣服会很尴尬。对于太胖、太瘦或变形的身体，他（她）可能感到羞耻。然而，这个人（外科手术、分娩的痛苦和事故造成的身体创伤使他或她变得脆弱）现在完全将他（她）的身体托付给他人照料。

欣赏他人身体的体验（库沃）：也有可能，甚至经常发生，我们对他人的身体或身体的某些部分发展出一种情感反应。库沃（Kouwer，1953）指出，对另外一个人的脸、手、嘴、头发、脖子或他的一般的身体外表，人们可能珍视一种直接的、无法解释的积极或消极的欣赏。更重要的是，体验的身体面容似乎表达着人的性格的诸方面。人们自己的身体可能总是以某种方式卷入他人具身化存在的这种情感的欣赏。所以，有些人看到他人的肥胖会产生强烈的厌恶感，或相反，产生性欲的吸引。

有时，消极的欣赏与变形相连，或归于使他人身体变得无法接受的某种态度。例如，当我看到年轻人越来越普遍地做一件事——将戒指或鼻钉穿入他们的鼻子，我还是不能忽视那种几乎是身体的同情感，这种穿入身体的敏感部分的做法似乎也唤醒了我自己的身体，它几乎在身体上伤害着我。对病人身体的某些部分或患病部分的厌恶感可以带有消极的欣赏意义。现在的常规措施是，在接触病人身体的任何部位之前，要戴防护手套，这可能在病人心中激起一种对那些戴手套的手的模糊的感觉，以及对自己身体的一种否定感——它可能是不雅的、令人厌恶或侵犯性的。人们可能要问：这些身体欣赏的微妙体验可能会以什么方式干预与自己身体建立一种积极关系的需要。

一位名叫贝弗利的护士曾向我描述，她在儿童烧伤科工作时，当一个严重烧伤的孩子治愈后离开烧伤科回家时，她常常奇怪地感觉不舒服。一开始由于烧伤而身体令人恐怖地变形的孩子，通过细致的整形外科手术已有了极大的改善，这令所有的医生和护士都很欣慰。甚至孩子也很高兴，当他再次照镜子看到皮肤移植如何能改善他的外表后。然而，贝弗利感觉很矛盾，因为她也知道，当孩子离开，再次参与到外面的世界，令人恐怖的震惊通常会等待着这个小病人，无论是医生还是护士都没有恰当地为孩子做好准备。贝弗利和她的同事们提供了关心和舒适。然而，她说她感觉很不舒服，孩子可能已经被不恰当的安慰所伤害。拥有一个治愈的身体到底是什么意思，假如人们不能与这个身体生活在使日常生活可以正常进行的体验模式之中？

被体验为呼唤的自我的身体（范登伯格）：被体验为呼唤的身体模式将一种存在论的和道德的元素引入了目前所做的区分。再一次声明，我不是在试图做出人为的、概念的、理论的区分。确切地说，我的目的是要唤起身体－人的体验，人们可以在自己的生活中辨识出这些体验。当我们遇到一位朋友，彼此问候"你好吗？"的确，提及"我们好吗？"可以使我们意识到一般意义上的存在感，我们"以一种知的方式"感觉某种情绪。所以，我们不是平常地回答"很好"，而是可能实际评论我们在"你好吗？"中感觉自己的方式："今天我休息，我不知道我为什么如此沮丧！"或"好极了，我刚去看了一场电影，我必须要给你讲讲！"

生活，与他人生活在一起，可以被体验为愉快的、有意义的、满意的、充满爱的、安全的和欢乐的；相反，我们也可能将我们的存在体验为疏离的、空虚的、有威胁的、无意义的和无目的的。这些基本的生命感觉与我们的身体体验紧密相连。

甚至我们没有感觉到的一种疾病的简单知识也可以深刻地影响我们弥漫的生命感觉。在《病床心理学》中，范登伯格重述了来自于罗伯特·路易·斯蒂文森（Robert Louis Stevenson）故事的一个消除敌意的例子《瓶魔》。这个故事值得重新讲述。这是一个男人的故事，在他的生命中，他体验了极特别的命运：

> 在瓶子中魔力的帮助下，他变得富有了。他在一个阳光灿烂的太平洋岛屿上为自己买了一套华丽的房子。他按照自

己的审美趣味装修了房子，花了很多钱，也承受了很多劳苦。他娶了一位美女，正好适合这唯美的环境。当清晨醒来，他一边起床一边歌唱。他一边歌唱一边清洗他健康的身体。在某一个清晨，他的妻子听到歌声突然停止了。沉默让她有些吃惊，她过去一探究竟。她发现她的丈夫处于一种沉默的惊恐之中。作为一种解释，他指着他身体上一个无关紧要的小白点。他得了麻风病。当他发现这一似乎无关紧要的变化时，他的整个存在都被毁了。他对任何事情都已毫无兴趣，他是富有的人，世界上最美的一套房子的拥有者。他再也看不到岛屿的美，这种美消失了，最多是对他绝望的强调。假如说他刚才还在想着他婚姻的幸福，那么现在他的妻子属于健康者的行列，从现在起，他再也无法通达。（van den Berg，1966，pp. 35–36）

每一天都有成千上万的人突然出现不治之症的迹象，如癌症、艾滋病或老年痴呆，这使他们至今无忧无虑甚至愉快的存在深深地受到影响并成了问题。对于这些人，生活本身已经病了（diseased）。

被体验为他人呼唤的他人的身体（列维纳斯）：前面身体体验的区分都有一个共同点，它们是对自我身体或他人自我的体验，这些就本身而言总是自我指涉的。我用我的身体从我的视角看他人，所以我归根结底在某种程度上是以自己的肉身处于中心位置的这么一种模式来理解他人，甚至我自己的身体。甚至我自己的身体可以被体验为好像它是另一个自我。例如，我们有时说，"一部分的我"想要做这个，"另一部分的我"想要做那个。

但许多人发现的却是，在工作、游戏、性或食物中寻求快乐，最终却体验为不满足。在自我内，或在自己的具身化自我中，很难完整地发现意义和目的。这就是为什么自我发现、自我探索和其他的自我指涉活动最终并不总是起作用。

虽然这种指向世界的自我指涉的基本方式可能是最普通的，但它不是体验身体的唯一方式，也有可能以一种先于任何自我指涉兴趣的方式体验他人的身体。列维纳斯（Levinas，1981）使用短语"面对面"作为描述这种体验本性的一种方式。在这种关系性相遇中，我并没有将他人体验为我的另一个自我，通过这个自我，我融入无缝隙的主体间的交互肉身性（intercorporeality），就像梅洛-庞蒂（Merleau-Ponty，1962）描述的一场共同对话或一片共同的风景。他人也不是这样一个我有意义地构造或建构的我社交世界的一员。确切地说，有时可能发生这样的事，我有一种基本的感觉，我并不知道这个他者是谁，但我将他体验为一种伦理的呼唤或吁求，这是对他者性的体验，在自我指涉的态度中，这不会发生。

因此，主体间性，如护士-病人关系，可以被伦理地体验为渗透着他者的关系的主体性。这种意义上的伦理不是一种抽象，不需要道德的理论化或伦理哲学；而是说，对他者呼唤的伦理体验总是在具体中，在这样的情境中，这个脆弱的他者在我的世界中涌现。这种意义上的主体间性不是通过某种决定在自己的身体意识中做出个人的回应而创造的或形塑的某物，而是他者已经被给予我，在对他的脆弱的直接认定中作为一种伦理事件。我遇到一位刚在事故中受伤的人，我看见一个孩子忍受着剧痛，我发现一位老太太因失去丈夫而啜泣。我只是情不自禁地感觉到，这个人、这个孩子、这位老妇向我提出了要求。我体验到了一种呼唤。当这个人看着我的脸，我知道并感觉到我是有责任的。现在问题来了：关于这个呼唤我要做什么？这就是伦理反思可能出现的地方。例如，参阅迈克尔·范梅南《论新生儿重症监护室婴儿父母体验的伦理决断》（Michael van Manen，2014）。

对于列维纳斯来说，我们责任的生存论的或体验的事实首先在于看着我的他者的面孔的重要意义，我将这一面孔认定为我对他者的责任。这就是为什么当我们与他面对面时，伤害他很困难；这也就是为什么当病人躺在手术台上已被麻醉和盖着单子时，我们开病人的玩笑就更容易。责任被体验为"就在那儿"为了他者。这种伦理境遇不可能被理论化，不能被以概念的方式理解为偶然性中的境遇，它只是在你身上发生的道德体验，你可以以你自己的身体知识体验地证实它。

从某种角度来说，这种他者脆弱性的忘我体验对于自我来说可以具有治愈的效果。一位心脏病患者讲述，当他回忆痛苦的父亲时，他如何找到了忍受和克服他自己痛苦的力量。

> 在我手术的前夜，是已去世很久的父亲在我最需要的时候给予了我支持。当我经历各种各样极不舒服的手术准备工作时，出乎我的意料，我的脑海里开始出现父亲的生动形象，很多年前，在我很小的时候，父亲就去世了。这很奇怪，因为我很少想到父亲。但现在我再次看见他，就是我小时候的样子，看见他如何不得不忍受难以置信的身体侮辱和尊严的丧失，因为他患了一种严重的疾病。我为父亲感到特别伤心。由于循环系统疾病以及失控的胰岛素反应，他一定体验了巨大的痛苦，他甚至不得不忍受截肢之痛。作为一个孩子，我在他身上看到了我认为是超人的能力，忍受痛苦，并仍然在这种痛苦中爱着他人。我惊讶地意识到，那时的他比我现在还年轻。一想到他难以置信的爱与痛苦，我就不知不觉接受了从对他的回忆中获得的勇气和支持。(TN)

而且，列维纳斯向我们表明，这种体验有一种基本的伦理结构，就像当我遇到一个孩子在街上玩，他向我们问候或打招呼，或当我们坐在我们自己患病的儿子或女儿身边时会发生的事情一样。列维纳斯说，当我们转向孩子面孔的一刹那，我们已经感觉到我们的基本责任被触动。这是感受性的知（feelingly knowing）。现在，我们与刚才已不再一样。我们去中心化，朝向他者。这一事件先于反思，甚至先于感知，先于理解这个世界，或甚至先于

340

436　　　实践现象学：现象学研究与写作中意义给予的方法

理解属于这张面孔的这个具体的人。对他者的伦理体验发生在这样的境遇中：这个脆弱的他者在我的世界中涌现。一位护士曾经说：

> 你永远不会忘记一个你护理了很久而后死去的孩子。无论你是否喜欢，这样一个孩子向你提出了要求。有一次，我不知所措，父母说："请与我们一起哭泣吧。"但我不想那样做，因为我还要工作。我去了盥洗室，喝了一点水。然后，我又回来，因为我要尽可能地帮助那对父母。我不得不聆听他们悲伤的故事，并确保他们不是独自回家。但之后的很长时间，我仍然听得见那对父母令人心碎的啜泣。（BC）

当然，我们不应该将父母-孩子关系与护士-孩子关系混淆。对于护士来说，孩子仍然是一位病人。不过，这样的时刻是模糊的。另一位护士这样解释：

> 我在急诊室工作的第一个星期，要护理一个几乎被淹死的孩子。当我看到他的一绺头发从床单下立起，我吓坏了。那时我想我认出了我的儿子。他还没有学会游泳。我完全失控，这一天余下的时间难以工作。我总在想，对于我的病人，我奉献了一切。但那时我了解到，我在情感和关系的层面以不同的方式卷入与病人的关系之中。（JC）

有时，护理关系是一种超越关系的关系。这意味着，在他者脆弱性的伦理体验中，它是一种自我被抹去或忽略的自我-他者关系。在此，关心被体验为一种超越关系的伦理相遇。列维纳斯并没有言说"超越关系的关系"，而在他讨论作为"超越"存在的他者性中，这种观念以某种方式得到了暗示。根据列维纳斯的观点，对他者的伦理体验总是存在于将他者体验为对他的责任的呼请的那个人。

　　将列维纳斯的面孔、他者和伦理体验的观点拒斥为过于理想主义、过于抹去了自己和过于具有牺牲意味，这种拒斥可能很有诱惑力。医生和护士能持续感觉到这种责任感，而不使自己受伤或迷失自己，或不变得情感枯竭、心烦意乱以至于无法掌控自己的生活吗？或至少在他们专业的功能化自我中，即便面对人的痛苦，他们也必须变得部分超然、部分自我保护或必然有点筋疲力尽吗？当然，一切都是可能的。除了关照病人、家属和同事的情感之外，医疗保健专业工作者必须与他们自己的情感生活保持平衡，他们这样做的方式也是不同的，就像他们的工作、个性、背景不同一样。

341　　健康科学专业工作者，如医疗从业者、医学专家、护士、理疗师、助产士和伞降急救人员，都以不同的方式从事帮助病人、老人、残疾者，或由于境遇的原因与身体失去协调的人，为了恢复与他心理－身体存在的正常的关系。有些人不得不学会与慢性疾病、疼痛、终身残疾一起生活，有些人则与术后后遗症、与渴望毒品和酒精的身体，或与这样的知识一起生活：一种恶化的疾病闯入生活或死亡就在眼前。

　　健康科学专业工作者越来越意识到，除了医疗保健救助、手术干预或药物治疗之外，人们需要更多的关照，专业工作者必须更多地参与到人们体验和与他们的问题一起生活的方式之中，那种不同于以往，有时特别个人化和独特的方式。得到相同诊断的不同病人可能以根本不同的方式体验他们的疾病。对于不同的个体，特定疾病的医疗方法可能产生不同的结果和意义。对身体体验的各种不同模式的这一粗略探究甚至还表明，我们可以在复杂的关系维度与我们自己的身体和他人的身体相遇。这些维度中没有哪一个对人类存在是陌生的，然而，我们可能有一种疏离感，假如身体体验和处身的体验相互冲突或不和谐。例如，假如我有病，去看医生，那么我早已准备好将我的身体对象化并接受详细的医疗检查。不过，假如医生只注视我的身体，将它当成对象，忘记了我是拥有这个身体的人，那么我可能体验到疏离感：与人类关系的疏离，与体验的身体关系的疏离。

与此相似，假如我忍受慢性的剧痛或腿瘸，而我又不能缓解这种消耗性疼痛，或假如我不能在我的生活中给予这种疼痛或残疾一个位置和意义，那么我必须忍受破碎的存在：因为在我们的日常生活中，我们通常必须能够忘记我们的身体以便专注于我们参与其中的世界的事情。

每个人都要接受这一挑战，在这个世界中与他的身体发展一种正常的关系。这意味着，他必须知道，活着就是成为一个身体和拥有一个身体。想要获得一种和谐的身心整体的存在状态的瑜伽练习者，可以通过专注的冥想练习将身体的诸方面对象化，以便将他具身的、精神的存在主体化。然而，任何人想永远获得身体－客体与身体－主体的持续整体性或和谐一体，或任何人想永远以一种完全积极的和永恒的方式欣赏他的身体存在的每一方面，或身体－自我和身体－他者永远真正地妥协，这是不可能的。更有可能的是，我们必须持续地反思性地质问如何与身体在相互合适的关系中生活，如何承认我们的具身化存在的根本的神秘本性，从而使一种可能的精神化的身体关系进入我们的视野。健康科学专业工作者可以有助于产生反思性意识：什么样的身体体验模式受到干扰，我们可以做些什么在物理的身体和体验的身体以及具身的存在与世界之间发展出有意义的、有价值的和正常的关系。

第十二章
逻 辑 问 题

一些研究者，如现象学的新手，在将他们的作品呈献给熟悉现象学方法论的那些人看时，遇到了难题。这些难题来自于将现象学方法论与其他社会科学或人文科学方法论相混淆，是很难处理的。这些方法论是以不同的假设为基础的。这一章检视一些普遍观念和错误观念。

真理与无蔽

在《巴门尼德》中，海德格尔（Heidegger，1998）在两个观念之间做出了区分：作为事实的真理（veritas）与无蔽的真理（aletheia）。"veritas"是"真理"的罗马语词，建基于正义观念，需要代理人运用某种法律或理性以便在真与假之间、在什么是真的与什么是假的之间做出明确的区分。罗马人从古希腊语"sphallo"中借用了单词"falsum"（假），意为"倒塌"。但是，古希腊语单词"sphallo"并不是"aletheia"的相反概念。海德格尔论证道，罗马语词"falsum"与军事的联想相连，如胜利、决断、权力意志和对他人的主宰。这两个术语"veritas"和"falsum"是我们在社会和人文科学中继承下来的词汇。

根据海德格尔的观点，在西方世界中，"veritas"是真理符合理论，它带来确定性，提供一种公正和正义感（Heidegger，1998，p.53）。他也论证了，作为事实的真理是实用的、技术的和科层制的。它依赖于已经控制的和可控的方法与工具性程序。作为事实的真理驱动的社会和人文科学有一种隐微的使命，通过表象话语和认知理论来征服"真"。

对照之下，"aletheia"是古希腊术语，意为显露、揭示、退隐和开放性。"aletheia"是真理的运动，它不依赖于真与假之间的一种以固定原则为标准的判定。相反，无蔽的真理来源于意义和有意义性的研究。"aletheia"掌管的反思或探究留心地聆听那些事物——它们向我们呈现自身——以便让它们在自我显现中启明自身。隐蔽者向我们显现的同时也退隐，将本质与反本质分离开来（Heidegger，1998，p.132）。因此，某物的真理不是一件全有或全无的事情，而是显与隐之间的一种复杂和持续的交织。

作为显现的真理不仅仅是某物打开，使我们能看见它（就像一个盒子里的东西）。确切地说，显现就像落日或烟花，在显现中表明真理，但与此同时，它也在退隐中保卫、庇护和保存这种真理（Heidegger，1998，p.133）。海德格尔和伽达默尔提出，艺术是通向显现真理的方式，为我们提供一种真理的体验，不是作为征服我们或令我们绝倒的某物，而是作为显与隐、自我显现与隐藏的持续的交织的真理。

根据列维纳斯（Levinas，1978）的观点，艺术的根本计划是，它用形象代替概念。这也是为什么艺术不是认识论的，它不是通常意义上的一种知识。当艺术脱离了它的对象，它就变成了非概念的、非意向的和抒情的（就像音乐没有讲任何故事）。当人们"凝视"艺术时，他们常常变得沉默。为什么呢？他们被惊奇击中了吗？他们想知道他们是否"得到它"（getting it）了吗？（可能一无所得。）或者他们难以敞开自身接纳某种真理？对于这种艺术，什么是真正的他者？艺术可以让我们体验神秘：它以一种感受性的、述行的（performative）和非表象的模式呈现我们可能恐惧，同时又可能着迷的一切。

　　例如，在关于欢笑现象的现象学反思中，南希讨论了波德莱尔的一首散文诗，波德莱尔用文字描画了他要描画一位美女欢笑的面孔上的欢笑的欲望：

> 　　颤动的鼻孔呼吸着未知与不可能，难以言传的优雅，这张令人不安的面孔突然张大嘴爆发出欢笑，桃红的脸庞，洁白的牙齿，充满了魅惑力，这让人梦想一朵高贵的花在火山土壤上绽放的奇迹。（Nancy，1993，p. 370）

　　南希表明，欲望和欢笑的现象性不可能通过命题式话语被捕捉到。南希（Nancy，1993，p. 370）说："我们把这首散文诗作为欢笑的呈现来阅读，仅仅作为这种呈现，或我们把它作为欢笑的在场来阅读。"波德莱尔言说描画这种与美人欢笑相遇的深层欲望，南希指出，欢笑的真理不可能被表现而只能呈现。虽然欢笑可能被看作日常生活中的一种平庸，但是这种意义并不平庸：

> 　　描画的欲望描画了艺术，绝对如此。假如描画（painting）没有在欢笑，那最终它会是平庸的。
> 　　描画是诗歌，艺术家沉潜于这种描画，并因此被成就。因此，这里的诗歌不再是作为形象或表象的一种描画。确切地说，它是表象超越它自身，通向它的真理，而这种真理却不能被表现。这种真理是呈现的：它是艺术家欲望的呈现，欲望知道自身在超越所有表象的东西的在场中将要死去。这样一种真理正是传统所说的"崇高"：不可能的在场的呈现，超越美的美。不是像"崇高的描画"的某种东西，而是对崇高本身的描画。（Nancy，1993，pp. 377–378）

　　南希的文本极具启发性，因为它表明现象学的意义是如何通过艺术和艺术手段获得的。一些洞见，如崇高的现象，没有明确地指涉或意向对象。它们只能通过直接的非意向的呈现的语言获得，而不是通过表象的话语。现象学真理在很大程度上是作为呈现的 "aletheia"，而不是作为表象的 "veritas"。

还原、预备诱发和本源诱发

将还原（reduction）与预备诱发（preduction）和本源诱发（abduction）区分开来可能是有益的。还原是胡塞尔现象学重要的哲学方法。但从一种认识论或逻辑的观点来看，我们还可以区分各种形式：演绎、归纳、预备诱发、诱导（seduction）、形成（production）和本源诱发。并非偶然，词根 "duce" 的这些前缀在方法论上有着重要意义。涉及现象学反思和分析时，这些观念意味着什么？当然，我们应该承认，演绎和归纳推理是包括现象学在内的所有理性解释的一部分。一种演绎话语在逻辑上是理性的，在于关于它的假设仍然是清晰的；一种归纳的话语是理性的，在于它发展了自己的概念，与它的经验材料的细节保持一致。

然而，尽管一个现象学文本需要演绎和归纳的一致性和清晰性，但现象学探究的实际的方法论既不依赖于演绎结论也不依赖于归纳的概括。现象学基本的哲学方法是还原，它的目的不是逻辑有效的演绎结论，也不是归纳理论的发展，而是对前反思或生活体验的原初或本源的意义结构形成接近真实的洞见。

在前面的章节中，通过悬置和还原形成现象学洞见已经被描述为一种对前反思体验的现象学反思方法，其中包含着反思性分析和写作。

另外，尝试写作一个现象学研究文本的巨大挑战，部分地表明了预备诱发与本源诱发的启示性步骤的动态性。将预备诱发和本源诱发这两个诱人的观念引入这一讨论不仅仅是一种语言学的题外话。本源诱发描述这样的时刻：一种跳跃突然发生，使洞见成为可能。预备诱发描述主动的被动性的状态，我们需要这种状态来开启本源诱发的创造性。因此，我们可以将本源诱发视为与开启紧密相连。现象学探究在其重要的意义上的确需要某种启示和创造性的推动力，研究者在某种意义上必须被诱导到预备诱发的就绪状态，以便形成洞见：通过本源诱发的本源的和启示性过程形成现象学洞见。

主动的被动性

非逻辑地说，人类现象可能倾向于既主动又被动。从最简单的现象（像睡觉）到更复杂的现象（像获得一种洞见），主动性与被动性极其复杂地交织在一起。这也就意味着，在做现象学分析时"形成"洞见不仅仅是主动精神过程的一种发挥。本源的洞见，就像诗语一样，不可能总是被强迫。用纯粹数据处理的程序将本源时刻看作"数据"的做法是极大的误导。相反，我们可能需要一种主动的被动态度和耐心，让本源的启明能够发生。里尔克言说了作为创造性时刻发生条件的极度耐心以及缓慢的沉淀。他极富启发性地描述了许多生活体验和被动的接受性，我们需要这种被动的接受性，使一个诗意的词或现象学洞见这样一种召唤性礼物在罕见的或无法预料的时刻的创造性骚动中呈现自身。

对于里尔克来说，创造性的礼物就是诗行：

> 诗歌并不像人们想象的仅仅是情感（人们早就拥有的情感），它们是体验。为了写出一首诗，你必须去看许多城市，人和事，必须了解动物，必须感觉鸟儿如何飞翔，了解小花在清晨绽放时的姿态。你必须能够回忆不熟悉的地区的道路、出乎意料的邂逅、早已见过的分手的来临，还未解释的童年的日子，人们不得不伤害的父母，当他们给你带来一些欢乐时，你却没有抓住它（它是其他人的欢乐），能够回忆

儿时的疾病如此奇怪地带来了深刻和重大的变化，能够回忆隐居在房间中安静的日子，海边的清晨、大海本身，许多的海，和旅行的夜晚在高速路上穿行，与星辰一同飞翔。假如你能想到所有这一切，这还不够。你必须记得许多爱的夜晚，每一个都不同，记得女人分娩时的尖叫，光，白色，婴儿床边熟睡的女人，再一次靠近。你也必须曾经坐在弥留者的身旁，死者的身旁，房间里开着窗，断断续续的噪声。拥有记忆，这还不够。当有许多记忆时，你必须能够忘记它们，你必须有极大的耐心等待它们的再次降临。因为它们已不再是记忆本身。直到它们融入我们的血液、目光、姿态中，无名，不再与我们自己区分，直到那个时刻，才会发生这样的事情，在一个特别罕见的时刻，诗歌的第一个字从它们中间闪现并出发。（Rilke，1964，pp. 26–27）

的确，我们需要忍受某种程度的真挫折和真挣扎，与此同时，试图主动获得现象学洞见。或者，这样表达更好：我们需要期待挫折感，希望洞见在最不被期待的时候降临，虽然很不幸这种希望当然可能被证明是无效的。我们也应该很清楚，研究 – 写作现象学表明，并不是坐在键盘前或有笔有纸时，写作就会发生。当我们散步时，可以说突然被某一新的思想"征服"，我们仍然是在写作。是的，甚至当我们睡觉的时候，我们可能也在写作。

虽然神经科学无法从大脑的活动中区分我们体验的现象学包括什么，但是科学家已经能够表明，大脑活动明显地与启示性思维相连。神经科学表明，在日常生活中大脑总是比我们可能意识到的更积极。对大脑活动的科学监测说明，过去的体验似乎持续地在被"处理"，特别是在被动性的阶段或时刻，甚至在睡觉前。这一现象可以被观察到，当我们忘了一个名字，无论怎么努力尝试，还是回忆不起来。然而，令我们吃惊的是，几个小时之后，名字的事早已被忘记，我们却出乎意料地想起了这个名字。名字闪现在脑海中，我们可能突然叫出这个名字。没错，这就是我在试图回忆的！

奇怪的是，正是在似乎无活动性的被动时刻，大脑特别活跃。正是在这样的主动的被动性时刻，洞见会突然降临我们。从一种神经科学的视角看，这些大脑活动可能导致人的精神组织（mental organization）中新的变化。在日常生活情境中，我们可能在与某人谈话，这个人问我们某件事，我们不知道如何直接回答。在这样的情境中，通常发生的事情是，我们倾向于抬头看看，目光离开我们的对话者。在某种意义上，大脑做的是相同的事：它暂时进入到一种主动的被动性状态。

在一个人突然激起洞见的同时测量大脑活动表明，新的突然的洞见倾向于发生在这个人目光暂时离开或闭上眼睛时。正是如此，当我们忙于交谈，我们在搜寻一个词或一个观念，大脑似乎暂停了。目光转移或闭上眼睛，可以说，目的是创造一个时刻寻求洞见或洞见可能发生的时刻。当我们不做任何具体的事时，突然的洞见（如在本源性思想的意义上）常倾向于降临。或洞见可能发生在主动的被动性时刻，如当我们独自散步时，当我们做常规工作时，当我们蹬一辆健身自行车时，或心不在焉地凝视着远方时。

不过，为了达到现象学洞见的目的，我们必须意识到，当我们不再苦苦挣扎或不再专注于一个问题，或当我们并不真正主动地痛苦地想知道某物的意义时，就没有储存的经验或思想的紧迫性，这些经验或思想可能出乎意料地为我们的写作带来洞见。在这样的老生常谈中也有真理：没有痛苦，就没有收获。假如菜没有在后面的灶台上烹制或者小火慢炖①，也就永远做不出一顿饭。我们可能体验这样的时刻，晚上我们突然醒来，意识到一个重要

---

① 此处原文为"cooking or simmering on a back burner"，英语俚语，字面意思是在有多个不同热度的灶台上，选择用后面的温度低的灶台烹饪，意指给予某事较少关注或者赋予较低的重要性，也有将某事暂时搁置或推后的意思。——译者

的观念突现在我们的脑海中。最好写下来，因为到了早晨它就可能被忘记。

有效性的评价

从词源学上，术语"有效性"（validity）派生于拉丁词"validus"，意为强大。力量的标准的确可以用来评价一个研究的现象学的可接受性和说服力。例如，本质还原的现象学方法通常伴随着悬置，其中包括悬置人们的预设、偏见和关于人们在研究的现象的理所当然的假设。所以，一个现象学的研究可以以这样的标准来评估：个人或系统偏见的悬置、洞见的原初性和对资料的学术性处理。这样的有效性标准假设了读者和评论者对现象学研究和文本具有一种博学的学术能力。

在前面的章节中，应该显而易见，内容效度、效标效度和结构效度等检验与测量，与现象学方法论不相容。另一件显而易见的事情是，现象学不同于概念分析、扎根理论方法和类似使用编码、贴标签和分类程序的质性研究方法论。

现象学研究者的一个共同难题是要接受挑战，在不属于现象学方法论的参考文献方面，他们要为他们的研究辩护。当有效性的外部概念，如样本规模、样本选择标准、同伴核对和经验概括被用于现象学时，这是特别富于挑战性的。这些概念属于不同的质性研究方法论语言。幼稚地运用各种不可通约的方法论的有效性计划并没有很好地为质性研究服务。

相反，假如一个观念，如"生活体验"被用于不同的社会或人文科学方法中，如人种志、叙事研究和现象学，需要确认它不会拥有相同的意义。舒茨指出，属于不同方法的概念的混淆极易导致难题的产生。他警告说，例如，将对象化和现象学方法混淆可能导致错误解释和错误理解，假如我们没有意识到概念随着方法的变化而变化。他说：

选择对你感兴趣的问题来说足够充分的参考方案，要考虑它的限度和可能性，使它的术语彼此之间相容和一致，一旦接受了它，就坚持到底！另一方面，假如你的问题的衍生后果在你的工作过程中将你引向接受其他的参考和解释方案，请不要忘记，随着方案的变化，先前使用过的方案中的所有术语必然会发生意义的转变。为了保持你思想的一致性，你必须要注意，你使用的所有术语和概念的"下标"是一样的。（Schutz，1970，p.270）

舒茨使用"下标"这个词，意思是决定了不同种类探究的特征的方法论基础。例如，一个现象学研究描述一个事件与一个人种志研究描述一个事件，并不在相同的意义上。当一位人种志学家描述某一特殊的街头帮派或某一摩托车俱乐部的秘密代号或秘密行为时，人们期待这些文化秘密规范的描述能展示出某种程度的真实有效性，如，这一特殊街头帮派文化或那个特殊的摩托车俱乐部运作的方式，属于这个帮派或俱乐部的成员的体验方式，以及属于那个文化（或亚文化）的谈话种类和文化的表达。接着，在证实这一特殊群体成员秘密行为的一种人种志描画时，我们可以应用同伴核对的方法程序。在进行同伴核对时，人种志学家想要确认，这一群体的成员的确认同在人种志研究中使用的词汇、术语以及被描述的秘密代号，实际上就像它们被描述和描画的那样。

相反，现象学却不能应用于一个特殊的文化或具体的亚文化。现象学描述的不是某一现象或事件的事实的经验的意义结构，而是生存论的体验的意义结构。因此，一个关于秘密的现象学研究并不专注于一种特殊的文化或一个具体的社群。相反，现象学研究秘密现象的生存论的意义结构。

现在询问提供体验描述（通过访谈、书面叙述等等）的人们，来自于这些体验材料的实例或轶事是否与他们的原初体验产生共鸣，这在方法论上和伦理上当然是值得称赞的。但使体验叙述或轶事的质量有效并不使作为整体的现象学研究有效。更重要和更困难的问题是，这些描述的基本意义结构的现象学解释是否有效，是否以学术研究的方式进行，来自于这些描述的现象学主题和洞见是否合适和原初。对于这些问题，没有哪一种程序方法足以确定一个现象学研究的价值、力量、原初性和重要性。

我们必须从洞见原初性的评估中，以及展示在研究中的解释过程的合理性中，寻找一个现象学研究的有效性。没有预定的程序，如"同伴核对"或"多元方法三角测量"，能够满足使一个现象学研究有效这样的要求。假如有这样的有效程序，那么，它必须要通过这种有效性标准的基本方法论，反过来证明它自身有效。的确，坚持使一种现象学研究有效的程序是要付出代价的（参阅van Manen，1997）。

巴特雄辩地表达了这一警告：

> 一些人贪婪地、苛刻地谈论方法。他们在作品中想要的是方法，对于他们来说，它似乎从来没有足够严格、足够正式。方法变成了一种法律……不变的事实是，一个持续宣称追求方法的意志的作品最终是无结果的：一切都投入到方法之中，写作则一无所有。研究者坚称他的文本将是方法论的，但这样的文本从未出现：正是方法毁了一项研究，将它扔进废弃计划的故纸堆里。（Barthes，1986，p.318）

关于有效性批评的一个有趣的例子包含在斯蒂芬·斯特拉塞充满鄙视的批评中，斯特拉塞曾经将萨特著名的对象化目光的叙述看作"现象学的印象主义"（Strasser，1974，pp.295-302）。在他的"目光"叙述中，萨特表明，他人的目光如何能被我们体验为对象化的，剥夺了我们自己的自由主体感。他人对象化的目光夺走了我们的世界，使我们成为他人的奴隶。但斯特拉塞指责萨特被文学风格所吸引，没有看到一个更具差异性的现象学分析，这表明，目光可以从正面体验，也可以从负面体验，他人的目光可以增强我们的自我感，甚至使亲密成为可能（Strasser，1974，p.298）。他说：

> 我们的现象学家通常以一种无意识的方式心生一种欲望，用一种艺术的风格来美化他的描述。这样的现象学家"写得很棒的"作品有一种文学特色。他感到因此受到鼓励，因为恰恰在我们的时代，著名的思想家专注于隐藏在艺术作品中的真理。（Strasser，1974，p.299）

斯特拉塞的批评公开言说了萨特暗示的、艺术的风格，但其实他的批评主要指向他的荷兰和德国同事，这些同事在当时受到很多人的追捧，因为他们以杰出的、雄辩的方式通过富有洞见的和启发性的文本写作使现象学更接地气。精神病学家范登伯格（van den Berg，1972，1987）和鲁姆科（Rümke，1988），教育学家兰格威尔德（Langeveld，1983a，1983b）和博尔诺夫（Bollnow，1988a，1988b），医生拜滕迪克（Buytendijk，1988）和比茨（Beets，1952），治疗心理学家范伦内普（van Lennep，1987a，1987b）和林斯霍滕（Linschoten，1987）撰写实践性研究，旨在言说我们的日常体验以及专业实践者的生活世界与关注。

这些作者回避技术的、哲学的问题，他们公开承认他们对现象学的兴趣首先是它作为反思的方法，不是作为专业哲学的一种严格的形式。总之，这些现象学家更感兴趣的是将现象学实际应用到他们的专业实践中，而不是追问做现象学是否可能，甚至是这样的问题：准备一种研究方法论来描述他们如何开始做现象学，这是否可能？他们真正做的事情是在医学、心理学、教育学、法学等专业领域对具体的人类现象撰写出富有洞见的研究。

350

斯特拉塞对萨特（以及所有在他们的现象学研究中使用文学材料的人）的批评是，萨特并不承认或没有看见在对象化和主体化的形式中的目光实际上可以是鼓励的、欣赏的和赞扬的。例如，一位运动员可以感觉到，观众的目光使他更强大，这种积极的目光甚至可以激发更好的运动技能。与此相似，一个被爱的人的身体外表在爱人赞美的目光中会变得更美。在操场上的攀爬器具上的孩子可以感觉到父母认同的目光中的欣赏和赞美。

然而，萨特可能会辩说他在描述"对象化目光"的现象学。因此，他会绕过像斯特拉塞这样的有效性批评。的确，"主体化目光"或"强化和鼓励的目光"可以作为另一种不同的现象学主题去探讨。斯特拉塞试图论辩，在一个现象学研究中，文学材料的使用导致了有偏见的或单边的现象学研究。不过，斯特拉塞的有效性批评在方法论上是不可持续的。事实上，现在，在哲学和人文科学现象学家的作品中，如海德格尔、塞尔、林吉斯、南希和许多其他学者的作品中，文学材料和叙事实例的使用已经很常见且十分广泛。

有效性标准

在评论一个现象学文本时，什么样的有效性标准是合适的？可以对一个现象学文本提出下列问题检验它的有效性程度：

研究是建基于一个有效的现象学问题吗？换句话说，研究是否问了这样的问题："这一人类体验是什么样子的？""这一或那一现象或事件是如何被体验的？"一个现象学问题不应该与某一特殊时间和地点的特殊人群的经验研究相混淆。现象学也不能处理因果问题或理论解释。不过，可以研究一个特殊的个体或群体以便理解一个现象学主题，如性别现象、一个社会政治事件或一个人类灾难的体验。

分析是在体验的、描述的叙述和手稿之上进行的吗？
（分析避免了主要由感知、意见、信念、观点等组成的经验材料吗？）

研究是否恰当地植根于原初的和学术的文献，而不是主要依赖令人质疑的二手和三手材料？

研究是否避免用来源于其他的（非现象学的）方法论的有效性标准来使自身合法化？

可靠性

可靠性问题倾向于与一个研究的可重复性问题一同出现。例如，假如每一次实验都得出相同的结果，一个实验就是可靠的。然而，一个现象学研究不可能卷入测量计划，如通过让不同的评判者评价、测量或评估某一结果，交互评价可靠性。重要的是，相同"现象"或"事件"的现象学研究可能有不同的研究结果。例如，比较林斯霍滕和南希的关于睡眠现象的研究。一个现象学家可能研究一个已经在文献中被重复言说过的现象，但他要追求新的、令人惊喜的洞见。

证据

我们必须区分经验的证据（empirical evidence）（如"我亲眼看见它发生了"，或"在可重复的药物研究基础上我可以得出结论，这种药是安全的"）与以直觉为基础的证据（"当我与我爱的人分享一个个人秘密时，我体验到了亲密"）。现象学的证据必须与内在的直觉理解相关，以意义为基础，以本质还原的逻辑为基础。相对照，经验的证据必须与外在的知识相关，以观察和量化性概括的逻辑为基础。

现象学证据必须要捕捉到一个现象或事件的意义。然而，现象学证据从根本上是模糊的，永远都不会完整。因此，海德格尔和梅洛 – 庞蒂批评胡塞尔的主张，即一个现象的意向性通过本质还原可以绝对地被掌握。假如我们关注"以证据为基础的实践"（evidence-based practice），那么我们必须区分：（1）具体的实践情境，其中，"最好的行动"可以受到经验（希望是可概括的）证据的支撑，这些证据在特定情况下似乎是十分恰切和可用的；（2）实践的情境，其中，智慧的敏感性、机智性和有意义的理解扮演着重要角色。在后一种情境中，对于某一现象的现象学理解和洞见可以导致更恰当的行动。

　　强迫症可以作为一个实例，让我们来对照以经验证据为基础的实践和现象学的以直观证据为基础的实践。在使用某些药物治疗强迫症方面，有强有力的以医学科学为基础的大量证据。而我们也同样需要理解强迫症的行动实际上是如何被体验的。强迫症体验非常复杂：想做又不想做某事的奇怪的矛盾心理（Buytendijk，1970b）。强迫观念的现象学理解可以以一种更加关系化和对话的方式帮助治疗这种疾病。不过，这样的理解的证据是以意义为基础的，并指向理解与有强迫思想和倾向性一起生活的人的生活世界的前反思维度。

概括

　　现象学的概括不应该与经验的或量化的概括相混淆，后者从自样本人群到一般人群的观察有效性中得出结论。经验的概括是事实的，当然，在社会科学和人文科学中，经验或量化的概括特别重要。但经验的概括不能从现象学研究中得出。

　　许多质性研究都试图得出概括性的理解。现象学是这样一种形式的研究，它并不在通常经验的意义上形成概括。现象学研究中唯一允许的概括是"永远不要概括"。然而，在某种意义上我们可以将现象学理解言说为概括的。所以，我们可能问，在尊重独一性和独特性的同时，现象学概括如何可能？例如，我们如何能在专注于一个现象的独一性的同时，仍然能够得出这一现象的某种普遍的或概括的洞见？

我们可以区分两种现象学概括：生存论的概括与独一的概括。首先，生存论的概括指向本质的或根本的理解，指向在一种生存论意义上一个现象普遍的或根本的东西。生存论的概括使辨识某一现象意义的重复出现的诸方面成为可能（例如，保守或分享秘密的现象学）。其次，独一的概括指向独一或独特的东西。现象学实例（如萨特的对象化目光实例的特殊故事）可以被当作独一的概括，这种概括使辨识一个现象的普遍的东西成为可能。

取样

在现象学方法论之中，术语"样本"不应该指一小群人组成的经验样本。取样观念的这种使用预设了人们旨在获得经验的概括，在现象学方法论中，这是不可能的。但术语"样本"可以追溯到法语词根"实例"，这种实例有范式的意义，就像拜滕迪克、阿甘本、菲加尔和其他学者所指出的一样。

再重复一遍，现象学探究不能追求经验的概括——从样本到整体，强调这一点很重要。问受访者、参与者或被试的样本应该有多大，或在性别、种族或其他选择性考虑方面，一个样本应该如何构成、比例如何，这是没有多大意义的。

目的性取样的观念有时被用来表明，受访者或参与者的选择是以他们的知识以及描述他们所属的群体或文化（亚文化）的口语流畅度为基础的。这对于人种志类型的研究是有帮助的，当然，现象学不是人种志。不过，从能够将他们自己的体验用口语和书面表达的个体那里收集和探究体验描述，这可能的确很明智。假如使用"样本"或"取样"观念是必要的，那么，参考努力获得体验丰富的描述的"实例"，这样做再好不过。

所以，我们要问的最重要的问题是："为了探究这个或那个现象的现象学意义，用多少具体体验描述的实例对这一研究是合适的？"答案并不依赖于某一对数，或统计标准，或某一数据饱和的公式。数据饱和假定，研究者在寻求一个社会群体或一个种族文化的有特色或相同的东西。研究者不停地收集数据，直到分析不再显示关于那个群体的任何新的或不同的东西。但现象学寻求的不是相同性或可重复的模式。确切地说，现象学旨在追求独一的东西，一个独一的主题或观念在体验的材料中可能只能被看到一次。例如，一个现象学家并不寻求某一个词被信息提供者使用了多少次，或一个相似的观念被表达的频数。相反，一个现象学家可能实际上寻求这样一种时刻：对于生活体验描述的某一实例（样本）来说，一种洞见的出现独一无二。

对于许多研究者来说，问题还是出现了："我应该访谈多少人？""对于每一位受访者，我应该进行多少次访谈？"由于现象学研究的性质不同，答案也会不同。一些更"理论化"的研究可以不需要任何经验材料的收集，其他研究会受益于几个或许多访谈或体验材料。太多的手稿可能反而鼓励了肤浅的反思。再一次，依据现象学问题，一般的目的应该是收集足够的体验丰富的叙述，使强有力的体验实例或轶事的定型成为可能，帮助与如其所是的生活相遇。最终，研究的结果应该只包含适量的体验材料（无论是单句还是故事的形式），这些材料创造出一个学术的和反思的现象学文本。

偏差

在研究中偏差、错误解释或过度解释的话题，表达了对一个研究有效性的关注，例如，研究工具是否测量了它声称要测量的，一个研究程序是否能得出精确的结果，一个研究项目的逻辑或论证结构是否正确，一个研究的实践是否能形成可以接受的洞见。

像测量偏差和混杂偏倚这样的观念更适合于量化研究项目和结果的合理性评估，而不适合于质性研究。悬置是批判的现象学工具，它应该消除偏见，这些偏见发生的原因是未经审查的假设、个人或系统的偏见、心智封闭等等。但我们也应该承认，所有的理解都假定了前理解。这就是为什么伽达默尔说，偏见不仅仅是不可避免的，而且它们也是必要的，只要它们是自我反思的意识。

培根的假象

弗朗西斯·培根（1561—1626）在他的《新工具》中，呈现了关于谬误思维或误导的解释的警告，亦即"假象"。认识到培根的思考可能很重要。培根使用的题目"工具"是指用来解释或理解自然真理的智力工具。他描述了四种"假象"（影像或幻象）来描述人类的脆弱性：做出自私的判断或有歧视的观察。这些假象仍然可以警告我们，不要在我们获得洞见的努力中愚蠢地迷失，这不仅仅是对自然物理学本性的洞见，也是对人的生活世界的结构和意义的洞见。

第一，族类假象：族类假象来自于一种太人性的倾向，将自己的欲望和需求解读成事物，过度简化、过度概括、过度解释或被新奇击中。某一问题、主题、观念或理论是最新的，并迎合了时尚意识的学术市场，并不意味着它比更早的观念或视角更真或更有价值。

第二，洞穴假象：洞穴假象居于我们个人的和个性化的情感与执着。学术界倾向于以他们所偏爱的权威为基础形成他们的理解。被嫉妒、怨恨和好恶所掌控的个人的和政治领域的因素影响和形塑着学术界的知识和观点。

第三，市场假象：市场假象是语言造成的。科学或理论语言的危险在于它们不能捕捉到人的生存的更微妙和更复杂的诸方面。因此，人文科学必须在生活世界的日常语言中可以被理解。但日常语言的问题是，我们对术语都有略微不同的理解，不同的语言不能完全捕捉到知识的不同形式以及意义的微妙之处。

第四，剧场假象：哲学的思想流派、政治化的、性别化的以及种族中心的视角会阻止我们获得简单的、中立的洞见。当话语变得充满争议时，研究者的视角变成了一面指责之幕，只能将它自己的视野看作有效。因此，我们必须意识到被接受的理论的虚假权威、异域视角的伪装性以及看起来很吸引人的花哨的解释与抽象。

现象学研究的评价标准

如何评价一个现象学研究？我们需要问这样的问题："文本显示了反思性暗示和令人惊喜的洞见吗？通过这一研究，我们获得了什么样的深度洞见？"深度为我们身处其中的现象或生活体验赋予意义，并阻碍着我们更丰富的理解。或就像梅洛-庞蒂所表达的：深度是事物必须保持独立的手段，它仍然是事物，而不是我现在看它的样子。正是因为深度，事物才具有一种抵抗性，这正是它们的真（Merleau-Ponty，1968，p.219）。

为了写作和阅读一个现象学文本，我们需要某种开放性，对于捕捉和表达某种东西的开放性的测量，也是对于深度性质的测量。探究超越直接被体验东西的意义结构的丰富描述，就把握住了深度这个维度。加布里埃尔·马塞尔（Marcel，1950）参考秘密的观念讨论了深度的观念，它是超越日常的东西，炫目的远方。当我们谈论一个深度思想或一个深刻的观念时，我们是什么意思？我们不应该将深度与不寻常、奇怪或古怪的东西相混淆：

> 一个深刻的观念不仅仅是一个不寻常的观念，假如我们的意思是不寻常的古怪，那尤其不是。有一千个悖论具有这种不寻常的性质，而它们缺乏任何一种深度，它们从肤浅的土壤迅速生长，又很快枯萎。我会说，一个思想是有深度的，

一个观念是深刻的，假如它超越自身进入一片开阔地，广阔得远超出肉眼所能捕捉到的范围。（Marcel，1950，p. 192）

一个高质量的现象学文本不能是概括的。它不需要包含一系列的研究结果，而是，人们必须通过与它相遇、经历它、遇见它、忍受它、消耗它也被它消耗来评价它。评价一个研究的现象学性质的可选择的标准如下：启发性提问、描述的丰富性、解释的深度、特别的严格、强大的言语性意义、体验的唤醒和本源发生的顿悟。

启发性提问：文本是否引发了沉思的惊奇感和提问的专注感——这是什么？某物真的存在吗？

描述的丰富性：文本包含了丰富的和可辨识的体验材料吗？

解释的深度：文本提供了反思性洞见吗？这些洞见超越了日常生活理所当然的理解吗？

特别的严格：文本是否始终被关于现象或事件的特别意义的自我批判性的问题所引导着？

强大的言语性意义：文本"言说"了我们的具身化存在感吗？

体验的唤醒：通过召唤的和呈现性的语言，文本唤醒了前反思的或原初的体验吗？

本源发生的顿悟：研究向我们提供了更深的或原初洞见的可能性吗？或者，研究是否向我们提供了对伦理学以及生命承诺与实践的精神特质的一种直觉的或精神性的把握？

第十三章
现象学写作

写作（无论是用纸笔还是用键盘）是一项很奇怪的活动。我　357
们甚至可以质疑写作是否称得上是项活动。木匠、厨师、画家、
运动员、推销员等的活动可以被观察和描述。但写作和大多数的
人类行为都不同，因为在写作经验发生的时候，没有什么可以观
察的。人们如何确定写作在进行？是看手指开始敲击键盘了吗？
又或者说，思想是不是一定要外显成可见的词语？在拿着书写工
具坐下之前，写作可以默默进行吗？如果一个人只是往纸上或者
屏幕上输入字符，但不制造任何成果，这算是写作吗？梅洛－庞
蒂和马里翁说过，如果太近距离地观察一幅画，那人们只能看到
油彩、颜料和画布。换句话说，必须从整体上看画，发现这个视
野上可见的，但近距离时几乎看不见的事物。我们也要这样看待
写作文本。

遥望窗外深沉的夜色，隔着宽阔的河流，我几乎看不到远方
的山脉。实际上，我几乎意识不到自己正望着窗外，直到我妻子
偶然路过房间。"你在做什么呢？"她问。我仿佛从白日梦中醒来，
回答说："我在写东西呢。""不是吧，你可没在写。你只是看着窗
外而已。"她笑着打趣，然后转身离开。

还真是。我刚才在凝望着窗外。虽然我也许在观察着海面，
用目光追寻着远方的船只，但是我实际上并没有看见所有的这一

切。我的思绪在别处。更确切地说：我在别处。在哪里呢？一种解释是，我被自己写的词句所捕获，静静地咀嚼着它们，然后把它们倾吐在键盘之间、屏幕之上。但是，这就是写作了吗？我在写吗？是，又不是。我在制造着文字，甚至是一段文本。但是，这些仅仅是一些字罢了。这不是真正的写作。所以我妻子说对了。可我什么时候能说自己是真正在写作呢？我纳闷，是不是在某个时刻，我可以说："啊，现在，我是在写作了。"

现象学写作意味着什么？

如此看来，写作这个现象到底是什么？我试着回忆一次写作的经验。回想具体的情景很难，但我的确能想起特定的空间感和情绪。我隐隐约约地意识到，在写作的体验中（或在我尝试写些什么的体验中），我身上发生着什么。我好像是在寻找一种特定的空间——作者的空间（writerly space）。在这个空间里，我不再那么是我自己。当阅读一部震撼人心的小说时，读者的自我似乎已经消失了；在写作时，"自我"的一部分也被抹除。正如黎明时分的事物不再是我们认识的那样，词语被替代，你失去方向，什么事都有可能发生。一种抹除自我的感觉，写作是因为这样才变得困难吗？还是我应该更主动地、充满反思性地去进行写作？或者，我应该甘愿让自己服从于反思性的情绪？我在电脑上打出"在我们从世界撤离的意义上说，现象学反思已经近似于写作了"。我坐在键盘前，回味着刚才的这句话。我想到，德里达曾经说过类似的话。

在我们刻意追求和营造的地点，写作能更好地进行。物理环境必须对写作有帮助。公共办公室也许不是个好去处，有太多干扰了。安静的咖啡店有时是不错的选择。我环顾现在身处的空间，我家的一间小屋子，这张书桌，我在这里工作得最好！这就是写作的空间吗？是，又不是。当我敲击键盘或凝望窗外时，我似乎仍然在别的什么地方。我在哪里？人们也许会说：你在你的思绪里。作者栖居在内心空间，栖居在自我中。而实际上这样以内外空间的划分来构想自我的方式颇为流行：自我的内心和表面。但是，从现象学的角度上来看，说作者栖居在文本中也许是更可信的说法：文字开启了虚拟的空间。

写作和读书有些相似。我不在家中时，如果想读小说，就首先要找到良好的阅读空间。这个空间必须让我的身体感觉舒适，但却不能太过于舒适。这个空间并不需要太安静，只要声音和身边的人不对我的注意力造成干扰即可。一旦我找到了一个适宜阅读的物理空间，这就意味着我的思路能够离开平日的现实世界，进入虚拟现实，进入文本，进入那由文字构建的小说的空间。当我进入这个文本的世界，我就身在别处了。因而此时我拥有两种空间经验。物理世界为读写提供的空间，让我能够穿越其本身进入文字开启的世界，也就是文本空间。

但这样说难道不是在误导吗？毕竟，文本所开启的空间并不是"真实"的物理三维空间。文本空间的说法，仅仅是种比喻，因而只是来修饰我们阅读写作的实际经验。不是吗？这样说好像有道理。在这里，我们运用着空间／时间现象学。有趣的是，"空间"一词本身就蕴含着丰富的语义学含义。从词源上看，"空间"指的不仅是物理上的延伸和角度。空间还涵盖了时间和距离上的中断和延续。这个词承载着时间和物理上的伸展，以及在一段经验上投入的时间。

我们走进这样意义上的文本空间，实际上是在享受词语和文本所唤出的时间体验。而且，在这种体验里，我们永远孤身一人。写作是独自的经验，独自地、忘我地臣服于文本的现实。对作者来说，洞见恰恰在这里发生，词语在这里获得深刻的意义。可也是在这儿，写作显露出它的艰难，我们发现语言之真义，发现写作之不可能。语言反讽地剥夺着我们的话语能力，我们说不出任何值得说的，甚至说不出我们想说的。在文本空间中，我们对语言的经验在透明和不可穿透之间摇摆。在某一刻，我充分而忘我地进入了文本——文本也就打开了一个世界。可是下一刻，这个世界的入口仿佛就堵塞了。或许我们敏锐地意识到了文本语言的暧昧与昏暗，又重新进入了文本。

但是写作以更根本的方式左右着自我。对开始写作和进入文本的人来说，他身上发生着特殊的变化：自我撤离、后退，却没有完全脱离自己的社会、历史、生物的存在。这和读故事相类似。人穿越到了一个不属于自己的世界。在这里，所有的事情都悬而未决。什么都有可能发生。沉浸在小说中，一个人便不再是自己；书写时，作者也不是个人的自我。用布朗肖的话说，作者是去个人化的（depersonalized），是"它"者或中性的自我——一个创作书稿的自我。

再次强调，写作就像阅读一样，要我们离开日常的、和别人共享的世界。我们迈出这个阳光下的日常世界，进入文本和文字的新世界。在这充满阴影和黑暗的世界里，人穿越着语言的版图。在他和语言之间，打破了以前的习以为常，发展出一种特别的反思性的关系。实际上，一个人有可能在尝试写作时丧失了对语言的感觉：他发现写作之不可能。但是，他必须写作。他痴迷于写作。他写着。他变成了一个写作之人。

阅读作品

在研究会议和论坛上，当一段现象学文本被出声朗读时，也许会发生一些特别的情况。听众以沉默回应。好像没人有评论。没什么可评论的。可我们如果回想刚才实际上发生了什么，这突如其来的沉默就并不令人感到意外了：听众被文本意义所吸引，仿佛挨了当头一棒，陷入漫溢着困惑和惊奇的沉默之中。读者可能熟悉这样的体验。一段文字如果写得淋漓尽致，让读者完全沉浸，效果便妙不可言。文字实际上将读者和听众带入了奇幻幽境，他们迷失，困惑，伴着陌生的经验，被惊奇感动。此般效应，不仅因文本变化而不同，也跟特定的读者、情绪或阅读时的境遇有关。

那么，在写作开始之时到底发生着什么？写作的特点在于（阅读也如是），文字将我们吸引，让我们沉浸其中。正如南希所说："人们决不能把阅读理解为解码的过程。相反，应该把阅读看作一种触碰（touch），或者说是被触碰。写作、阅读关乎机智（tact）。"（Nancy，1993，p. 198）写作是阅读的过程。作为作者，我第一个阅读自己的文本。因此，写作既是触碰别人，又是自我触碰（self-touch）。在富于机智的触碰中，在相互触动中，文字对我们产生影响。文字的这般效应，真是神奇啊！而且不管是印在纸上的文字，还是打在电脑屏幕上的文字都是这样。这些横横竖竖的笔画，能迷惑我们的心智，召唤出不同的世界、洞见、情感和理解。我们自己写文字竟然也有这种迷幻效果，而恐怕恰恰是我们自己的语言最具有这种迷幻效果。我们写下这些词，它们同时注视着我们，将我们拉进非比寻常之境。"吸引"（draw）的词源的确跟拉扯、承载和运送有关（Klein，1979，p. 228）。当词语吸引我们、把我们运走时，它们开启了另外的空间：一个暂时的空间供我们栖身。在其中，我们获得现实经验，"认识"[①]到以前从未设想过的境界。

诱发惊奇

作为读者，我们知道，当一段文本被疑问所笼罩时就会发出召唤，让读者突然意识到日常现实里从未省察的神秘特质。当梅洛－庞蒂（Merleau-Ponty，1962，p.xiii）说现象学方法是对世界万物特别的态度和关切（attentiveness）时，也许他脑子里想的是困惑和惊奇能引发呼唤的感召。梅洛－庞蒂还直接引用尤金·芬克的说法，认为现象学还原的核心在于惊奇的倾向，惊奇于世界的面貌。

---

① "认识"译自英文词"realizations"，又可译为"实现"，在此为双关，意指"实现了从未设想过的境界"。——译者

惊奇，是存在者生命中的特定时刻，发生在我们被敬畏或困惑所占据的时候——比如当熟悉的事物变得特别陌生，当我们注视的目光被那些反过来注视我们的事物所吸引。

现象学是一个哲学课题，因此说惊奇是现象学研究的中心方法论特征，一点也不令人奇怪。古代哲学曾指出，所有的哲学思想都始于惊奇。但我们也可以反过来说，哲学反思是惊奇的结果。换言之，惊奇既是现象学方法的条件，又是其首要原则（Verhoeven，1972，pp. 30–50）。可惊奇怎么会成为一种方法呢？惊奇的状态如何与研究和提问的过程相联系，从而生发出现象学旨趣呢？

现象学写作不仅仅要始于惊奇，而且要诱发惊奇。对于现象学文本来说，要想在人类理解的道路上做"导引"，就必须引导读者去好奇。文本必须诱发充满疑问之惊奇。但这一点如何实现？我们真能让他人对事物感到惊奇吗？

361 我回忆起多年前的一个夜晚，我们一家驱车行驶在回家路上。妻子的家乡离我们现在定居的大城市有六个小时的车程。我们要途经加拿大大草原上许多最为荒凉的地区。在这条路上行驶，也许好几个小时都见不到人类居住的痕迹。干枯贫瘠的土地遍布全程。没有树木，没有草丛，什么都没有。唯一要当心的是偶尔出现一团团风滚草，风一吹，就可能突然挡在路中央。可那天晚上周围一片漆黑，因而景色再荒芜也无关紧要。唯有车灯射出光柱，车轮滚滚向前，时间仿佛凝固，将我们包裹起来。窗外一片黑暗，没有任何标记告诉你在哪里，你走了多久，还要走多久。我把眼睛锁定在眼前狭长的公路上，开始注意到一种奇怪的感觉。

黑暗仿佛从地平线上被抬了起来。无形的手拉开纵横交错的幕布，遮挡住天空。极光出现了。我停下车，让妻子和两个孩子下来。开阔的乡间，我们来了！黑暗环绕，群星横铺。深沉的天空中，北极光的幕布令人叹为观止。就是在这样被壮阔星空包围的时刻，极光博大的奇观让我摇摆在不可知论的边缘。在宇宙中，一定有什么东西具有深刻的意义。凝视天空时，人也许会有奇怪的感觉，仿佛被高于自己的力量所凝视。我们仿佛望着宇宙之镜，在某个极致的时刻看到自己的目光被神秘而陌生地反射：我是谁？我属于哪里？我们为什么在这儿？可这些问题不会有答案。它们让我们的目光再次移开。

让我感到欣慰的是，孩子们也不可思议地骤然安静下来——说不可思议，是因为他们刚刚在停车之前还在后座上争执。我想，这对他们恐怕也是一次惊奇的体验吧。回到车里继续旅程时，我问他们印象如何。当然了，他们觉得"真棒"。可让我感到惊讶的是，他们更愿意谈论别的事。这些事包括：我要是自己待在黑暗里会害怕吗？停车的地方有狼出没吗？我听到路边草丛中沙沙的响声了吗？要是刚才有什么东西跳到我们身上，该怎么办啊？我们该怎么办呢？要是我们要永远待在黑暗里，该怎么办啊？后来，我们聊啊聊，打发了很多时间，度过了又一个小时的无聊行驶。我意识到自己没能让孩子们真正经历惊奇于极光的时刻。可孩子们被自己的惊奇感触动，留意到那些完全滑落在我视野外的事物。我把目光投向上方。但孩子们却直望黑夜。并且黑夜也回头看着他们，他们似乎感受到了黑夜那震慑人心的美。

口述的文本化和文本的口述化

写作并不仅仅是把口头语表述成文字。在空间、时间、关系几个方面，说和写都是不同的。对话的关系空间以亲密为特点。与他人平常讨论和对话时，我们在身体上是即刻在场的。打电话也能维持这样的亲密感。时空上的亲密同样意味着，说话者不能抹除自己刚刚说过的话。人们不能像重新开始书写文字那样，重新开始一段对话；也不能改正某个短语，代之以更合适的说法；也不可能反思地退回到脱口而出的词语的旁边，选择合适的词或短语来监控和修改刚刚说过的话。口头词语不容反悔，但书面词语却不这样。当然，我们可以因一不小心从嘴里溜出来的话而道歉。我们也许会矢口否认已经说出口的、已经传到人们耳朵里的话。我们也许会自我更正，强调什么才是我们"真正想说的"。我们也许会通过语音语调和身体语言来强调某些意思。如果觉得产生了误解或怕刚才说的不能达到效果，我们也许会重复自己之前的观点。可是，人们听到了就是听到了，所以我们说的话永远不会完全被撤销。实际上，有一天，我们口述的词语会回到我们身上，提醒着那些我们希望忘记的事。如果我们的话被录音了，就更是如此。

相比之下，写作的空间具有不同的时空亲密感：既亲近，又遥远。写作不仅仅是把说话转译为文字。通过阅读和写作，人们不可避免地和语言保持反思性的关系。伽达默尔（Gadamer，1976）和利科将这种关系描述为距离化（distanciation）。

> 当话语从说转化成写的时候，发生了什么变化？……文本所指示的不再和作者想要表达的同步；因此文本意义和心理意义驶向不同的目的地……因为写作，文本的"世界"也许会推翻作者的世界……文本必须能把自身"去文本化"，从而能够在新语境中"再文本化"——更确切地说，文本是在阅读中被完成的。（Ricoeur，1991，p.83）

写作时，文本敞开空间，意义或许会充满其中，这样的意义，在效果上比真实还要真实。作为读者的我们也许能够明白这一现象。

> 写作最突出的效应是解放写作材料。这意味着，读和写的关系并不仅仅是听和说关系的一种特殊情况。
>
> 文本自主性的首要解释学后果就是：距离化……构成了文本作为写作的现象。（Ricoeur，1991，p.84）

许多读者都曾时不时被深深打动，原因是意识到自己被人类的洞见所触动。有时，我们即使在平日经历了类似的事，其影响也有可能不如从小说、故事和诗歌中读到时的洞见深刻。"阅读一段文本会将其口述化"，沃尔特·翁如是说（Ong，1981，p.175）。这就解释了为什么富于感召力的文字可以诱发奇特的在场亲近感（Steiner，1989）。但是文本世界具有自己独特的现实，这是一种非现实——文字在其中可以拥有深刻的意义，或者说拥有意义的不确定性。

> 因此文本的世界并不是日常语言的世界。在这种意义上，它构成了一种新的距离感，可以被看作真实与自身之间的距离感……在世存在的新可能性，在日常现实中被打开……可以被称为文学对现实所展开的想象的变化。（Ricoeur，1991，p.84）

文本如果鲜活，其非现实性就别具悖论性质：作者和读者能将其体验为现实、非现实的现实，比寻常现实中临近的事物还要接近。但这临近的效果是通过文本距离化的超现实（hyper reality）达成的。超现实把我们从文本空间中获得的洞见变成了虚拟的，超越了其他日常生活中记忆、印象和事实的障碍。现象学家作为作者，源自于生活，然后被转移到作者的空间。在那里，意义和反思存在不断共鸣、回响。

在口述文化的社会中，口述的主导作用让现象学几乎不可能发生。为什么呢？不仅是因为现象学这种特殊的反思模式传统上由善于写作的学者从事，更是因为现象学要求特定形式的意识，这样的意识要通过阅读和写作的行为得以产生。沃尔特·翁（Ong，1971，1977，1981）曾说文字读写的文化和历史事实导致了意识转型，在理解和经验之间、反思和行动之间造成了特定距离和张力。因此，当我们说理解要具有行动上的敏感性时，我们就是在指向这种张力。能让这种张力以敏锐的形式显现的地方，就是现象学研究的写作。换言之，我们这里讨论的是一种特殊的写作。正是写作这个有意识的行为，以反思的方式将自身指向生活经验的特征。

研究的写作

所有研究，包括传统（实验或实证）研究在内，都要经历这个阶段，研究者会通过写作来交流自己取得的成果。我们可能会想到研究报告（research report），但这个词暗示着在研究行为和报告行为之间有明确的界限：报告让研究公开。此外，不同流派的质性研究者也把写作看作报告的过程。在这样的框架中，没有把研究本身看作诗性的（文本的）实践。对于现象学工作来说，研究活动与反思的紧密交融贯串于写作之中。

写作把思维固定在纸上或屏幕上。从某种意义上说，它把内在的东西外在化，它使我们与世界万物即刻的生活交往保持距离。看着自己刚刚写下的文字，客体化的思考回望着我们。写作的距离化过程因此创造了反思性的认知角度，在通常情况下界定了社会科学中的理论态度。激进的质性研究的研究对象在根本上是语言性的：使得我们的生活世界、生活经验的某个角度在反思时能够得以理解、识别。写啊！在这个命令式的提醒中，研究者认识到研究的语言学性质。进行现象学研究需要下决心写作。而对现象学研究者来说，写作不仅仅是一项辅助活动。按照巴特的说法，命令式的大写的"写作"旨在将研究召回其认识论的条件：无论探究什么，研究本身都不能忘记自己的语言性质，正因如此，研究才不可避免地与写作相遇（Barthes，1986，p. 316）。

对于巴特来说，研究不仅仅与写作相关：研究本身就是写作。写作是其真正的本质（Barthes，1986，p. 316）。对于海德格尔、萨特、林吉斯、德里达、塞尔等学者来说，一面是研究活动和反思，一面是阅读和写作，两者并不可分。我们如果访问鲁汶大学胡塞尔档案馆，就会发现胡塞尔的书桌在档案室显眼的地方陈列着，似乎象征着写作和研究之间的密切关系。正是在这张书桌上，现象学得到了根本的推动。

比胡塞尔更甚，萨特作为一名现象学家，身处于动荡喧闹的社会和政治生活中。对晚年的萨特来说，随着写作变得困难，思考也越加艰难起来。"我仍然思考，"萨特在 70 岁时接受采访说，"但因为我再也无法写作，这在某种程度上抑制了真正的思考活动。"（Sartre，1977，p. 5）在这里萨特说的是失明对他作为读者和作者的生涯制造的困难。很明显，对于萨特来说，写作不仅仅是思想家的智力生活中的某个时刻。写作居于思考生活的中心。他说，写作曾是他生活的意义。"我会把我之前想好的写出来，但是最关键的时刻在于写作本身。"（Sartre，1977，p. 5）在这句话中，萨特仿佛给出了自己的方法论的最简洁定义。写作就是方法。追问现象学探究的方法是什么，就是追问写作的性质。写作是一项制造活动。作者制造文本，但他不仅仅在制造文本。作者在制造他自己。作者是自己作品的作品。写作是一种自我制造或自我塑造。写作，是去测量事物的深度，同时也意识到自己的深度。

内在言语与内在写作

如果你写过一段论文，其中涉及描述性或者解释性的理解，那么你可能会发现内在言语这一现象。内在言语发生于我们在头脑中自言自语时。我们甚至会意识到自己捕捉到了一个重要的想法，想要抓住它。但是，因为我们在做其他事情（等公交车、散步、坐火车或者开车），我们必须任由内在言语思想的渗透，继续沉思。我们没待在可以写下所思所想的地方，因此我们向自己保证，一旦有了写作工具，马上就会把想法写下来。或许，我们甚至需要把这些话对自己大声说出来，以便把它们保留在记忆中。但愿我们不会忘记这些如此重要的语句——从某种意义上，这时我们已经开始写作，虽然是虚拟的写作。

现在，当我们终于坐下来把刚才虚拟写出的东西真正写下来

365

时，到底发生着什么？我们希望能够回忆起一些关键词，能够帮助我们想起刚才的想法。如果我们足够幸运，就能够召回刚才内在言语的思路，用纸笔或键盘把它们实实在在地写下来。这个写作过程如何不同于之前的内在言语体验？或许差异不大。内在言语似乎已经是一种写作，只不过和真正的写作相比，我们走路或者等车时发生的内在言语更加流动，不那么确定和精准。现在，当从键盘上敲击下这些文字时，我其实正对内在言语的写作进行重写。与此同时，在写作的经验中，我们似乎不能心满意足地捕获早些时候的思考。也许这是因为在电脑屏幕或者纸上实实在在写作的同时，我们在不停地阅读。我们实际上是自己的第一位读者，但这样的阅读同时进一步促进我们写作。

现象学已经在进行写作

再强调一遍，正如本书所描述的，实践现象学的基本主题在于，现象学反思与现象学写作是密不可分的。更恰当地说，现象学反思就是写作。只有为数不多的现象学家谈到过现象学写作这一现象，这似乎是种奇怪的疏忽。现象学探究无法真正与写作实践相分离。

人们认为德里达的作品几乎全部是关于写作的。在《言语与现象》（1973）一书中，德里达从根本上质问胡塞尔作品中有关现象学和写作的问题。对非哲学专业人士来说，想理解德里达对胡塞尔的重要著作《逻辑研究》的研究并不是那么容易，但是无论如何，他的研究还是对胡塞尔式的现象学课题产生了重要影响。在《言语与现象》英译版的前言中，译者加弗说道，理解德里达批判现象学的最好方式是理解哲学中的激进转向——从重视逻辑、修辞的取向到重视语言和意义的取向。加弗通过传统的中世纪三艺——语法、逻辑和修辞来解释哲学传统和更广义的人文科学传统的转变。如果说德里达扭转了逻辑和修辞所扮演的角色，似乎有点夸张，但他明显松动了哲学、文学、伦理学和艺术批评之间的壁垒。

在这个框架下，德里达对胡塞尔现象学解构式的解读，实际上和其他学者的做法非常相似，比如海德格尔（Heidegger，1982），以及后来的维特根斯坦（Wittgenstein，1982）和利科（Ricoeur，1976）。他们的作品渐渐偏离对某些意义的理解，比如命名和指代、感知对象和精神对象，而是转向表达和诠释人类经验的复杂而变动的文本意义，以及语言游戏和叙述实践。加弗（Garver，1972）的评论似乎特别切合我们目前面临的现象学图景。并且，如果想要审视现象学人文科学，这些考虑也非常关键。现象学人文科学的研究涵盖了专业实践服务领域，例如医学、教育、教学、临床心理学等等。塞尔、林吉斯、南希等学者的作品向修辞实践的重要转向，仍然使一些哲学家感到不安。为什么呢？因为这些作品暗示着用一种不同的方式来思考意义和语言、文学和哲学、叙事和科学话语、实体论和伦理学，因此它们关乎研究课题本身和写作本身。

《品味秘密》一书收录了德里达和意大利哲学家费拉里斯的一段对话。这对话可以被看作一则案例，颇为令人回味（Derrida and Ferraris，2001）。对话涉及对写作的意义和角色的大量探讨。费拉里斯抱怨说许多哲学似乎已经完成了叙事转向，然后他向德里达抛出一个问题："写作是怎么进入哲学的？"（Derrida and Ferraris，2001，p.7）。费拉里斯怀疑人们对写作进入哲学达到了普遍认同，他们便进而认为在形而上学之后，哲学家不再与真理打交道，而是提供"类似对话性质的社会福利服务"（Derrida and Ferraris，2001，p.7）。目前人们似乎对哲学抱有特别的容忍，任由哲学家做自己喜欢的事，这让费拉里斯不安。哲学家不能在自己的本职工作上放任自流，这本职工作就是"对真理的追寻"（Derrida and Ferraris，2001，p.8）。费拉里斯认为，容忍实际上是在压制，因为容忍导致哲学在目前历史条件下变成了"文学"的一种形式。

我们不难想象，德里达对费拉里斯进行了富于挑动性的反驳：367

"写作没有'进入'哲学，它早已经在这里了。"他继续说道，"这恰恰是我们必须反思的——为什么写作一直没有被认可，为什么我们一直对其秉持着否定的态度。"（Derrida and Ferraris，2001，p.8）但是德里达同意费拉里斯的观点，讨论真理并没有过时。真理不是人们可以否定的价值。德里达指出，写作是所有哲学反思的基础，现象学或广义上的哲学和广义上的写作之间的关系，值得我们去思考。

只有在阅读和写作中，洞见才能浮现。写就一个作品要涉及富于解释和诠释意义的文本材料。恰恰只有在写作的过程中，研究材料才能得到采集和诠释，研究问题的基本属性才能得以识别。从现象学的意义上来看，研究制造文本形式的知识，并不仅仅是描述和分析生活世界的现象，更是在激发直接的理解（immediate understandings）。只有通过这种方式，这样的理解才能实现。

在场与缺席

要理解现象学探究中写作的作用，我们恐怕要回到德里达的《言语与现象》（1973）。在这本书中，他探讨了胡塞尔现象学中符号的问题。德里达质疑了"现世物体（worldly objects）与意向对象（intentional objects）之间的关系"这一胡塞尔式的概念，这个概念是使现象学探究得以可能的关键假设。他同时质疑了原初印象意识具有前反思性质的意义，质疑它滞留和预持的维度。他还怀疑是不是真的存在简单纯粹经验，可以作为符号意义和意识行为的源泉或基础，为意向对象提供通道。

当然，认为质性研究者致力于描述"呈现在意识中的事物""生活经验""意向对象""事物本身"，都是非常幼稚的。当我们开始追问这些概念的真正含义时，它们便开始分崩离析。比如，胡塞尔著名的箴言"回到事物本身"（Husserl，1981，p.196）通常被诠释为反对建构和仓促概念化、系统化，强调返回直接材料向我们的意识呈现时的面貌。但是问题在于，研究材料（data）并不是全然清晰和直接给予的，也绝不是对所谓意向对象进行清楚明白的描述。实际上，在胡塞尔（Husserl，1991）对原初印象意识不可分解的领域所进行的论述中，令人信服之处在于他的论述意识到自我是内在时间意识的效用，还在于他触及了所有现象学反思的核心：此刻这一时刻（the moment of the now）的神秘属性。

如果原初印象意识永远不会被经验的话，它如何成为被给予经验的意义源头？列维纳斯（Levinas，1978）已经谈到，那些自身呈现在意识中的事物，总是被撤离自身而缺席的事物的他者性所萦绕，因此在意识中呈现自身的过程总是预先设定了"他者化"的过程。因此，在《言语与现象》中，德里达（Derrida，1973）坚持说，缺席的滞留痕迹给予我们对此刻的经验，给予我们认知到自我当下存在的经验。滞留痕迹的缺席，总是先于被给予到意识当中的事物的在场，因而深刻地构成了这种在场。

现象学写作并不是分析给予意识或经验的原始资料，然后再将分析结果"写下来"。这是为什么呢？因为原始资料并不是清楚明白地被"给予"的。在每个原初的、前反思的当下，那些看似被给予的、看似在场的，总是和那些永远捕获着我们的"非当下"（not now）缠绕。同时，那些看似被给予的、看似在场的事物，也和缺席、空缺纠缠。这样的缺席、空缺，在我们所谓回到其本身的所有事物中，都可以找寻到痕迹：意识的行为或生活经验的原初性。

并且，所谓意向对象的本质或本质结构，从根本上说是语言的本质或本质结构。正如梅洛－庞蒂（Merleau-Ponty，1962）被广泛引用的《知觉现象学》前言所说，"语言使本质以分离的状态存在，并且让这种分离的状态再明显不过。因为通过语言，本质仍然固守在意识的前述谓的生命中"（Merleau-Ponty，1962，p. xvii）。现象学反思的经验很大程度上（虽然并非全部）是语言的经验，因此正如布朗肖引人深思的书中指出的，前反思生活的现象学反思最好要描述为写作经验。但是布朗肖更关心写作经验本身，而不是这一经验的产物。写作创造了独特并独立的世界，这便是从日常现实中脱离出来的文本空间。在写作的经验中，词语丢失了它们习以为常的意义。

我们都知道，写作可以通过文字让某事或某人消失和再现。爱情将俄耳甫斯引向黑暗，文本的黑暗。他强烈地渴望看到爱情的本质，感受到爱情的形状，但是对于凡人来说，这样的窥探是不被允许的。在另一端存在着的事物，从属于浩瀚的沉默，从属于非人类的"夜晚"，因此俄耳甫斯的凝视表现了一种永远得不到满足的欲望：想要看到某物真正的在场。但每位作者所试图冲破的正是这黑暗的面纱。这便是写作的真正属性："写作始于俄耳甫斯的凝视"（Blanchot，1981，p.104），人们只有进入到凝视所影响的空间中才能开始写作，或者说，是凝视开启了写作的空间。"当俄耳甫斯走向欧律狄刻，是艺术的力量让黑夜开启。"（Blanchot，1981，p.99）因此布朗肖谈到，我们可以把这段神话解读为写作的事件。俄耳甫斯是诗人，通过文字，努力捕捉自己迷恋于欧律狄刻的爱情。

作者用文字揭示真理，而真理仿佛就在所及范围之内。第一眼看去，似乎是俄耳甫斯的文字（他的诗歌）让他的爱人出现。也就是说，他的文字和歌曲让她可见。正如布朗肖所讲述的，在黑暗的地府，俄耳甫斯依稀辨别出自己爱人的形象，但这还不够。他想看得更清楚。他必须把她从夜晚的黑暗带回白日的光明。对文字所感召出来的形象，俄耳甫斯并不满意。他想要直接的在场——不被文字或者其他手段所介入的在场。这段描述不可思议地契合了所有现象学家的雄心壮志。现象学家被这样一种欲望所驱使，他们想接近那不断在手掌间滑过的事物——人类的某一真相。现象学作者的目标是抓住赤裸裸的此刻（now），把它从刚才（just now）中解救出来。

369

写作创造属于不可再现（表象）的空间

不难想象，布朗肖（Blanchot，1981）对现象学写作令人回味无穷的描绘，得到了当代法国哲学家如德里达（Derrida，1978）和西苏（Cixous，1997）的回应。作者想要努力看见的，是赤裸裸的此刻。用西苏的话来说："诗性是最真的。赤裸裸的生活是最真的。我要努力让自己'看见'赤裸裸的世界。"（Cixous，1997，p.3）而要看到毫无遮蔽的此刻，我们就要进入存在的边缘空间，进入阴间和白日世界之间的曙光中。此刻这个时刻，不断变成过去；一旦我们尝试去把握此刻，它便不再是此刻。这就是为什么俄耳甫斯一定要在这个人类理解被蒸发成虚无（无物）、知识奄奄一息的空间中转过身来。在这里——日常现实的另一端，"事物"存在着，不需要真正的存在状态，在它们被附上名字之前，在它们还不曾隐藏到文字后面时，它们仿佛比真实还要更真实。

俄耳甫斯不可避免地打破了"转身"的禁令，因为在迈向阴影的第一步中，他便已逾越这禁令。认识到这一点，让我们感到一路上俄耳甫斯其实早就转向了欧律狄刻：在她仍然不可见的时候，他就看见了她。在她作为一个阴影缺席时，在被遮蔽的在场中，他触摸着她的完美无缺。遮蔽的在场并没有掩盖她的缺席，遮蔽的在场是她永远缺席的在场。如果他没有看向她，他不会吸引她走向他，毫无疑问，她不在那里，但是在他的一瞥中，他自己也是缺席的。她是死的，他也没有活着。他的死亡，并不伴随世界的死寂，不是指向休憩、静谧和结局的死亡，而是伴随着另外一种死亡——无限的死亡，证明着结局并不存在的死亡。

布朗肖认为俄耳甫斯转了两次：第一次转身在写作本身中实现——充满灵感的欲望促使他滑落在夜色的黑暗中，伸手去够到他写作欧律狄刻的起源"点"。在这里，欧律狄刻的阴影拉扯着他。并且在这种写作中，他达到了"唯有穿梭在写作运动打开的空间中才能达到的瞬间"（Blanchot，1981，p.104）。语言打开自身、超越自身成为图像——意义在这图像中诉说着、回响着。这个开放的空间实现了第二次转身，在向欧律狄刻投以禁忌的凝视时，欧律狄刻在她的缺席中在场，必须通过写作才能够变得可见和可触摸。而这个雄心壮志是注定要失败的。欧律狄刻，爱的起源，在消失中出现，在出现时消失。写作被粉碎，再一次，他失去了欧律狄刻。

俄耳甫斯转身凝视着欧律狄刻。他看到了什么呢？在作者好奇的凝视中，也许希望能瞥见赤裸裸的真理，看透人类构建的虚饰。这可能吗？如果可能，如何可能？这样的领域真的存在吗？哲学上的许多解释让我们回答"是"或者"不是"。然而在写作本身的经验中，在文本虚拟的现实中，作者能找到答案。在那里可以遭遇人类语言的堡垒，也可以透过其裂缝短暂地凝视。

写作创造了一个空间，这个空间从属于不可言说的领域。作者的空间由事物终极的不可理解性所统治，被事物莫测的无限性和存在本身神秘的轰鸣所占据。但是在这匆匆的凝视中，我们同时也感受到自身存在的脆弱，感受到我们的死亡。德里达（Derrida，1995b）说，死亡比其他任何事物都更根本地从属于我们。为了在欧律狄刻的不可见性中看见她，为了让她在无限的不朽中可见，俄耳甫斯进入了黑暗，因而在匆匆一瞥中，他看见也没有看见，触摸也没有触摸，听到也没有听到他所爱的人，而她仍然属于神秘莫测的夜晚。

写作的难题在于，人们必须把一个现象带到现场，而这个现象只能被文字再现（represent）——可是游离于所有的再现形式之外。因此，我们恐怕要区别呈现的（直接的）模式和再现的（间接的）模式。呈现的模式是直接的、即时的，再现的模式是间接的、中介的。作者如果想要让他注视下的物体在场，就要应对呈现（直接"看见"和理解）和再现（文字介入的理解）之间的张力。这样的写作，首先是种"阅读，这种阅读从现在起将被理解为即刻可见的在场的视野，也就是说明白易懂（intelligible）"，布朗肖说（Blanchot，1993，p.422）。语言用自身代替它自己想要描述的现象。从这种意义上说，语言再 - 现（re-present）了那些已经不在场的，同时，缺席是在场的标志，是非 - 缺席（non-absent）的缺席。矛盾的是，想把某物带入现场，人们在写作中就不应凭借言语和概念的帮助，不应依靠再现的话语——可是受俄耳甫斯的凝视所驱使，我们不得不写作。

俄耳甫斯是作者，欧律狄刻则是作者通过作品尝试寻找和描述的隐秘意义（具有女性特质的意义？）。因此，俄耳甫斯的凝视和他所见到的欧律狄刻的形象，是写作的基本行动。作者的孤影离开了平日阳光下的日常现实，他的目光创造了文本空间，然后他进入这个文本空间并栖居其中，带回那不可能被带回的事物：欲望的对象。作者的难题在于，俄耳甫斯的凝视同时不知不觉地破坏了自身想要营救的事物。在这种意义上说，每一个词扼杀了自身试图再现的对象，每一个词造成了其再现对象的死亡。词变成了对象的替代品。

就连最为微妙的诗歌都破坏了它所命名的现象。正因如此，布朗肖认为完美无缺的书应该空无一字。完美的书应该是"空白的"，因为它要保护那些一旦用语言再现就会摧毁的东西（参见 Nordholt，1997；Blanchot，1981，pp. 145-160）。可能这就是为什么写作会如此艰难。作者默会地觉察，语言消灭着或"扼杀"了它所触碰的东西。这就产生了一种可怕的认识：我们没什么可说。没什么可说，抑或真正"说"点什么是不可能的。作者希望能够在文字中捕捉意义，但是文字不断替代自身、破坏它们想要唤出的事物。没有"事物"——只有想象的再创造，无物。

在原始经验的层面不存在"事物"，只有夜晚的黑暗，从中人类的洞见和意义得以产生。在文本的空间中，我们见证意义的出生和死亡——或者意义在黑暗中变得不可辨识。这样的黑暗也许可以体验成存在本身可畏的迷惑，吸引着作者，但是却不能被书写下来："有"或者"本有"（il-y-a）。列维纳斯（Levinas，1996）对 il-y-a 做了这样的描述：当我们手握一只空海螺，放在自己的耳边时，我们听到一种声音。il-y-a 就类似于这种声音。空荡仿佛就是漫溢，静谧仿佛可以低吟，我们仿佛听到"真实"发出沉默的低语。

写作的艰难具有这俄耳甫斯式的图像——在黑暗中写作——而这似乎对于哲学家来说过于陈腐，因为哲学家早就在智力上认识到了这一点；对于非哲学家来说，这似乎又非常荒谬，因为非哲学家早就将这样的图像与自己无法接受的知识相联系。但这难道不是作者所经历的吗？作为现象学家，我们难道不应该从中提炼出实际结论吗？无论我们推敲人类思虑当中影响最深远的事物还是最无关紧要的事物，现象学写作这一行动本身，如果用最严肃的态度来对待，便可以让作者对峙黑暗，对峙神秘的现象性。

这就是在文本空间中栖居的含义，对意义的渴望把我们引向这空间之中。"写作这一行动始于俄耳甫斯的凝视。"布朗肖说（Blanchot，1981，p.104），但是要想写作，人必须已经被欲望所占据，想要沉沦于夜晚黑幕之中，"写作的运动打开一个空间，人们只有通过这个空间才能达到一个瞬间，而唯有在这个瞬间，人们才能写作。"（Blanchot，1981，p.104）与俄耳甫斯一样，作者必须进入黑暗，进入文本的空间，怀揣着希望，唯愿能看见那些不可见的，听到那些不可听的，触碰那些不可碰的。就像罗伯特·佛罗斯特（Robert Frost）曾经说的"落入黑暗之中"。黑暗就是方法（参见 van Mamen，2001）。[1]

虽然方法（普遍意义上的方向、程序或取向）在实际上能够提供导引，但是谁也不能依靠它。因此德里达认为，要区分坏的

---

[1] 范梅南于 2001 年编写了一本书，名为《在黑暗中写作》(Writing in the Dark)。该书收集了部分参加"现象学研究和写作"博士研讨会的同学们写就的优秀习作。除了为该书作序以及为每篇习作写引言之外，在书的最后，范梅南还用一章的篇幅，以感召的文字探讨现象学写作的特点。在当时他便使用了黑暗中写作的意象和俄耳甫斯的神话。该书目前没有中文版。——译者

写作（hypomnesis，短记忆，又指低级或次等的思考）和好的写作（anamnesis，长记忆，又指高级或用心的思考）（Derrida and Ferraris，2001）。"好的写作常常被坏的写作所萦绕（hanté）。"德里达说（Derrida and Ferraris，2001，p.8）。写作的好与坏之间的区分在于是否依赖方法，不是依赖方法本身，而是依赖被当成处方、策略、程序和技艺的方法。德里达指出，在柏拉图以及海德格尔身上，我们已经可以找到好的写作与坏的写作之间的区分，短记忆和长记忆之间的区分，区别什么是单纯的哲学技艺，什么是作为写作形式的诗性思考。

对于海德格尔来说，真正的现象学方法不是去追随一条道路，而是创造自己的道路："当一个方法是真诚的，而且提供了通向对象的途径时，那么遵循这个方法造成的进展……将不可避免地使得这个方法本身过时。"（Heidegger，1982，p.328）毕竟，当我们试图反思某些现象意义的原初维度时，我们会摒弃单一的反思模式，转向一些超出设想的反思方法。海德格尔还说，即使在哲学传统中，局限于特定的现象学研究方法都很困难，"不存在唯一的现象学，即使存在，它也不可能仅仅是一种哲学技术"（Heidegger，1982，p.328）。

正因如此，写作的质性方法通常很难，因为它要求研究者具有敏感的诠释技巧和创造的天分。现象学方法尤其具有挑战性，因为我们可以说它的探究方法需要不断推陈出新，永远不能简化为一套策略或者研究技术。从方法论的角度上看，每个观念的假设都要被检验，甚至包括"方法"这个观念本身。

人们也许会认为，伟大哲学家的文本总自相矛盾，从而可以忽略关于方法的忠告。海德格尔（Heidegger，1982）警告我们要杜绝对方法的依赖，但是和其他思想家一起，他把现象学描述为一种方法。现象学"只能通过现象学方法才能实现……每个人都要尽力发展自己的现象学方法"，梅洛－庞蒂如是说（Merleau-Ponty，1962，p.viii）。我们如何调和这些看似矛盾的论点？海德格尔似乎是在警示我们不能把现象学简化成一套哲学策略或技术，梅洛－

庞蒂似乎将方法理解成为态度而不是技术："现象学可以作为思考的方式和风格得到践行、进行界定。"（Merleau-Ponty，1962，p. viii）

实际上，我们应该将现象学的基本方法看作某种态度。同时，把它看作一种特别的实践，实践着对世界万物关心的意识。关心，伴随我们与事物的共存，而不是伴随我们对事物的概念界定和理论解释。"做现象学"，是练习加括号的反思性方法，或者说是"悬置"那些阻止我们和具体生活现实做直接接触的妨碍物（Merleau-Ponty，1962）。

根据德里达的观点（Derrida and Ferraris，2001），虽然我们可以将所有具有普遍哲学性质的反思都看作某种形式的写作，但是德里达并不是在隐喻的意义上来探讨写作行为的。费拉里斯、德里达围绕写作的引介和地位所进行的讨论，对于现象学思考的意义，不仅是说写作在现象学中有地位，更是说现象学反思首先就是一种写作的经验。

这里，写作不需要被看成向谁写或为谁而写。德里达说："我自己写作的经验让我发觉，人们并不总是怀着被理解的欲望而写——同时还有一种悖论式的、不希望被理解的欲望。"（Derrida and Ferraris，2001，p. 30）人不是为了被理解而写作。一个人写作，是因为他理解了存在。

写作欲望

到目前为止，读者们也许会觉得现象学研究和写作，能够真正阐释某物意义的写作是那些天赋异禀的作者和学者的特权。做现象学不仅仅是为了澄清意义，更是为了让意义在经验中彰显其意义性。当意义应和了我们的存在，和我们接触、触碰时，意义性才能发生。如果写作的目的是触碰那些有意义的事物，从而被它们所触碰，那么写作就根本不是一种特权。

我自己也只是学习现象学写作的学生，而且永远都只是一名学生。我已经和写作的难题达成了和解——不，这么说还不恰当。

写作不是我们用来制造和平的事物。我们要带着不确定的希望，学会去服从它的命令：去满足真正要"写"些什么的欲望，看到我们希望写下来的事物不被遮掩的状态。我们当然知道写作的承诺并不可能实现。赤裸的真相并不存在，理解的裸露真实并不可能。如同俄耳甫斯一般，我们渴望那不能兑现的承诺：去真正地写些什么。

当然，踌躇的学生在开始写作的时候需要鼓励。而教育性的鼓励有时有必要做出虚假的承诺：承诺实现清晰的视野是可能的。在帮助学生写作的时候，实际上存在着一个奇怪的矛盾。学生们希望学习和练习写作，从而创造出清楚明了的事物。他们也许会时常发现自己处在迅速的上升状态中，达到了凝视的视角。从现象学的角度看，这个过程可以被描述为真正地"看见"了什么，体验到感知某物的感觉。通常在这时，学生不再需要进一步鼓励。实际上外部的鼓励现在可以被抛弃和忽略。从此写作由一种奇怪的事物所激发着：我们可以说这是一种欲望。我在自己的学生们身上反复见证着这个过程。

不再需要鼓励，因为真正的写作欲望已经点燃。写作就是被欲望所驱使。也许就是在这样的时刻，一个人才变成了真正的作者，被驱动着穿越文本空间，寻找另一次的上升——凝视的视角。但就在那时，也只有在那时，写作真正的属性才开始显现：这根本不是一种视角。没什么可看的。人们认识到根本不存在耸立的高台让我们抵达，让我们在那里以海德格尔式的澄明来把握事物。人们渴望洞见的光明，但最后却要面对夜晚的黑暗。对凝视进行的模仿，最后只产生不可模仿、不可言喻的事物。被超越所包围时，下降的运动同时也许会捕捉人们，使之迷惑，陷入俄耳甫斯式的欲望深渊。因此，写作的原始动机始于虚假的承诺。可是人们需要相信这个承诺；因为唯有信任，才能将存在引入边缘；在边缘之上，人才能乘着（也许）不能实现却美轮美奂的航班起飞，最终，开始写作。

第十四章
草稿的写作

1979 年，在荷兰一座风景如画的中世纪小镇，我在现象学家范登伯格的家中拜访，向他请教写作实践的问题。让我吃惊的是，他拉开了一个抽屉，里面全是大号索引卡。他向我展示在 15 厘米乘 20 厘米的索引卡上手写下一些片段，然后整理成书的段落，最后在打字机上打下来（那时候还没有个人电脑）。他解释自己怎么通过草稿来写作，怎么把新想法不断记录下来，重写成为较长的段落。我吃惊也许是因为这也是我从大学以来的写作方法。我曾经想象，像范登伯格这样成功的著名作家和现象学家会在打字机上飞快敲击，直接创作文章。无论如何，拜访范登伯格的私人学习写作空间让我受益匪浅，让我从此坚信草稿写作的方法。如果研究生们想学习和练习现象学研究，我便会传授给他们这个方法。

我不是说草稿写作有一步一步的程序，也不是说在文字编辑已经如此便捷的时代，我们仍然要使用索引卡片。但我相信练习现象学草稿写作会有助于灌注（instill）和内化现象学的性格和作者的机智，以现象学的方式诠释、看见、感觉、反思生活经验。人们有时会把现象学分析错误地看作形成主题或建构一套看上去像主题、结论或总结的"结果"，也就是说形成主题是分析的全部内容。如果读者熟悉了前面几章的内容就会认识到，通过反思形成主题当然重要，但是这仅仅是开始：真正的分析，在对现象学文本的反思性写作和重写当中发生。

我们如何练习现象学写作？

下面的草稿练习也许会对练习研究文章写作、写论文著作或开展研究大有裨益。每项草稿练习既适用于独立题目，也适用于几个不同的题目，同时也适用于现象学文献和其他人文科学、虚构文学文献中的题目。草稿练习并不是线性程序，它需要被看作一层扣一层的反思能力和写作能力的训练。

接下来我将要介绍一些能帮助现象学研究的草稿写作训练，我曾在课堂和工作坊上跟学生们一起做过这些练习。许多研究论文（例如 van Mamen，2001）从这样的写作练习中诞生。每种写作练习包含特殊的发问方式和关注点。比如，第一稿的目的在于向读者灌注对问题的惊奇，包含了启发式写作，关注现象学问题的性质。尽管训练包含七种不同的草稿，但这并不意味着它们是七个彼此顺序相连的阶段或步骤。首先，这些草稿并不是步骤；其次，我们无法对不同写作训练进行泾渭分明的区分。这些训练的目的在于让每一稿都不断地循环往复，不断增加复杂的层次和方向。每一篇草稿在风格和写作意图上都和其他稿相互交织。与其说这是解释学循环，不如说是围绕有关现象学问题的不同方向不断进行旋绕，不断让作者延伸自我。只要试图让段落充满惊奇，就会多少推动现象学研究 – 写作项目的进行。

- 启发式写作——问题是什么？（灌注惊奇）
- 经验式写作——经验是什么？（推却理论）
- 主题式写作——意义维度是什么？（现象学主题凝练）
- 洞见培养式写作——有什么相关的学术思想和文本？（培养洞见）
- 感召式写作——有什么感召式的文字、词语、事例？（呼唤）

- 诠释式写作——开端性的意义是什么？（更深层次的敏感性）

启发式草稿写作

启发式草稿写作很有挑战性，因为通过单独一段或几段来唤出读者的惊奇，实在很困难。甚至连从事写作的研究者，都还没有完全内化自己现象学问题的真正神秘而深刻的属性。并且讽刺的是，一个即使看上去普普通通、平常浅显的题目也会隐藏着深刻的问题；几乎任何题目都可以让我们真正惊奇于人类存在的意义。接下来的每一稿，都必须小心翼翼地呵护第一稿中充满疑问的惊奇。在不断丰满的现象学文本中，要始终徘徊和回荡着启发式问题惊奇的基调。

经验式草稿写作

经验式草稿意味着，在文本中要有意识地插入生活经验材料。在写作的开始，将关注点放在能体现所研究现象的轶事、事例、片段、图像或故事上。这些经验材料接下来应该按照相关性进行扩展和编辑。经验性事例要能够引起共鸣、引人入胜。

主题式草稿写作

主题式草稿写作和经验式写作是同步进行的。主题，是在对具体或经验材料的主题分析中识别出来的简洁词组或短语。这些短语也和还原时可变和恒定的主题相对应。主题陈述通常被转换为叙述性的段落。写作要聚焦在还原时出现的关键而尽量原创的主题见解上。在写作的过程中，我们要通过理智和敏感来探索恒定的意义和引人共鸣的本质维度。本质性的短语能捕获现象的核心或实质，可以当成标题、子标题或中心句等。

洞见培养式草稿写作

洞见培养式草稿写作是引用其他学术的现象学文本或相关文

本资料进行反思。从隐喻的意义上阅读相关文献有可能帮助培养洞见。比如，德莱弗斯兄弟参考了科尔伯格（Lawrence Kohlberg）的道德发展阶段（从服从与惩罚定向到普遍伦理原则），发展出他们的从新手（遵从规则）到专家（遵循直觉）的技能发展的现象学。相似地，在探讨写作的现象学时，布朗肖诠释了俄耳甫斯神话，而随后马里翁也参考了布朗肖的诠释来诠释俄耳甫斯的凝视，探讨绘画作为不可见的现象学。

感召式草稿写作

感召式草稿写作，就要机智地留心语言的感召属性。感召性是整个现象学反思性写作过程的一部分。写作过程中诗性的成分，也许能带来语言的非意向性的意义，这些意义恐怕很难被概念性和理性的文本所把握。具有鲜活现象学意味的轶事、事例、片段和从文学、艺术、神话中选取的材料，可以充满机智地巧妙地与文本整合在一起。感召式写作努力想要使文本震撼人心，从而对我们整个的身心存在诉说。

开端式草稿写作

378

开端式草稿写作阐明关于人类生存状态和生活意义的深刻洞见，这洞见也许是思辨的，也许会令人吃惊。例如，萨特在他的责任和自由现象学中得出了一个解释性结论，所有人都"被宣判为自由"。在《病床心理学》中，范登伯格提问说，谁病得更厉害？是卧病在床的人，还是所谓的健康人？他书中的这一段值得我们借鉴：

> 谁更多地错过了生活？是健康的人，当他把自己抛入追求虚荣的洪流中，要更好的房子、更贵的车，往更远的地方度假，最后是对金钱的疯狂欲求；当他把自己抛进以"事业"为光荣名义的洪流中？还是病床上的人，让她的房间、窗台、

窗口和景色变成了这样一个世界，充满了意义非凡而令人动容的事件？从完全不同的角度上说，到底谁是病人？躯体的病患，也许可以滋养心智的健康，而这恰恰是身体健康之人所最容易忽略的。没有疾病的存在，便缺少了生活的动力，就像如果没有精神上的问题，人会完全堕入虚无。也许，没有什么比完全的健康更能保证真正病态的生活。（van den Berg，1966，p.73）

凭我指导研究生进行现象学写作的经验，这些草稿写作的不同成分也许要有一定的顺序：例如，可以尝试开始写短的段落，吸引读者对所研究的现象生发出惊奇的态度。但在研究的过程中，惊奇感要贯串于整个现象学文本。草稿写作并不是机械性的过程——它要求创造的逻辑感和演化的文字机智。

题外涉足：草稿写作"学生如何体验自己的名字？"

1.在第一段中，草稿要吸引读者走进对学生名字经验的惊奇感中
每天，在学校和教室里，老师叫住学生，叫他们的名字，叫对，叫错，或者把他们的名字叫混，有时完全忘了学生的名字。作为成人，我们也许体验过命名、误命名，或忘记名字。我们也许听过关于自己名字的故事。我们的名字，也许在我们出生之前就已经选好；或者父母等到见我们第一面后，才决定用哪个名字。家里的女孩也许用妈妈的名字，家里的男孩也许跟随父亲的名字，或者直到成人以前，我们都没有永久的、正式的名字。我们当中的有些人也许还有外号或者绰号——或者是尊称，或者是蔑称；有的源自幽默，有的出于喜爱。命名，看上去似乎是一件平常的事，但是却颇为特别。当一个人给别人或它物起名字的时候，发生着什么？德里达问（Derrida，1995a）。人们给予着什么？人们没有提供任何事物。人们送出了无物。但是有些事情渐渐地发生。命名

将某物带入了存在。可什么东西被命名了？我们和我们的名字是同时产生吗？或者我们大于自己的名字？这又如何可能呢？命名这一活动真是个奇妙的现象。

2.在接下来的几段中，草稿的关注点在于获得经验性的描述

令人奇怪的是，学生名字经验中的教育意义实际上还没有受到过任何关注。学生是如何体验别人呼唤自己的名字的？对他们来说，自己的名字被叫错会怎么样？别人以外号来称呼又会怎么样？抑或，他们会体验到自己的名字被忘记了吗？教师们知道，忘记一个学生的名字会有多么尴尬：

> 新学期刚刚开始，在一群新生和家长的包围中，我突然听到一个声音从背后传来，叫着我的名字。我转过身，看到一位自己以前的学生，可是我忘了他的名字叫什么。这怎么可能呢？我两年前教的他，在初中班，一周教 12 个小时啊。只是看他的脸，我就能够回忆起他的性格和他当时的表现，但就是回忆不起他的名字。可我马上以微笑回应，颇具感染力地说："嗨！"我碰他的胳膊，告诉他见到他我真的很高兴。然后我紧接着问一些关于他生活的问题："你怎么样？你现在在做什么？你喜欢自己的新高中吗？你有其他同学的什么消息吗？他们怎么样？"他回答着我的问题，但是我几乎听不见他回答。在内心中，我忙着想他的名字。我笑得有点太过真诚，仿佛在掩盖心虚。表面上，我表现出非常友好的仪态，但是内心中，我感觉举步维艰，尴尬至极。

> ……托尼！突然，这个名字意外地跳了出来。从哪里出来的，我完全不知道——托尼，就是这个名字。真是太高兴了。真是解脱啊！我感觉自己脸上绽放着心满意足的微笑。我用随意的语气，仿佛从一开始就知道他的名字一样，我说："对啊，托尼"，重新进入这段对话，而这时，在想起托尼的名字后，我全身心投入着，准备着，去讨论更多共同的课堂

回忆。（JA，9 年级教师）

我们不能责怪教师有时在学生名字上犯错。教学实践本身是即兴发挥的。在不断变动的情景中，教师必须马上行动（互动），他们要在快节奏的环境中引导学生，在微妙情境中做决定，但是学生的反应和行为往往不可预测。因此不难想象，教师免不了对学生的名字产生疏忽。有时学生的名字对老师来说是个难题。

380　　　　前几堂课上课前，我提醒自己要看花名册，保证记住所有学生的名字。我练习叫学生的名字，尽量把名字和人对号入座。没过多久，我对一些学生了解更深，所以就不用刻意记他们的名字了。我一下子就掌握了他们的名字。而对于另一些学生，我要在短时间内记住他们的名字可能有些困难。

比如在 9 年级班里，有个男孩的哥哥去年在我班上，他长得很像他哥哥。开学初的几周，我不断弄混，用哥哥唐的名字来称呼弟弟蒂姆。有一天，这种情况再次发生，虽然蒂姆什么也没说，但是我看得出来他明显很厌恶。因此我主动当众向他道歉。我这么做当然很尴尬，但我的忏悔也算作自我惩罚吧。我觉得有必要让蒂姆知道他对我来说很重要。我告诉他，一直把他兄弟俩的名字弄混，我觉得很抱歉，我欣赏他，不为别的，只因他是他自己。（JA，9 年级教师）

我们需要说明，到此为止，这些有关学生名字的经验是由教师来讲述的。而学生自己会怎么描述这些经验呢？如果问学生他们关于名字的体验，他们也许会说："老师知道你是谁很重要。""都三个月了，可是科学老师还是不知道我叫什么！""我不喜欢老师用姓来称呼我。"这些评论表明，名字的经验对学生来说很重要，如果我们创造机会，他们会挖掘这些经验。

而我们仍然要区分教师回忆的名字经验和学生自己对名字经

验的描述。现象学探究需要经验性的叙述作为反思的材料。本着这一目的，我们要鼓励学生描述自己的经验时刻：

- 你能回忆起关于名字的体验吗？回忆当老师用你的名字叫你时，或用错的名字叫你时——或当老师好像在避免用名字来称呼你时，发生了什么。
- 讲述实际上发生了什么，不要给出解释或者意见。只是按照实际经历的情况描述你的体验。
- 回想老师说了什么，你说了什么，别人又说了什么。
- 老师是怎么表现的，怎么说话的，用了怎样的体态语言？和老师互动的感觉或气氛是什么？你说了什么，想到了什么，感觉到了什么，做了什么？
- （这个事件可以是近期发生的，也可以发生在很多年以前。不要使用学生和老师的真名。）

对研究者来说，学生以亲历的方式把自己的经验写下来，有助于我们走进课堂生活的主观方面。生活经验研究（正如上文的轶事），是研究者凭借书面化的经验来检验其中的意义、考察相关的现象，比如名字的经验。随后研究者可以对轶事进行反思，可以寻找那些第一次读的时候不可见的，希望更深刻地理解情境，更深刻地理解这一事件对学生的意义。

在前一个故事中，教师也许从来没有反思过学生名字经验的现象学意义（在这里是被叫错名字），但是这位教师的确认识到这件事并不是无关紧要的。这位教师感觉到，弄错学生和他哥哥的名字，会多多少少影响或破坏他的自我感和自我认同感——他是谁，他自己的权利。然而，我们还是不能假设自己知道某个学生怎么体验自己的名字和兄弟姐妹的名字被弄混。下面一名学生这样描述自己的名字和哥哥的名字被弄混：

"蒂姆·迪尔伯恩？""到。"终于到了开学第一天。拉尔森夫人在点名。我的哥哥，本，在这个学校上了三年学。他可是给我做了个榜样。让我们姑且说，他算不上是老师们最喜欢的那类学生吧。在本的学生时代，走廊里的板凳对他可一点也不陌生。在这个九月的清晨，我见到的每一位老师都对本做出了这样的回忆。当我说自己的名字是蒂姆·迪尔伯恩的时候，我能够看到他们眼中闪烁着希望的光芒。希望我跟我哥哥不一样。"迪尔伯恩，本·迪尔伯恩的'迪尔伯恩'？""对。"我回答。"哦……我知道了。"拉尔森夫人压低了声音，毫无疑问，是在回忆几年前和本打过的交道。每个人都看向我。仅仅因为拉尔森夫人脸上不满的表情和尴尬的气氛，整个班都意识到本有可能是什么样的学生。我瞟了她一眼。看上去她好像完全记得本是什么样的。我尽量把头放低，我能想象，在这个学校，我接下来这几年的生活会是怎样。（TT）

拉尔森夫人对本和蒂姆名字建立的联系，如何影响师生关系的可能性？当班上其他学生看到拉尔森夫人脸上不满的表情，然后全都望向蒂姆时，蒂姆和其他同学之间关系的可能性又是什么？如果教师不能正确地使用学生的名字，那学生也许会经历一些直接的想法和强烈的感觉。

我们在这里的讨论，并不是批评教师没有正确称呼学生的名字，而是想让读者注意到学生的经验，注意到作为学生来说，某个经验会是怎样的。在师生关系中，就连大学生都对名字的混淆感到很敏感。

上学期，我上桑托斯教授的哲学课。我很喜欢他。他似乎也很喜欢我，因为他总是叫我，而且会说："弗里达刚才说的观点很不错……"或者"弗里达，你是怎么看这个问题的？"等等。

当桑托斯教授用"弗里达"这个名字称呼我的时候，有些朋友会发笑。但是我并不怎么介意，因为他看上去很尊重我。学期末书面考试后，我走上前跟他说："我真的很喜欢你的课，我觉得你是一位出色的老师。从你的哲学课上，我学到了很多。但是，我想让你知道，我的名字不是弗里达。我的名字是简。"

在我说感谢的话时，桑托斯教授一直在微笑，但是这时他好像吃了一惊："哦，不会吧！太不好意思了！"但是我说："没关系——你也不是全错。我的全名是简·弗里德曼。"（JF）

从任何经验尤其是对认可和名字的经验中，我们可以学到（渐渐了解？），我们在经历经验的同时为经验命名，其实我们已经塑造了经验的前反思性质。但是我们必须反思自己所经历的经验中可能的意义，承担这不可能完成的任务。

我的中文名字，令狐惠霞，对加拿大人来说很难发音。有一堂课上，老师鼓励学生参与课堂讨论的能力令人印象深刻。虽然是大课，但是老师仍然很快记住每个人的名字。他总是用名字称呼学生。但是他从来没有提起过我的名字。我并不觉得自己有多么在意。但是有一天，他讨论每个小组的课题，叫每个人的名字，好像在以这种方式来认可每个成员的努力。我发现自己在等待着自己的名字被提到。最后，轮到我们了。我们组有四个人。我聚精会神地看着老师。他看着我们，很快叫出了我们组前两个人的名字。然后，我发现他迟疑了一下，几乎悄无声息地跳过了我的名字，直接叫第四个人。我被无视了。我感到有些惊讶。

我没想到自己会这么失望。我很尴尬。我对自己的中文名字格外敏感，这让我感到痛苦，因为这个名字让我成为我自己。我发觉自己变得无名，变成了课堂上无足轻重的人。（HLH）

3. 主题草稿写作需要通过反思经验性描述来完成

我们不能轻视在学校生活中把人的名字弄混、弄错、忘记的经验（日常生活中也如是），这些经验持续不断地造成尴尬、伤害和痛苦。虽然尴尬本身也许没有多少要紧，但尴尬的确提醒着我们思考一个问题：在师生相遇时，当学生的名字被弄错或者忘记，什么东西处在危险之中？在决定有关名字经验的（可变和不可变的）主题时，从整体上看待每个经验描述，一行接一行地读，然后问：这一句表明了命名经验的什么？我们有可能得出以下这些主题：

- 名字为我们提供了身份。
- 名字连接着我们，建立关系、熟悉感和亲近感。
- 正确使用某人的名字，能够把一个人带入亲密和归属的氛围中。
- 我们也许会把别人忘记自己的名字体验成为否定的、拒绝的、丢失的人际关系。
- 见面时如果忘记了对方名字，我们的相遇就会充满距离感而不是亲密感。
- 我们也许会用很多方法来掩饰自己忘记了某人的名字。
- 补救的一种方式是表现出格外友好、熟悉和"亲密"的行为。
- 从字面上来理解，我们不能叫出一个名字时，就没有办法"呼唤"这个人。
- 想起一个人的名字，意味着一个人的身份得到确认和认同。
- 如果某人忘了我的名字，我可能会觉得自己不值得被记住。

383

这些主题只是一些抽象概括，需要被穿插在文本的质料当中。

在上个故事里，作为一名中学生的惠霞，对自己的经验有令人惊叹的见解。而我们要认识到，这种认识之所以可能，是因为她通过语言（在这里是书面语言）表述了自己的经验。她似乎发现，从群体角度上看，她的中国名字给予了自己一定的身份，但她同时也认识到，在个人的层面她的名字指向了她的独一性、她的独特性。一方面，教师没有通过名字来囊括她，是对她独特性的否定。教师忘记和跳过她的名字，她感觉不到认同和识别——她感觉自己无名。另一方面，在教师忘记她的名字时，她的文化身份同样面临着危险。惠霞似乎受到了伤害，这种伤害和两个层面的主体性被否定有关：她的普遍主体性（作为一个中国人）和她的独特主体性（作为她独特的自己）。

当我们仔细（一行接一行）地阅读简和惠霞的故事时，我们也许会意识到一个悖论：如果我们不知道一个人的名字，我们不会真正了解这个人。向教师指出他们弄错名字或者忘记名字时，简和惠霞似乎都感到一丝迟疑。也许她们凭直觉感到，忘记别人的名字可能会是一件尴尬的事。当然，想要记住所有我们曾经谋面的人的名字，也是颇具挑战的。当某人用名字称呼我们（尤其是当这个某人是一位重要人士的时候），我们会感觉到自己在独一性中被召唤。用名字而不是姓氏来称呼一个人，会制造一种亲密和信任感。教师通常会发觉，在他们和学生的关系中，名字是一个重要维度。很多教师努力在学期开始的时候记住学生的名字。他们认识到，认可学生、通过适当的名字来称呼学生非常重要。

4. 洞见培养写作找寻文献，来帮助确认主题性和本质性的洞见，这些洞见是现象的核心

古斯多夫说："命名就是将某物唤入存在。"（Gusdorf, 1965, p. 38）命名是一种认可：被看见、被留意。通过为世界的维度命名，我们能够认出它们。通过命名，我们不仅让事物显而易见，而且以某种方式让它们成真。而且就像我们命名事物，将事物唤入存在，我们自己也需要被命名，从而为他人、为自己存在。那些落在我们语言范围之外的事物，往往保有一种不确定性。同样，人需要合适的名字。奇怪的是，即使是那些我们自认为认识的人，在我们想起他们的名字以前，也在某种程度上不确定。通过人们的名字来叫他们，我们似乎不知不觉地能触碰到他们，置身于和他们有意义的关系之中。当作为教师的我们用名字来叫学生时，

我们指向的是个别学生的独一性，我们是如此习以为常地叫学生的名字，将他们唤入师生关系之中。

名字被呼唤，我便得到一种承认。在字面上看，得到承认就是被某人知道。某人承认了我，也就是认可了我的存在，认可我作为一个特殊的存在者。这和在拥挤的街道上，对行人抛去匆匆一瞥并不相同。认知（cognize），意思是知道，但是去承认（re-cognize）是去再认，再次知道，变成记忆的一部分。当我承认某人时，我要回溯自己的认知经验：这个人变成了我经验的一部分，变成了我生活史的一部分。他或者她，现在为我存在，这个人现在值得记住。因此，让人并不惊讶的是，命名和承认在人们的生活中扮演了如此关键的角色。一个人独特的存在取决于被命名和被承认——被别人知道。如果改写笛卡尔的名句，可以说："我被承认，故我在。"承认的经验与自我、身份和人们的个人存在感密不可分地交织在一起。

人们早就发现，专有名称比其他词语更容易被忘记。一个有趣的例子是贝克面包师困境，这个实验由麦克维尼、杨、哈伊和埃利斯（McWeeny, Young, Hay, and Ellis, 1987）完成，经常被人引用。在实验中，被试能看到一张脸，名字"贝克"有时作为专有名称出现，其他情况下，这个词指的是"面包师"，指这张脸的主人的职业。相比于名字"贝克"，面包师这个职业更容易回忆。因此似乎记住某人的名字是贝克比记住某个人是面包师要难。其中的原因也许和承认有关，事实上，专有名称容易让人体验成为随意而无意义的，同时专有名称实际上与其他语义网络相脱离。这都让教师用名字来承认学生变得困难。但是对学生来说，这个经验很重要。我们应该认真对待学生的经验，但是大多数情况下我们似乎并不知道怎样去做。

经验似乎在日常存在的生活流中出现。对"经验"这一概念的兴趣，近年来得到了复苏。大卫·伍德说到，在哲学和人文科学中存在着"对经验的回归"（Wood, 2002, pp.21-36）。在当代研究中，大卫·伍德和马丁·杰伊（Jay, 2005）等学者正在重新提倡关注经验的意义和重要性。他们认为，从黑格尔到海德格尔，从福柯到德里达，生活经验都构成了探究、反思和诠释的起点。这样的观点也反映在梅洛－庞蒂的名言中："世界不是我所思考的，而是我所经历的……如果一个人要以亲历的方式来探究这个世界，那他必须始于对经验进行直接的、如其所是的描述。"（Merleau-Ponty, 1962, pp. xvi–xvii）

因为我们可以对经验的"内容"进行命名和描述，所以它可以被识别；或者说正是由于我们的命名和描述，它才能诞生并且以经验的方式存在。毫无疑问，在上述学生的叙述中，我们可以识别出更多类似的经验。比如，在蒂姆和简的描述中，我们可以辨识出等待的经验、尴尬的经验、对教师目光的经验、听到自己的名字被用某种语气叫出的经验等等。每一个能够被命名的经验似乎都获得了一种身份，这样的身份让它们能够从其他经验中被辨识出来。我们可以把刚才命名的任何时刻单独挑出来，然后问："这个经验的现象学意义是什么？"

实际上，现象学总是在追问类似的问题："我们亲历的这个或那个经验的性质和意义是什么？""这个现象是如何作为可被辨识的经验来呈现其自身的？"研究概念的意义可以通过检验其使用的语言，相比之下，确定经验的意义就困难得多，这总令人困惑沮丧。伽达默尔解释道，在所有生活经验中，都有某种直接性在躲避着终极的意义确定。这是为什么呢？因为每当我们想要通过记忆或反思来恢复所经验的内容时，从某种意义上说，我们总是太迟了。我们永远不可能在经验发生的一瞬间对经验进行恢复。并且伽达默尔还说道，任何被经验的事物"都是被我们的自我所经验的，这也就多少意味着，它属于这个自我的整体，因此在它与生命的整体之间，含有明白无误和不可替代的关系"（Gadamer, 1975, p.67）。实际上，经验所蕴含的，不能穷尽于表达，也不能穷尽于那些能够被人们所捕获的意义。

5. 感召式草稿写作不是独立的行动，在整个现象学写作过程中，只要现象隐匿的意义需要一定形式和程度的呼唤，就需要进行感召式写作

现象学关注作为我们存在维度的现象。现象学试图抓住某个时刻鲜活的意义，再把这个意义提升为认知的、概念的、意向的确定性或者清晰性。实际上，说概念上或者理论上的清晰性，即使不是一种误导，至少也仅仅是一种假设。通过不断检查和质问这些（心理的、个人的、文化的、理论的）假设，我们能够尽可能理解现象。我们提问："在反思和概念化之前，甚至在我们命名和诠释之前，在那个时刻，什么正在被经验着？"当我们谈论学生的经验时，只有通过提出这类问题，我们才能够开始辨别经验的复杂性和微妙性。

我们需要认识到，就连说出学生的经验，都已经对人类存在的原始经验进行了提升。这就是为什么我们必须不断提醒自己，我们想要去理解的不是一些拥有名字的概念，而是前反思性的存在者——那些被我们提升起来、用语言的方式聚焦的存在的原始时刻和维度。从根本上说，经验是一种语言现象吗？在我们生活的这一时刻和下一时刻，肉身如何参与经验？在我们有意识地留意自己的经验之前，经验是否就已经有意义了？或者说这些经验有可能是原初现象（primal phenomena）？这个前反思时刻如何自动成为我们生活经验的一部分？我们的关注点不在于从哲学上回答这些问题，而是持续留心这些问题的开放性和界限。我们需要把问题推得更远，超越认知，走向非认知：走向那些不可命名的、感受性的生活维度。为了探索我们和世界之间生生不息的关系，我们需要为事物去名（unname）。在短篇故事《她为它们去名》中，科幻小说家厄休拉·勒吉恩（LeGuin，1987）以富于感染力而令人惊叹的文字，隐晦地描述了去名所带来的结果，她让我们以感受的方式体会如果可以除去自己的名字会是怎样，因而让我们感受

这个神秘问题更深层的意义：到底是什么在为名字命名。

勒吉恩讲述了这样的故事，一个女人让亚当收回他送给造物主之前创造的所有动物的名字，并且也将他给自己的名字收回去。她已经成功地游说虫鱼鸟兽接受无名。它们已经同意且决定把自己名字还回去。对于它们中的大多数来说，到目前为止去名这个过程很容易，因为它们完全对自己被赐予的名字不置可否。

> 虫子把它们的名字丢进一团团一群群转瞬即逝的音节中，然后鸣叫着，摇摆着，轰鸣着，跳跃着，匍匐着，最后掘地四散走开。
>
> 而海里的鱼呢，它们的名字消散漫布于深沉的大海，模糊、黑暗、隐约，活像墨鱼喷出的汁液，漂散于汪洋，不留一点痕迹。（LeGuin，1987，p.195）

她一定是相信，对于人类来说，去名的效果恐怕会非常强烈。她一直所渴求的效果是更加紧密地与世界相连，而实际效果比她预想的还要剧烈。在去名之后，她惊讶地发现，自己与身边的生物之间的感觉是这么亲密。

> 现在，没什么可以被去名的了，而我感觉和它们是如此亲密。我看见它们之中的某一个在路上或我身上游弋、蹦跳、匍匐，抑或在黑夜里跟踪我，抑或在白天和我并行良久。从前，名字像突兀的障碍一样堵在我和它们之间，而现在，它们好像亲近了很多：这么近，让我对它们的恐惧和它们对我的恐惧成为一体，变成了相同的恐惧。并且我们中的许多都感受到了吸引，那吮吸对方气味的欲望，感觉、摩擦、爱抚对方的鳞片、皮肤、羽翼或者毛皮，品尝对方的血肉，为对方取暖——现在这吸引和恐惧合为一体，猎人不能和猎物相区别，捕食者与食物合二为一。（LeGuin，1987，p.195）

387

去名的效果，比她预期的还要强烈。她决定不能搞特例，要把别人给自己的名字归还回去。于是，她走向她的丈夫，说道：

> "你和你的父亲把这个借给我——实际上是送给了我。它曾经派上了大用场，但是，最近它好像不太合时宜了。不过还是要谢谢你们！一直以来，它真是很有用。"（LeGuin，1987，p.196）

她发现，要归还一件礼物而且还不能显得不知感恩，可不简单。但是亚当似乎很忙。

> 他没太注意，只是顺口说："放在那儿吧，行吗？"然后继续忙着自己的事。（LeGuin，1987，p.196）

她迟疑了一会儿，最后对他说道："好吧，再见了，亲爱的。我希望你能找到伊甸园的钥匙。"

通过这段简单的对话，厄休拉·勒吉恩创造了一个场景，其令人动容之程度，并不亚于德里达对名字的意义进行的哲学反思。事物被去名之后，我们再也无法忽视现象隐匿的轮廓。文字曾经像覆盖的积雪一样将这些轮廓埋藏。对于亚当来说，语言只是一个工具，帮助他统治大地和在大地上栖居的万物。

> 他把几个部件组装在一起，然后头也不抬地说："好，没问题，亲爱的。那什么时候吃晚饭啊？"
>
> "我不知道，"我说，"我走了啊，和——"我迟疑了一下，最后说："和它们，你知道的。"然后就走了。实际上，这时候我才认识到要想做个解释有多难。我不能像以前那样喋喋不休了，我完全把这一切当成了习以为常。冬日闪烁的阳

光下，瘦高的树木伸展着漆黑的枝丫，仿佛舞者静立在小径两旁，从房子一路下来，我攀着台阶，那么缓慢，陌生，孤单，犹疑不定，就好像我现在还能够讲出来的言语。（LeGuin，1987，p.196）

反思文字和名字，让我们认识到语言和思考之间、语言和我们存在于世的方式之间，有着多么紧密的联系。但一个很少被涉及的问题是，当我们对事物去名时会发生什么。我们为那些重要的事物命名，可这些名字能被我们真正地擦除吗？我们怎么给疼痛、爱人、孩子、愈合或教学去名？我们并没有生活在勒吉恩笔下的科幻世界。我们不可能给万物去名，恐怕连给一件事物去名都做不到。但是，去名并不一定指的是我们完全抛弃文字。通过将名字放在一边，或者让名字透明，我们仿佛移除了自己和自己的生活经验之间存在的"突兀的障碍"，我们可以趋向于我们的世界。可以肯定的是，我们不会再像以前那样，对事物习以为常。

我们需要知道学生的名字，从而能够认识他们、承认他们。但是，学生的名字同样可以被当作习以为常，仅仅变成一些标签。有时学生也许会觉得他们的名字只被当成数字。 388

6. 开端式草稿写作旨在将现象"更深刻"的意义引出

作为研究者，我们似乎在揣测着蒂姆、简和惠霞的内心生活，但需要说明的是，这并不是研究者的真正意图所在。作为研究者，我们不是这些学生的教师，我们不可能真正把他们当作独特的个体进行"了解"。我们研究的对象不是这个学生或那个学生，而是（学生所经验的）名字的现象。惠霞对名字事件的描述，是这一人类现象的事例（被命名、命错名、被去名、被忘记是怎样的等等）。我们从学生那里借鉴来的所有经验都是这样。一旦将这些经验描述借来，从任何意图和目的上来说，这些经验在认识论上都应被看作是虚构的。我们努力构建一段质性文本，使得学生名字的经验对读者来说可以识别。通过识别这样的经验，读者便可能更具教育敏感性地来对待像蒂姆、简和惠霞这样的学生。比起我们的文本实践来说，一线教师具有更广泛的兴趣：教师必须同时对学生的个体经验以及名字经验的现象都感兴趣。在具体课堂情境中，现象学的理解和个人的理解交织成为更完整的教育理解。

从教育实践者的角度来看，现象学的旨趣，如对学生命名经验的旨趣，往往具有两个教育维度：一方面，名字的经验是人类现象；另外一方面，在实际的教与学的情境中会有这个那个学生的内在心理经验。当然，现象学作为一种哲学方法论，不能帮助我们理解个别学生的心理生活。作为研究者，我们只能关注于现象学的理解。但是，实际生活世界的画面总是更具整体性，教师必须面对真实孩子们的心理生活。一般来说，教师可以通过反思名字的现象学意义和重要性来提升他们的敏思。在日常思考和行动的层面，教师同样需要从心理的角度尽可能了解个别学生如何体验具体学习时刻或课堂事件。在具体实际的教育关系和教育情境中，这两种理解（现象学和心理学）不能真正孤立。二者作为教育的敏思和机智，在每个教学时刻的当下同时得到把握和实行（van Manen，1991）。

用名字来称呼一个人，意味着我们让这个人的唯一性对我们呼唤。实际上，把一个名字赋予他者，他者的一生都要来"承受"这个名字，其中同样表达了一种最基本的脆弱性。

> 他者在哪里会比在自己的名字中更加赤裸呢？——这个名字，不是他所拥有的，而是他所接受的；这个名字，并不与他共生，但也不会与他无关；这个名字，召唤着他获得生命，但也会比他活得更久？（Visker，1998，p. 203）

一方面来说，记住一个人的名字很重要，因为这是我们承认对方、与对方共处的方式。专有名称的唯一性反映了每段人际关系的唯一性，以及身处人际关系中的每个人的不可替代性。忘记某人的名字，似乎是说你没有理由值得我记住。在某种意义上说，甚至连"冷落"这一社会行为，都是反映了黑格尔式的承认概念——一个冷落别人的人实际上在说："我看见你了，但是我没有理由去认可你。你不值得我承认。"不幸的是，实际上忘记一个人的名字近似于冷落这个人。

另一方面，能够看穿人的名字很重要，因为这是真正在列维纳斯的"他者"意义上对待他人，而不是把他人简化为我们自己的属性（自我），或者变成"它"物。在这个意义上看，名字如果变成了标签，就可以把我们变成客体。自相矛盾的是，正是在用不着记别人的名字时，我们才有可能同时经历到最遥远的距离和最贴近的亲密。奇怪的是，我们需要同时铭记和遗忘他者的名字，才能把他（她）理解为他者。为了理解他者，我们要以真正的关心，倾听真正的他者性，与之交谈；而真正的他者性，在根本上是不可命名的。

研究即写作

在前两章对现象学写作的讨论过后，读者也许还会好奇：现象学研究和写作之间有区别吗？我想通过这本书表达一个观点：现象学研究就是写作。就连现象学访谈、收集经验材料、主题性反思等活动中，都包含着悬置和还原，而感召的语文学是文本敏感性的活动。因此，我认为坚持现象学探究或研究与写作的不可分割非常关键。当然，现象学反思还有可能涉及图像、艺术、电影或音乐带来的视觉和听觉的语言。

我想再次强调一下，在反思性的现象学研究－写作的过程中，有很多创造性的方式都可以表达现象的意义。有些现象学研究文本的写作方式，是通过将现象放在存在维度作为背景的系统研究当中，例如时间性、身体性、关系性、空间性和物质性。另外一些文本的写作方式是不断深入，进入现象被经验的形式。无论如

390

何，从现象最日常、最平常和最普通的体验维度开始，总是有帮助的，然后可以不断进入开端性的洞见。并且另外一些现象学研究文本的写作是在更加复杂的意义层次上进行的，围绕着根本的洞见进行循环。通常情况下，人们从自我的经验角度开始写作，但后来会渐渐将个人经验囊括进现象学普遍性的交互主题的领域当中。还有一些研究被写成片段化的文本。用片段的方式写成的文本段落或章节，从多样和变动的角度强调了现象多样的意义方面。片段化的方法，其实是留意到这样一种认识：首先，我们的经验永远都不会完全一样；其次，现象学意义的独一性是复多的。

的确，阅读和写作很相似。当我们阅读一段文本，我们就开始以我们自己的方式进行诠释，因此，阅读一段文本就好像是去（重新）写作它。每一段含义丰富的文本都能以诠释的方式来阅读。但是从更重要的角度上来说，现象学文本作者的责任，不是将文本的写作指向多重诠释，而是努力让文本只有唯一的诠释。作者企图让读者"看见"特别的事物：例如，进行交谈的这个现象或事件，或者入睡，或者生病，或者忘记某人的名字，或者爱上某人。即便如此，作为读者，我们总是以个人的方式来看。因此作者为了唯一的诠释而写作，而读者以多种多样的方式来诠释。

现象学家并不是向读者呈现结论性的观点，或者确定性的一套观点、一组主题，或者精选的本质或洞见。相反，现象学家想要委婉地引导读者反思性地进入生活经验的领域，在那里现象以可以被识别的形式栖息。更直接地说，读者必须被文本委婉的力量所占据——一种反思性地参与生活经验的现象学效果必须吸引、触动和征服读者。并且在这个意义上，我呼吁，作者也必须成为自己文本的读者。

现象学研究和写作试图让我们通过"感受性体验"的方式所感受到的经验变得易于理解。在以现象学的方式写就的文本当中，人类辨识、创造和想象出存在的方式和人性的意义。这就意味着，现象学并不仅仅描述某物是什么，而且通过提供不同的诠释，来探索一个现象的可能性。当然，现象学研究和写作要涉及对概念的分析，考察在日常生活中是如何使用词语的。但是概念性的理论性的语言本身对现象学工作来说是不够的。概念性语言中的原子论倾向于要求抽象以便概括，要求理性以便固化，要求标准以便命名，要求尺度以便参照。

最后，我想再次强调一下，语义意义和预言意义（semantic and mantic meaning）、指称性意义和表达性意义（designative and expressive meaning），并不是非此即彼的关系。现象学话语要依靠悬置和还原的哲学理性——要依靠认知性意义：论断的、逻辑的、概念的、理智的和道德的可理解性。而且在本书中，我一直试图想要展示的是，还原本身需要更广义的感召的、语文学的方法，以及诗意的敏感的理性作为补充。现象学文本必须要呼唤我们认知的和非认知的认识方式——呼唤内在意义和超越意义。现象学研究和写作的挑战在于这些区分。人文科学研究者并不仅仅是一名作者、写就研究报告的人。相反，研究者是一名创作者，从生活经验中写作，在那里，意义和反思性的存在进行回响、共鸣。敏感的现象学文本反思生活的同时，也反映着生活。

391

参 考 文 献

Abé, K. (E.D. Saunders, transl) (1964). *The Woman in the Dunes*. New York: Alfred A. Knopf, Inc.

Achterhuis, H. (ed) (2001). *American Philosophy of Technology: The Empirical Turn*. Bloomington: Indiana University Press.

Adams, C. (2006). PowerPoint, habits of mind, and classroom culture. *Journal of Curriculum Studies*, 38(4), 389-411.

Adams, C. (2008a). *PowerPoint and the Pedagogy of Digital Media Technology*. Unpublished dissertation. Edmonton, AB: University of Alberta.

Adams, C. (2008b). The poetics of PowerPoint. *Explorations in Media Ecology*, 7(4), 43- 58.

Adams, C. (2008c). PowerPoint's pedagogy. *Phenomenology and Practice*, 2(1), 63-79.

Adams, C. (2010). Teachers building dwelling thinking with slideware. *The Indo-Pacific Journal of Phenomenology*, 10(2), 1-12.

Adams, C., & Thompson, T. L. (2011). Interviewing objects: including educational technologies as qualitative research participants. *International Journal of Qualitative Studies in Education*, 24(6), 733-750.

Adams, C. (2012). Technology as teacher: digital media and the re-schooling of everyday life. *Existential Analysis*, 23(2), 262-273.

Adams, C. and van Manen, M. (2006). Embodiment, virtual space, temporality and interpersonal relations in online writing. *College Quarterly*, 9(4). Available: http://www.senecac.on.ca/quarterly/2006-vol09-num04-fall/adams_van_manen.html

Afloroaei, S. (2010). Descartes and the "metaphysical dualism": excesses in interpreting a classic. *META: Research in Hermeneutics, Phenomenology, and Practical Philosophy*, II (I), 105-138.

Agamben, G. (1993). *The Coming Community*. Minnesota: University of Minnesota Press.

Agamben, G. (1995). *Idea of Prose*. Albany, NY: SUNY Press.

Agamben, G. (2002). What is a Paradigm? Lecture at European Graduate School. Available: http://www.egs.edu/faculty/giorgio-agamben/articles/what-is-a-paradigm/

Agamben, G. (2005). *Potentialities: Collected Essays in Philosophy*. Stanford, CA: Stanford University Press.

Alpers, S. (1983). The Art of Describing: Dutch Art in the Seventeenth Century. Chicago: University of Chicago Press.

Arendt, H. (1951). *The Origin of Totalitarianism*. New York: Schocken.

Arendt, H. (1958a). *Between Past and Future: Six Exercises in Political Thought*. New York: Viking.

Arendt, H. (1958b). *The Human Condition*. Chicago: University of Chicago Press.

Arendt, H. (1978). *Life of the Mind*. 2 vols. New York: Harcourt Brace Jovanovich.

Bachelard, G. (1964a). *The Psychoanalysis of Fire*. Boston: Beacon Press.

Bachelard, G. (1964b). *The Poetics of Space*. Boston. Beacon Press.

Bachelard, G. (1969). *The Poetics of Reverie*. Boston. Beacon Press.

Bachelard, G. (1983). *Water and Dreams*. Dallas: Pegasus .

Bachelard, G. (1988). *Air and Dreams*. Dallas: Pegasus.

Barthes, R. (1981). *Camera Lucida: Reflections on Photography*. New York: Hill and Wang.

Barthes, R. (1986). *The Rustle of Language*. New York: Hill and Wang.

Beekman, A.J. (1975). *Dienstbaar Inzicht: Opvoedingswetenschap als Sociale Planwetenschap*. Groningen: H.D. Tjeenk Willink.

Beekman, A.J., Barritt, L., Bleeker, H., Mulderij, K. (1984). *Researching Educational Practice*. Dakota: University of Dakota.

Beekman, A.J. (1983). De Utrechtse School is dood! Leve de Utrechtse School! *Pedagogische Verhandelingen*, 6(1), 61-70.

Beekman, A.J. (2001). *Het Wilde Denken. Wetenschapstheoretische Verhandelingen*. Zwolle: Noordhoff.

Beets, N. (1975). *Verstandhouding en Onderscheid: Een Onderzoek naar de Verhouding van Medisch en Pedagogisch Denken*. Amsterdam: Boom Meppel.

Benner, P. (1984). *From Novice to Expert: Excellence and Power in Clinical Nursing Practice*. London: Prentice Hall.

Benso, S. (2000). *The Face of Things: A Different Side of Ethics*. Albany, NY: SUNY Press.

Bergson, H. (2001). *Time and Free Will: An Essay on the Immediate Data of Consciousness*. New York: Dover Publications.

Binswanger, L. (1963). *Being in the World*. New York: Basic Books.

Blanchot, M. (1981). *The Gaze of Orpheus*. New York: Station Hill Press.

Blanchot, M. (1986). *The Writing of Disaster*. Lincoln: University of Nebraska Press.

Blanchot, M. (1988). *The Unavowable Community*. New York: Station Hill Press.

Blanchot, M. (1989). *The Space of Literature*. Lincoln: University of Nebraska Press.

Blanchot, M. (1993). *The Infinite Conversation*. Minneapolis: University of Minnesota Press.

Bollnow, O.F. (1960). Lived-space. *Universitas*, 15(4), 31-39.

Bollnow, O.F. (1982). On silence—findings of philosophico-pedagogical anthropology. *Universitas*, 24(1), 41-47.

Bollnow, O.F. (1974). The objectivity of the humanities and the essence of truth. *Philosophy Today*, 18(1), 3-18.

Bollnow, O.F. (1988a). The pedagogical atmosphere—the perspective of the child. *Phenomenology + Pedagogy*, 7(2).

Bollnow, O.F. (1988b). The pedagogical atmosphere—the perspective of the educator. *Phenomenology + Pedagogy*, 7(2).

Bourdieu, P. (1985). The genesis of the concepts of habitus and field. *Sociocriticism*, 2(2), 11–24.

Brentano, F. (1995). *Psychology from an Empirical Standpoint*. New York: Routledge.

Burms, A., and de Dijn, H. (1990). *De Rationaliteit en haar Grenzen: Kritiek en Deconstructie*. Assen/Maastricht: Van Gorcum.

Buytendijk, F.J.J. (1961). *Academische Redevoeringen. Utrecht:Dekker & Van de Vegt*.

Buytendijk, F.J.J. (1962). *De Psychologie van de Roman: Studies over Dostojevski*. Utrecht: Aula Boeken.

Buytendijk, F.J.J. (1970a). Some aspects of touch. *Journal of Phenomenological Psychology*, 1 (1), 99-124.

Buytendijk, F.J.J. (1970b). Naar een existentiële verklaring van de doorleefde dwang. *Tijdscrift voor Filosofie*, 32(4), 567-608.

Buytendijk, F.J.J. (1973). *Pain: Its Modes and Functions*. Westport, Conn: Greenwood Press.

Buytendijk, F.J.J. (1974). *Prolegomena to an Anthropological Physiology*. Pittsburgh, NJ: Duquesne University Press.

Buytendijk, F.J.J. (1988). The first smile of the child. *Phenomenology + Pedagogy*, 6(1), 15-24.

Camus, A. (1980). The guest. In: Camus, A. (1980). *Exile and the Kingdom*. Franklin Center, Pennsylvania: Franklin Library, 65-84

Casey, E. S. (1981). Literary description and phenomenological method. *Yale French Studies, No. 61, Towards a Theory of Description*. Yale University Press, 176-201.

Casey, E. S. (1997). *The Fate of Place: A Philosophical History*. Berkeley, Cal: The University of California Press.

Cixous, H. (1997). *Rootprints: Memory and Life Writing*. London: Routledge.

Chrétien, J-L. (2002). *The Unforgettable and the Unhoped for*. Oxford: Oxford University Press.

Chrétien, J-L. (2003). *Hand to Hand: Listening to the Work of Art*. Oxford: Oxford University Press.

Chrétien, J-L. (2004a). *The Call and the Response*. Oxford: Oxford University Press.

Chrétien, J-L. (2004b). *The Ark of Speech*. London: Routledge.

Cox, G. (2009). *Sartre and Fiction*. New York: Continuum.

Davis, P.J. and Hirsh, R. (2005). *Descartes' Dream: The World According to Mathematics.* Mineola, NY: Dover Publication.

De Beauvoir, S. (1967). *The Ethics of Ambiguity.* New York: Citadel Press.

De Beauvoir, S. (1985). *Adieux: A Farewell to Sartre.* New York: Pantheon Books.

De Beauvoir, S. (2011). *The Second Sex.* New York: Vintage Books.

De Boer, T. (1980). Inleiding. In: T. de Boer (ed). *Edmund Husserl: Filosofie als Strenge Wetenschap.* Amsterdam: Boom Meppel.

DeGowin, E.L. and DeGowin, R.L. (1976). *Bedside Diagnostic Examination.* New York: Macmillan.

Dermot, M. (2000). *Introduction to Phenomenology.* London: Routledge.

Derrida, J. (1973). *Speech and Phenomena and Other Essays on Husserl's Theory of Signs.* Evanston, Ill: Northwestern University Press.

Derrida, J. (1976). *Of Grammatology.* Baltimore, Maryland: The John Hopkins University Press.

Derrida, J. (1978). *Writing and Difference.* Chicago, Ill: The University of Chicago Press.

Derrida, J. (1995a). *On the Name.* Stanford, Cal.: Stanford University Press.

Derrida, J. (1995b). *The Gift of Death.* Chicago, Ill: The University of Chicago Press.

Derrida, J. and Ferraris, M. (2001). *A Taste for the Secret.* Cambridge, UK: Polity Press.

Derrida, J. (2005). *The Politics of Friendship.* London: Verso Press.

Descartes, R. (S. Voss, transl) (1989). *The Passions of the Soul.* Cambridge: Hackett Publishing Company.

Descartes, R. (D.M. Clarke, transl) (2003). *Discourse on Method and Related Writings.* London: Penguin Books.

Descartes, R. (M. Moriarty, transl) (2008). Meditations on First Philosophy with Selections from the Objections and Replies. Oxford: Oxford University Press.

Descartes, R. (J. Veitch, transl) (2012). *The Principles of Philosophy.* Whitefish, Montana: Kessinger Publishing.

Dilthey, W. (1985). *Poetry and Experience. Selected Works, Vol.* V . Princeton, N.J.: Princeton University Press.

Dilthey, W. (1987). *Introduction to the Human Sciences.* Toronto: Scholarly Book Services.

Dreyfus, H.L. and Dreyfus, S.E. (1980). *A Five-Stage Model of the Mental Activities Involved in Directed Skill Acquisition.* Berkeley, Cal: Operations Research Center, University of California, Berkely. February. 1980.

Dreyfus, H.L. and Dreyfus, S.E. (1991). Toward a phenomenology of ethical expertise. *Human Studies,* 14, 229-250.

Dreyfus, H.L. (2008). *On the Internet (Thinking in Action).* London: Routledge.

Dreyfus, H.L. (2012). A History of First Step Fallacies. *Minds and Machines,* 22, 87-99.

Eddington, A. (1988). *The Internal Constitution of the Stars.* Cambridge: Cambridge University Press.

Feenberg, A. (1999). *Questioning Technology.* London: Routledge.

Figal, G. (1998). *For a Philosophy of Freedom and Strive: Politics, Aesthetics, Metaphysics.* Albany, NY: SUNY Press.

Figal, G. (2004). Life as Understanding. *Research in Phenomenology*, 34, 20-30.

Figal, G. (2010). *Objectivity: The Hermeneutical and Philosophy.* Albany, NY: SUNY Press.

Figal, G. and Espinet, D. (2012). Hermeneutics. In: S. Luft and S. Overgaard (eds). *The Routledge Companion to Phenomenology.* New York, NY: Routledge.

Fink, E. (1970). The phenomenological philosophy of Edmund Husserl and contemporary criticism. In: R.O. Elveton (ed). *The Phenomenology of Husserl: Selected Critical Readings.* Seattle: Noesis Press, Ltd, 70-139.

Flusser, V. (2011a). *Does Writing Have a Future?* Minneapolis: University of Minneapolis Press.

Flusser, V. (2011b). *Into the World of Technical Images.* Minneapolis: University of Minneapolis Press.

Flusser, V. (2012). The Gesture of Writing. *New Writing: The International Journal for the Practice and Theory of Creative Writing.* Taylor and Francis, 9(1), 24-41.

Flyvbjerg, B. (1991). Sustaining non-rationalized practices: Body-mind, power and situational ethics. An interview with Hubert and Stuart Dreyfus. *Praxis International*, 11(1), 93-113.

Foucault, M. (1988). Technologies of the Self. In: L.H. Martin, H. Gutman, P. Hutton, H. Patrick (eds). Technologies of the Self. Amherst Mass: The University of Massachusetts Press, 16-59.

Gadamer, H-G. (1975). *Truth and Method.* New York: Seabury.

Gadamer, H-G. (1976). *Philosophical Hermeneutics.* Berkeley: University of California Press.

Gadamer, H-G. (1986). *The Relevance of the Beautiful and Other Essays.* Cambridge: Cambridge University Press.

Gadamer, H-G. (1996). *The Enigma of Health: The Art of Healing in a Scientific Age.* Oxford: Polity Press.

Gadamer, H-G. (1998). *Praise of Theory.* New Haven: Yale University Press.

Garver, N. (1972). Preface. In: J. Derrida. (1973). *Speech and Phenomena and Other Essays on Husserl's Theory of Signs.* Evanston, Ill: Northwestern University Press, ix-xxix.

Geertz, C. (1973). *The Interpretation of Cultures.* New York: Basic Books.

Gendlin, E.T. (1988). Befindlichkeit: Heidegger and the philosophy of psychology. In: K. Heller (ed). *Heidegger and Psychology. A Special Issue from the Review of Existential Psychology and Psychiatry.*

Giorgi, A. (1970). *Psychology as a Human Science: A Phenomenologically Based Approach.* New York: Harper and Row.

Giorgi, A. (2000). The status of Husserlian phenomenology in nursing research. *Scandinavian Journal of Caring Science.* Wiley, 14, 3-10.

Giorgi, A. (2009). The Descriptive Phenomenological Method in Psychology: A Modified Husserlian Approach. Pittsburg: Duquesne University Press.

Giorgi, A. (2011). IPA and science: a response to Jonathan Smith. *Journal of Phenomenological Psychology,*

42, 195-216.

Gosetti-Ferencei, J.A. (2004). *Heidegger, Hölderlin, and the Subject of Poetic Language.*New York: Fordham University Press.

Gosetti-Ferencei, J.A. (2007). *The Ecstatic Quotidian: Phenomenological Sightings in Modern Art and Literature.* Philadelphia: Pennsylvania State University Press.

Gosetti-Ferencei, J.A. (2011). *Exotic Spaces in German Modernism.* Oxford: Oxford University Press.

Gusdorf, G. (1965). *Speaking (La Parole).* Evanston: Northwestern University Press.

Harmann, G. (2011). *The Quadruple Object.* Alresford, Hants, UK: Zero Books.

Harmann, G. (2013). *Bells and Whistles: More Speculative Realism.* Alresford, Hants, UK: Zero Books.

Hegel, G.W.F. (1977). *The Phenomenology of Mind.* New York: Humanities Press.

Hegel, G.W.F. (H.S. Harris and T.M. Knox, eds & transl) (1979). *System of Ethical Life and First Philosophy of Spirit* (part Ⅲ of the System of Speculative Philosophy). Albany, NY: SUNY Press.

Heidegger, M. (1962). (J. MacQuarrie and E. Robinson, transl) *Being and Time.* New York: Harper and Row.

Heidegger, M. (1971). *On the Way to Language.* New York: Harper and Row.

Heidegger, M. (1977). *The Question Concerning Technology and Other Essays.* New York: Harper & Row.

Heidegger, M. (1982). *The Basic Problems of Phenomenology.* Bloomington: Indiana University Press.

Heidegger, M. (1983). *The Fundamental Concepts of Metaphysics.* Bloomington: Indiana University Press.

Heidegger, M. (1985). *History of the Concept of Time.* Bloomington: Indiana University Press.

Heidegger, M. (1993). *Basic Concepts.* Bloomington: Indiana University Press.

Heidegger, M. (1994). *Basic Questions of Philosophy: Selected "Problems" of "Logic".* Bloomington: Indiana University Press.

Heidegger, M. (1995). *The Fundamental Concepts of Metaphysics.* Bloomington: Indiana University Press.

Heidegger, M. (1998). *Parmenides.* Bloomington: Indiana University Press.

Heidegger, M. (P. Emad and K. Maly, transl) (1999). *Contributions to Philosophy (From Enowning).* Bloomington: Indiana University Press.

Heidegger, M. (K. Hoeller, transl) (2000). *Elucidations of Hölderlin's Poetry.* Amherst, NY: Humanities Books.

Heidegger, M. (2001). *Poetry, Language, Thought.* New York: Harper and Row.

Heidegger, M. (J. Stambaugh, transl) (2010). *Being and Time.* New York: Harper and Row.

Heidegger, M. (2011). *Introduction to Philosophy—Thinking and Poetizing.* Bloomington: Indiana University Press.

Heidegger, M. (R. Rojcewicz and D. Vallega-Neu, transl) (2012a). *Contributions to Philosophy (of the*

Event). Bloomington: Indiana University Press.

Heidegger, M. (A.J. Mitchell, transl) (2012b). *Bremen and Freiburg Lectures: Insights Into That Which Is and Basic Principles of Thinking*. Bloomington: Indiana University Press.

Heidegger, M. (2013). *The Event*. Bloomington: Indiana University Press.

Heim, M. (1987). *Electric Language: A Philosophical Study of Word Processing*. New Haven and London: Yale University Press.

Henry, M. (1973). *The Essence of Manifestation*. The Hague: Nijhoff.

Henry, M. (1975). *Philosophy and Phenomenology of the Body*. The Hague: Nijhoff.

Henry, M. (1999). Material Phenomenology and Language (or, Pathos and Language). *Continental Philosophy Review*, 32, 343–365.

Henry, M. (2008). *Material Phenomenology*. New York: Fordham University Press.

Henry, M. (2009). *Seeing the Invisible. On Kandinsky*. New York, NY: Continuum.

Husserl, E. (W.R.R. Gibson, transl) (1931). *Ideas: General Introduction to Phenomenology*, Vol. I. London: George Allen and Unwin Ltd.

Husserl, E. (D. Cairns, transl) (1950). *Cartesian Meditations: An Introduction to Phenomenology*. The Hague: Martinus Nijhoff.

Husserl, E. (1964a). *The Phenomenology of Internal Time-Consciousness*. Bloomington: Indiana University Press.

Husserl, E. (P. Koestenbaum, transl) (1964b). *The Paris Lectures*. The Hague: Martinus Nijhoff.

Husserl, E. (D. Carr, transl) (1970). *The Crisis of the European Sciences and Transcendental Phenomenology: An Introduction to Phenomenology*. Evanston, Ill: Northwestern University Press.

Husserl, E. (1973). *Experience and Judgment*. Evanston, Ill: Northwestern University Press.

Husserl, E. (1981). Philosophy as rigorous science. In: P. McCormick and F. Elliston (eds). *Husserl Shorter Works*. Notre Dame, Indiana: University of Notre Dame Press, 166-197.

Husserl, E. (1982). *Logical Investigations, Volume I*. London: Humanities Press International Inc.

Husserl, E. (F. Kersten, transl) (1983). Ideas Pertaining to a Pure Phenomenology and to a Phenomenological Philosophy. *First Book: General Introduction to a Pure Phenomenology*. Dordrecht: Kluwer.

Husserl, E. (1991). *On the Phenomenology of the Consciousness of Internal Time (1893-1917)*. Dordrecht: Kluwer.

Husserl, E. (1999). *Cartesian Meditations*. Dordrecht: Kluwer.

Ihde, D. (1979). *Technics and Praxis*. Boston: D. Reidel.

Ihde, D. (1990). *Technology and the Lifeworld: From Garden to Earth*. Bloomington: Indiana University Press.

Ihde, D. (1993). *Postphenomenology: Essays in the Postmodern Context*. Evanston, Ill: Northwestern University Press.

Ihde, D. (2009). *Postphenomenolog and Technoscience: The Peking Lectures*. Albany, NY: SUNY Press.

James, I. (2006). *The Fragmentary Demand: An Introduction to the Philosophy of Jean-Luc Nancy.* Stanford, Cal: The Stanford University Press.

Janicaud, D. (2000). Toward a Minimalist Phenomenology. *Research in Phenomenology*, 30(1), 89-106.

Janicaud, D. (2005a). *Phenomenology "Wide Open" After the French Debate.* New York: Fordham University Press.

Janicaud, D. (2005b). *On the Human Condition.* New York: Routledge.

Janicaud, D., Courtine, J-F., Chretien, J-L., and Henry, M. (2000). *Phenomenology and the "Theological Turn": The French Debate.* New York: Fordham University Press.

Jay, M. (2005). Songs of Experience: Modern American and European Variations on a Universal Theme. Berkeley: University of California Press.

Kant, I. (P. Guyer and A.W. Wood, transl) (1999). *Critique of Pure Reason.* Cambridge: Cambridge University Press.

Kearney, R. (2004). *Debates in Continental Philosophy: Conversations with Contemporary Thinkers.* New York: Fordham University Press.

Kierkegaard, S. (1983). *Fear and Trembling / Repetition.* Princeton, N.J.: Princeton University Press.

Kierkegaard, S. (A. Hannay, transl) (2004). *The Sickness unto Death.* London: Penguin Books.

Klein, E. (1979). *A Comprehensive Etymological Dictionary of the English Language.* New York: Elsevier Scientific Publishing Company.

Kockelmans, J.J. (ed) (1987). *Phenomenological Psychology: The Dutch School.* Dordrecht: Kluwer.

Kot, P. (no date). An overview of physical examination techniques. Course handout, Nursing 104, Faculty of Nursing, University of Alberta.

Kouwer, B.J. (1953). Gelaat en karakter. In: J.H. van den Berg and J. Linschoten (eds). *Persoon en Wereld.* Utrecht: Erven J. Bijleveld, 59-73.

Kristeva, J. (1980). *Desire in Language: A Semiotic Approach to Literature and Art.* New York: Columbia University Press.

Lampert, J.H. (S.L. Jaki, transl) (1976). *Cosmological Letters on the Arrangement of the World-edifice.* New York: Science History Publications.

Langeveld, M.J. (1983a). The stillness of the secret place. *Phenomenology + Pedagogy,* 1(1), 11-17.

Langeveld, M.J. (1983b). The secret place in the life of the child. *Phenomenology + Pedagogy,* 1(2), 181-189.

Latour, B. (1992). Where are the missing masses? The sociology of a few mundane artifacts. In: W.E. Bijker and J. Law (eds). *Shaping Technology / Building Society: Studies in Sociotechnical Change.* Cambridge, Mass: The MIT Press.

Latour, B. (2007). *Reassembling the Social: An Introduction to Actor-Network-Theory (Clarendon Lectures in Management Studies).* Oxford: Oxford University Press.

LeGuin, U.K. (1987). *Buffalo Gals and Other Animal Presences.* Markham, Ontario: Penguin.

Levering, B. and van Manen, M. (2002). Phenomenological anthropology in the Netherlands. In: A-T. Tymieniecka (ed) *Phenomenology World-Wide.* Dordrecht: Kluwer, 274-286.

Levinas, E. (1978). *Existence and Existents.* Pittsburgh: Duquesne University Press.

Levinas, E. (1979). *Totality and Infinity: An Essay on Exteriority.* The Hague: Martinus Nijhoff.

Levinas, E. (1981). *Otherwise than Being or Beyond Essence.* The Hague: Martinus Nijhoff.

Levinas, E. & Cohen, R.A. (1985). *Ethics and Infinity: Conversations with Philippe Nemo.* Pittsburg: Duquesne University Press.

Levinas, E. (S. Hand, ed) (1996). *The Levinas Reader.* Oxford, UK: Blackwell.

Levinas, E. (1998) . *Entre Naus: On Thinking-of -the -other.* New York: Columbia University Press.

Levinas, E. (2003). *Humanism of the Other.* Urbana and Chicago: University of Illinois Press.

Levinas, E. (A.T. Peperzak, S. Critchley, R. Bernasconi, eds) (2008). *Basic Philosophical Writings.* Bloomington, IN: Indiana University Press.

Lingis, A. (1983). *Excesses: Eros and Culture.* New York, Albany: SUNY Press.

Lingis, A. (1986a). *Phenomenological Explanations.* The Hague: Martinus Nijhoff.

Lingis, A. (1986b). The sensuality and the sensitivity. In: R.A. Cohen (ed). *Face to Face with Levinas.* New York, Albany: SUNY Press, 219-230.

Lingis, A. (1986c). *Libido.* Bloomington, IN: Indiana University Press.

Lingis, A. (1994). *The Community of Those Who Have Nothing in Common.* IN: Indiana University Press.

Lingis, A. (1996). *Sensation: Intelligibility in Sensibility.* New York: Humanity Books.

Lingis, A. (D.J. Huppatz, A. Rubens, S. Tutton, interviewers) (1997). Travelling with Lingis: An Interview with Alphonso Lingis. *Melbourne Journal of Politics,* 24, 26-42.

Lingis, A. (1998). *The Imperative.* Bloomington, IN: Indiana University Press.

Lingis, A. (2001). *Abuses.* Berkeley, Cal.: University Of California Press.

Linschoten, J. (1953a). Aspecten van de sexuele incarnatie. In: J.H. van den Berg and J. Linschoten (eds). *Persoon en Wereld.* Utrecht: Erven J Bijleveld, 74-126.

Linschoten, J. (1953b). Nawoord. In: J.H. van den Berg and J. Linschoten (eds) *Persoon en Wereld.* Utrecht: Erven J. Bijleveld, 244-253.

Linschoten, J. (1954). *On the Way Toward a Phenomenological Psychology; the Psychology of William James.* Pittsburgh: Duquesne University Press.

Linschoten, J. (1964). *Idolen van de Psycholoog.* Utrecht: Erven J. Bijleveld.

Linschoten, J. (1987). On falling asleep, In: J.J. Kockelmans (ed) *Phenomenological Psychology: The Dutch School.* Dordrecht: Kluwer, 79-117.

Low, D. (2000). *Merleau-Ponty's Last Vision: A Proposal for the Completion of The Visible and the Invisible.* Evanston IL: Northwestern University Press.

Madjar, I. (1998). *Giving Comfort and Inflicting Pain*. Edmonton, AB: Qual Institute Press.

Madjar, I. and Walton, J. (eds) (1999). *Nursing and the Experience of Illness: Phenomenology in Practice*. London: Routledge.

Marcel, G. (1949). *Being and Having*. London: The Dacre Press.

Marcel, G. (1950). *Mystery of Being. Volumes 1 and 2*. South Bend, Indiana: Gateway Editions.

Marcel, G. (1978). *Homo Viator*. Gloucester, MA: Smith.

Marion, J-L. (2002a). *Being Given: Toward a Phenomenology of Giveness*. Stanford, CA: Stanford University Press.

Marion, J-L. (2002b). *In Excess: Studies of Saturated Phenomena*. Bronx, NY: Fordham University Press.

Marion, J-L. (2002c). *Prolegomena to Charity*. Bronx, NY: Fordham University Press.

Marion, J-L. (2004). *The Crossing of the Visible*. Stanford, CA: Stanford University Press.

Marion, J-L. (2008a). *The Erotic Phenomenon: Six Meditations*. Chicago: University of Chicago Press.

Marion, J-L. (2008b). *The Visible and the Revealed*. Bronx, NY: Fordham University Press.

Martin, W. (2008). Descartes and the phenomenological tradition. Available: http://privatewww.essex.ac.uk/~wmartin/D&PhT.pdf

Massie, P. (2007). The secret and the neuter: on Heidegger and Blanchot. *Research in Phenomenology*, 37, 32-55.

McGowin, D.F. (1993). *Living in the Labyrinth: A Personal Journey Through the Maze of Alzheimer's*. New York: Dell Publishing.

McWeeny K.H., Young A.W., Hay D.C., Ellis A.W. (1987). Putting names to faces. *British Journal of Psychology*, 78, 143-146.

Merleau-Ponty, M. (C. Smith, transl) (1962). *Phenomenology of Perception*. London: Routledge & Kegan Paul.

Merleau-Ponty, M. (1964a). *The Primacy of Perception: And Other Essays on Phenomenological Psychology, the Philosophy of Art, History and Politics*. Evanston IL: Northwestern University Press.

Merleau-Ponty, M. (1964b). *Signs*. Evanston IL: Northwestern University Press.

Merleau-Ponty, M. (1964c). *Sense and Non-Sense*. Evanston IL: Northwestern University Press.

Merleau-Ponty, M. (1968). *The Visible and the Invisible*. Evanston IL: Northwestern University Press.

Merleau-Ponty, M. (1973). *The Prose of the World*. Evanston IL: Northwestern University Press.

Merleau-Ponty, M. (R. Vallier, transl) (2003). *Nature: Course Notes from the Collège de France*. Evanston IL: Northwestern University Press.

Merleau-Ponty, M. (2010a). *Child Psychology and Pedagogy: The Sorbonne Lectures 1949-1952*. Evanston IL: Northwestern University Press.

Merleau-Ponty, M. (2010b). *Institution and Passivity: Course Notes from the Collège de France (1954-1955)*. Evanston IL: Northwestern University Press.

Merleau-Ponty, M. (D.A. Landes, transl) (2012). *Phenomenology of Perception*. London: Routledge &

Kegan Paul.

Meillassoux, Q. (2009). *After Finitude: An Essay on the Necessity of Contingency.* London: Continuum.

Mood, J.J.L. (1975). *Rilke on Love and Other Difficulties.* New York: Norton.

Moran, D. and Mooney, T. (2002). *The Phenomenology Reader.* London: Routledge.

Morton, T. (2013). *Hyperobjects: Philosophy and Ecology after the End of the World.* London: Routledge.

Moustakas, C. (1974). *Portraits of Loneliness and Love.* Englewood Cliffs, NJ: Prentice-Hall.

Moustakas, C. (1990). *Heuristic Research: Design, Methodology, and Applications.* Thousand Oaks, Cal.: Sage Publications.

Moustakas, C. (1994). *Phenomenological Research Methods.* Thousand Oaks, Cal.: Sage Publications.

Moustakas, C. (1996). *Loneliness: How to Deal Constructively with Feellings of Loneliness.* Northvale, New Jersey; Jason Aronson Publishers.

Mulhall, S. (1993). *On Being in the World.* London: Routledge.

Nancy, J-L. (1991). *The Inoperative Community.* Minneapolis, MN: The University of Minnesota Press.

Nancy, J-L. (1993). *The Birth to Presence.* Stanford: Stanford University Press.

Nancy, J-L. (1997). *The Sense of the World.* Minneapolis, MN: The University of Minnesota Press.

Nancy, J-L. (2000). *Being Singular Plural.* Stanford: Stanford University Press.

Nancy, J-L. (2005). *The Ground of the Image.* New York: Fordham University Press.

Nancy, J-L. (2007). *The Fall of Sleep.* New York: Fordham University Press.

Nancy, J-L. (2008). *Corpus.* New York: Fordham University Press.

Nietzsche, F. (1954). On truth and lie in an extra-moral sense. In: W. Kaufmann (ed) *Nietzsche.* New York: The Viking Press.

Nietzsche, F. (W. Kaufmann, transl)(1968). *The Will to Power.* New York: the Viking Press.

Nietzsche F. (1981). *On the Advantage and Disadvantage of History for Life.* Cambridge: Hackett Publishing Company, Inc.

Nietzsche, F. (1986). *Human, All too Human: A Book for Free Spirits.* Cambridge: Cambridge University Press.

Nietzsche, F. (2010). *On Truth and Untruth.* New York: HarperCollins.

Nordholt, A. S. (1997). Het schuwe denken. In: A.S. Nordholt, L. ten Kate, F. Vande Verre (eds). *Het Wakende Woord: Literatuur, Ethiek en Politiek bij Maurice Blanchot.* Nijmegen: SUN, 11-43.

O'Neill, J. (1989). *The Communicative Body: Studies in Communicative Philosophy, Politics, and Sociology.* Evanston: Northwestern University Press.

Olson, C.T. (1993). *The Life of Illness.* Albany, NY: SUNY Press.

Ong, W.J. (1971). *Rhetoric, Romance and Technology: Studies in the Interaction of Expression and Culture.* Ithaca: Cornell University Press.

Ong, W.J. (1977). *Interfaces of the World: Studies in the Evolution of Consciousness and Culture.* Ithaca:

Cornell University Press.

Ong, W.J. (1981). *The Presence of the Word.* Minneapolis: University of Minnesota Press.

Ovid.(A.S. Kline, transl) (2000). *The Metamorphoses.* New York: Borders Classics Books.

Payne, M. & Schad, J. (2003). *Life.after.theory.* London: Continuum.

Pallasmaa, J. (2005). *The Eyes of the Skin: Architecture and the Senses.* Chichester, West Sussex: John Wiley & Sons Ltd.

Pallasmaa, J. (2009). *The Thinking Hand.* Chichester, West Sussex: John Wiley & Sons Ltd.

Patočka, J. (E. Kohák, ed) (1989). *Jan Patočka: Philosophy and Selected Writings.* Chicago: The University of Chicago Press.

Patočka, J. (E. Kohák, transl) (1998). *Body, Community, Language, World.* Chicago: Open Court.

Perniola, M. (2004a). *The Sex Appeal of the Inorganic: Philosophies of Desire in the Modern World.* New York: Bloomsbury.

Perniola, M. (2004b). *Art and Its Shadow.* New York: Continuum.

Pettman, D. (2006). *Love and Other Technologies: Retrofitting Eros for the Information Age.* New York: Fordham University Press.

Pinkard, T.P. (2001). *Hegel: A Biography.* Cambridge: Cambridge University Press.

Polt, R. (2006). *The Emergency of Being: On Heidegger's Contributions to Philosophy.* Ithaca, NY: Cornell University Press.

Ricoeur, P. (1966). *Freedom and Nature: The Voluntary and the Involuntary.* Evanston: Northwestern University Press.

Ricoeur, P. (1969). *The Symbolism of Evil.* Boston: Beacon Press.

Ricoeur, P. (1976). *Interpretation Theory: Discourse & the Surplus of Meaning.* Fort Worth, Texas: Texas Christian University Press.

Ricoeur, P. (1983). *Hermeneutics & the Human Sciences.* New York: Cambridge University Press.

Ricoeur, P. (1991). *From Text to Action: Essays in Hermeneutics, Volume* II. London: Continuum.

Ricoeur, P. (1992). *Oneself as Another.* Chicago:The University of Chicago Press.

Rilke, R.M. (M.D. Herter Norton, transl) (1964). *The Notebooks of Malte Laurids Brigge.* New York: W.W. Norton & Company.

Rilke, R.M. (1977). *Possibility of Being: A Selection of Poems.* New York: New Directions.

Rilke, R.M. (1987). *Rilke and Benvenuta: An Intimate Correspondence.* New York: Fromm International.

Rockmore, T. (2011). *Kant and Phenomenology.* Chicago: The University of Chicago Press.

Romano, C. (2009). *Event and World.* Bronx, NY: Fordham University Press.

Rorty, R. (1979). *Philosophy and the Mirror of Nature.* Princeton, N.J.: Princeton University Press.

Rosen, S. (2002). *The Elusiveness of the Ordinary.* New Haven: Yale University Press.

Ross, K. (1997). French quotidian. In: L. Gumbert (ed). *The Art of the Everyday: The Quotidian in Postwar French Culture.* New York: New York University Press.

Rötzer, F. (1995). *Conversations with French Philosophers*. New York: Humanity Books.

Rümke, H.C. (1953). Over afkeer van de eigen neus. In: J.H. van den Berg and J. Linschoten (eds) (1953). *Persoon en Wereld*. Utrecht: Bijleveld, 46-58.

Rümke, H.C. (1988). *Fenomenologie en Psychiatrie*. Kampen: Kok Agora.

Sartre, J.P. (1956). *Being and Nothingness*. New York, NY: Philosophical Library.

Sartre, J.P. (1963). *In Search of a Method*. New York, NY: Vintage Books.

Sartre, J.P. (1974). *Selected Prose: The Writings of Jean-Paul Sartre*. Evanston: Northwestern University Press.

Sartre, J.P. (1977). *Life / Situations: Essays Written and Spoken*. New York, NY: Panteon Books.

Sartre, J.P. (1978). *Sartre by Himself*. New York, NY: Urizen Books.

Sartre, J.P. (1991). *The Transcendence of the Ego: An Existentialist Theory of Consciousness*. New York, NY: Hill and Wang.

Sartre, J.P. (1993). *Essays in Existentialism*. New York, NY: Citadel Press.

Sartre, J.P. (2007). *Nausea*. New York, NY: New Directions Books.

Sawicki, M. (1998). Personal connections: the phenomenology of Edith Stein. *Lecture, delivered at St. John's University in New York*. Available: www.library.nd.edu/colldev/subject_home_pages/catholic/personal_connections.shtml

Scheler, M. (1970). *The Nature of Sympathy*. Hamden, Conn: Archon Books.

Scheler, M. (1972). *Ressentiment*. New York: Schocken Books.

Scheler, M. (1973). *Formalism in Ethics and Non-Formal Ethics of Values: A New Attempts toward the Foundation of an Ethical Personalism*. Evanston: Northwestern University Press.

Schutz, A. (1970). *On Phenomenology and Social Relations*. Chicago: The University of Chicago Press.

Schutz, A. (1972). *The Phenomenology of the Social World*. London: Heinemann Educational Books.

Schutz, A. and Luckmann, T. (1973). *The Structures of the Life-World*. Evanston: Northwestern University Press.

Schutz, A. (1970; 1971; 1973). *Collected Papers, 3 Volumes*. The Hague: Martinus Nijhoff.

Serres, M. (1997). *The Troubadour of Knowledge*. Minnesota: The University of Minnesota Press.

Serres, M. (2007). *The Parasite*. Minnesota: The University of Minnesota Press.

Serres, M. (2008). *The Five Senses: A Philosophy of Mingled Bodies*. New York, NY: Continuum.

Shapiro, K. (1968). *Selected poems*. New York: Random House.

Simms, E.M. (2008). *The Child in the World: Embodiment, Time, and Language in Early Childhood*. Detroit: Wayne University Press.

Spiegelberg, H. (1975). *Doing Phenomenology: Essays On and In Phenomenology*. The Hague: Martinus Nijhoff.

Spiegelberg, H. (1982). *The Phenomenological Movement, A Historical Introduction*. The Hague: Martinus Nijhoff.

Spradley, J.P. and McCurdy, D.W. (1972). *The Cultural Experience: Ethnography in Complex Society.* Long Grove, Ill: Waveland Press, Inc.

St. Augustine. (1960). *The Confessions.* New York: Doubleday.

Stein, E. (1989). *On the Problem of Empathy.* Washington, DC: ICS Publications.

Stein, E. (1994). Der Aufbau der menschlichen Person. In: L. Gelber & M. Linssen (eds). *Edith Steins Werke,* vol. 17. Freiburg im Breisgau: Herder.

Stein, E. (2000). *Philosophy of Psychology and the Humanities.* Washington, DC: ICS Publications.

Stein, E. (2009). *Potency and Act.* Washington, DC: ICS Publications.

Steiner, G. (1989). *Real presences.* Chicago: The University of Chicago Press.

Stiegler, B. (1998). *Technics and Time, 1: The Fault of Epimetheus.* Stanford, Cal: Stanford University Press.

Stiegler, B. (2009). *Acting Out.* Stanford, Cal: Stanford University Press.

Stiegler, B. (2009). *Technics and Time, 2: Disorientation.* Stanford, Cal: Stanford University Press.

Stiegler, B. (S. Barker, transl.) (2010). *Taking Care of Youth and the Generations.* Stanford, CA: Stanford University Press.

Strasser, S. (1974). *Phenomenology and the Human Sciences.* Pittsburgh: Duquesne University Press.

Strasser, S. (1985). *Understanding and Explanation.* Pittsburgh: Duquesne University Press.

Strauss, E.W. (1966). *Phenomenological Psychology.* New York: Basic Books.

Strauss, E.W. (1982). *Man, Time, and World.* Pittsburgh: Duquesne University Press.

Taminiaux, J. (1991). *Heidegger and the Project of Fundamental Ontology.* Albany, NY: SUNY Press.

Thomas, D. (1954). *Reminiscences of Childhood.* In: Quite Early One Morning. London: Aldine House, 1-14.

Thomson, I. (2000). From the question concerning technology to the quest for a democratic technology: Heidegger, Marcuse, Feenberg. *Inquiry: An Interdisciplinary Journal of Philosophy,* 44(3), 243-268.

Thomson, I. (2005). Heidegger on Ontotheology: Technology and the Politics of Education. Cambridge: Cambridge University Press.

Tolstoy, L. (1981). *The Death of Ivan Ilyich.* New York: Bantam Dell.

Toombs, S.K. (ed) (2001). *Handbook of Phenomenology and Medicine.* Dordrecht: Kluwer.

Van den Berg, J.H. and Linschoten, J. (eds) (1953). *Persoon en Wereld.* Utrecht: Bijleveld.

Van den Berg (1953). Het Gesprek. In: J.H. van den Berg and J. Linschoten (eds) (1953). *Persoon en Wereld.* Utrecht: Bijleveld, 136-154.

Van den Berg, J.H. (1961). *The Changing Nature of Man.* New York, NY: Delta.

Van den Berg, J.H. (1966). *The Psychology of the Sickbed.* Pittsburgh: Duquesne University Press.

Van den Berg, J.H. (1970). *Things—Four Metabletic Reflections.* Pittsburgh: Duquesne University Press.

Van den Berg, J.H. (1972). *A Different Existence*. Pittsburgh: Duquesne University Press.

Van den Berg, J.H. (1987). The human body and the significance of human movement. In: J.J. Kockelmans (ed). *Phenomenological Psychology: The Dutch School*. Dordrecht: Martinus Nijhoff Publishers, 55-77.

Van Hezewijk, R. and Stam, H.J. (2008). Idols of the psychologist Johannes Linschoten and the demise of the phenomenological psychology in the Netherlands. *History of Psychology*, 11, 185-207.

Van Lennep, D.J. (1987a). The hotel room. In: Kockelmans, J.J. (ed) (1987).*Phenomenological Psychology: The Dutch School*. Kluwer, Dordrecht, 209-215.

Van Lennep, D.J. (1987b). The psychology of driving a car. In: Kockelmans, J.J. (ed)(1987). *Phenomenological Psychology: The Dutch School*. Kluwer, Dordrecht, 217- 227.

Van Manen, M. (1990; 1997). *Researching Lived Experience: Human Science for an Action Sensitive Pedagogy*. Albany, NY: SUNY Press; London, Ont: Althouse Press.

Van Manen, M. (1991). *The Tact of Teaching: The Meaning of Pedagogical Thoughtfulness.* London, Ont: The Althouse Press.

Van Manen, M. and Levering, B. (1996). *Childhood's Secrets: Intimacy, Privacy, and the Self Reconsidered.* New York: Teachers College Press. Available: http://archive.org/details/childhoodssecret00-vanm

Van Manen, M. (1997). From meaning to method. *Qualitative Health Research: An International, Interdisciplinary Journal,* Sage Periodicals Press, 7(3), 345-369.

Van Manen, M. (1999). The pathic nature of inquiry and nursing. In: I. Madjar and J. Walton (eds). *Nursing and the Experience of Illness: Phenomenology in Practice*. London: Routledge, 17-35.

Van Manen, M. (ed) (2001). *Writing in the Dark: Phenomenological Studies in Interpretive Inquiry.* London, Ont: Althouse Press.

Van Manen, M. (2002). Care-as-worry, or "Don't worry be happy". *Qualitative Health Research: An International, Interdisciplinary Journal.* Sage publications, 12(2), 264- 280.

Van Manen, M. (2007). Phenomenology of practice. *Phenomenology and Practice*, 1(1), 11-30.

Van Manen, M. and Adams, C. (2009). The phenomenology of space in writing online. *Educational Philosophy and Theory,* 41(1), 10-21.

Van Manen M. (2012). The call of pedagogy as the call of contact. *Phenomenology of Practice,* b(2),8-34.

Van Manen M.A. (2011). Looking into the neonatal isolette. *Medical Humanities,* 38(1).

Van Manen, M.A. (2012a). The medium, the message, and the massage of the neonatal monitor screen. In: Y. van den Eede, J. Bauwens, J. Beyl, M. van den Bossche, and K. Verstrynge. (eds). *Proceedings of 'McLuhan's Philosophy of Media'—Centennial Conference* / Contact Forum, 26-28 October 2011. Brussels, BE: Royal Flemish Academy of Belgium for Science and the Arts.

Van Manen, M.A. (2012b). Technics of touch in the neonatal intensive care. *Medical Humanities,* 38(2), 91-96.

Van Manen, M.A. (2012c). Ethical responsivity and pediatric parental pedagogy. *Phenomenology and Practice*, 6(1), 5-17.

Van Manen, M.A. (2012d). Carrying: parental experience of hospital transfer of their baby. *Qualitative Health Research*, 22(2), 199-211.

Van Manen, M.A. (2013). *Phenomena of Neonatology*. Unpublished dissertation. Edmonton, AB: University of Alberta.

Van Manen, M.A. (2014). On ethical (in)decisions experienced by parents of infants in NICU. *Qualitative Health Research*, 24(1).

Verhoeven, C. (M. Foran, transl) (1972). The *Philosophy of Wonder*. New York: Macmillan.

Verbeek, P-P. (2005). *What Things Do: Philosophical Reflections on Technology, Agency, and Design*. Philadelphia: Penn State University Press.

Verbeek, P-P. (2011). *Moralizing Technology: Understanding and Designing the Morality of Things*. Chicago: University of Chicago Press.

Visker, R. (1998). Dis-possessed: how to remain silent "after" Levinas. In: S. Harasym (ed). *Levinas and Lacan: The Missed Encounter*. Albany, NY: SUNY Press, 182- 210.

Waldenfels, B. (2007). *The Question of the Other: The Tang Chun-I Lecture for 2004*. Albany, NY: SUNY Press.

Waldenfels, B. (2011). *Phenomenology of the Alien: Basic Concepts*. Evanston, IL: Northwestern University Press.

Welton, D. (ed) (1999). *The Body: Classic and Contemporary Readings*. Oxford: Basil Blackwell.

Wittgenstein, L. (G.E.M. Anscombe, transl) (1968). *Philosophical Investigations*. Oxford: Basil Blackwell.

Wittgenstein, L. (1982). *Last Writings on the Philosophy of Psychology*, Vol. 1. Oxford: Basil Blackwell.

Wood, D. (2002). *Thinking after Heidegger*. Malden, MA: Basil Blackwell.

Zahavi, D. (1999). *Self-Awareness and Alterity*. Evanston, Ill: Northwestern University Press.

Zaner, R.M. (1971). *The Problem of Embodiment: Some Contributions to a Phenomenology of the Body*. The Hague: Martinus Nijhoff.

人名索引①

Abé，Kobo，安部公房，41，392

Abraham and Isaac，亚伯拉罕与以撒，156，157，245

Achterhuis，Hans，汉斯·阿赫特胡伊斯，159，308，392

Adams，Cathy，凯瑟琳·亚当斯，214，309，392

Agamben，Giorgio，吉奥乔·阿甘本，21，22，24，29，31，73，83，84，175–177，191，211，259，260，309，352，392

Alpers，Svetlana，斯维特拉娜·阿尔珀斯，195，196，392

Aquinas，Thomas，托马斯·阿奎那，101

Arendt，Hannah，汉娜·阿伦特，73，81，111，132，148–151，392

Aristotle，亚里士多德，149，175–177，186，259

Bachelard，Gaston，加斯东·巴什拉，44，47，144–146，191，261，262，284，305，392

Barthes，Roland，罗兰·巴特，31，169，252，253，349，364，392

Bataille，Georges，乔治·巴塔耶124，139，167，169，170

Baudelaire，Charles，查尔斯·波德莱尔，284，285，293，294，343

Beekman，Anthony，安东尼·比克曼，208，209，392

Beets，Nicolas，尼古拉·比茨，194，198，206–208，281，308，349，393

Benjamin，Walter，瓦尔特·本雅明，148，175，176

Benner，Patricia，帕特里夏·贝娜，162，393

Benso，Sylvia，西尔维娅·班索，65，393

Bergson，Henri，亨利·柏格森，284，393

---

① 本索引所标页码为英文版页码，参见中译本边码。

Foucault, Michel, 米歇尔·福柯, 20,
114, 139, 161, 162, 385, 394

Gadamer, Hans-Georg, 汉斯－格奥尔
格·伽达默尔, 22, 30, 40, 42,
70, 71, 73, 132–134, 137, 144,
159, 185, 186, 241, 242, 261,
262, 283, 287, 330, 343, 354,
362, 385, 394

Garver, Newton, 牛顿·加弗, 366,
395

Geertz, Clifford, 克利福德·格尔茨,
167, 395

Gendlin, Eugene, 尤金·简德林,
268, 395

Giorgi, Amedeo, 阿玛迪欧·吉奥吉,
137, 194, 209, 210, 211, 212,
395

Gosetti-Ferencei, Jennifer Anna, 詹妮弗·安
娜·格塞迪－弗伦采, 47, 73, 187–
191, 395

Gusdorf, Georges, 乔治·古斯多夫,
194, 393, 395

Harmann, Graham, 格雷厄姆·哈曼,
51, 52, 395

Hegel, Georg Wilhelm Friedrich, 格奥尔
格·威廉·弗里德里希·黑格尔,
21, 75, 81–85, 139, 169, 175,
247, 260, 384, 389, 395, 399

Heidegger, Martin, 马丁·海德格尔,
13, 15, 17, 21, 24, 27–29, 37,
41, 44, 47–50, 57–59, 62, 69,
71, 73, 75, 79, 81, 84–88, 96,
97, 101, 104–114, 118, 120, 132,
137, 139, 140, 148, 149, 155,
159–161, 167, 169, 171, 174,
175, 177–179, 181, 182, 184–188,

191, 194, 203, 205, 212, 218,
219, 220, 223, 224, 226, 227,
231, 232, 234–239, 258, 260,
262, 263, 269, 306, 308, 309,
342, 343, 350, 351, 364, 366,
372, 374, 384, 395, 398, 399,
401, 402

Heim, Michael, 迈克尔·海姆, 20,
396

Henry, Michel, 米歇尔·亨利, 17,
21, 22, 29, 53, 63, 64, 73, 151–
154, 173, 191, 234, 235, 258, 396

Husserl, Edmund, 埃德蒙德·胡塞
尔, 15, 17, 21, 26, 29, 39, 40,
43, 44, 48, 50, 52, 53, 55–57,
61–64, 67, 72, 73, 75, 78, 79,
81, 88–96, 97, 98, 100, 101,
103, 105–107, 111–114, 119–121,
127, 130, 131, 133–135, 137,
146, 148, 152, 154, 155, 157,
159–161, 165, 167, 175, 177–179,
181, 182, 184, 185, 189–191,
193, 194, 210–212, 215, 216–220,
223, 229, 231, 232, 234, 236,
248, 294, 312, 344, 351, 364–
367, 394–396

Ihde, Don, 唐·伊德, 73, 159–161,
308, 309, 396

James, Ian, 伊安·詹姆斯, 170, 396

Janicaud, Dominique, 多米尼克·雅尼
哥, 173, 234, 396

Jaspers, Karl, 卡尔·雅斯贝尔斯,
22, 148

Jay, Martin, 马丁·杰伊, 384, 396

Kant, Immanuel, 伊曼纽尔·康德,
48, 51, 63, 75, 79–81, 82, 97,

主题索引[①]

abduction，本源诱发，140，344，345

absence，缺席，17，55，59，60，121，155，196，258，289，367–370

active passivity，主动的被动性，238，344，345–347

adumbration，轮廓，63，90，137

agogy，agogics，引导，（参见教育学，pedagogy），19，23，30，269

alterity，他异性（参见他者性，otherness），52，64，114–118，160，163，166，231–233，254，260，303，368

ambiguity，模糊性，ambiguous，模糊的，21，42，45，46，57，89，114，126，130，135，139，141，151，176，178，181，221，230，239，242，248，256，273，277，280，283，320，337，340，351，367

analysis：分析：conceptual，概念分析，257，323，324；eidetic，本质分析，190；phenomenological，现象学分析，26，64，105，164，199，206，211，236，244，248，257，297–310，345，349，368，375；thematic，主题分析，31，221，319–323

anamnesis，长记忆，372

anecdote，轶事，29–31，34，46，55，89，120，175，205，206，211，239，241，244，248，251，300–302，313，317，320，322，325，348，353，381；as example，作为事例，256–260；as image，作为形象261–263；editing，编辑，242，254–256，321；writing，写作，251–254，377，380

apodictic，绝对的，79，89，90，154，351

appearance，出现或表象，58，60–62，65，68，80，91，96，108，110，121，131，149，150，176，179，263，264，370

126，131，137，239；Cézanne's doubt，塞尚的怀疑，131

eidos，本质，150，177，228–231，234，263

emergent emergency，紧急的突发，239，346

empathy，移情（参见同情，sympathy），100–103，211，268

empirical phenomenology，经验现象学，148

Epimetheus，埃庇米修斯，182，183，245

epistemology，认识论，13，15，39，40，46，52，57，79，95，100，105，106，120，147，176，185，216，220，231，232，237，243，284，295，343，344，364，388

epoché，悬置，27，28，32，52，61，72，78，91，138，188，215–228，233，235，312，320，344，347，354，389，391

erfahrung，有意义的生活经验，40

erlebnis，生活经验，39，40，57，89

Eros and Psyche，厄洛斯与赛琪，246，247

eros，爱欲，165，166，246，247，303，309

essence，本质，27，46，52，78，80，89，90，92，96，97，98，109，110，113，123，127，131，142，153，180，183，184，189，191，212，217，218，229，231，232，235，236，237，259，262，263，295，309，343，368，377，390

ethics，伦理，ethical，伦理的，13，

52，65，68，97，98，100，113，115–117，126，133，136，140，157，162，163，166，167，213，221，222，228，231–233，240，243，245，267，269，281，303，309，310，338，339，340，348，356，366

ethnography，人种志，30，43，54，146，147，173，194，209，256，298，311，317，319，347，348，353

ethnomethodology，常人方法学，30，43，146，147，194

Eurydice and Orpheus，欧律狄刻与俄耳甫斯，140–143，163，164，180，245，368–373，377

evential，事件的，64，191–193，218，234

evidence，证据，79，89，91，96，108，150，154，170，180，219，250，286，351，352；apodictic，绝对的，79，89，90，154，351；evidence-based practice，以证据为基础的实践，351；experiential，经验的，89；self-evidence，自我明证，79，91，219

evocative，唤出的，47，50，54，59，68，120，127，144，164，168，174–176，188，200，227，241，242，249，250，254–256，261，262，283，285，290–292，296

example，事例，302，312，313，314，316，317，325，348，350，352，353，366，376，377，388；model，模式，186，187，259；paradigm，范式，19，175–177，186，230，249，

174，185-187，197，212，222，
224，225，231，242，243，248，
259，282，312，317，318，362，
367，376，378

heuristic，启发性的，17，150，212，
222-224，228，237，297，302，
344-346，355，376

human science:Geisteswissenschaften，人文
科学，22，29，84

hyper reflection，超级反思，127，172，
226

hypomnesis，短记忆，371，372

identity，身份认同，self-identity，自我
身份认同，27，35，52，56，82，
84，105，123-125，136-139，155，
158，181，196，204，217，232，
244，246，306，309，321，381-385

idem，同一性，138，259

illness，疾病，40，58，170，203，
213，251，252，279，280，281，
283，290，315，318，325-341，
345，378

il-y-a，有或本有，17，258，371

in-being，在世，69

inception，开端，24，36，109，110，144，
235-239，345

incept，开端，206，237，239，259；
Begriff（concept），概念，237，239；
Inbegriff（ingrasping），典范或开端，
237，239

inceptual，开端的，inceptive，开端性
的，inceptuality，开端性，17，22，
27，29，40，43，50，52，109，
110，144，164，171，187，217，
235-239，344，346，355，356，

376，378，388，389

image，图像或形象，18，20，29，31，
43，46，50，63，86，118，125，
139-146，149，150，163，164，
168-171，176，190，191，218，
225，230，238，241，242，250-
253，260-265，269，284，285，287，
289，291，292，334，339，343，
354，369-371，377，389

induction，归纳法，176，218，344

inner，内在，innerliness，内在性，131，
146，155，158，167，202，203，263，
266，281，305，322，358，365；es-
sence，本质，92；experience，经验，
282，388；life，生活，61，200，202，
227，265，281，282，304，388；
meaning，意义，263，265，266；per-
ception，感知，91，102，244；self，自
我，139，323，358；speech，言语，
writing，写作，365；world，世界，
112，199，281，304，305，323

in-seeing，看穿，68，69

insight cultivators，洞见培养者，324-327

intentional，意向性的，intentionality，
意向性，40，62-65，79，91，94，
95，98，105，107，114，117，121，
122，136，137，138，152，178，
181，182，223，229，232，234，
253，264，289，344，351，367，
385；nonintentional，非意向性的，
62-65，152，234，343，344，377；
object，客体，91，94，95，105，
234，264，344，367，368；subject，
主体，63，181

interview，访谈，30，31，70，118，139，
155，166，182，227，248，251，

90，146，201，211，212，226，
229，282，317，342，344，347，
350，352，364，388

moment，时刻：instant of the now，此刻
的瞬间，34，35，55-60，81，94，
102，114，236，246，282，294，
367，368，369，385，388；macro-
moment，宏观时刻，34，35；micro-
moment，微观时刻，34，35

name forgetting，忘记名字，190，256，
378，382，383，389，390

naming，命名，21，51，52，82，106，
127，163，164，258，281，378-389

natural attitude，自然态度，13，34，
42，43，66，91，92，133，189，
195，215，220，222

nausea，恶心，47，119，120，318，319

neuroscience，神经科学，neurophysio-
logy，神经生理学，67，217，346

noesis，意向活动，noema，意向相关
项，94，220

nonintentionality，非意向性，参见意向
性，intentionality

noumenon，本体，51，80，81，82

now，此刻，参见时刻，moment：此刻
的瞬间，instant of the now

objectivism，客观主义，277，278

observation，观察，30，31，43，65，
69，77，92，120，124，133，201，
209，248，251，254，259，267，
311，313，317，318，351，352，
354

onto-theology，存在神学，110，308，
309

originary，原初的，17，24，39-41，52-
54，57，79，93，109，112，114，
116，152，153，164，171，172，
178，179，186，217，239，245，
259，320

otherness，他者性（参见他异性，al-
terity），27，51，52，64，114，115，
163，173，232，246，303，306，
338，340，389

pathic，感受的，20，24，29，30，62，
87，100，130，144，146，167，
168，169，189，240，242，243，
250，265，266，267-281，292，
295，343，386；hand，手，227，278；
knowledge，知识，267，268，270，
278

pathognomy，情感性，269

pathos，热情，17，18，19，23，24，
26，27，36，71，76，79，87，90，
143，152，153，198，238，268

pedagogy，教育学，15，19，22，101，
127，163，197，198，206，208，
209，212，213，214，243，309，
312，350，366；agogy，引导，19

phatic，交际的，268

phenomenality，现象性，18，19-22，
29，31，38，46，63，153，177，
179，180，234，343，371

phenomenological question（ing），现象
学问题（提问），13，19，27，29，
31-39，57，59，65，74，105，127，
132，152，158，185，219，223，
224，227，234，254-256，286，
297-299，316，350，355，356，
360，376，386

phenomenological seeing，现象学的看，48，188，189，253

phenomenological writing，现象学写作，13，18，20，30，46，48，71，164，175，176，191，196，197，230，240，250，261，266，282，284，289，295，297，312，357–374，378，385，389

phenomenology，what is? 现象学，什么是? 22，26–31

philology，语文学，100，132，175–177，191，221，240–296，389，391

poetic，诗性的，24，29，37，43，44–46，48，50，59，67，68，85，86，87，109，110，130，141，144，145，150，161，163，165，168，170，174–176，187–191，196，197，205，213，238，239，242，249，261–268，283–285，287，289，291，295，296，305，345，364，368，369，372，377，391

postmodern，后现代，17，40，86，204

preduction，预备诱发，344，345

presence，在场，17，21，34，55，59，64，70，71，104–106，108，114，126，132，140，141，143，153，155，160，170，174，184，199，201，217，232，241，242，250，263–265，267，268，285，287–289，302，319，333，343，344，363，367–370

presentative，呈现的，representative，再现的，370，371

primal impressional consciousness，原初印象意识，52–57，95，96，114，184，294，367

protention，预持（前摄），52，56，95，184，185，294，367；retention，滞留，52，56，95，114，184，185，294，367，368

primal objects，原初物体，16

Prometheus，普罗米修斯，182，183，184，245

punctum，刺点，31，169，252，253，320

qualis，质，36，62

quotidian，平凡的，15，39，42，119，187，188，189，191，195–198，239

reduction，还原：eidetic，本质的，216，228–231，234，236，290，347，351；erotic，爱欲的，181；ethical，伦理的，231；existential，存在的，178，181；ontological，存在论的，181，231，232，234；originary，原初的，222，228，235–239；phenomenological，现象学的，42，51，52，92，96，107，178，215，217，219，220，223；philological，语文学的，221；proper，本身，27，32，61，217，222，228–239；radical，激进的，233–235，239；transcendental，超验的，91，178，216，219

remembrance，记忆，56，189，190，216，217，218

retrospection，回顾，147，192，193

sample，样本，249，347，352，253

saturated phenomena，充溢现象，17，178

secret，secrecy，秘密，17，33，111，125，142，155–158，171，174，176，188，192，193，195，198，199，200，202，216，228，229，230，231，246，248，268，281，298–307，320–324，348，351，352，366，370

seduction，引诱，19，344

self-evidence，自我明证，参见证据，evidence

self-givenness，自身被给予性，61，64，65，93，153，180，181，220，233–235，260

sense certainty，感觉确定性，83

showing and self-showing，呈现与自我呈现，19，28，48–50，108，131，172，179，180，290，292，309，323，343

singularity，独一性，the singular，独一，17，27，29，30，39，40，56，60，61，82，83，84，86，104，156，157，167，168，169，170，171，172，176，177，184，189，196，220，228，232，237，246，256–260，303，352，353，383，384，390

subjectivism，主体主义，159，227

subjectivity，主体性，13，34，55，62–65，79，92，137，139，151，152，153，154，157，185，217，219，233，234，239，244，334，335，338，349，380，383

sublime，崇高，344

sympathy，同情（参见移情，empathy），97，98，202，268，329，336

tact，机智，15，20，24，31，62，66，68，70，71，145，200，228，243，267，271，279，281，282，316，351，360，375，377，378，388

thematic analysis，主题分析，参见分析，analysis

theory，理论，theoretical，理论的，theorizing，理论化，13，16，17，26，29，39，41，44，45，54，58，61，65–68，70，71，89，96，102–104，109，119，133，164，169，194，206–208，210，213，219，222，224–226，228，230，233，236，237，239，256–259，270，280，281，286，297，299，311，319，326，337–339，342，344，347，350，353–355，364，372，376，385，390

thing-in-itself，物自体，51，63，80

thoughtfulness and tact，敏思与机智，20，31，68，70，282，388

to the things（zu den Sache），回到事物本身，28，41，43，50–52，81，92，93，96，105，121，152，178，179，185，234，250，269，335，341，343，360，367，372

touch，触碰，self-touch，自我触碰，18，27，35，47，52，53，55，58，62，68，108，116，117，131，142–144，153，154，168–172，181，192，217，218，233，238，246，247，249，261，262，265，267，272–281，304，336，360，363，369–371，373，379，390

transcendent，超验的，transcendence，超验，53，64，68，90，92，107，137，153，157，161，173，192，

译者后记

——兼论翻译之（不）可能

现象学家保罗·利科曾说，翻译不可能是完满的过程。翻译若要可能，译者就要从一开始承认失去（acknowledgement of loss），接受意义在语言间转换时的必然损失，接纳翻译之于生动意义世界的终极不可能（利科，《论翻译》，*On Translation*，2006）。范梅南先生的巨著《实践现象学：现象学研究与写作中意义给予的方法》的翻译工作已经进行将近三年了。在中文版即将付梓之际，回顾翻译中的艰辛、喜悦、顿悟与困惑，两位译者不由得在利科式的怅然若失中叩问自己：我们工作的成果能否不负先生重托？我们对于中英文语词的拿捏与取舍能否将本书的真义传递给中国读者？实践现象学和现象学教育学的翻译，归根结底，是可能的吗？

熟悉范梅南名字的读者，多少会了解他的研究领域"现象学教育学"和他专著的一些中译本，如《教学机智》《生活体验研究》《儿童的秘密》等。进入 21 世纪以来，随着我国教育改革的不断深化和教育研究的不断发展，对国外教育理论尤其是北美课程教学理论已经从初步介绍走向了纷繁多元的深度对话。质性研究方法、后结构主义、后现代课程、生活世界研究、叙事研究、批判教育、行动研究等新鲜语汇不断刺激着我国教育者对现实的把握，提供了不竭的思想源泉。对现象学教育学的兴趣便是在此背景中兴起的。自 2001 年起，范梅南及其学生多次来华交流，以及翻译和引介范梅南著作，不但吸引诸多研究者、学生以及一线教师尝试从现象学的视角看教育，并且促成了例如首都师范大学教育学院这样以现象学教育学为特色的教学研究机构的发展。本书两位译者的人生轨迹和学术路径都以此为背景，与现象学教育学和范梅南本人结缘。

2008年，范梅南应首都师范大学教育学院之邀做演讲。译者蒋开君当时师从宁虹教授读博士，有幸为范梅南做口译，对其生动的演讲和人格魅力留下了深刻的印象。之后，与先生大量邮件往来，受益匪浅，其中人性的温暖、学者的激情与智慧尤其令人动容。2011年，蒋开君完成博士论文《范梅南现象学教育学思想研究》，系统梳理了范梅南的思想及其启示。2014年，在郭兴举编辑的大力帮助下，该论文以书名《走近范梅南》在北京师范大学出版社出版。2015年10月中旬，蒋开君赴加拿大访学一年，在阿尔伯塔大学学习"现象学研究与写作"的课程。一踏上北美的土地，他便受到范梅南先生及家人无微不至的关怀，不由让人联想起张再林先生在文章《体贴》中讲述的那位美国老太太（房东）对他的体贴入微。由于他们的体贴与爱心，蒋开君才能在埃德蒙顿舒适生活、潜心问学。

2006年，在首都师范大学教育学院，宁虹教授带领下的学术团队举办了第一届现象学教育学大会。会上范梅南和莱维林的演讲给当时还是本科生的译者尹垠留下了深刻的印象：教育研究原来还能以这样一种生动深刻、尊重具体经验的方式展开。2010年，在第二届现象学教育学大会上，时为硕士研究生的尹垠为凯瑟琳·亚当斯教授做同声传译，同时为亚当斯的研究水准、写作风格及其待人接物中的教育机智所深深触动。（2010年范梅南退休之后，亚当斯在阿尔伯塔大学教育学院中等教育系主持实践现象学的研究与教学工作。其对教育技术现象学的开创性研究，在本书第七章、第十章有详细描述。）2011年，尹垠来到阿尔伯塔大学教育学院攻读博士，并随后在教育学院担任教学、研究助理，并在埃德蒙顿公立学校系统兼任教学工作。中等教育系深厚的课程理论学术氛围和强烈的实践指向，让她有机会仔细甄别现象学与其他教育研究流派的渊源，并且了解北美现象学教育学所扎根的实践基础和社会环境。通过大量参与相关研究课题和国际学术会议、发表研究论文、担任《现象学＋实践》国际期刊特约编辑和"现象学研究与写作"博士生课程助教，以及从事现象学方法短期工作坊教学，尹垠积累了深厚的英文现象学写作与研究功底和丰富的教学经验。此外，她还与范梅南、亚当斯和迈克尔·范梅南在世界很多国家做工作坊和讲座。(迈克尔为范梅南之子,现任阿尔伯塔大学医学与牙科学学院儿科学系教授,阿尔伯塔大学儿童医院新生儿科医生,从事与新生儿科实践伦理相关的现象学研究。自2012年任职起,他便与亚当斯共同讲授"现象学研究与写作"的课程。)尹垠有幸见证来自不同国家和地区、使用不同语言的学者和研究生对实践现象学的领悟与困惑,理解现象学作为人文科学研究方法在国际范围内的发展,并在范梅南的言传身教中深切感受其大师的魅力。

无论是在加拿大埃德蒙顿、维多利亚、安蒂哥尼什,荷兰乌特勒支,还是在丹麦阿尔堡,中国北京,每到一处,范梅南似乎都有一种神奇的力量,能够在课堂上或演讲中把最普通的日常生活经验点石成金,以晓畅的语言进行深刻的反思,令听众和学生沉浸在对现象学和人文科学研究的向往之中,既迷惘,又心怀希望。正如海德格尔在他的演讲中以近乎苛刻的态度来遣词造句、营造效果,范梅南在他的言谈中,以具身的方式向人们呈现了实践现象学的反思性和感召性。而在他的文本中就更为如此。范梅南学养的深厚,在于他承接、发扬了欧陆现象学的传统,特别是荷兰乌特勒支学派不重现象学哲学探讨、强调以现象学方法来引导专业实践的指向。范梅南的开创性,尤其在于他将现象学研究的方法论维度和写作中语言意义的重要性,以前所未有的清晰方式阐述出来,搭建了欧陆与北美和世界其他地区之间,现象学哲学和人文科学、社会科学之间,"理论"与"实践"之间的桥梁。

范梅南的研究旨趣主要在于两个领域:"现象学教育学"和"现象学人文科学研究与写作"。通过本书的出版,他将自己继承发扬的现象学人文科学流派明确称为"实践现象学",目的在于强调这种方法的实践旨趣。(以前他采用过"解释学现象学"的称谓,强调语言在探究人类经验中的原初性,但是这一说法容易与自海德格尔以降的解释学现象学哲学相混淆。)因此,本书不仅是现象学教育学领域的方法论书籍,也同时为心理学、医学、护理学等人文科学的研究和实践提供了取之不竭的方法论源泉。实际上,加拿大本土和世界各地的现象学课程与工作坊中的学员来自各个人文科学领域,这表明实践现象学成为交叉学科甚至是超越学科界限的研究取向。

在教育研究与实践中,实践现象学促使我们关心儿童的意识与经验,关注教师作为实践者的专业意识品质的培养，关怀教育作为人在世界中的本真存在方式。现象学教育学在我国十多年来的发展，为教育研究者和实践工作者的继续开拓打下了基础，同时也提出了更高的要求。比如，我们在该领域已经积累了大量引介性的、理论性的探讨，接下来的挑战恐怕集中于如何运用实践现象学方法开展教育研究。并且，我国的研究者要进一步甄别实践现象学和其他质性研究的区别与相似之处。再次，由于学科传统的影响，现象学教育学一直以来也或多或少以现象学哲学的分支的方式进行讨论，具体表现为注重探讨哲学源流和发展理论框架。而实践现象学给我们的启示便在于要以教育教学实践为研究的出发点和归宿，增强教育学的独立性。正如范梅南本人一再强调的，本书中虽然也涉及对现象学哲学的源流和诸多哲学家的思想的介绍，但目的并不在于理论研究，而在于帮助读者从那些伟大的现象学家身上采撷洞见，启迪我们对生活经验的探究。最后，在当前越加国际化的学术环境中，我们如何在自己的语言文化情境里探究现象学教育学研究和写作的可能性，又如何在世界实践现象学研究的舞台上发出汉语学界的独特声音？这些问题，恐怕有待读者在阅读本书的过程当中，通过不断体悟和实践来逐渐形成自己的回答。

为了使两位译者的知识背景能够相得益彰，我们在翻译时做了如下分工：尹垠负责前言与第一、二、八、九、十、十三、十四章共七章的翻译和校对工作，这七章的侧重点为实践现象学的方法论阐释与现象学写作的示例；蒋开君负责侧重现象学历史源流与现象学家引介的章节，即第三、四、五、六、七、十一、十二章共七章的翻译和校对工作。伽达默尔在《真理与方法》（2004）中说过，所有翻译的过程都同时是诠释的过程（p. 386）。作为译者的我们深知，译文本身早就在有意和无意之间被我们对实践现象学的理解所浸染，这体现在词语的选择、句法的组织和语言整体感觉的营造中。我们自认已尽力提供一个中肯的、切合原文的译本，尽量不曲解范梅南的原意，为中国读者呈现一封做实践现象学的邀请函。然而，我们也想对读者致歉，因为你们对实践现象学的探索，将难免会被我们的诠释所过滤。因此，在翻译时，我们尽量将有特别意义的词组和专有名词的英文夹注在译文中，方便读者参照。在翻译核心概念时，即使可以参照现有的一些哲学译作，但是现象学概念的复杂性，以及在实践现象学中的具体用法，让两位译者可谓绞尽脑汁，有时不免就分歧的意见进行考据、展开深入的讨论。例如，"experience"一词，到底译成"经验"还是"体验"？海德格尔后期使用的"Seyn（Beying）"，译成"存有"还是"存在"？在综合权衡现象学传统、英文原义、现有汉语翻译，以及中英文语言使用习惯的基础上，我们尽可能选择合适的语词，并且将我们的讨论以译注的形式呈现给读者。正因如此，我们诚挚邀请有余力的读者对照英文原著进行阅读，以期获得更加深入的理解，并对我们的翻译进行指正。

实践现象学文本在语文学上的感召性，对译者提出了极大的挑战，有时甚至会令译者感到沮丧和绝望。在翻译的过程中，我们时时纠结于翻译之不可能。这些意义，真的能够翻译成中文，而不失其鲜活和深刻吗？选择了一个看似对应的中文词，固然在程序上实现了转译，却仿佛已经在一定程度上扭曲甚至是扼杀了原文所企图表达的隐含意义或英语语言所凝练的特殊意象。现象学文本之感召维度，正如诗歌之生动，脱胎并且凝固于某种特定的语言里，注定无法恰当转译。译者所能做的，充其量是在目标语言的意义和形式空间中，探索相似的表达，尽量接近原初的意义。在这种意义上，范梅南对于写作的探讨，似乎也同样适用于翻译。

> 写作的难题在于，人们必须把一个现象带到现场，而这个现象只能被文字再现（represent）——可是游离于所有的再现形式之外。……语言用自身代替它自己想要描述的现象。从这种意义上说，语言再-现（re-present）了那些已经不在场的，同时，缺席是在场的标志，是非-缺席（non-absent）的缺席。矛盾的是，想把某物带入现场，人们在写作中就不应凭借言语和概念的帮助，不应依靠再现的话语——可是受俄耳甫斯的凝视所驱使，我们不得不写作。（van Manen，本书原著，p. 370）

翻译是以一种语言代替另一种语言，如此看来，也就是以一种再现的缺席来代替另外一种再现的缺席。在这个过程中，我们不得不选择一个词语来代替原来的词语，直到原来词语当中在场的缺席又一次缺席了。如此说来，翻译是让经验在双重意义上缺席吗？是，又不是。

利科曾说，翻译意味着将自己暴露给一种陌生感（exposure to strangeness）。译者要面对栖居在母语之外的他异性，以及栖居在母语之内的他异性（Kearney，《论翻译》，*On Translation*，2006，p.xviii）。也许只有在与外语的对峙中，我们才能清晰地看到母语的陌生，体会到语言本身对于现象的缺席。而也许正是在语言的转换之间，俄耳甫斯的目光能够偶尔窥探进文字间的裂缝，在翻译所开启的存在边缘空间的暮色中，又一次试图注视现象、注视意义本身。虽然，这注视注定是徒劳的，但是作为译者，我们不得不试。而令人吃惊的是，完稿之后，作为自己译作的第一位读者，译者通读下来，竟然能够被中文文本的感召性所触动，这感召性与英文文本性状不同却又息息相通。翻译的文本，似乎有可能创造出自身独特的空间，以中文来承载不可言喻的现象学意义。由此，实践现象学的翻译（不）可能与研究和写作的（不）可能是一致的。并且，也许只有对中文的表达理解习惯进行解释学悬置，我们才能逾越语言的界限来进行现象学研究和写作。而有趣的是，恐怕只有超越了语言，我们才能更加体味中文的习惯和韵律，才能真正以中文做实践现象学研究。

在这篇《译者后记》的最后，感谢李树英博士为本书出版所做的协调工作，也感谢陈嘉映老师对才疏学浅的译者不吝赐教，答疑解惑。感谢教育科学出版社刘明堂主任的大力支持和翁绮睿编辑对书稿悉心而专业的加工。虽然译者在校订过程中精益求精，但依然会有疏漏，恳请读者指出欠妥或错误之处，以便来日改正。我们衷心希望这本书能够开启读者对现象学研究的崭新认识，推动汉语学术界实践现象学研究的蓬勃、深入发展。因此，这本书虽然称得上是鸿篇巨著，但它并不旨在做百科全书式的总结，而是一个引子，让所有有志于从事现象学研究的学者，像梅洛－庞蒂在《知觉现象学》（2012）引言中所说的那样，保有一颗赤诚之初心，对我们熟知的生活世界满怀惊奇，不竭探索。我们相信，范梅南先生也会同意这一点的。

译者：尹垠、蒋开君

2017 年 11 月

出版人　李　东
责任编辑　翁绮睿
版式设计　沈晓萌
责任校对　贾静芳
责任印制　叶小峰

图书在版编目（CIP）数据

实践现象学：现象学研究与写作中意义给予的方法 /
（加）马克斯·范梅南（Max van Manen）著；尹垠，蒋
开君译 . —北京：教育科学出版社，2018.6（2023.12 重印）
　　书名原文：Phenomenology of Practice: Meaning-
giving Methods in Phenomenological Research and Writing
　　ISBN 978-7-5191-1364-3

　　Ⅰ.①实… 　Ⅱ.①马… 　②尹… 　③蒋… 　Ⅲ.①现象学
—研究　Ⅳ.① B81-06

中国版本图书馆 CIP 数据核字（2018）第 045269 号

北京市版权局著作权合同登记　图字：01‐2016‐6238 号

实践现象学：现象学研究与写作中意义给予的方法
SHIJIAN XIANXIANGXUE：XIANXIANGXUE YANJIU YU XIEZUO ZHONG YIYI JIYU DE FANGFA

出版发行	教育科学出版社		
社　　址	北京·朝阳区安慧北里安园甲 9 号	市场部电话	010-64989009
邮　　编	100101	编辑部电话	010-64981252
传　　真	010-64891796	网　　址	http://www.esph.com.cn
经　　销	各地新华书店		
制　　作	北京大有艺彩图文设计有限公司		
印　　刷	唐山玺诚印务有限公司		
开　　本	720 毫米 ×1020 毫米　1/16	版　　次	2018 年 6 月第 1 版
印　　张	35	印　　次	2023 年 12 月第 3 次印刷
字　　数	440 千	定　　价	106.00 元